气候变化科学导论

潘志华　郑大玮　主编

气象出版社
China Meteorological Press

内 容 简 介

全球气候变化是当今人类社会面临的重大环境与发展问题,积极应对全球气候变化是人类社会可持续发展的迫切需要。本书从气候变化科学基础、气候变化过程与成因、气候变化影响、气候变化减缓、气候变化适应、气候变化研究方法等方面初步构建了气候变化科学的基本构架,系统总结了气候变化科学的研究进展,以期引导更多对气候变化感兴趣者深入研究气候变化问题,不断推进气候变化科学的发展。本书同时系统总结了中国的气候变化特征、气候变化影响及减缓与适应气候变化的进展与对策。本书既是一部介绍气候变化科学的知识读本,也是一部含有丰富历史数据资料的科学档案。

图书在版编目(CIP)数据

气候变化科学导论/潘志华,郑大玮主编. —北京:气象出版社,2015.12
ISBN 978-7-5029-6294-4

Ⅰ. ①气…　Ⅱ. ①潘… ②郑…　Ⅲ. ①气候变化-研究
Ⅳ. ①P467

中国版本图书馆 CIP 数据核字(2015)第 290601 号

出版发行:气象出版社
地　　址:北京市海淀区中关村南大街 46 号　　　邮政编码:100081
总 编 室:010-68407112　　　　　　　　　　　发 行 部:010-68409198
网　　址:http://www.qxcbs.com　　　　　　　 E-mail:qxcbs@cma.gov.cn
责任编辑:王元庆　　　　　　　　　　　　　　 终　　审:刘洪滨
封面设计:易普锐　　　　　　　　　　　　　　 责任技编:赵相宁
印　　刷:北京京科印刷有限公司
开　　本:710 mm×1000 mm　1/16　　　　　　 印　　张:27
字　　数:550 千字　　　　　　　　　　　　　 彩　　插:8
版　　次:2015 年 12 月第 1 版　　　　　　　　 印　　次:2015 年 12 月第 1 次印刷
定　　价:68.00 元

《气候变化科学导论》编委会名单

前言

气候变化已是不争的事实。尽管气候变化的原因仍有待探索，但气候变化已经对全球自然与社会经济产生了重大影响，积极应对气候变化是人类社会可持续发展的迫切需要。加强气候变化知识的系统整理，让更多的人了解气候变化科学进展，研究气候变化科学问题对促进气候变化科学的发展具有非常重要的意义。

随着对气候变化问题的不断研究，包括气候变化科学基础、气候变化过程与成因、气候变化影响、气候变化减缓、气候变化适应、气候变化研究方法等内容在内的气候变化科学逐渐走向成熟。本书系统梳理了气候变化科学的产生背景、基础理论与研究进展，初步构建了气候变化科学的基本构架，以期引导更多对气候变化感兴趣者深入研究气候变化问题，不断推进气候变化科学的发展。

本书由潘志华、郑大玮策划与统稿，具体章节分工如下：第一章由潘志华、郑大玮编写；第二章由何奇瑾编写；第三章由张璐阳编写；第四章由董智强、潘志华编写；第五章由王立为、潘志华编写；第六章由郑大玮、潘志华编写；第七章第一节由尹红、王靖编写；第七章第二节由范锦龙编写；第七章第三节由韩国琳、潘志华编写；第八章由王靖、赫迪、王娜、戴彤、唐建昭编写。

本书的出版得到了中国气象局局校合作经费、国家公益性行业（农业）科研专项（201103039）、国家重大科学研究计划"973"项目（2012CB956204）、国家公益性行业（气象）科研专项（GYHY201506016）、国家科技支撑计划（2012BAD09B02）、国家自然科学基金项目（41271110、41371232）的资助。

　　这本著作的出版从一个侧面反映了气候变化科学作为一门前沿性新学科蓬勃发展的特点。因编者水平有限,加之时间仓促,对当前气候变化研究的某些重要内容可能考虑不周,希望广大读者提出宝贵意见,便于我们今后做进一步的修改。但我们相信,此著作的出版将有利于广大读者和科研人员进一步了解气候变化研究的基本理论、方法及其发展动态,有利于推动我国气候变化研究的不断深入,同时也有利于推动我国高校有关气候变化科学教学的普及与创新。衷心希望我国气候变化研究能走在世界前列。

编者

2015 年 9 月

目录

◆前言

◆第1章　绪论 ··· 1

　1.1　气候变化科学的产生 ·· 1

　　1.1.1　全球变化学的兴起 ·· 1

　　1.1.2　气候变化科学的产生 ······································ 2

　1.2　气候变化的内涵 ··· 3

　1.3　气候变化的事实与归因 ·· 5

　　1.3.1　气候变化观测事实 ·· 5

　　1.3.2　气候变化的归因 ·· 7

　1.4　气候变化科学研究进展 ·· 8

　　1.4.1　国际气候变化科学研究计划 ································ 8

　　1.4.2　气候变化科学研究的特点 ·································· 11

　1.5　气候变化科学的任务 ·· 13

　　1.5.1　气候变化科学的学科体系 ·································· 13

　　1.5.2　气候变化学与其他学科的相互联系 ·························· 14

　　1.5.3　气候变化科学研究挑战 ···································· 14

　　1.5.4　我国气候变化科学面临的挑战与机遇 ························ 16

　参考文献 ·· 17

◆第2章　气候变化的科学基础 ·· 18

　2.1　气候系统 ··· 18

　　2.1.1　气候系统的组成 ·· 19

2.1.2　各圈层之间的相互作用 ……………………………………… 32

2.1.3　气候系统的物理化学过程 …………………………………… 40

2.1.4　气候系统的基本特征 ………………………………………… 40

2.2　气候系统的能量平衡 …………………………………………… 43

2.2.1　太阳短波辐射 ………………………………………………… 43

2.2.2　地球长波辐射 ………………………………………………… 53

2.2.3　气候系统的辐射平衡 ………………………………………… 60

2.3　气候系统的水分循环 …………………………………………… 65

2.3.1　水的物理性质 ………………………………………………… 66

2.3.2　水文方程 ……………………………………………………… 67

2.3.3　气候系统中的水 ……………………………………………… 70

2.3.4　水分循环 ……………………………………………………… 72

2.3.5　气候系统的水分平衡 ………………………………………… 86

2.4　气候系统和气候变化 …………………………………………… 94

参考文献 ……………………………………………………………… 95

◆ 第 3 章　气候变化过程与成因 ………………………………… 97

3.1　地质、历史时期的气候变化 …………………………………… 97

3.1.1　地质时期的气候 ……………………………………………… 98

3.1.2　历史时期的气候变化 ………………………………………… 104

3.2　近百年全球和中国的气候变化 ………………………………… 109

3.3　极端气候的变化 ………………………………………………… 121

3.3.1　全球范围极端气候变化的事实及变化规律 ………………… 123

3.3.2　我国极端气候事件的研究 …………………………………… 125

3.3.3　极端天气事件的影响 ………………………………………… 130

3.4　自然过程与气候 ………………………………………………… 131

3.4.1　天文因素对气候的影响 ……………………………………… 131

3.4.2　陆面过程对气候的影响 ……………………………………… 136

3.4.3　冰雪覆盖对气候的影响 ……………………………………… 146

3.5　人类活动与气候 ………………………………………………… 151

　　3.5.1　人类活动对气候变化的影响 ···················· 151

　　3.5.2　大气成分改变对气候的影响 ···················· 155

　　3.5.3　下垫面性质改变与局地气候的形成 ············· 163

　参考文献 ··· 174

◆ **第4章　气候变化影响** ······························· 180

　4.1　气候变化对世界各大洲影响概述 ···················· 180

　4.2　气候变化对自然生态与农牧业生产的影响 ··········· 182

　　4.2.1　气候变化对地表形态特征的影响 ··············· 182

　　4.2.2　气候变化对生物多样性的影响 ················· 183

　　4.2.3　气候变化对水文水资源的影响 ················· 185

　　4.2.4　气候变化对农业生产的影响 ··················· 187

　　4.2.5　气候变化对草地畜牧业的影响 ················· 190

　4.3　气候变化对社会经济的影响 ························· 192

　4.4　气候变化对政治外交的影响 ························· 194

　4.5　气候变化脆弱性及其评估方法 ······················ 197

　　4.5.1　脆弱性的概念 ······························· 198

　　4.5.2　脆弱性评估方法 ····························· 199

　4.6　气候变化风险预估 ································· 200

　4.7　气候变化影响的综合评估 ··························· 202

　4.8　其他一些气候变化影响的评估方法 ·················· 205

　参考文献 ··· 207

◆ **第5章　气候变化减缓** ······························· 214

　5.1　温室气体及其气候效应 ····························· 214

　5.2　大气气溶胶及其气候效应 ··························· 227

　　5.2.1　气溶胶来源及分布 ··························· 227

　　5.2.2　气溶胶的气候效应 ··························· 232

　5.3　减缓气候变化的主要途径与技术 ···················· 237

　5.4　清洁发展机制与碳排放交易 ························· 243

5.4.1 清洁发展机制 ·································· 243

5.4.2 碳排放交易 ···································· 247

参考文献 ·· 254

◆ **第 6 章 气候变化适应** ························ 258

6.1 气候变化适应的意义 ························ 258

6.1.1 气候变化适应的提出 ·················· 258

6.1.2 气候变化适应的定义 ·················· 260

6.1.3 气候变化适应的意义 ·················· 261

6.1.4 气候变化影响与适应研究存在的问题 ·· 263

6.1.5 气候变化适应的目标 ·················· 265

6.1.6 国家适应气候变化战略的制定 ········ 265

6.2 气候变化适应的内涵与分类 ·············· 267

6.2.1 气候变化适应的内涵 ·················· 267

6.2.2 气候变化适应研究的层次与基本框架 ·· 268

6.2.3 适应行为的分类 ······················ 270

6.3 气候变化适应的机制与技术途径 ········· 273

6.3.1 气候变化适应机制的类型 ············· 273

6.3.2 不同气候变化情景的适应策略与系统演化前景 ·· 275

6.3.3 基于系统反馈原理的适应技术途径 ···· 276

6.3.4 气候变化适应技术体系的构建 ········ 280

6.4 气候变化的风险管理 ······················ 284

6.4.1 气候变化的风险和机遇 ··············· 284

6.4.2 气候变化风险和机遇的综合评估 ······ 285

6.4.3 气候变化适应的风险和机遇管理对策 ·· 286

6.5 边缘适应及其应用 ························· 287

6.5.1 生态系统的边缘效应 ·················· 287

6.5.2 边缘适应的提出 ······················ 287

6.5.3 边缘适应的特殊意义 ·················· 288

6.5.4 做好系统边缘适应应掌握的原则 ······ 288

6.6　气候变化适应的制约因素与阈值 ·················· 289

6.6.1　气候变化适应的制约因素 ················· 289

6.6.2　受体系统适应气候变化的阈值 ············· 291

6.6.3　气候变化影响的不确定性及对策 ··········· 292

6.6.4　气候智能型农业与气候智能型经济 ········· 294

6.7　适应效果的综合评估 ··························· 296

6.7.1　适应效果综合评估的思路 ················· 296

6.7.2　气候变化适应的成本分析 ················· 297

6.7.3　适应效果的综合评估 ····················· 298

6.8　气候变化适应的案例 ··························· 300

6.8.1　农业 ································· 300

6.8.2　水资源 ······························· 301

6.8.3　旅游业 ······························· 302

6.8.4　基础设施与重大工程 ····················· 303

6.8.5　人体健康 ····························· 303

6.8.6　交通运输 ····························· 303

6.8.7　生态治理 ····························· 304

参考文献 ·············· 304

◆第7章　气候变化研究的主要方法 ················ 308

7.1　历史时期气候变化的重建 ······················· 308

7.1.1　获取古气候资料的方法 ··················· 309

7.1.2　树轮资料 ····························· 309

7.1.3　历史文献资料 ························· 313

7.1.4　冰芯资料 ····························· 314

7.1.5　石笋记录 ····························· 315

7.2　遥感与地理信息系统在气候变化研究中的应用 ·············· 315

7.2.1　遥感技术与全球气候变化研究 ············· 316

7.2.2　地理信息系统与全球变化研究 ············· 317

7.2.3　遥感和地理信息技术在全球气候变化研究中的应用实例 ······· 318

7.3　气候模式 ……………………………………………………… 326

　　7.3.1　大气环流模式简介 ………………………………… 326

　　7.3.2　气候模式的发展 …………………………………… 329

　　7.3.3　模式的应用 ………………………………………… 332

　参考文献 ……………………………………………………… 334

◆第 8 章　中国气候变化及其影响、减缓与适应 …………… 342

8.1　中国气候变化的事实与特征 ……………………………… 342

　　8.1.1　中国气候总体变化特征 …………………………… 342

　　8.1.2　不同区域气候变化特征 …………………………… 360

8.2　气候变化对中国的影响 …………………………………… 364

　　8.2.1　气候变化对陆地生态系统的影响 ………………… 364

　　8.2.2　气候变化对海岸带生态系统的影响 ……………… 368

　　8.2.3　气候变化对湿地生态系统的影响 ………………… 370

　　8.2.4　气候变化对水资源的影响 ………………………… 371

　　8.2.5　气候变化对其他领域的影响 ……………………… 372

　　8.2.6　气候变化对不同区域的影响 ……………………… 373

8.3　中国减缓气候变化行动 …………………………………… 379

　　8.3.1　中国减缓气候变化的战略框架 …………………… 379

　　8.3.2　中国减缓气候变化的主要对策 …………………… 383

　　8.3.3　中国减缓气候变化的国际合作行动 ……………… 390

8.4　中国适应气候变化行动 …………………………………… 393

　　8.4.1　总体形势 …………………………………………… 393

　　8.4.2　目标和要求 ………………………………………… 394

　　8.4.3　各行业适应气候变化行动 ………………………… 395

　　8.4.4　区域适应行动 ……………………………………… 404

　　8.4.5　适应对策和保障措施 ……………………………… 411

　参考文献 ……………………………………………………… 413

◆附：正文中对应的彩图 ……………………………………… 421

第1章
绪 论

近百年来,全球气候经历了一次以变暖为主要特征的显著变化。全球气候变暖与人类活动密切相关。自工业革命以来,人类过度使用煤炭、石油和天然气等化石燃料,排放出大量的温室气体是导致全球气候变暖的主要原因,而大面积的森林砍伐和草原破坏则加剧了全球气候变暖的进程。全球气候变暖对人类社会产生了全方位、多尺度和多层次的影响,受到了人类社会的关注,成为全球共同关注的热点问题。随着科学技术水平日新月异的发展,人类对全球气候变化问题的认识不断深入。

1.1 气候变化科学的产生

1.1.1 全球变化学的兴起

全球变化学(Global change science)作为一门新兴交叉学科,是随着全球环境问题的加剧和人类对全球变化认识的不断深入而发展起来的。全球变化学是研究地球系统整体行为的一门科学,它把地球的各个层圈(如大气圈、水圈、岩石圈、冰冻圈和生物圈)作为一个整体,研究地球系统在过去、现在和未来的变化规律以及控制这些变化的原因和机制,从而建立全球变化预测的科学基础,并为地球系统的管理提供科学依据。

20世纪以来,全球出现了包括大气污染、温室效应、臭氧层损耗、土地退化、水体污染、海洋环境恶化、森林锐减、生物多样性减少、垃圾成灾、水资源减少、矿产资源枯竭、人口迅速增长等一系列环境问题,对人类社会可持续发展产生了重大影响。全球变化科学的产生和发展是人类为解决全球性环境问题的需要,也是科学技术向深度和广度发展的必然结果。今天,全球环境问题的严重性主要在于人类本身对环境的影响已经接近并超过自然变化的强度和速率,正在并将继续对人类未来的生存环境

产生长远的影响。这些重大全球环境问题已经远远超过了单一学科的范围,迫切要求从整体上来研究地球环境和生命系统的变化,从而提出了地球系统的概念。全球变化学的理论基础是地球系统科学,它是研究地球系统各组成部分之间的相互作用,以及发生在地球系统内的物理、化学和生物过程之间的相互作用的一门新兴学科。科学技术的发展,特别是卫星遥感等观测技术的发展,为人类提供了对整个地球系统行为进行监测的能力;计算机技术的发展为处理大量的地球系统的信息,建立复杂的地球系统的数值模式提供了工具。

1980年,"世界气候研究计划(WCRP)"启动。1982年,国际测量与地球物理协会(IUGG)加兰(G. D. Garland)首次提出了地球系统科学的概念。1983年,美国科学院物理、数学、资源委员会主席弗里德曼(H. Friedman)第一次提出全球变化(Global change)的概念。1984年,国际科学理事会(ICSU)副主席马隆将全球变化研究付诸实现,组织实施了以研究地球系统的生物化学过程为主要内容的"国际地圈-生物圈计划(IGBP)",该计划又称"全球变化研究计划",成为全球变化科学研究史的重要里程碑。到20世纪90年代又陆续开展了"国际生物多样性计划(DIVERSI-TAS)"、"国际全球环境变化人文因素研究计划(IHDP)"等一系列重大国际研究计划。

全球变化学源于传统地球科学,但已产生质的飞跃(表1.1)。

表 1.1　全球变化科学与地球科学的区别(朱诚 等,2006)

学科	地球科学	全球变化科学
研究对象	以地球各部分为研究对象	以地球整体为研究对象
研究计划	以认识各部分的结构、演化,尤其是过去的变化为目标	以相互作用过程及未来变化和预测为目标
学科间联系	地球科学各部分之间的联系	地球科学与生命科学、社会科学的联系
研究内容	自身过程的研究	人与地球系统的相互作用
学科属性	自然科学	自然科学与社会科学的交叉

1.1.2　气候变化科学的产生

伴随着全球变化科学的发展,气候变化科学得到了快速发展。气候变化(Climate change 或 Climatic change)的理念在20世纪初期就已经出现。在这一时期及此前的气候变化主要指地质历史时期或仪器观测的气候记录的变化,较少关注气候变化对人类的影响。美国地理学家亨廷顿1907年的《亚洲的脉动》(Huntington, 1907)是关于气候变化对文明影响最早的著作。1941年美国农业部出版的农业年报,以气候变化为题专门阐述气候变化的渊源和影响问题,在关注地质历史时期的气候变化基础上,发展了气候变化的概念,提出在地质历史时期气候的变化是正常的,并开始关注现代气候变化在不同区域的表现,对健康以及对农业各方面的影响(Department of Agriculture,United States,1941)。

1975 年,"气候系统"作为一个科学概念被科学界接受,标志着气候变化不再仅是与气候学有关的科学问题,而是一个多学科、跨学科的科学主题,与气象学、海洋学、地质学、冰川学、生物学和新技术等诸多学科有着密切联系,但此时气候变化仍是属于自然科学领域的名词。在 20 世纪后半叶,是气候变化研究不断深入、研究方法不断发展、成果不断积累的时期,气候变化的研究领域不断扩展,逐步从大气科学领域向交叉领域发展。

自 20 世纪 80 年代开始,随着国际社会对全球环境问题的日益关注,以及在《联合国气候变化框架公约》(UNFCCC)框架下逐步发展的全球一体的气候变化减缓行动,使气候变化跨越科学的界限,成为与政治、外交、经济、健康等密切相关的复杂主题,气候变化、温室气体、全球变暖等已经成为全球妇孺皆知的公共问题甚至政治核心问题。1979 年第一次世界气候大会呼吁保护气候;1988 年,政府间气候变化专门委员会(Intergovernmental Panel on Climate Change,IPCC)的成立;1990 年、1995年、2001 年、2007 年、2014 年 IPCC 先后发表五次气候变化评估报告,不断推进气候变化的新认识;2007 年 10 月 12 日,当挪威诺贝尔委员会宣布将 2007 年度诺贝尔和平奖授予致力于气候变化科学评估的政府间气候变化专门委员会和致力于传播气候变化知识的美国前副总统戈尔时,气候变化问题无疑成了当今世界的最强音。更多的国家、组织和公众已经汇集到应对气候变化挑战的旗帜下,"在气候变化超出人类的控制之前,人类必须立即行动起来了"。

气候变化是全球变化的核心问题。伴随着全球问题的日趋严重,气候变化科学迎来了发展良机,得到迅猛发展。

1.2 气候变化的内涵

气候变化学源于气候学。研究气候特征、形成和变化的学科是气候学,它是大气科学的一个重要分支。气候学依据它的发展有狭义和广义之分(国家气候变化对策协调小组办公室/中国 21 世纪议程管理中心,2004)。狭义的气候学通常被定义为平均天气或在某一长时期的平均天气状态,更严格的是用这一长时期内对有关变量的平均值或变率从统计上来表征气候。广义的气候学指气候系统的状态及其变化,包括平均气候状态和气候变化与变率(Climate change and variability)。由以上定义可见,随着科学的发展,气候从一个局地的、低层大气特征的概念已转变为全球气候系

统的概念。气候学的研究对象也自然而然地扩展为全球气候系统。

科学地讲,气候变化是指气候平均状态和离差(距平)两者中的一个或两者一起出现了统计意义上的显著的变化。离差值增大,表明气候变化的幅度越大,气候状态不稳定性增加,气候变化敏感性也增大。图 1.1 以温度为例说明气候变化与平均值变化或离差值变化的关系。如图 1.1 所示,假定某一地区或地点的温度在多年平均条件下呈正态分布。在平均温度处出现的概率最大,偏冷和偏热的天气出现的概率较小。极冷或极热的天气(一般在 2 倍标准差(σ)以上)出现的可能性很小或没有。假如由于气候变暖的作用,平均值增加了某一数值(图 1.1(a)中水平箭头向右移动),这时偏热天气出现的概率将明显增加,并且原来从不出现的极热天气现在也可以出现了(见上图的最右端,现在也具有一定的概率值,虽然很小);相反,偏冷天气出现的概率将大大减少。图 1.1(b)则说明平均值不变,但离差增加后,会造成更多的偏冷或偏热天气,更多的极热或极冷天气,可以看到这几类天气的出现概率都比先前气候条件下的出现概率增大了。图 1.1 不但说明了气候变化可以由气候平均值或离差的变化引起,而且也清楚地说明了气候变化与极端天气事件出现的关系。此外,气候要素或现象发生的概率分布的变化,也是气候变化的重要特征之一。

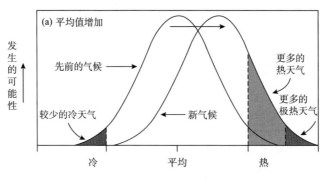

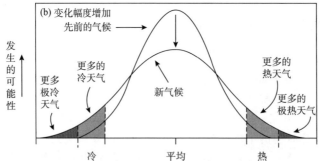

图 1.1 气候变化与气候平均值(a)和变化幅度(b)之间的关系
(横坐标代表温度,纵坐标代表出现概率)(Houghton,2001)

造成气候变化的原因有很多。概括起来分为自然的原因和人类活动的原因。根据引起气候变化原因的不同,对气候变化的定义也不同。政府间气候变化专门委员会(IPCC)定义的气候变化是指气候随时间发生的任何一种变化,不论它是由自然的变率造成,还是人类活动的结果。但《联合国气候变化框架公约》中使用的气候变化定义则专指由人类活动直接或间接引起的气候变化。这种人类活动是通过改变全球大气成分而影响全球气候的,由此造成的气候变化是叠加在相同时期的自然气候变率之上的。

1.3 气候变化的事实与归因

1.3.1 气候变化观测事实

2013 年 9 月,政府间气候变化专门委员会(IPCC)第五次评估报告第一工作组发布最新研究成果认为,气候系统变暖毋庸置疑。自 1950 年以来,观测到的许多变化在近百年乃至上千年都是前所未有的:大气和海洋已变暖,积雪和冰量已减少,海平面已上升,温室气体浓度已增加。

(1)地表气温升高(图 1.2)。过去的三个十年连续比之前自 1850 年以来的任何一个十年都偏暖(图 1.2)。在北半球,1983—2012 年可能是过去 1400 年中最暖的 30 年。全球平均陆地和海洋表面温度的线性趋势计算结果表明,在 1880—2012 年期间温度升高了 0.85℃(0.65℃ 至 1.06℃)。在有足够完整的资料以计算区域趋势的最长时期内(1901—2012 年),全球几乎所有地区都经历了地表增暖。

(2)降水变化(图 1.3)。1901 年以来,北半球中纬度陆地区域平均降水已增加。对于其他纬度,区域平均降水的增加或减少的长期趋势不明显。

(3)极端天气与气候事件增加。约自 1950 年以来,已观测到了许多极端天气和气候事件的变化。很可能的是,在全球尺度上冷昼和冷夜的天数已减少,而暖昼和暖夜的天数已增加。在欧洲、亚洲和澳大利亚的大部分地区,热浪的发生频率可能已增加。与降水减少的区域相比,更多陆地区域出现强降水事件的数量可能已增加。在北美洲和欧洲,强降水事件的频率或强度可能均已增加。

(4)海水温度升高。在全球尺度上,洋面附近的温度升幅最大,1971—2010 年期间,在海洋上层 75 m 以上深度的海水温度升幅为每十年 0.11℃(0.09℃ 至 0.13℃)。

(5)冰川面积缩小。过去 20 年以来,格陵兰和南极冰盖已经并正在损失冰量,几乎全球范围内的冰川继续退缩,北极海冰和北半球春季积雪面积继续缩小(图 1.4)。

(6)海平面上升。19 世纪中叶以来的海平面上升速率比过去两千年的平均速率高。在 1901—2010 年期间,全球平均海平面上升了 0.19 m(0.17 m 至 0.21 m)(图1.4)。

(a) 观测到的全球平均陆地和海表温度距平度化(1850-2012年)

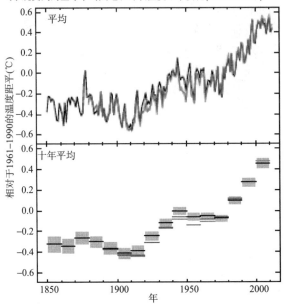

(b) 观测到的地表温度变化(1901-2012年)

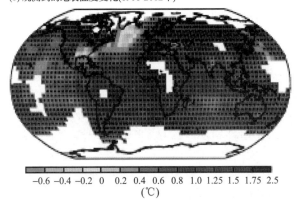

−0.6 −0.4 −0.2 0 0.2 0.4 0.6 0.8 1.0 1.25 1.5 1.75 2.5
(℃)

图1.2 观测到温度变化(IPCC，2013)

(a)观测到的全球平均陆地和海表温度距平(1850—2012年)，源自三个资料集。上图：年均值，下图：十年均值，包括一个资料集(黑色)的不确定性估计值。各距平均相对于1961—1990年均值。
(b)观测到的地表温度变化(1901—2012年)，温度变化值是通过对某一资料集(图a中的橙色曲线)进行线性回归所确定的趋势计算得出的。只要可用资料能够得出确凿估算值，均对其趋势作了计算(即仅限于该时期前10%和后10%时段内，观测记录完整率超过70%，并且资料可用率大于20%的格点)，其他地区为白色。

(对应彩图见第421页彩图1.2)

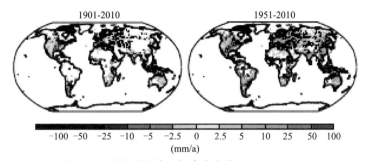

图 1.3 观测到的陆地年降水变化(IPCC,2013)

(对应彩图见第 422 页彩图 1.3)

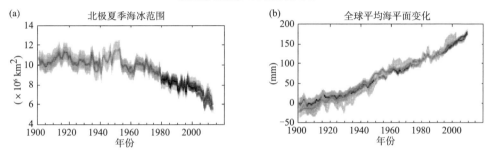

图 1.4 观测到的海冰范围、全球平均海平面的变化(IPCC,2013)

(a)北极 7—9 月(夏季)平均海冰范围;(b)相对于 1900—1905 年最长的连续资料集平均值的全球平均海平面,所有资料均调整为 1993 年(即有卫星高度仪资料的第一年)的相同值。

(对应彩图见第 422 页彩图 1.4)

大气温室气体浓度持续增加。自 1750 年以来,由于人类活动使得温室气体二氧化碳(CO_2)、甲烷(CH_4)和氧化亚氮(N_2O)等的大气浓度均已增加。2011 年,上述温室气体浓度依次为 391 ppm,1803 ppb* 和 324 ppb,分别约超过工业化前水平的 40%、150% 和 20%。海洋吸收了大约 30% 的人为 CO_2 排放,这导致了海洋酸化(图 1.5)。

1.3.2 气候变化的归因

《IPCC 第五次评估报告》认为,已经在大气和海洋的变暖、全球水循环的变化、积雪和冰的减少、全球平均海平面的上升以及一些极端气候事件的变化中检测到人为影响。极有可能的是(概率大于 95%),人为影响是造成观测到的 20 世纪中叶以来变暖的主要原因。

---

* ppm(百万分之一)和 ppb(十亿分之一):是温室气体分子数目与干燥空气总分子数目之比。如 391 ppm 是每 100 万个干燥空气分子中,有 391 个温室气体分子,1803 ppb 是每 10 亿个干燥空气分子中有 1803 个温室气体分子。

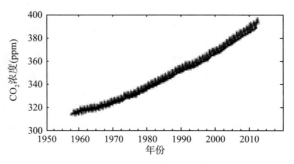

图 1.5　观测到的大气 CO_2 浓度的变化(IPCC,2013)

　　观测到的 1951—2010 年全球平均地表温度升高的一半以上贡献是由温室气体浓度的人为增加和其他人为强迫共同导致的。人类活动引起的变暖最佳估计值与这个时期观测到的变暖相似。1951—2010 年间,温室气体造成的全球平均地表增温可能在 0.5℃至 1.3℃之间,包括气溶胶降温效应在内的其他人为强迫的贡献可能在 -0.6℃至 0.1℃之间。自然强迫的贡献可能在 -0.1℃至 0.1℃之间,自然内部变率的贡献可能在 -0.1℃至 0.1℃之间。综合起来,所评估的这些贡献与这个时期所观测到的约 0.6℃到 0.7℃的变暖相一致。在除南极以外的每个大陆地区,人为强迫可能对 20 世纪中叶以来的地表温度升高做出了重要贡献。对南极地区,很大的观测不确定性导致人为强迫对现有台站观测到的变暖具有贡献这一结论具有低信度。可能的是,人类活动对 20 世纪中叶以来北极明显的变暖具有贡献。

1.4　气候变化科学研究进展

1.4.1　国际气候变化科学研究计划

　　气候变化科学的研究对象范围广,涉及从局地到全球各个尺度的大气圈及其与地球系统各个相关子系统的界面;研究手段和角度多样,目前的研究工作可以利用现场观测和遥感、模式模拟、分析研究等多种手段,从水圈、冰冻圈、岩石圈、生物圈和人类活动与全球气候的相互影响和反馈等多个角度开展;研究内容多样,涉及气候变化驱动力与科学事实、气候变化影响与响应以及气候变化的减缓与适应等多方面内容。

　　气候变化科学研究作为一门面向复杂科学问题的交叉学科,其研究活动的开展在很大程度上依赖于跨区域、跨国家的,集成多种手段和技术的,融合不同圈层或对象的区域性或国际性的研究网络和计划。在气候变化科学领域的国际大型计划中,一些国际组织发挥了重要作用。这些国际组织处于大多数研究计划的顶层,负责研究计划的发起、资助和协调,其中以国际科学理事会(ICSU)、世界气象组织(WMO)等最有影响力。ICSU 作为国际科学舞台的重要组织,直接或间接地对国际气候变化科学研究进行了大量的资助。WMO 作为联合国下属的专门性机构,在设立、支持气候变化科学研究计划方面作用最为突出,在其支持的项目中,又以世界气候研究计划(WCRP)最具代表性。

世界气候研究计划(WCRP)是 1967—1980 年执行的全球大气研究计划(GARP)和 1979 年全球大气观测试验(FGGE)的延续。WCRP 在成立之初就将发展对自然气候系统和气候过程的科学认识作为主要任务,以确定人类对气候的影响程度,更准确地预测气候。在过去的 20 余年里,WCRP 已经在认识气候系统的单个组分(海洋、陆地、大气和冰冻圈)及其相互作用的变率和可预报性方面取得了大量的进展,目前正在实施面向"地球系统的协调观测与预报"(COPES)的新一轮研究战略(WCRP,2005)。除综合性的 WCRP 外,国际上还设立了很多全球或区域尺度上的专门性的研究计划(表 1.2)(曲建升 等,2008)。正是在这些研究计划的探索和引领下,国际气候变化科学认识才不断发展。

表 1.2 气候变化科学领域主要的国际研究计划

计划名称	启动时间	执行信息	主要研究内容
世界气候研究计划(WCRP)	1980 年	由国际科学理事会(ICSU)、世界气象组织(WMO)、联合国教科文组织政府间海洋学委员会(IOC)联合资助	全球能量与水循环试验(GEWEX); 气候变率及其可预报性(CLIVAR); 气候与冰冻圈(CliC); 平流层过程及其在气候中的作用(SPARC); 地球系统的协调观测与预报(COPES)
国际全球大气化学计划(IGAC)	1988 年	由国际地圈-生物圈计划(IGBP)和国际大气化学和全球污染委员会(CACAP)共同资助	确定大气中的长、中、短寿命化学成分的全球分布及其浓度变化; 为大气化学物质的分布控制过程和它们对全球变化和空气质量的影响提供一个基本认识; 通过发展大气过程对地球系统的响应和反馈的综合认识,提高对未来 10 年内大气化学成分的预测能力
过去的全球变化研究计划(PAGES)	1991 年	国际地圈-生物圈计划(IGBP)的核心计划	过去的气候强迫; 过去气候和环境动力学; 全球尺度的过去气候变化及其内部机制; 过去的人类-气候-生态系统的相互作用
全球气候观测系统(GCOS)	1992 年	由 WMO、IOC、联合国环境规划署(UNEP)和 ICSU 共同资助	气候系统监测、气候变化验证以及气候变化的影响与响应的监测;气候数据在各国经济发展领域的应用;开展专门性的研究,改善对气候系统的理解、模拟和预测工作

续表

计划名称	启动时间	执行信息	主要研究内容
亚马孙河流域大尺度生物圈-大气圈实验（LBA）	1995年	巴西发起,美洲一些国家以及IGBP等国际组织广泛参与	定量分析与研究亚马孙河流域中控制能量、水、碳、痕量气体和氮等诸多循环的自然、化学和生物因素,确定其与全球大气的关系;定量分析与预测在森林砍伐、农业耕作等土地利用变化以及气候变化的情景下,能量、水、痕量气体和氮的循环和响应机制;确定亚马孙河流域与大气间主要温室气体和物质的交换与调节机制;从区域和全球的尺度为亚马孙河流域的可持续发展和生态系统保护政策提供定量和定性的信息
英国气候影响研究计划（UKCIP）	1997年	英国	建立英国气候变化影响的综合评估研究网络,面向投资者、研究人员以及政府部门提供区域和国家尺度上的气候变化的影响以及适应性举措等方面的研究信息
全球碳计划（GCP）	2001年	地球系统科学联盟（ESSP）的核心计划	模式和变率;全球碳循环中主要的碳汇和碳通量的时空分布;过程、控制和相互作用;控制碳循环动力学的根本机制;碳管理;碳-气候-人系统的未来趋势及碳管理的机会与能力
美国气候变化科学计划（CCSP）	2001年	美国。是1990年设立的美国全球变化研究计划（USGCRP）的继承与发展	认识过去及现在的地球气候和环境并揭示其变化原因;改进对地球气候和相关系统发生变化的驱动因素的定量研究;减少地球气候和相关系统变化研究中的不确定性;了解不同的自然生态系统、人工生态系统以及人类社会对气候和相关环境变化的敏感性和适应性
北美碳计划	2002年	美国	进行大气测量,研究陆地和海洋系统影响大气CO_2浓度的机制,为碳源和汇的判断提供重要依据;建立能够整合并集成观测数据的模型;对陆地及相邻海盆中的碳储量和碳通量进行测量,以便于评估那些最终决定大气成分的机理
上层海洋-低层大气研究计划（SO-LAS）	2003年	IGBP和海洋研究科学委员会（SCOR）的核心计划	海洋与大气之间的生物地球化学相互作用和反馈;海-气界面的交换过程和海洋大气边界层中的输运和转换作用;CO_2和其他长寿命辐射活性气体的海-气界面通量
陆地生态系统与大气过程综合研究（iLEAPS）	2004年	IGBP的核心计划	CO_2、CH_4、易挥发有机成分、氮氧化物等成分的陆-气交换;陆地生物群落、气溶胶与大气成分的反馈;土地覆盖-水-气候间的反馈;土壤-冠层-边界层系统中物质与能量转换的计算与模拟合
季风亚洲区域集成研究计划（MAIRS）	2006年	中国科学家发起和运行的ESSP和第一个区域集成研究项目	土地利用与覆盖变化对季风气候及区域水循环、水资源的影响;气溶胶排放对大气能量收支和季风降水的影响过程及其机制;人类活动影响的区域气候变化对全球气候变化的影响和响应

1.4.2 气候变化科学研究的特点

气候变化科学研究活动是以国际研究组织和研究计划为主体,以国家研究计划和研究机构为支撑,并吸引全球范围的科学家广泛参与的开放框架,开放、交叉和综合是国际气候变化科学研究得以成功实施的关键。概括而言,气候变化科学研究具有以下特点(曲建升 等,2008)。

(1)全时空覆盖

气候变化科学研究是一门研究气候系统的复杂科学。在其研究体系的发展过程中,最为突出的特点是发展了从单一问题到复杂问题、从局地到全球、从现在到历史和未来的时空四维研究网络。气候变化研究计划对全时空尺度的覆盖,使解决具有复杂驱动机制和全球效应、持续影响的气候变化问题成为可能。

从空间角度看,气候变化科学研究建立了由国际组织、国家政府、民间组织积极参与,包含全球、区域、局地和点的多空间尺度研究布局。众多的研究行动也在不同尺度上既相互独立又互有联系地开展。近几年不同空间尺度的比较和集成研究成为气候变化科学研究的重要环节。以全球碳循环研究为例,在全球范围内已经建立了规模庞大、联系紧密的碳循环观测和研究网络,各节点的观测和研究既是其他区域研究的重要比较和检验对象,也是全球碳循环集成研究的重要组成部分。

从时间角度看,以过去全球变化研究计划为主的研究行动将气候变化研究对象回溯到过去数十万年甚至数千万年以前的气候和环境变化。过去的全球变化研究计划(PAGES)从大洋沉积的分析,可以获知上千万年以来的古气候和古环境的状况,从黄土中可取得过去数百万年的古气候和古环境信息,从冰盖中可以了解数万年以来古气候和古环境的状况,从树木年轮和沉积物孢粉中则可以知道近千年来的气候和环境状况,考古和历史文献中也记录了过去数千年中的气候和环境变化信息。面向未来气候变化趋势及其影响的预测和预估研究,则为人类了解未来气候变化情景,应对即将到来的挑战提供了重要的信息。分布在全球不同国家和机构的模拟和评估系统是未来气候变化研究的重要支撑。

(2)多学科交叉

气候变化问题与自然和社会具有错综复杂的关系,因此气候变化科学的组织模式及其发展围绕着了解气候变化的复杂驱动机制和影响开展,并利用了多学科的先进技术和研究手段。以气象学和气候学为主的大气科学是气候变化科学研究的主要学科,随着研究的深入和领域的拓展,地质学、地理学、海洋学、水文学、遥感和对地观测等地球科学,以及生态学、植物学、动物学、环境科学、物理学、化学、空间科学和技术科学等学科也广泛介入,并成为气候变化科学研究不可或缺的重要学科支撑。社会科学的介入是气候变化科学研究最重要的发展阶段,这实现了气候变化科学研

究从基础科学向应用科学的延伸,并进而构建了更广泛的多学科研究格局(图1.6)。

目前的气候变化科学研究计划体系包含了众多相关学科的技术和研究队伍,形成了多学科研究网络,使得在气候变化科学领域组织专门的主题研究活动具有非常高的研究效率。单个的气候变化研究计划虽然多以某个学科领域为主,但无不兼容了多学科研究力量或体现了多学科的研究思维。如跨海洋、大气科学的SOLAS研究计划,兼顾生态科学、大气科学与社会发展问题的亚马孙河流域大尺度生物圈-大气圈实验(LBA)等。随着人类所面临的气候变化问题日渐增多和恶化,气候变化科学研究所面临的挑战也将不断升级,集成自然科学、技术科学和社会科学的多学科的研究思路和组织框架也必将进一步发展。

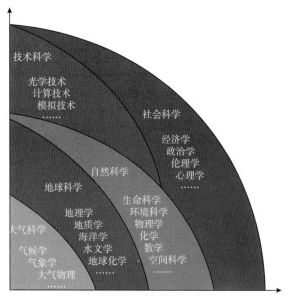

图1.6　气候变化科学研究多学科示意图(曲建升 等,2008)

(3)关注气候与人类活动之间的复杂联系

已经获得的科学认识表明,气候变化是自然与人类活动综合作用的结果,人类活动对近几十年来的气候变化负有主要责任,并最终对自然环境和人类社会产生共同但有差别的影响。在气候变化研究计划的组织过程中,也经历了从自然科学向交叉科学的发展,研究人员最初只关注自然系统的变化,现在却关注自然和社会系统的共同驱动作用和复杂响应机制。

气候变化科学研究是围绕科学和社会发展的需求而进行设计和部署的。当前的气候变化研究框架既包括基础性的气候科学研究,也包括以服务社会需求为主的应用科学研究。但由于气候变化科学的复杂性,多数的研究计划皆考虑了科学和社会的多重研究需求。正是由于气候变化科学研究面向社会需求的灵活性，促使面向社会公众的科学知识和应对策略迅速发展，国际性的气候变化行动已经成为气候变化科学研究计划的重要延伸。

1.5 气候变化科学的任务

气候变化学是研究地球气候系统整体行为的一门科学，研究气候系统在过去、现在和未来的变化规律及其对自然和人类社会经济的影响，人类社会适应、调控这些变化的途径与机制，为气候系统的管理提供科学依据。气候变化科学的研究对象是地球气候系统(包括岩石圈、大气圈、水圈、冰冻圈和生物圈)、各子系统内部以及各子系统之间的相互作用。它的科学目标是描述和理解人类赖以生存的气候系统运行的机制、变化规律以及人类活动在其中所起的作用与影响，从而提高对未来环境变化及其对人类社会发展影响的预测和评估能力。

1.5.1 气候变化科学的学科体系

气候变化学源于气候学，但由于涉及自然科学与社会科学的许多方面，随着气候变化研究的不断深入与研究领域的拓宽，已经形成一门特殊的交叉学科。气候变化学的形成略晚于全球变化学，经过近三十多年的发展，已初步形成比较完整的体系。

气候变化学是气候学与全球变化学的交叉。在气候学领域，气候变化学标志着经典气候学的升华和新的里程碑。在全球变化学领域，气候变化作为当代最重要的全球环境挑战和全球变化的最重要驱动力，气候变化学已成为全球变化学的核心内容之一。

气候变化学的主要研究领域包括：

(1)气候变化规律研究。主要研究不同历史时期气候变化的规律，包括地质时期的气候变化、历史时期的气候变化、有观测记录以来的气候变化等。

(2)气候变化过程与动因研究。主要研究气候变化过程及其动因。

(3)未来气候变化情景研究。通过建立全球气候模式、区域气候模式，构建未来气候变化情景，预估未来气候变化。

(4)气候变化影响研究。主要包括气候变化受体脆弱性研究、气候变化影响利弊综合评估、气候变化对自然系统的影响、气候变化对人类系统的影响、气候变化影响的识别与归因研究等内容。

(5)气候变化的减缓机理与对策研究。针对引起气候变化的原因，研究减轻气候变化程度的机理与对策。如基于 CO_2 浓度的升高，研究节能减排、替代能源、固碳增汇、碳交易、其他温室气体的减排与增汇、人工改造气候、低碳经济、低碳社会等对策与途径。

(6)适应气候变化研究。主要包括适应机制与技术途径、自然系统的适应、经济系统的适应、社会系统的适应、气候智能型经济理论、气候适应型社会理论、气候变化法制等内容。

随着气候变化研究的不断深入,气候变化动力学、气候变化方法学、气候变化生态学、气候变化经济学、气候变化社会学、气候变化法学、应用气候变化学等分支学科也正在酝酿和形成中。

1.5.2 气候变化学与其他学科的相互联系

由于气候变化科学的综合性,气候变化学与其他学科之间有着紧密的联系。

(1)气候变化学的知识基础涉及大气科学、气候学、地球系统科学及全球变化学等。

(2)气候变化的研究方法涉及大气物理学、大气化学、地球物理学、地质学、古生物学、对地观测学、遥感、数值模拟、统计方法以及生命科学、经济科学、社会科学、技术科学的许多研究方法。

(3)气候变化学的应用涉及几乎所有领域、产业与部门的相关学科,尤其是能源科学、生态学、水科学、农业科学、海洋科学、城市规划和管理、经济学、社会管理学、法学等。

1.5.3 气候变化科学研究挑战

近几十年来,全球气候变化的研究方向经历了重大调整。首先是从认识全球气候系统基本规律的纯基础研究为主,发展到与人类社会可持续发展密切相关的一系列生存环境实际问题的研究;其次是从研究人类活动对环境变化的影响,扩展到研究人类如何适应和减缓全球环境的变化。目前,气候变化研究已经形成了完备的学科体系和国际研究框架以及一定规模的研究队伍,困扰人类社会的重大气候变化问题的科学认识已经初步形成,气候变化的科学分歧正在逐步消除,这些科学发展为目前的气候变化抵御、减缓和适应行动提供了重要的科学基础。然而,气候变化作为当今国际社会的最重大问题之一,将在未来百年甚至更长的时段内与人类社会相伴随,目前所取得的科学认识、所采取的气候变化应对措施仍然是初步的,气候变化科学研究任重而道远。

(1)气候变化科学研究的关键问题

①气候变化科学的关键性基础研究。气候变化并不是简单的变暖或变冷,而是体现为振荡性的、复杂的气候系统的变化,要围绕驱动、影响气候变化发生与发展的关键机制开展持续、深入的科学研究,如既要加强对大尺度的大洋环流、大气环流和生物地球化学循环的监测和研究,也要加强新发现气候变化事实的规律研究,认识其产生背景及其与其他气候变化事实的关联。气候变化科学的基础研究是获得有关

气候变化认识重大突破和确定科学对策的最重要支撑。

②气候变化影响、反馈机制与预测研究。了解气候变化影响及其反馈的复杂机制将有助于采取科学的气候变化行动。气候变化行动强烈依赖于对目前和将来气候变化影响及其反馈机制的评估和预测研究。但目前气候变化在很大程度上仅被看作一个科学问题，尚未纳入常规的业务评估和预报工作中。针对构建气候变化影响的评估、预测和预警体系的研究将成为气候变化科学研究的重要内容之一。

③气候变化的社会学方面研究。气候变化与人类社会的关系愈来愈密切，气候变化科学研究需要更多地关注社会各部门在气候变化影响中的脆弱性、风险及其抗风险能力和适应能力，如农业、保险业等。气候变化科学研究将在气候变化影响评估的基础上，更多地利用社会学的研究方法来回答气候变化科学问题。

④针对提高气候变化适应与减缓能力的开发研究。在当前应对气候变化总体方向基本确定的情况下，适应和减缓气候变化的工作成为气候变化科学研究的主要服务方向。气候变化科学研究需要根据气候变化评估和预测的事实和特征，设计、确定气候变化适应与减缓的对策与方案，并对已经实施的措施进行效果评估，筛选确定切实有效的气候变化应对方案。也要加强气候变化减缓与适应技术的开发与应用研究。CO_2捕获与封存等有利于减缓气候变化的技术正在得到实践和推广，但仍需要在更广的范围内发现、开发和引进有利于气候变化减缓与适应的技术措施，并逐步发展相应的产业、产品和行业的标准与规范。

⑤发展有利于实现气候变化目标的国际合作框架。气候变化减缓行动的科学性、公平性和有效性仍是未来国际合作的焦点，气候变化科学研究需要在协调复杂的政治、经济、文化、环境等多方利益冲突的工作中寻找有利于减缓气候变化和提高人类社会应对气候变化能力的国际合作框架。

(2)气候变化科学研究的发展趋向

目前的气候变化科学研究，总体上仍然处于发展科学认识的阶段，集成历史气候(古气候)、现代气候变化和未来气候预测研究成果的工作尚未全面启动，而这对人类社会应对当代和未来气候变化挑战具有重要意义。发展跨越历史、现在和未来的气候变化评估、预测和预警研究将成为气候变化科学研究的重要方向。建立基于历史记录、当代气候变化事实和未来气候变化预测的，服务于气候变化预警、防范、适应和减缓的新的研究体系，将有助于实现气候变化科学的终极目标。

社会科学将更多地介入气候变化科学研究并成为气候变化科学研究的重要特征之一。自然科学在认识气候变化问题方面做出了重要的贡献，并将继续发挥其重要作用。但社会科学目前正在以更快的速度、在更大的范围内加入到气候变化科学研究的行列中来，这将是气候变化研究重要的交叉科学特征。社会科学将更好地推动气候变化的影响、响应和适应研究，并可能成为人类在气候变化挑战面前逐步强大

而不失败的重要科学支持。

适应和减缓相得益彰，并将成为气候变化科学研究的重要内容。有关是适应气候变化还是减缓气候变化的争论将逐步平息，适应和减缓将成为人类应对气候变化的两大主要选择，有关适应和减缓气候变化的科学基础、可选方案及其可行性的研究将成为气候变化科学研究最重要和最现实的内容。

气候变化科学研究将推动构建新型的世界观和价值观体系并为之提供必需的科学基础。在化石能源日趋匮乏、气候变化问题日益严峻的事实中，人类沿袭数千年的主流世界观和价值观将受到挑战，以物质、利益驱动和竞争为基础的社会运行规则亦将受到怀疑。气候变化科学研究成果已经并将继续证明对自然资源的奢侈消费是人类所面临环境挑战的重要根源，构建人类和环境和谐共处的生存和发展格局将成为气候变化科学工作者及其同行努力的方向。

1.5.4　我国气候变化科学面临的挑战与机遇

我国长期以来积极组织和参与气候变化相关科学研究，并在主要国际组织、计划和研究活动中扮演着重要的角色，我国在青藏高原、黄土地区、海洋、极地和海岸带等区域开展的有关古气候、东亚季风、碳氮循环、大气化学等气候变化相关研究为国际气候变化科学进展做出了重要贡献。目前，我国气候变化科学事业仍然面临着巨大的挑战。我国需要继续加强气候变化科学研究的组织工作，这将是我国推动国际气候变化科学研究事业发展，支持我国积极参与国际气候变化问题谈判以及确定未来气候变化减缓行动战略的重要基础。

加强对气候变化科学问题的基础性研究。科学界关于气候系统变化的科学认识目前仍存在着相当大的争议，气候变化科学仍是一门年轻的学科。人类有效应对气候变化的不利影响及其挑战，依赖于对气候变化科学问题的科学认识。我国及周边地区广阔、独特的研究区域是开展气候变化科学研究的良好实验场，这是我国在气候变化领域为国际气候变化科学事业做出贡献的重要优势。大力支持气候变化科学基础研究，提高我国科学界对气候系统变化的科学认识，是减轻气候变化背景下极端天气事件的不利影响、保持我国社会经济持续健康发展的需要。

加强气候模式的开发研究，提高气候变化的预测水平。气候模式在气候变化科学研究中占据重要地位，是开展气候变化评估和预测的关键工具。我国气候模式的发展水平滞后，预测能力不足，是制约对气候变化的影响和对极端天气事件预测预警的瓶颈。对我国现有气候模式进行改进，并继续发展新的气候模式是提高我国气候变化科学研究能力的迫切需要。

开展区域气候变化及其适应的集成研究。我国自然生态系统和社会系统对各种风险的承受能力较低，对气候变化背景下的极端天气事件表现出尤为突出的脆弱性,2008年1—2月份我国遭受的大面积持续性雨雪灾害对经济生产和人们生活秩序的巨大危害就是证明。但目前针对区域气候变化与适应的集成研究比较缺乏,针对区域、行业、部门在气候变化方面的敏感性、脆弱性和适应能力的研究比较缺乏,而研究的缺乏使我们在气候变化的影响面前效率低下、损失巨大。

加强气候变化减缓技术的引进和开发工作。气候变化减缓技术涉及能效提高、产业升级等企业核心技术,目前在国际气候变化合作框架中实施难度较大,但这是发展中国家参与国际气候变化减缓行动的有效举措之一。我国在继续争取气候变化减缓技术转移的同时,要加强气候变化减缓技术的自主研发工作,尤其要把降低企业能耗成本、提高企业清洁生产能力与气候变化减缓技术的开发紧密结合。

加强气候变化预报、预警和预案的研究和实施工作。建立气候变化的常规评估和预测体系,发展国家和区域多尺度的气候变化评估、预报和预警能力。针对专门部门和区域的气候变化风险开展应急预案的研究和制定工作,提高各行业、部门和地区应对气候变化事件的应急和恢复重建能力。

开展减缓和适应气候变化的可持续发展机制研究。气候变化是人类工业发展模式的必然后果,国际社会已经开始思考在基于竞争和利益驱动的发展模式之外,是否还存在更安全和更可持续的发展途径。我国目前仍处于工业化发展的初级阶段,面临着提高社会经济总体水平与环境保护的双重压力,需要从改变消费理念、完善税收机制和财政补偿机制等角度出发,研究构建低排放的、有利于减缓和适应气候变化的、可持续的新型发展模式,从而降低我国和区域发展过程中资源和环境的成本。

参考文献

国家气候变化对策协调小组办公室/中国21世纪议程管理中心.2004.全球气候变化——人类面临的挑战,商务印书馆.

IPCC. 2013.决策者摘要.政府间气候变化专门委员会第五次评估报告第一工作组报告——气候变化2013:自然科学基础.剑桥大学出版社.

曲建升,张建强,曾静静.2008.气候变化科学研究的国际发展态势与挑战.科学观察,**3**(4):24-31.

朱诚,谢志仁,田洪源,等.2006.全球变化科学导论(第二版).南京:南京大学出版社.

Department of Agriculture of United States. 1941. Climate and man, Yearbook of Agriculture. Washington D C: United States Government Printing Office.

Houghton J. 2001. The Physics of Atmospheres. Cambridge University Press.

Huntington E. 1907. The pulse of Asia. Boston.

WCRP. The WCRP strategic framework 2005—2015:Coordinated observation and prediction of the Earth system. http://wcrp. ipsl. jussieu. frl. 2005.

第2章
气候变化的科学基础

2.1 气候系统

气候系统是由大气圈、水圈、冰冻圈、岩石圈（陆地）和生物圈五个部分组成的，决

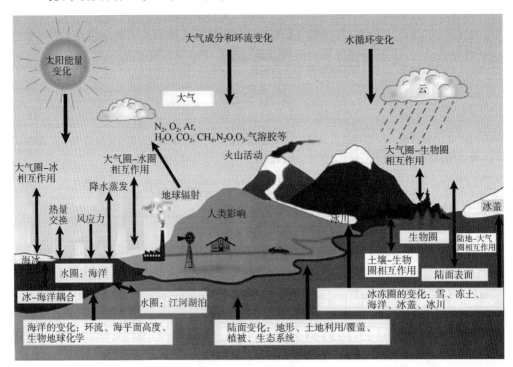

图 2.1 气候系统示意图（改编自 IPCC，2007）

定气候形成、气候分布和气候变化的统一的物理系统。太阳辐射是气候系统主要的能量来源。在太阳辐射的作用下,气候系统内部产生一系列复杂相互作用过程,这些过程在不同时空尺度上有着密切的相互作用。气候系统各个组成部分之间既相互作用,又长时间独立存在,通过物质交换和能量交换,紧密连接成一个复杂的开放系统,如图 2.1 所示。

在气候系统的五个组成中,大气圈是最可变的部分,水圈、冰冻圈、岩石圈(陆面)和生物圈都可视为大气圈的下垫面。

2.1.1 气候系统的组成

2.1.1.1 大气

包围着地球外部的空气被称为大气。大气为地球上生命的繁衍提供理想的环境,大气的变化时刻影响到人类的生存和发展。

(1)大气的成分

大气是由具有不同物理性质的各种气体以及悬浮其中的不等量固态和液态小颗粒所组成,总质量约为 5.3×10^{18} kg,约占地球总质量的百万分之一。气象上常把不含水汽和悬浮颗粒物的大气称为干洁大气,简称干空气。在大气层中 $80\sim90$ km 以下,干空气(除臭氧及部分污染气体外)成分的比例基本不变,可看作单一成分,组成干空气的所有成分在大气中均呈气体状态,不会发生相变。因此,把干空气看成是理想气体。表 2.1 列举了干空气的成分。

人们习惯将所有大气成分按浓度分为三类:①主要成分,浓度在 1‰以上,包括氮(N_2),氧(O_2)和氩(Ar);②微量成分,浓度在 1 ppm~1‰之间,包括二氧化碳(CO_2)、甲烷(CH_4)、氦(He)、氖(Ne)、氪(Kr)等干空气成分及水汽;③痕量成分,浓度在 1 ppm以下,包括氢(H_2)、臭氧(O_3)、氙(Xe)、氧化亚氮(N_2O)、一氧化氮(NO)、二氧化氮(NO_2)、氨气(NH_3)、二氧化硫(SO_2)、一氧化碳(CO)等。此外,还有一些人为产生的污染气体。

表 2.1 干空气成分

气体	化学式	体积比
干燥空气在海平面的主要成分		
氮	N_2	78.084 %
氧	O_2	20.942 %
氩	Ar	0.934 %

续表

气体	化学式	体积比
微量气体		
二氧化碳	CO_2	0.040%
氖	Ne	18.180 ppm
氦	He	5.240 ppm
甲烷	CH_4	1.760 ppm
氪	Kr	1.140 ppm
痕量气体		
氢	H_2	约 500 ppb
一氧化二氮	N_2O	317 ppb
一氧化碳	CO	50~200 ppb
氙	Xe	87 ppb
二氯二氟甲烷(CFC—12)	CCl_2F_2	535 ppt*
一氟三氯甲烷(CFC—11)	CCl_3F	226 ppt
一氯二氟甲烷(HCFC—22)	$CHClF_2$	160 ppt
四氯化碳	CCl_4	96 ppt
三氟三氯乙烷(CFC—113)	$C_2Cl_3F_3$	80 ppt
三氯乙烷	$CH_3—CCl_3$	25 ppt
二氯一氟乙烷(HCFC—141b)	$CCl_2F—CH_3$	17 ppt
二氟一氯乙烷(HCFC—142b)	$CClF_2—CH_3$	14 ppt
六氟化硫	SF_6	5 ppt
溴氯二氟甲烷	$CBrClF_2$	4 ppt
三氟溴甲烷	$CBrF_3$	2.5 ppt

注:引自维基百科 http://zh.wikipedia.org/wiki/%E7%A9%BA%E6%B0%94,2014 年

(2)大气的垂直结构

一般而言,约 50% 的大气质量聚集在离地表 5.5 km 高度以下的层次内,离地 36~1000 km 的大气层只占大气总质量的 1%。大气的下边界是陆表或海表,但是大气的上边界却不明显,因为大气圈向星际空间的过渡是逐渐的,很难有清晰"界面"。到目前为止,只能通过物理分析和现有的观测资料,大致确定大气的上界。通常有两

---

* ppt(万亿分之一):是温室气体分子数目与干燥空气总分子数目之比。如 535 ppt 是每万亿个干燥空气分子中,有 535 个温室气体分子。

种方法：一种根据大气中出现的某些物理现象，以极光出现的最大高度——1200 km为大气上界；另一种是根据大气密度随高度减小的规律，以大气密度接近星际气体密度的高度定义为大气上界，按卫星观测资料推算高度为2000～3000 km。

根据大气的物理性质，如温度、大气组成成分、电荷等以及大气的垂直运动情况，可将大气分成五层，即对流层、平流层、中间层、热层和散逸层(图 2.2)。

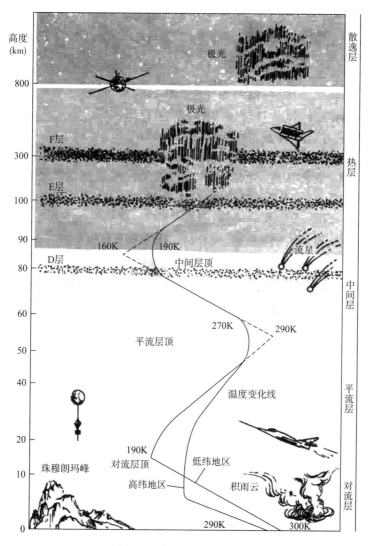

图 2.2　大气的垂直结构

①对流层:对流层是大气圈中的最低的一层,厚度比其他层都薄。其下界是地面或海面,上界因纬度和季节而异。由于对流程度在热带比寒带强烈,故对流层顶部高度随纬度增高而降低:在热带地区为 16~17 km,温带地区为 10~12 km,两极地区为 8~9 km。对流层厚度夏季大于冬季。虽然与大气总厚度相比,对流层非常薄,不及整个大气层厚度的 1%,但却集中了整个大气质量的 3/4 和绝大部分的水汽,各种天气变化和二氧化碳、甲烷、水汽等温室气体主要集中在这一层(方精云,2000),是对人类活动影响最大的一层。

对流层的主要特征体现在四个方面:

a. 气温随高度增加而降低。由于对流层主要从地面获取热量,因此除个别情况外气温随高度增加而降低。对流层中,气温随高度而降低的量值,因所在地区、所在高度和季节等因素而异。平均而言,高度每增加 100 m,气温下降约 0.65℃,称为气温直减率,也叫气温垂直梯度,通常用 γ 表示:

$$\gamma = -\frac{\mathrm{d}T}{\mathrm{d}z} \tag{2.1.1}$$

当然,有些时候会在某些地区出现短暂的气温不随高度变化而变,甚至随高度增加而升高(逆温)的情况。对流层温度随高度递减的特征对于温室效应的产生至关重要。

b. 大气密度和水汽随高度迅速递减,对流层几乎集中了整个大气质量的 3/4 和水汽的 90%。

c. 有强烈的垂直运动,包括有规则的垂直对流运动和无规则的湍流运动,它们使得空气中的动量、水汽、热量及气溶胶等得以混合和交换,对成云致雨有重要的作用。其中对流运动的强度主要随纬度和季节的变化而变化,一般低纬较强,高纬较弱;夏季较强,冬季较弱。

d. 气象要素水平分布不均匀。由于对流层受地表影响最大,地表的海陆分布、地形起伏等差异使得对流层中温度、湿度等气象要素的水平分布不均匀。

上述四个特点为云和降水的形成以及天气系统的发生发展提供了有利条件,几乎所有重要的天气现象和天气过程都发生在对流层。因此,对流层成为气象科学中的主要研究对象。

对流层内,按气流、气温和天气现象分布的特点,自下而上又可细分为贴地层、摩擦层、对流层中层、对流层上层和对流层顶五个副层:

贴地层:指 0~2 m 间的气层。该层气温变化受地表面的影响十分明显。因为紧贴地面,垂直方向气流交换微弱,导致上下气温的差值非常大,可达 1~2℃。因为受到地表冷热的直接影响,所以气温的日变化特别剧烈,昼夜可相差十几乃至几十摄氏度。气温随高度的变化也非常剧烈,白天气温随高度急剧下降,夜间和清晨气温随高度而增大,后者即为逆温现象。

摩擦层:摩擦层也叫行星边界层,顶部高度 1～2 km,摩擦层中的气流受地面阻滞和摩擦的影响很大,故风速随高度的增加而增大;气温受地面冷热程度影响呈现明显日变化。该层中空气的对流和湍流运动都比较盛行,加上水汽充足,尘埃等杂质含量多,导致低云、雾、霾等多在这一层发生。

对流中层:上界高度约为 6 km。该层处于对流层的中部,受地面影响小于下两层,气流状况基本可以表示整个对流层空气运动趋势。大气中的云和降水现象多发生在这一层,如降连绵雨、雪的中云和降阵雨的积状云。

对流层上层:范围由 6 km 伸展到对流层顶,气温常在 0℃ 以下,云由冰晶或过冷却水滴组成,且该层风速较大,水汽含量较少。

对流层顶:是对流层和平流层的过渡层,这一层的主要特征是气温随高度的增加突然降低缓慢,或者几乎不变,成为上下等温。对流层顶的气温在低纬地区平均为 −83℃,在高纬地区约为 −53℃。该层可阻挡对流层中的对流运动,从而使下边输送上来的水汽微尘聚集在其下方,使该处大气的混浊度增大。

②平流层:位于对流层顶至距地面 55 km 左右,在平流层内,随着高度的增高,气温最初保持不变或微有上升。大约到 30 km 以上,气温随高度增加而显著升高,在 55 km 高度上可达 −3℃。平流层这种气温分布特征是与其受地面温度影响很小,特别是存在着大量臭氧,臭氧能够直接吸收太阳辐射有关。虽然 30 km 以上臭氧的含量已逐渐减少,但这里紫外线辐射很强烈,故温度随高度增加得以迅速增高,造成显著的暖层。平流层顶距地面 20～50 km,大气臭氧到这里逐渐消失,故也叫臭氧顶。

平流层内气流比较平稳,随高度的增加风速逐渐减弱,到 23～25 km 达到最小值,空气的垂直混合作用显著减弱。该层中水汽含量极少,大多数时间天空是晴朗的。有时对流层中发展旺盛的积雨云也可伸展到平流层下部。在高纬度 20 km 以上高度,有时在早、晚可观测到贝母云(珍珠云)。平流层中的微尘远较对流层中少,但是当火山猛烈爆发时,火山尘可到达平流层,影响能见度和气温。

③中间层:自平流层顶到 85 km 左右为中间层。主要特征是气温随高度增加而迅速下降,具有相当强烈的垂直运动。由于这一层中几乎没有臭氧,而氮和氧等气体所能直接吸收的那些波长更短的太阳辐射又大部分被上层大气吸收掉了,所以在这一层顶部气温降到 −113～ −83℃。中间层内水汽含量更是少,几乎没有云层出现,仅在高纬地区的 75～90 km 高度,有时能看到一种薄而带银白色的夜光云,但其出现机会很少。这种夜光云,有人认为是由极细微的尘埃所组成。在中间层的 60～90 km 高度上,有一个只有白天才出现的电离层,叫作 D 层。

④热层:热层又称热成层或暖层,它位于中间层顶以上。该层中气温随高度的增加而迅速增高,因为波长小于 0.175 μm 的太阳紫外辐射都被该层中的大气物质(主

要是原子氧)所吸收。其增温程度与太阳活动有关,当太阳活动加强时,温度随高度增加很快升高,这时 500 km 处的气温可增至 2000 K;当太阳活动减弱时,温度随高度的增加增温较慢,500 km 处的温度也只有 500 K。

热层没有明显的顶部。通常认为在垂直方向上,气温从向上增温转为等温时,为其上限。在热层中空气处于高度电离状态,其电离的程度是不均匀的。其中最强的有两区,即 E 层(约位于 90~130 km)和 F 层(约位于 160~350 km)。据研究高层大气(在 60 km 以上)由于受到强太阳辐射,迫使气体原子电离,产生带电离子和自由电子,使高层大气能够产生电流和磁场,并可反射无线电波,从这一特征来说,这种高层大气又可称为电离层,正是由于高层大气电离层的存在,人们才可以收听到很远地方的无线电台的广播。

此外,在高纬度地区的晴夜,在热层中可以出现彩色的极光。这可能是由于太阳发出的高速带电粒子使高层稀薄的空气分子或原子激发后发出的光。这些高速带电粒子在地球磁场的作用下,向南北两极移动,所以极光常出现在高纬度地区上空。

⑤散逸层:热层顶以上的大气层统称为散逸层,也称为外层。这是大气的最高层,是大气圈与星际空间的过渡带。这一层中气温随高度增加很少变化。由于温度高,空气粒子运动速度很大,又因距地心较远,地心引力较小,所以这一层的主要特点是大气粒子经常散逸至星际空间。

从总体来讲,大气是气候系统中最活跃、变化最大的组成部分,它的整体热容量为 5.32×10^{15} mJ,且热惯性小。当外界热源发生变化时,通过大气运动对垂直的和水平的热量传输,使整个对流层热力调整到新热量平衡所需的时间尺度,大约为 1 个月左右,如果没有补充大气的动能过程,动能因摩擦作用而消耗尽的时间大约也是 1 个月。

(3)大气运动

一切天气现象都与大气运动有关,尽管大气运动非常复杂,但其始终要遵循某些基本物理定律。支配大气运动状态和热力状态的基本物理定律有:牛顿第二定律、质量守恒定律、热力学能量守恒定律、气体实验定律等。这些基本物理定律的数学表达式构成了研究大气运动规律的基本方程组。

球坐标系中大气运动方程组可写成:

$$\frac{\mathrm{d}u}{\mathrm{d}t} = \frac{uv}{a}\tan\varphi - \frac{uw}{a} + fv - f'w - \frac{1}{\rho r\cos\varphi}\frac{\partial p}{\partial \lambda} + F_\lambda \qquad (2.1.2)$$

$$\frac{\mathrm{d}v}{\mathrm{d}t} = \frac{u^2}{r}\tan\varphi - \frac{vw}{r} - fu - \frac{1}{\rho r}\frac{\partial p}{\partial \varphi} + F_\varphi \qquad (2.1.3)$$

$$\frac{\mathrm{d}w}{\mathrm{d}t} = \frac{u^2}{r} + \frac{v^2}{r} + f'u - \frac{1}{\rho}\frac{\partial p}{\partial r} - g + F_r \qquad (2.1.4)$$

$$\frac{1}{\rho}\frac{\mathrm{d}\rho}{\mathrm{d}t} + \frac{1}{r\cos\varphi}\frac{\partial u}{\partial \lambda} + \frac{1}{r\cos\varphi}\frac{\partial(v\cos\varphi)}{\partial\varphi} + \frac{\partial(wr^2)}{r^2\partial r} = 0 \qquad (2.1.5)$$

$$C_p\frac{\mathrm{d}T}{\mathrm{d}t} = \dot{Q} + \frac{RT}{p}\frac{\mathrm{d}p}{\mathrm{d}t} \qquad (2.1.6)$$

$$p = \rho RT \qquad (2.1.7)$$

式中:$u = r\cos\varphi\dfrac{\mathrm{d}\lambda}{\mathrm{d}t}$,$v = r\dfrac{\mathrm{d}\varphi}{\mathrm{d}t}$,$w = \dfrac{\mathrm{d}r}{\mathrm{d}t}$,分别为纬向、经向和垂直速度分量;$r$ 是空间一点离地球中心的距离;p 和 ρ 分别是大气压力和密度;$f = 2\Omega\sin\varphi$,是 Coriolis 参数;$f' = 2\Omega\cos\varphi$,Ω 是地球自转角速度;F_λ、F_φ、F_r 分别是纬向、经向和垂直方向的摩擦力;T 是大气温度;C_p 是比定压热容;R 是理想气体常数;$\dot{Q}$ 是外源对每单位质量空气的加热率。

虽然描写大气运动选取球坐标系最自然,但球坐标系中的运动方程形式复杂,因此,除了考虑全球范围内的大气运动时必须采用球坐标外,通常采用局地直角坐标系。这种坐标系也称为标准坐标系或 Z 坐标系,其中的大气运动方程组为:

$$\frac{\mathrm{d}u}{\mathrm{d}t} - fv = -\frac{1}{\rho}\frac{\partial p}{\partial x} + F_x \qquad (2.1.8)$$

$$\frac{\mathrm{d}v}{\mathrm{d}t} + fu = -\frac{1}{\rho}\frac{\partial p}{\partial y} + F_y \qquad (2.1.9)$$

$$\frac{\mathrm{d}w}{\mathrm{d}t} = -\frac{1}{\rho}\frac{\partial p}{\partial z} - g + F_z \qquad (2.1.10)$$

$$\frac{\mathrm{d}\rho}{\mathrm{d}t} + \rho\left(\frac{\partial u}{\partial x} + \frac{\partial v}{\partial y} + \frac{\partial w}{\partial z}\right) = 0 \qquad (2.1.11)$$

热力学方程和状态方程的形式与球坐标系中一致,F_x、F_y、F_z 分别是纬向、经向和垂直方向的摩擦力。

作用于大气的力可分为两类,一类是真实力,包括气压梯度力、地球引力、摩擦力;另一类是视示力,包括惯性离心力和科里奥利力(又称为地转偏向力)。

①气压梯度力

气压梯度力是空气介质对空气微团的作用力。大气中任一微小的气块都被周围大气所包围,因而气块的各个表面都受到周围气压的作用。当气压分布不均匀时,气块就会受到一种净压力的作用,这种作用于单位质量气块上的净压力即气压梯度力,用三维微分算子符号表示为:

$$\frac{1}{\rho}\nabla_3 p \equiv -\frac{1}{\rho}\frac{\partial p}{\partial x}\vec{i} - \frac{1}{\rho}\frac{\partial p}{\partial y}\vec{j} - \frac{1}{\rho}\frac{\partial p}{\partial z}\vec{k} \qquad (2.1.12)$$

②地球引力

根据万有引力定律,宇宙间任何两个物体之间都有引力,其大小与两物体的质量乘积成正比,与两物体之间的距离平方成反比。设 G 为引力常数,M 为地球质量,那

么地球对单位质量空气块的引力为：

$$\vec{g} = -\frac{GM}{r^2}\left(\frac{\vec{r}}{r}\right) \qquad (2.1.13)$$

③摩擦力

大气是一种黏性流体，当某一层大气相对于邻近大气层有运动时，由于黏性作用，气块表面都与它周围的空气互相拖拉，即互相都受到黏滞力的作用。从分子运动论观点来看，这种内摩擦力乃是不同速度两层空气的分子动量交换的结果。由黏性流体力学可知：

$$\vec{F} = \frac{1}{\rho}\left(\frac{\partial \vec{\tau}_x}{\partial x} + \frac{\partial \vec{\tau}_y}{\partial y} + \frac{\partial \vec{\tau}_z}{\partial z}\right) \qquad (2.1.14)$$

式中：$\vec{\tau}_x$，$\vec{\tau}_y$，$\vec{\tau}_z$分别是作用于 x 面、y 面和 z 面上单位面积上的力，即分子黏性应力。

④惯性离心力

在旋转坐标系中，空气受到向心力的作用，但不作加速运动，这违反了牛顿第二定律。为了解释这一现象，引入一个大小与向心力相等、方向相反的力，叫作惯性离心力。表达式为：

$$C = \Omega^2 \vec{R} \qquad (2.1.15)$$

式中：Ω 是旋转角速度，$\vec{R}$ 是向径，地球引力与惯性离心力的合力通常称为重力。

⑤科里奥利力

科里奥利力（也称地转偏向力或科氏力）是除惯性离心力以外的另一种视示力，但与惯性离心力不同，它只在物体相对于地球有运动时才出现，其数学表达式为：

$$A = -2\vec{\Omega} \times \vec{V} \qquad (2.1.16)$$

在北半球，科里奥利力指向速度的右方；南半球，指向速度的左方。根据数学表达式，科里奥利力对空气微团不做功，不能改变空气微团运动速度的大小，只能改变其运动方向。

（4）大气环流

大气环流是指大范围的大气运动状态。其水平范围达数千千米，垂直尺度在10 km以上，时间尺度在1～2日以上。大气环流反映了大气运动的基本状态，并孕育和制约着较小规模的气流运动，是各种不同尺度的天气系统发生、发展和移动的背景条件。

①大气环流形成的主要因素

大气环流的影响因素主要包括：太阳辐射、地球自转、摩擦作用和地球表面的不均匀性（海陆分布和地形）等，其中，太阳辐射是大气环流形成的根本能量来源。

a.太阳辐射

大气运动需要能量，而能量几乎都来源于太阳辐射的转化。大气不仅吸收太阳辐射、地面辐射和地球给予大气的其他类型能量,同时大气本身也向外放射辐射,然而这种吸收和放射的差额在大气中的分布是很不均匀的。太阳辐射对大气系统加热不均是大气产生大规模运动的根本原因,大气在高低纬间的热量收支不平衡是产生和维持大气环流的直接原动力。

b. 地球自转

大气是在自转的地球上运动着,地球自转产生的地转偏向力迫使空气运动的方向偏离气压梯度力方向。在北半球,气流向右偏转;南半球,气流向左偏转。在地转偏向力的作用下,理想的单一的经圈环流,既不能生成也难以维持,因而形成了几乎遍及全球(赤道地区除外)的纬向环流,并形成了三个纬向风带:低纬东风带、中高纬西风带和极地低空的东风带。气压带和风带主要影响水循环,它们也与水循环共同影响了全球各地的气候。

c. 摩擦作用

地形起伏对大气环流的影响是相当显著的,尤其是高大山脉和大范围的高原地形。大气在自转地球上运动着,与地球表面产生着相对运动,相对运动产生摩擦作用,而摩擦作用和山脉作用使空气与转动地球之间产生了转动力矩(即角动量)。角动量在风带中的产生、损耗以及在风带间的输送、平衡,对大气环流的形成和维持具有重要作用。

d. 地球表面的不均匀性——海陆分布

地球表面有广阔的海洋、大片的陆地,陆地上又有高山峻岭、低地平原、广大沙漠以及极地冷源,是一个性质不均匀的复杂下垫面。从对大气环流的影响来说,海陆间热力性质的差异所造成的冷热源分布和高大地形的作用,都是重要的热力和动力因素。

海洋与陆地的热力性质差异很大。夏季,陆地相对海洋形成相对热源,海洋上成为相对冷源;冬季,陆地成为相对冷源,海洋却成为相对热源。这种冷热源分布及其季节变化直接影响到海陆间的气压分布,使完整的纬向气压带分裂成一个个闭合的高压和低压,从而导致全球大气环流形态更为复杂。

②大气环流平均状况

大气运动状态千变万化。为了从这些随时间和空间不断变化的复杂环流状态中找出大气环流的主要规律,通常采用求平均的方法,即对时间求平均,滤去所取时间内环流随时间的变化,显出大气环流中比较稳定的特征;对空间求平均,滤去各经度间的环流差异,显现出各纬圈上环流的基本特征。

a. 平均经圈环流

经圈环流指沿经圈和垂直方向上,由风速的平均南北分量和垂直分量构成的平均环流圈。在大气运动满足静力平衡和准地转平衡条件下,除低纬度以外,上述风速的南北分量和垂直分量都很小,因而经圈环流同纬圈环流相比要弱得多。从图 2.3 可见,北半球有三个经向环流圈,即:低纬环流圈,是一个直接热力环流圈(正环流圈),是 G. 哈德莱(G. Hadley)最先提出的,故又称哈德莱环流圈;中纬环流圈,是间接热力环流圈(逆环流圈),是 W. 费雷尔(W. Ferrel)最先提出的,故又称费雷尔环流圈;高纬环流圈,又称极地环流圈,也是一个直接热力环流圈,是三个环流圈中环流强度最弱的一个。

与北半球相对称的南半球的三个环流圈的形成过程与北半球完全相同,经向三圈环流理论是由芝加哥学派的奠基人罗斯贝(Rossby)提出的,所以也称为罗斯贝三圈经向环流模式。

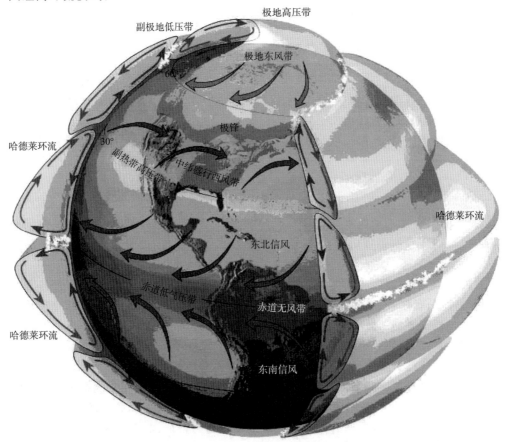

图 2.3 全球大气环流示意图(引自 http://baike.baidu.com/)

b. 平均纬向环流

在图 2.3 中可以看出,与经向环流相对应,纬圈方向上也有三个风带,即低纬东风带、中高纬西风带和极地低空东风带,这些风带也被称为行星风带。纬向东、西风带和经圈环流的共同作用,造成某些地方空气质量的辐合而另外一些地区空气质量的辐散,使得一些地区的高压带和另外地区的低压带得以维持。全球海平面气压分布在热力和动力因子的作用下呈现出规则的气压带。另一类著名的纬向环流是"沃克环流",由英国气象学家沃克(Walker)首先发现的,是热带赤道太平洋海-气相互作用而形成的。它对太平洋东西两岸的气候调节有重要作用,如果赤道东太平洋地区洋面的温度异常升高,就会在此产生较暖且湿润的上升气流,从而削弱"沃克环流",同时美洲中部一带会气温上升、暴雨成灾,这就是著名的厄尔尼诺现象。

2.1.1.2 大气圈

包围着地球外部的气态物质被称为大气。由大气所形成的包围着地球的连续的气体圈层称为大气圈。大气圈由氮、氢、氧等多种气体混合而成,位于其他四大圈层之上,其厚度约 $2000 \sim 3000$ km,总质量为 5.3×10^{15} t,控制着地球的气候,最终决定了人类的生存环境。大气圈中大气成分的变化影响着全球辐射平衡,从而影响全球气候变化基本特征。

2.1.1.3 水圈

水圈是地球表层水体的总称。天然聚积的水和人工聚积的水均称水体。这些水以固态、液态和气态分布于地表、地下和大气中,以海洋、湖泊、沼泽、河流、冰川、积雪、大气水(如云、水汽等)和地下水等形式存在。水圈中水的总体积约为 13.86 亿 km^3,淡水占其中的 2.53%,其余部分则是咸水。如果把如此多的水均匀地铺在地球表面,水的深度将可达 2718 m(温刚 等,1997)。地球系统的生物圈和岩石圈的土壤层中的水分含量尽管很少,但对于动植物的生存和各种生物过程至关重要。这两部分水一般不作为水圈的组成部分。其中,生物圈中的水量约为 1120 km^3,小于全球总水量的 0.0001%。水圈是一个连续不规则圈层,质量只占地球质量的万分之四,但却在人类赖以生存的地理环境中起着重要的作用。

海洋是全球最大的水体,约 13.38 亿 km^3,海洋水占水圈总水量的 97%,海洋表面积约占地球表面积的 71%。在海水中,纯水占 96.5%,其余则是各种各样的溶解盐类和矿物,还有来自大气中的二氧化碳和氧化亚氮等气体。目前,在海水中已发现的化学元素超过 80 种,除构成水的氢和氧外,绝大部分处于离子状态。溶解于海水中的氧和二氧化碳等气体、磷、氢、氯、硅等营养盐元素和其他溶解物质,影响着海水的物理化学特性,也为海洋生物提供了营养物质和生存环境。大气是海洋对气候和地球环境产生影响的主要途径。海气相互作用的主要过程包括水、热和各种化学物质的交换。而海洋对气候和地球环境的影响还通过河流以及在海岸进行的海水与陆地水之间的交换来实现。

2.1.1.4　岩石圈/陆面

岩石圈是由地壳和上地幔组成。固体地球内部存在两个间断面,这两个间断面将地球内部划分成三个主要的同心层:地壳、地幔和地核。第一个间断面位于地表以下 33 km 处,称为莫霍洛维奇间断面(莫霍面);另一个间断面在地表以下 2 900 km 处,称为古登堡间断面(温刚 等,1997)。

地壳位于岩石圈的上部,是以莫霍面与上地幔为界以上的坚硬固体外壳,主要由富含硅和铝的硅酸盐组成(图 2.4)。在大陆,地壳表面受大气、水和生物等作用,形成土壤层、风化壳和沉积物的堆积层,其平均厚度约为 35 km;在海洋,地壳平均厚度为 5~8 km。在地壳中已发现 90 余种化学元素,但各种元素的分布差异很大。其中,地壳中最主要的 8 种元素是氧、硅、铝、铁、钙、钠、钾和镁。

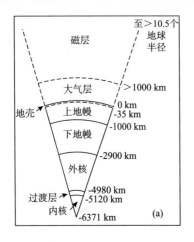
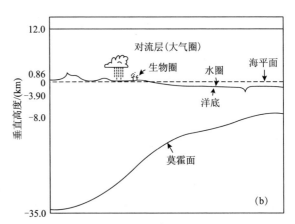

图 2.4　地球系统(a)和地球表面各圈层剖面(b)示意图(任振球,1990)

地幔是位于莫霍面和古登堡面之间的部分,分上地幔和下地幔两层。上地幔处于 33~980 km,厚 900 km,一般认为是岩浆作用的主要发源泉地。下地幔位于地面以下 980~2900 km 处,下地幔里裹着的就是地球的核心部分——地核。

土壤是岩石圈中对人类、动植物以及其他生命形式最有意义的部分,与地球环境的其他部分紧密接触。土壤是指陆地表面具有一定肥力的疏松土层,是生物、尤其是植物和微生物生活的重要环境,也是地表与大气进行物质和能量交换的重要场所。土壤肥力是土壤的主要特征,支持和调节着植物生长过程中所需要的水分、营养物质、空气和热量。

2.1.1.5 冰冻圈

冰与雪是水的固态形式,将冰雪从水圈中提出来并与冻土一起单独列为冰冻圈,包括海冰、大陆冰盖、季节性雪盖、多年冻土和高山冰川五个部分。其中,海冰和大陆冰盖是冰冻圈的主要组成部分。冰冻圈的分布范围对地球表面温度的变化非常敏感,因此其覆盖范围是可以改变的,全球陆地有 10.6% 被冰雪覆盖,海洋有 6.7% 被海冰覆盖,但海冰面积比陆冰面积大。冰、雪和冻土有多年性(或常年性)和季节性的区别。季节性的冰、雪和冻土的季节影响和年际影响是显著的,但在更长的时间尺度上,多年性的冰、雪和冻土作用更大,分布范围变化亦较小,从而可以产生比较固定的影响过程和影响趋势。

冰冻圈的重要性在于它对太阳辐射具有较稳定的高反射率,从而影响地球系统的能量收支,在一定程度上控制着大气环流和海洋环流的进行,并影响海气之间的相互作用;另一方面,冰冻圈具有地球上近 80% 的淡水资源,约占地球各种形式总水量的 2%。

2.1.1.6 生物圈

生物圈是对地球上所有动物、植物和微生物等生物有机体及其能够活动的空间区域的总称,是地球特有的圈层,也是人类诞生和生存的空间。所以说,生物圈是地球最大的生态系统。1875 年奥地利地质学家 Eduart Suess 首次将生物圈这一概念引入自然科学,但在当时并没有引起人们的重视。直到 20 世纪 20 年代,苏联科学家维尔纳茨基(B. N. Vernadsky)有关生物圈的两篇论文发表后才得到公认。生物圈占据了包括大气圈对流层的下部、几乎整个水圈以及岩石圈表层的薄层范围。绝大部分生物集中在地表面以上 100 m 至水下 200 m 之间,这一圈层是生物圈的核心部分。

由此可见,生物圈是一个复杂的、全球性的开放系统,是一个生命物质与非生命物质的自我调节系统,它的形成是生物界与大气圈、水圈、岩石圈(陆面)长期相互作用的结果。生物圈存在的基本条件包括:

(1)可以获得来自太阳的充足光能。因为生命活动能量的根本来源是太阳能,绿色植物通过吸收太阳能合成有机物而进入生物循环。

(2)存在可被生物利用的大量液态水。几乎所有生物都含有大量水分,没有水就没有生命。

(3)存在适宜生命活动的温度条件,在该温度变化范围内物质以气态、液态和固态三种形式存在,并能在一定条件下相互转化。

(4)能够提供生命物质存在的各种营养元素,包括 O_2, CO_2, N, C, K, Ca, Fe, S 等,它们是生命物质的组成或者中介。

生物圈与气候息息相关,影响较大的是世界范围内的植被。植被是生物圈中最重要的组成部分,由覆盖在陆地表面的植物构成。通过植被的生长过程,土壤(包括较深层次的土壤)、植被与大气通过物质和能量的交换密切地联系在一起。尤其重要的是,植物通过光合作用将太阳能转化成化学能,并吸收大气中的二氧化碳,把碳元素固定在植物体内,为生物圈中的一切生命形式提供能量,并为人类提供植物产品,如食物、纤维、燃料、建筑材料等。植被既是气候的产物,反过来也影响气候。植被同时调节和控制着大气、海洋、陆地之间几种温室气体的通量大小,地表植被类型还通过影响地面反照率、粗糙度、蒸发和渗透等进而影响陆气相互作用的各个环节。

2.1.2 各圈层之间的相互作用

气候系统作为一个非常复杂的系统,各圈层之间存在不同的时间和空间尺度,它们之间发生着明显的相互作用,包括物理、化学和生物的相互作用。虽然气候系统各圈层在组成、物理与化学特征、结构和状态上有着明显的差别,但它们通过物质、热量和动量的交换相互联系在一起,并通过内部的一系列复杂过程,构成一个开放系统。气候系统各圈层的相互作用中,主要包括了:陆气相互作用、海气相互作用、冰气相互作用,以及生气相互作用等。

2.1.2.1 陆气相互作用

陆地约占地球表面的三分之一,是气候系统的重要组成部分。由于人类生活在大陆上,地面状况和气候变化直接影响着人类的生存环境和各种活动,特别是农业生产和交通运输等;另一方面,人类活动造成陆地表面状况的改变,反过来又引起了局部地区乃至大范围的气候变化。近些年来的一系列观测资料充分说明,大面积砍伐森林、在半干旱荒漠草原区的大面积垦荒种植等已经破坏了地球表面的生态平衡,造成了难以逆转的自然环境恶化,由此也引发了区域气候异常改变。因此,发生在陆地表面的各种过程与气候的相互作用,已经成为地球与环境科学领域的研究热点之一。

陆面过程主要包括地面以上和地表以下两部分:地面上有热力过程(包括辐射及热交换过程)、动量交换过程(例如摩擦及植被的阻挡等)、水文过程(包括降水、蒸发和蒸腾、径流等)、地表与大气之间的物质交换过程;地表以下主要有热量和水分输送过程。这一系列过程一方面受到大气环流和气候的影响,同时又对大气运动和气候变化有重要的反馈作用。

1984年世界气象组织(WMO)和国际科学理事会(ICSU)公布的世界气候研究计划(WCRP),强调了陆气相互作用及陆面过程研究的重要性。近年来,陆面过程及其与气候的相互作用引起了人类社会的普遍关注,并逐渐成为一个重要的科学研究领域,探讨地表过程与不同时间尺度气候变化间的相互作用和影响研究开始发展起来。

然而,由于陆面观测资料的缺乏和陆面过程的复杂性,其中的一些定量关系以及过程的参数化都还不是很清楚,有待于相关野外观测试验和数值模拟的深入研究。因此,20世纪80年代中后期开展了水文大气野外试验计划(HAPEX)、全球能量和水循环试验(GEWEX)、国际卫星-陆面-云研究计划(ISLSCP)、国际地圈-生物圈计划(IGBP)、陆面过程和气候研究计划(RPLSP)等一系列大型陆面外场观测试验和研究计划,为陆气相互作用的研究提供了条件,使陆气相互作用的研究有了新的突破。

(1)地表反照率与辐射平衡

地表反照率的变化是陆面异常最重要的特性之一,土壤水分、植被覆盖、积雪覆盖等陆面状况的变化均能引起地表反照率的变化,反照率的变化通过影响地表能量平衡直接对大气产生影响,不同地表状况的反照率有很大的差异,例如:雪面反照率为$60\%\sim90\%$,平整耕地的反照率为$15\%\sim30\%$,有植被的地面反照率为$10\%\sim20\%$。由于反照率的不同,使得地面获得的太阳辐射也不同,地面辐射平衡受到影响,相关地区的气候也将发生变化。

Charney(1975)最早提出了沙漠化问题的地球生物-物理反馈机制:即陆面状况的变化→反照率的异常→地面辐射平衡→气候变化。利用美国国家大气研究中心(National Center for Atmospheric Research,NCAR)大气环流模式所进行的改变北非地面反照率的数值模拟试验表明,将$7.5°N$以北的整个北非地区的地面反照率全改为0.45;而控制试验中该区域的地面反照率有不同分布,撒哈拉北部为0.35,南部边界区为0.08。数值试验积分了120天,最后发现地面反照率的改变造成了各种气象要素极为显著的异常,不仅在反照率改变的地区内有异常,而且在反照率改变的区域之外,尤其是在其南面的广大区域也有明显的异常发生。其次,北非地面反照率的增加造成了降水率约减少了4 mm/d,地面温度降低了约0.2℃。不同学者先后通过数值试验证实了地面反照率对局地及邻近地区的大气环流和气候变化具有十分重要的影响,而且这种影响是多方面的。

(2)土壤温度与湿度

地表水循环是气候系统的重要分量,土壤湿度是地表水循环的重要组成部分,土壤湿度的改变不仅会对地表水循环产生影响,而且会改变地表蒸发,直接影响地气之间的水分交换和能量通量。土壤的热容量远大于空气,土壤的热状况及其变化也将会对大气的陆面下边界起重要的作用。土壤温度的变化可以直接影响地气之间的感热通量及辐射通量,从而对气候变化起到反馈作用。不同的气候带和不同的气候时段,其土壤温度和湿度的分布具有不同特征,因此也可以说土壤的温度和湿度是气候状态的属性之一。这些过程同大气运动相互影响,对气候变化造成一定的反馈。

在分析土壤的温度与降水量的关系时发现,深层土壤($0.8\sim3.2$ m)的温度与相应地区或邻近地区的后期降水量有统计相关性。土壤温度若偏高,后期降水量就偏多;反之亦然。而且较深层的土壤温度所反映的降水量的滞后时间较长。

土壤湿度除了会直接影响地-气间的潜热通量之外,还对辐射、感热通量及大气的稳定度造成影响。一般说来,土壤湿度偏低会使地面温度增加,射出长波辐射也增加。但同时,比较干的土壤其反照率较大,又会导致地面吸收的太阳辐射减小,这样,地面失去的热量比较多,地面温度又将降低。此外,土壤湿度又直接与蒸发相联系,较潮湿的土壤有利于增加近地面大气的蒸发,使其含水量增加,大气不稳定性增加,有利于对流性降水的发生。

(3)植被

陆地表面大部分由不同类型的植被所覆盖,不同的植被有其自身的物理和生物特性,从而使地表过程变得更为复杂。植被生理及形态特性对陆面过程具有十分重要的影响,主要表现为:降水和辐射的拦截作用、辐射的吸收、蒸散、土壤湿度、改变动量输送(改变地表粗糙度)、生物通量等方面。因此,如何合理地描述大气与植被、植被与土壤之间的水分和热量交换以及植被的物理和生物特征,是极为重要的。

例如,热带雨林是气候系统的重要组成部分,因此,热带森林被大量砍伐而对气候造成的影响已引起科学家的广泛重视。砍伐森林严重影响了植被状况,不仅改变了地面反照率,而且改变了地面的水文条件和地表粗糙度以及对 CO_2 的吸收等,造成地面的热量通量和动量通量的异常,直接引起气候的变化。

2.1.2.2 海气相互作用

海洋和大气都是旋转着的地球流体,虽然它们的物理和化学性质有很大差异,但其变化却有许多相关联的特征。海洋和大气状况在气候尺度内有着密切的、甚至是共生的关系,或者称为耦合相互作用关系。而且由于海洋有较强的"记忆"过去影响的能力,并且是大气运动的重要能源,海洋"事件"可能是大气长期的大尺度(气候)"事件"的前兆。

海洋主要通过对潜热和感热的输送推动其上面的大气运动,而大气主要通过风应力将动量送给海洋,影响海洋环流。图 2.5 是风应力(动量)和潜热通量(因感热通量相对较小,可视潜热通量为总热通量)的全球分布。可以看到,除了在北半球的暖西部边界流区有主要的热通量中心外,赤道以外的热带区域是主要的热通量大值区。风应力的分布表明,除中纬度(50°纬带附近)地区,尤其是南半球中纬度地区之外,赤道以外的热带区域也有较大的数值。同时,对于不同的季节,热通量和风应力的分布有着明显的不同。可见,海洋和大气作为一个非线性耦合系统,其相互作用是极为复杂的,特别是海洋和大气间耦合的机制并不十分清楚,甚至较准确地估算海气间的热量和动量交换(输送)值也还有一定的困难。目前,还只能粗略地估计气候尺度的海气耦合。图 2.5 及其他研究结果已清楚地表明,热带海气相互作用有着更为突出的重要性。

尽管对影响海洋和大气耦合的实际物理过程还不是很清楚,但是,作为海气相互作用强信号的厄尔尼诺-南方涛动(ENSO)及其影响,已引起了人们的极大关注。El Nino 的发生及其对全球大范围天气气候异常的影响,是 20 世纪 80 年代十分重要的

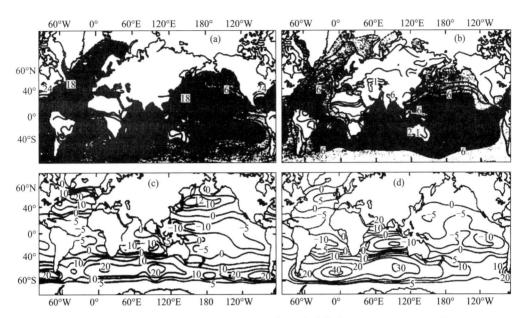

图 2.5 潜热通量(kcal* /mon)和风应力(10⁻⁶N/cm²)的全球分布(Budyko,1955;Hellerman,1967)

(a)1 月份潜热通量;(b)7 月份潜热通量;(c)1 月份风应力;(d)7 月份风应力

研究课题;而依据海气耦合系统的物理特征和相互反馈过程,ENSO 已被视为海气耦合系统的一类自身振荡现象。同时,因为 ENSO 是海气耦合相互作用的强信号,它也成为认识年际气候变化规律和预测年际气候变化的重要突破。

2.1.2.3 冰冻圈与大气的相互作用

冰雪的主要效应是增大地表反照率,对大气运动总是起冷源的作用,同时,由于在其消融时要吸收热量,可使季节性升温变慢,因此,它对由冬到夏的季节转换有一定的延缓作用。利用卫星探测等手段得到的大范围雪盖资料,人们初步研究了雪盖异常对气候的影响。例如欧亚大陆冬季的雪盖面积与印度的夏季风雨量有明显的负相关关系(Hahn *et al*,1976),北半球冬春的积雪面积与我国东北的夏季温度也存在负相关(符淙斌,1980),青藏高原冬半年的积雪多少对东亚大气环流也有明显影响,积雪多的时候,其初夏的热低压环流就比较弱,从而也将对我国的夏季降雨量产生影响(陈烈庭 等,1979;郭其蕴 等,1986)。

海冰除了同雪盖一样通过地表反照率及蒸发和感热交换影响大气环流和气候之外,它还对海洋盐度等产生影响,因而间接影响气候。图 2.6 是大气-海冰-海洋相互作

---

* 1 kcal=4.18 kJ。

用的示意图,其相互影响显然是很复杂的。如何在数值模式中很好地描写这些过程,是一个正在研究的重要问题。

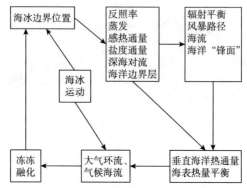

图 2.6　大气-海冰-海洋相互影响示意图(李崇银,2000)

　　冰雪覆盖的区域由于反照率大大增加,反射掉大部分的入射辐射从而改变了地表的辐射平衡,对大气的热力和动力过程都产生重要影响。一般地,地面空气温度和冰雪覆盖高反照率间的相互作用可构成一种正反馈,即所谓冰雪反照率反馈机制。当冰雪覆盖面积增大时,由于更多的辐射能被反射掉,地面空气温度将会降低,这又造成冰雪面积的扩展。冰雪覆盖同大气环流和气候变化有着重要的关系,冰雪覆盖也是气候系统的重要组成部分。

　　由于地球上的主要冰雪覆盖区都在南北两极和高纬度地区,因冰雪过程造成的气温下降也主要发生在高纬度及极地区域。其结果是在有较大冰雪面积的情况下,大气的经向温度梯度将增加,纬向西风亦将加强。用大气环流模式研究冰雪覆盖影响的数值模拟试验表明,当南北两个半球的极区冰雪面积增加之后,全球大气的纬向平均动能将增大,而涡旋动能将明显减小,而且,季风环流也会被削弱。

　　积雪异常的气候效应,除了因其大的反照率造成积雪区与无雪区的净辐射差很大,地温和气温也相差很大,从而影响基本风系的强度和位置之外,积雪融化后将使土壤湿度增大,蒸发量也会加大,大气中的热量和水分平衡也会发生改变。而且积雪融化及其影响有一定的持续性。对观测资料的分析表明,欧亚大陆积雪异常的持续性虽比不上北太平洋的海温和北极极冰,但要比大气的内部变化(例如 700 hPa 流型)长得多,一般可达 3 个月或更长时间(Walsh $et\ al$,1982)。1976 年冬季,欧亚大陆中纬度地区雪盖面积较大;而 1977 年冬季则相反,雪盖面积较小。积雪异常通过太阳辐射吸收的变化以及积雪融化后土壤湿度的变化,其气候效应可持续数月之久。因此,研究大气环流及气候的持续性异常不能不考虑积雪的影响。

2.1.2.4 生态系统与气候的相互作用

近些年来,气候的变化和人类活动,特别是工业化对环境造成的严重破坏,已开始威胁到人类的生存,环境问题也就成了人们十分关心的重大问题。基于对环境问题的研究,科学上也就提出了所谓生态系统,它实际上反映了生物界与气候和地球表面层之间的联系和相互影响关系。以陆上情况为例,生态系统如图2.7所示。显然,气候是生态系统的组成部分之一,它同动物(包括人类)、植物和土壤都存在相互作用的关系。

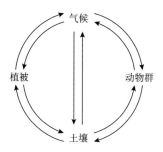

图 2.7 陆上生态系统示意图(李崇银,2000)

需要指出,生态系统的提出,往往使人认为生态系统是大系统,而气候系统是其子系统。其实这种理解并不恰当,因为气候虽是生态系统的一个组成部分,但所谓生态系统是针对生物(尤其是人类)的生存环境而讲的。就针对气候变化问题所提出的气候系统而论,正如前面几节所讨论的,大气、海洋、陆地、生物等也是气候系统的组成部分。十分明显,气候变化问题不能不涉及生态演变,而生态问题也离不开气候变化的影响。无论生态系统还是气候系统,这样几种过程是必须给予认真考虑的,即大气—水文过程、生物—生化过程、土壤—陆面过程、海洋过程等。图2.8是以陆上生态系统为例给出的各种过程同生态系统的关系,而推动各种过程的根本能源是太阳辐射。

气候条件,特别是降水量和温度对植物群落的影响,甚至可以说具有控制作用,是大家都比较了解的。在潮湿而炎热的低纬度地区主要是热带雨林和亚热带森林;在适中雨量区也总可以见到各种森林或草原;但在少雨高温的地区,我们就只能看到植物难以生长的沙漠。图2.9是Miller(1965)用图表给出的植物种群与年平均雨量和年平均温度间的关系,其中斜线R_1是森林与草原的分界线,R_2为草原与沙漠的分界线。可以看到,降雨量对植被种群比温度具有更大的影响。

另一方面,植被通过蒸腾作用以及对土壤的"固水"作用,又对气候状态起着一定的影响。这些反馈作用正成为人们改造沙漠的一定科学依据。动物(包括人类)只能在一定的气候环境中生活,而且其生存所需的食物等也同气候环境有密切关系。在

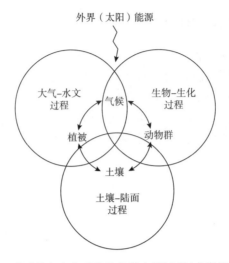

图 2.8 联系陆上生态系统的几种主要过程(李崇银,2000)

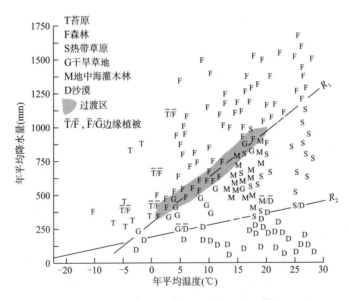

图 2.9 植被种群分布与年平均降水量($\overline{R}$)和年平均温度($\overline{T}$)的关系(Miller,1965)

地球上,气候条件恶劣的地区不仅没有人烟,而且其他动物相对也比较少见。由于气候的改变,使得动物种群的分布发生变化的事已有许多记载和研究。例如,在中国目前除西双版纳地区之外,只能在动物园看到人工饲养的大象,可是据考证在距今 1 万多年以前,中国黄河中下游地区还曾是大象的重要生活场所。同时,已有的研究还表明,不同的气候条件使动物的体形等也受到明显的影响,例如,生活在寒冷地区的人类一般要比生活在热带地区的人类体形高大,平均寿命较长。可见,气候对动物群(包括人类)也有明显的影响。

人类生活在一定的气候环境中,并受到气候的一定约束或影响。但是,人类的活动,尤其是生产活动,也给气候及环境造成了破坏性的影响,例如,由于扩大耕地面积而破坏植被引起的区域性气候恶化。有关研究表明,热带雨林减少后,全球的大气环流和气候都会发生相应的改变,尤其是热带和副热带地区的干旱现象尤为突出(Henderson-Sellers *et al*,1984;Dickinson *et al*,1988)。

大气中温室气体含量的逐年增加,是人类活动对气候起破坏性影响的重要方面,也是近几年人们极为关注的问题。虽然目前的研究结果表明,大气中 CO_2 含量加倍后全球平均气温增加 $1.5 \sim 4.5 ℃$,这种全球变暖总是使得气候趋向恶化,旱涝灾害增加,即人类自觉不自觉地给自己制造了麻烦和灾难。

大气过程在生态系统中的重要性还不仅因为大气运动是导致气候变化的直接原因,同时,大气在生态系统的氧循环、碳循环以及氮循环中都起着十分重要的作用。特别是氧循环中形成的臭氧层是保护生物界的"天然"屏障,而氧是生物生存的必需品。图 2.10 是生态系统中氧循环的示意图,大气在这里起着极为核心的作用。要维护生态平衡,气候条件是重要的,而保证氧循环等的正常进行也是十分必要的。

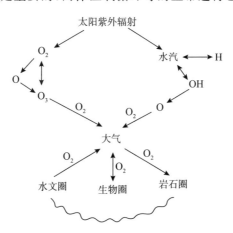

图 2.10　生态系统中氧循环的示意图(李崇银,2000)

生态系统中氧的循环、碳的循环和氮的循环,既同大气化学及光化学过程有关,又同生物化学过程有联系。上述化学过程所产生的 O_3 及温室气体,例如 CO_2,CH_4,N_2O 和 CFCs 等,将使它们在大气中的含量发生改变,从而导致地球气候的变化。因此,大气化学(包括光化学)过程和生物化学过程已引起了人们的极大注意,深入研究

生化过程及其同生态环境(包括气候)的关系是尤其应该加强的方面。

综上,生态系统同气候系统有着非常密切的关系。气候的恶化必然导致生态系统的恶化,生态环境的破坏又必然使气候异常;然而,它们并非一回事,也不能相互替代。为了更好地保护生态环境,也为了搞清气候变化的规律和减轻人类活动对气候的破坏性作用,需要同时研究生态系统和气候系统两方面的问题,以及它们之间相互影响的各种复杂关系和过程。

2.1.3　气候系统的物理化学过程

气候系统的最终能量来源于太阳辐射,在地球的不同地区(特别是高低纬度间),在太阳辐射加热作用下,在大气中生成了风,在海洋中产生了洋流。风和洋流反过来又将热量从过剩地区输送到热量不足地区。因此有人把大气视为一部热机,赤道和极地的温差、地表和大气高层的温差、陆地—海洋间的热力属性差异使大气热机运转起来。如前所述,气候系统是一个由气体、液体和固体组成的复杂系统,其中除热力过程外还有动力过程、化学过程,所以气候系统中的物理过程远非由热机功能所能完全描述。

完整的气候系统可被看作是一个物理系统,它的活动受控于系统外一组地球物理条件。气候系统的外边界条件是大气上界太阳辐射的天文变动、地球的几何特征和转动速率,以及地形包括山岳分布和海盆几何形状。这些外界条件本身在地球演化过程中已有显著变化,因而对地球史上的气候演化产生深刻的影响。如果没有海洋,地球大气大概还不会演变成现在这样富有氧气的状态,大气也不会包含有使大气现象变化多端的主要成分——水汽。

显然,在气候系统中存在着各种时空尺度的物理、化学过程。气候系统的物理过程与生命周期为 2～3 周以内的大尺度天气系统的物理过程相比,气候系统的外部加热起着举足轻重的作用。就是说,大尺度天气系统的第一近似可视为绝热系统,而气候系统则必须考虑非绝热加热。即外源强迫作用对气候系统显得更重要。但复杂的是,源于太阳辐射的气候系统中的净加热率在很大程度上取决于温度、湿度和大气中气体浓度的分布,以及云形成过程中凝结潜热的释放。云形成后,又会对太阳辐射和地球长波辐射产生很大影响。

这些物理、化学过程主要有辐射过程、云过程、陆面过程、海洋过程、冰冻圈过程、气溶胶过程、二氧化碳过程及生物过程等。

2.1.4　气候系统的基本特征

2.1.4.1　气候系统的复杂性

气候系统是一个庞大的、非线性的、开放的复杂系统,它不仅包括了若干个子系统,而且这些子系统又各自包含有许多更小的二级子系统,具有复杂的多极结构。虽然地球气候系统与外部空间的物质交换微乎其微,但它与外部空间的能量交换是非常可观的,如它吸收太阳辐射的同时又向外空间放射长波辐射。所以,从热力学系统分类的观点来看,气候系统是一个开放系统,既有能量的不断耗散,又有一些相对稳定的周期性变化,还具有某些随机扰动的性质。

无论从气候系统物理量的空间分布和时间变化,还是从气候系统中发生的过程类型来说,都反映出它的复杂性。即从气候系统的低层到高层、从极地到赤道、从海洋到陆地,气候要素都呈现出各种各样的复杂变化。正因为如此,才导致了各类输送和交换过程的多样性。从气候系统随时间的演变看,其复杂性表现得更为突出,既有相对缓慢稳定的趋势变化,又有剧烈的突变现象;既有相对规则的周期性变化,也有随机性的不规则变化。

气候系统中发生的某些重要过程也表现出其复杂性。这些重要过程至少可分为三大类:物理过程、化学过程、生物过程。例如辐射传输和热量输送,云辐射过程,陆面、海洋和冰冻圈过程,水分、碳、硫等重要的物质循环过程等。即使对于这些过程中的某一个,甚至某个过程的某些环节,也都是极其复杂的。

2.1.4.2 气候系统具有稳定与可变的二重性

气候系统的稳定性是气候系统演变过程中的重要特性。地球气候历经几十亿年的演化至今,尽管呈现千变万化,但就宏观上而言它仍处于一种相对稳定的变化之中。也就是说地球气候既没有无休止地热下去,也没有无限地冷下去,而是在某一平衡态处振荡,如温度和湿度都有其变化的上界和下界就是最好的例证。气候系统的相对稳定性主要受两个因素的制约:一个是能量收支方面的外部因素,一个是气候系统内部的性质。

然而,世界上的万事万物其稳定性是相对的,变化却是永恒的,气候系统也不例外。气候系统的可变性往往表现在由一种稳定的气候状态向另一种稳定的气候状态的转化。即使在一般认为气候比较稳定的地质年代,地球气候也经历着重大的气候状态变化,所谓几亿年前"冰球"与"水圈"的转化就是一个明显的例子。但在这个转化过程中,气候系统的不同组成部分及其相互作用都具有不同的时间尺度:大气圈内部变化的时间尺度约为 $10^0 \sim 10^2$ 年;大气和海洋相互作用的时间尺度约为 $10^0 \sim 10^4$ 年;大气—海洋—冰冻圈的相互作用的时间尺度约为 $10^0 \sim 10^6$ 年;而大气—海洋—冰冻圈—生物圈—岩石圈相互作用的时间尺度约为 $10^0 \sim 10^9$ 年。

2.1.4.3 气候系统的可预报性

研究气候系统的目的之一就是认识其变化规律,更好地预测未来的气候变化。

Lorenz(1967)曾把气候预测分为两类:第一类是与时间有关的,即习惯上的气候可预测性问题;第二类是与时间无关的非线性的,即气候变化的不确定性问题。这里我们只考虑第一类预报问题。

正如在数值天气预报中被证实的,尽管用于天气预报的方程对应一个确定论系统(所有参数和方程形式都是确定的),但初值的不确定性在一定时间后转变为状态的不确定性(即演变结果为不断发散的),即确定论系统具有内在的随机性,这是由大气的混沌性质所决定的。当天气预报中初始场的不确定性使逐日预报的误差达到与自然变率相当时,逐日预报就失去意义了,这个时刻称为可预报性上限,即逐日预报所可能达到的理论上限。一般认为逐日天气预报的上限在2~3周。

类似于天气预报,气候系统也存在可预报性问题,如近年来一直在尝试进行的月、季尺度的短期气候预测问题就是一个例子。据信在理想条件下做出3~4个季度的短期气候预测也是可能的,其理由是行星波的可预报性较大,同时对大气长期变化有重要影响的下垫面(尤其是海洋)异常有较大的持续性,它们可通过与大气的耦合过程提供一种强迫气候信号。因而,气候系统的可预报性与外部强迫及内部过程的特性有关。短期气候预测既受热流入量的影响(太阳辐射的季节变化),又受系统内耦合反馈的影响。气候系统的可预报性还具有对所考虑时空尺度的依赖性,因为气候本身从某种意义上讲具有统计性和概率性。但这并不意味着气候系统的未来状态就是完全不可预报的。在许多情况下,气候系统的变化及其结果是可以预报的。例如,目前每天的天气预报都是比较成功的,只是其可预报性有一个极限,大约2~3周左右。对于气候系统也是一样,虽然它也是高度非线性的,还有相当大的部分是不可预报的,必须用其他方法如统计方法、经验方法来解决,但是可以近似地将其处理为对外界强迫的准线性响应问题,因而气候系统的变化仍然具有可预报性。这也说明了,即使天气预报只有几天到两周的预报能力,气候预测可以达到月、季、年际,甚至几十年到上百年的时间长度。

2.1.4.4　气候系统的反馈性

设两个子系统 A、B 组成的系统,A 的输出增量加强了 B 的输出增量,B 的输出增量进一步又引发 A 的输出增量增加,这样循环往复,使整个系统不断偏离稳定态,这种 A 与 B 的相互作用称为正反馈机制。反之,若 A 的输出增量抑制了 B 的输出增量,减弱了的 B 输出增量使 A 的输出增量又进一步降低,这种 A 与 B 的相互作用称为负反馈机制。可见正反馈机制将使气候系统变得失去控制而不稳定,使气候出现异常现象,任何一种正反馈机制都必然会在某一阶段由于受到其他内部调节过程的相互作用而被抵消。否则,气候便会出现爆发性的或连锁反应式的变化。正是由于大气中存在负反馈作用,当大气中出现某一异常时,很快就能调整到新的平衡状态,使气候处于一种相对的稳定态之中。可见气候的不稳定性是由气候系统内部的正反馈机制控制着,而气候的稳定性则是由气候系统内部的负反馈机制调节并维持的。气候的历史演变表明正、负反馈机制在气候系统中同时存在使气候系统总保持某种相对稳定状态。

气候系统中的反馈机制对气候变化具有很重要的意义。弄清反馈过程的物理机制,在气候变化研究中是一个极为重要的问题,但目前对气候系统的许多反馈过程的认识尚不很深入。目前研究得较多的正反馈过程有:

(1)冰雪面—反射率—温度;

(2)水汽含量—红外逸出辐射—温度;

(3)CO_2—海温;

(4)高云(或云顶高度)—逸出辐射—温度;

(5)植物—反射率—稳定度等。

研究较多的负反馈过程有:

(1)(中低)云量多—太阳辐射少—稳定度大—云量少;

(2)蒸发量大—水面温度低—蒸发量小;

(3)赤道、极地温差大—热量输送大—赤道、极地温差小等。

2.2 气候系统的能量平衡

2.2.1 太阳短波辐射

2.2.1.1 太阳和太阳辐射

地球的绝大多数能量来自太阳。地下核反应产生的地热、火山能量及遥远恒星传来的辐射能与来自太阳的辐射能相比都可以忽略不计。地球大气系统接收到的太阳辐射能量为180000TW(称为太瓦,$1T=10^{12}$)。而其他能源,如地热源为24TW,月光为2TW,人类使用燃料的能量估计为0.001TW,其他能源总能量约为太阳辐射能的万分之一。

太阳是一个巨大的炽热的等离子体球,主要由氢(约71%)、氦(约27%)以及其他元素构成。所谓等离子体,指其正负两种离子所带电荷的总量相等,因而整体上呈现中性。这种温度极高、电离度极高的物质聚集态,被称为物质的第四态,包括太阳、恒星和星际气体在内,可以认为宇宙空间中几乎99%的物质都是等离子体。

为了研究和讨论的方便,常将太阳分为不同的层次(图 2.11),但实际上,要对由高温等离子体构成的太阳划分出界限明确的层次是很困难的,分层仅有形式上的意义。

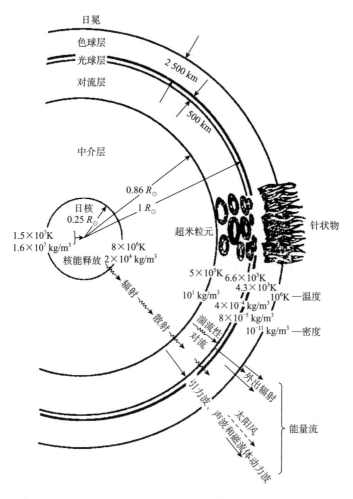

图 2.11　理想的太阳结构示意图(盛裴轩 等,2003)

太阳大气大致可分为光球层、色球层和日冕,各层的物理性质有显著差别。光球层的表面温度约为 5800 K,太阳的连续光谱基本上就是光球层发射的光谱。光球层的连续光谱被太阳大气吸收后形成许多暗线——夫琅禾费暗线,根据对夫琅禾费暗线的研究,已经测定太阳大气中有 90 多种化学元素。在地球上可以观测到光球层表面的黑子、光斑、耀斑、米粒组织等细节。

光球层以外的太阳大气按性质可分为两层:

①紧贴光球层,厚度约 2000～5000 km 的色球层;

②色球层以外延伸几千亿千米的日冕。色球层是比较稀薄和透明的气态物质,密度约为 10^{-9} kg/m³,是地球表面大气密度的百万分之一,日冕由极稀薄的物质组成,密度更低,即使靠近色球层的日冕内层,其密度也只有地球表面大气密度的十亿分之一。在高温下粒子热运动速度极高,使日冕外部以每秒几百千米速度向外运动,形成太阳风。太阳风的影响最远可达木星轨道附近。

平时人们肉眼能够看到的太阳圆面就是太阳的光球层,太阳半径(习惯上常用 $R_\odot$ 表示)就是根据这个圆面确定的,约为 6.96×10^5 km,在地球表面的张角约为 $0.5°$。光球层以下的区域是太阳内部,大致可分三个层次,即日核、中介层和对流层。

①日核区,是"核反应区",半径约 $0.25 R_\odot$,温度高达 $1.5 \times 10^7 \sim 2.0 \times 10^7$ K,中心压力高达 3300 亿大气压。氢在这个区域进行热核聚变($4^1\mathrm{H} \rightarrow {}^4\mathrm{He}$),向外发射高能的 γ 射线和 X 射线。

②中介层,其范围从 $0.25 R_\odot$ 到 $0.86 R_\odot$,由内向外温度和密度逐渐下降。来自"核反应区"的能量经过中介层物质的反复多次吸收和再辐射,γ 射线和 X 射线最后转化为可见光、红外线和紫外线到达太阳光球表面,射向四方。

③对流层,位于中介层以外,厚约 1.5×10^5 km。对流层内外温差很大,有强烈对流。中介层传出的能量一部分以对流形式由高热气团带到表面,较冷气团再沉下去,类似沸腾状态。太阳对流区活动的变化引起太阳光球上黑子及太阳大气的各种变化。

黑子实际上是具有强磁场的旋涡,温度比周围低 1000～2000 K,看起来比周围暗,故称为黑子。太阳黑子的平均直径约为 3.7×10^4 km,比地球直径大得多。大黑子在太阳表面可留存数月,面积小的黑子寿命较短。太阳黑子活动和变化的机制目前还没有完善的理论。为了定量地研究太阳黑子的消长规律,科学界用"相对黑子数 R"表示日面黑子区域的大小:

$$R = K(10g + f)$$

式中:g 代表黑子群数,f 代表零星黑子个数,K 是不同天文台的观测值进行统一的系数。相对黑子数有周期变化,最长的周期为 13.3a,最短周期为 7.3a,平均周期为 11a。

2.2.1.2 太阳常数

太阳是距离地球最近的一个恒星,其直径为 1.39×10^6 km,日地平均距离为 1.496×10^8 km。太阳内部不停顿地进行着热核聚变反应,中心温度可达数百万度。时时刻刻都在以电磁波的方式向空间辐射能量。能够到达地球的能量仅是其中极小的一部分,约为太阳向宇宙空间辐射能量的 20 亿分之一。太阳向外发射的能量称为太阳辐射。太阳表面温度约为 6000 K,向外辐射能量是由不同波长组成的一条连续光谱。到达大气上界的太阳辐射光谱实际上是在 $0.17\sim4.0\ \mu m$,其中约有 50% 的能量在可见光谱区($0.4\sim0.76\ \mu m$),7% 的能量在紫外光谱区($\lambda<0.40\ \mu m$),43% 能量是在红外光谱区($\lambda>0.76\ \mu m$),能量最大的波段在 $0.475\ \mu m$ 处。

如果将太阳温度的黑体辐射和地球温度(300 K)的黑体辐射相比较,可以发现二者的光谱几乎完全没有重叠的部分。地球辐射的波长范围为 $4.0\sim100\ \mu m$,峰值波段在 $10\ \mu m$ 附近。这给我们带来了极大的方便,即可将太阳辐射和地球辐射分别处理,前者称为短波辐射,后者称为长波辐射(亦称红外辐射)。而且太阳辐射的强度远远大于地球辐射的强度。

为了表示太阳辐射能量的强度,定义一个太阳常数 I_0,即大气上界在日地平均距离上:垂直于太阳光线的单位面积上单位时间内通过全部波长的太阳辐射能量。在大气科学中,获得一个准确的太阳常数对于研究气候形成与变化是有理论意义和实践意义的。一些太阳物理学家、气象科学家曾给出过不同的太阳常数值。1981 年 10 月在墨西哥召开的世界气象组织仪器和观测委员会第八届会议上通过决定,把太阳常数取值为 $1367\pm7\ W/m^2$。

由于太阳处于不停地运动、变化之中,有温度相对低的太阳黑子的变化,也有温度很高的光斑、耀斑、日珥等活动。从太阳物理学角度认为太阳常数应该是有变化的。但确定这种变化的大小,在目前尚有困难。

2.2.1.3 太阳短波辐射的变化

太阳时刻都处于运动之中,太阳的活动必然引起太阳辐射能的变化,太阳常数也会因此而发生变化。太阳辐射光谱的末端部分往往随着太阳黑子数等太阳活动性指标有很大的变化,而这部分辐射的改变可以影响平流层的光化学过程,进而有可能对天气气候产生间接影响。因此,太阳活动一直受到人们的关注。对于太阳活动的特征,一般可用 Wolf 数(Wolf number)N 来表示,又叫做相对黑子数,它定义为

$$N = k(n + 10r) \tag{2.2.1}$$

式中:n 是太阳上的孤立黑子的数目,r 是黑子的成群数目,k 是经验常数。Wolf 相对太阳黑子数与太阳常数的关系很复杂。但是,由于太阳黑子数有比较规律的 11 年周期变化,人们也就更注意太阳黑子数的变化对太阳常数变化,进而对气候变化的影响。这里需要指出,太阳黑子数不一定是太阳活动的一个非常好的指标,由于太阳黑子的记录已经有几百年的历史,人们也常试图找到它们同天气气候的关系。

即使在太阳常数不变的情况下,由于地球是在以太阳为一个焦点的椭圆轨道上绕太阳公转,这种公转周期虽在几亿年内没有显著变化,但其他轨道参数,例如偏心

率、黄道倾角和二分点位置有长期变化,也会改变地球上某个纬度上所得到的太阳辐射能。黄道倾角(平均为 23.5°)是季节形成的基本原因,它的改变必然影响到地球气候带的变化。如果倾角增大,则赤道到极地的年平均温度梯度将会减小,季节差异也会变化。由于地球扁圆度的影响,日-地系统的二分点及二至点会沿轨道进动,地球大气接受的太阳辐射的季节性变化会发生改变。

一些研究表明,轨道倾角一般在 22.08°~24.43° 之间变化,平均周期为 41000年;偏心率在 0~0.052 之间变化,平均周期为 97000 年;二分点沿轨道的进动,平均周期为 21000 年。

应当特别指出的是,轨道参数的变化并不影响太阳入射辐射总量和在两个半球上的同等分配。任一给定地点的全年辐射总量会随黄道倾角的改变而变化;偏心率以及二分点位置的变化会影响全年太阳入射辐射在"冬"、"夏"两个半年内的分配。

一般把单位水平面积上接收到的太阳总辐射通量定义为日射,它依赖于太阳天顶角和日地距离,从而与地理纬度、地球自转及绕太阳运行的轨道参数有关。大气顶的日射可以写成如下公式:

$$I = S_o \cos\theta_o (\frac{D_m}{D})^2 \tag{2.2.2}$$

式中:S_o 是太阳常数,θ_o 是太阳天顶角,$(D_m/D)^2$ 是日地距离订正因子。

大气顶水平面上每天(24h)接收的太阳总辐射通量密度(日射量)可表示成:

$$Q = S_o (\frac{D_m}{D})^2 \int_{t_\gamma}^{t_s} \cos\theta_o \, \mathrm{d}t \tag{2.2.3}$$

式中:t 为时间,t_γ 和 t_s 分别表示日出和日落的时间。而由天文学公式:

$$\cos\theta_o = \sin\varphi\sin\delta_o + \cos\varphi\cos\delta_o\cos h \tag{2.2.4}$$

式中:φ 是某观测点的地理纬度,δ_o 是太阳倾角,h 是时角。由公式可以计算出任一时刻的太阳天顶角 θ_o。由于地球的自转角速度 ω 可以表示为:

$$\omega = \frac{\mathrm{d}h}{\mathrm{d}t} \tag{2.2.5}$$

(2.2.3)式则可写成:

$$Q = S_o (\frac{D_m}{D})^2 \int_{-H}^{H} (\sin\varphi\sin\delta_o + \cos\varphi\cos\delta_o\cos h) \frac{\mathrm{d}h}{\omega} \tag{2.2.6}$$

式中:H 是日出(日落)至正午的时角差。对于 1 d 的时间来讲,可视 δ_o 为常数,积分(2.2.6)式可以有

$$Q = \frac{S_o}{\pi} (\frac{D_m}{D})^2 (H\sin\varphi\sin\delta_o + \cos\varphi\cos\delta_o\sin H) \tag{2.2.7}$$

从天文年历中我们可以查到太阳倾角 δ_o、时角差 H 及 D 的值,从而由(2.2.7)式可以计算出大气顶每天的总日射 Q 的纬度分布及其随时间的变化。图 2.12 是大气顶日

射的计算结果,其全球分布有以下特点:

(1)南、北半球日射分布略有不对称性,南半球接收的最大日射超过北半球;

(2)低纬度地区日射的年变化小于高纬度地区,而全年日射总量是低纬度地区大于高纬度地区;

(3)日射的纬度变化,无论南半球还是北半球均是冬季大于夏季。

大气顶日射量的全球分布和年变化的上述特征,在很大程度上决定了地球大气温度场的基本形势和变化特征。

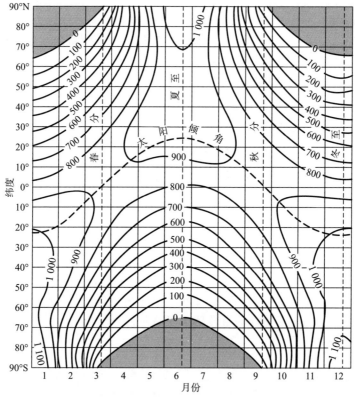

图 2.12　大气顶日射的纬度分布及年变化(单位:cal* /(cm² · d))

(List,1968;李崇银,2000)

2.2.1.4　大气对太阳辐射的吸收

大气分子被入射太阳辐射激发,由低能级跃迁到高能级的过程称为吸收。两能级的差就是大气吸收的辐射能量值。大气吸收辐射能量后转换成自身的内能而加热

---

* 1 cal=4.18 J。

增温。由于大气的各种气体成分或同一成分具有不同的能级差,因此大气对辐射能量的吸收具有选择性。大气对太阳辐射能的吸收主要是氧(O_2)、臭氧(O_3)、二氧化碳(CO_2)、水汽(H_2O)等,其他气体的吸收能力很弱(图2.13)。

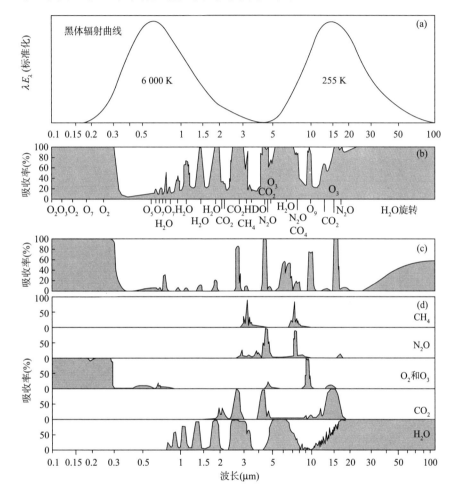

图 2.13　(a)太阳和地球的黑体辐射;(b)整层大气的吸收谱;(c)11 km 高度以上大气吸收谱;(d)整层大气中不同气体成分的吸收谱(缪启龙 等,2010)

　　氧(O_2)对太阳辐射的吸收主要发生在高层大气,吸收带的主要波长小于 $0.26~\mu m$ 的远紫外光区,一个在 $0.175 \sim 0.2026~\mu m$,另一个在 $0.242 \sim 0.26~\mu m$,氧的吸收作用很强。可见光区也还有两个较弱的吸收带,一个集中于 $0.76~\mu m$ 处,另一个集中于 $0.69~\mu m$ 处。

臭氧（O_3）在大气中主要集中在 25 km 左右高的臭氧层。O_3 最强的吸收带在 $0.22\sim0.34\ \mu m$ 处，中心最强波长为 $0.2555\ \mu m$；其次在 $0.32\sim0.36\ \mu m$ 处；可见光区 $0.44\sim0.80\ \mu m$ 处吸收较弱。大气中臭氧层吸收太阳辐射的 2% 左右，主要加热臭氧层温度。

二氧化碳（CO_2）主要在大于 2 μm 的红外区有吸收，比较强的是中心位于 $2.7\ \mu m$、$4.3\ \mu m$ 和 15 μm 的吸收带，由于 7 μm 带与水汽的吸收带重叠，而太阳辐射在 $4.3\ \mu m$ 处已很弱，所以 CO_2 对太阳辐射吸收较弱，而对地表长波 15 μm 附近的吸收带最为重要。

水汽（H_2O）对太阳辐射的吸收作用较强，且主要集中于太阳辐射光谱的红外区。大气的液态水有与水汽相对应的吸收带，且比水汽的吸收能力更强，其波段向长波方向移动，吸收系数远大于水汽，大气中的液态水存在于天空的云中，实际上云中水滴含量并不很大，吸收也不强，而云中水滴对太阳辐射的散射作用却非常大，因而云对太阳辐射的削弱作用，主要由于云中水滴的散射作用。

2.2.1.5 大气对太阳辐射的散射

太阳辐射进入大气后，由于空气分子、水汽和气溶胶的散射作用，改变了太阳辐射的传递方向，其中一部分后向散射返回太空，一部分以漫射形式射向天空各个方向。虽然散射作用不发生能量转换，但削弱了太阳光线投射方向上的能量。因为经过散射，一部分太阳辐射就到不了地面。如果太阳辐射遇到直径比波长小的空气分子，则辐射的波长越短，散射越强，对于一定大小的分子来说，散射能力与波长的四次方成反比，这种散射具有选择性，称为分子散射，也叫瑞利散射。假设，波长为 0.7 μm 的散射能力为 1，则波长为 0.3 μm 的散射能力为 30。因此，对于干洁空气，太阳辐射中的青蓝光波长较短，散射较强，使天空呈青蓝色。分子散射还有一个特点是质点散射对于其光学特性来说是对称的球形，在光线入射及相反方向上的散射比垂直于入射光线方向上的散射量大 1 倍。

如果太阳辐射遇到直径比波长大一些的质点，辐射也要被散射，但这种散射没有选择性，即辐射的各种波长都同样地被散射，称这类散射为粗粒散射，也称米散射。当空气中存在较多的雾粒或尘埃，一定范围的长短波被同样地散射，使天空呈灰白色。米散射还有一特点，散射在入射光方向最强，分别超过入射光线的相反方向及其垂直方向上能量之 2.37 倍及 2.85 倍。散射质点愈大，这种偏对称的程度就更大。

2.2.1.6 地面对太阳辐射的反射和吸收

在地球-大气系统对太阳辐射的吸收中，大气的吸收只占 20%，地球表面吸收了约 50%，这一点在地球-大气系统的能量平衡及气候的形成和变化中有极重要的作用。

（1）地面反照率

地球表面能获得多少太阳辐射能,在很大程度上依赖于地表反照率。气象学上通常关心的是某一区域的平均反照率,其区域尺度可达几千米甚至上百千米。这种区域(尤其是在大陆上)往往可由许多不同种类的下垫面拼组而成。各种下垫面都有各自的反照率特性,如何得到一个区域的平均反照率常常是一个相当困难的问题。表 2.2 给出各种地面的平均反照率,以供参考。水面的情况比较复杂,一般来说,水面的反照率比陆面的小,但它随日光入射角的变化比陆面大。当太阳高度角大于 30° 时,水面反照率小于 10%;当太阳高度角为 5°左右时,反照率可达 40%以上。水面反照率还与是否有浪、水体是否浑浊有关。

表 2.2 各种地面的平均反照率

地面状况	水面	阔叶林	草地、沼泽	水稻田	灌木	田野	草原	沙漠	冰川、雪被
反照率(%)	6～8	13～15	10～18	12～18	16～18	15～20	20～25	25～35	>50

图 2.14 给出几种典型下垫面实测的反照率光谱,图中的 h 是测量时的太阳高度角。假设地表为朗伯体,则反照率值应与入射和出射辐射的方向无关。但严格地讲,地表并不满足朗伯体的假设,反照率值应与入射和出射辐射的方向有关,称为二向性反照率。

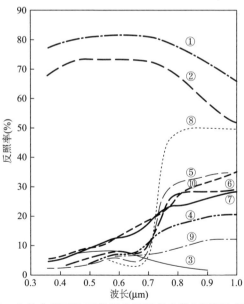

图 2.14 几种典型下垫面实测的反照率光谱(盛裴轩 等,2003)

①带有冰盖的雪,$h=38°$;②大粒湿雪,$h=37°$;③湖面,$h=56°$;④土壤融雪后,$h=24.5°$;⑤青玉米,$h=54°$;⑥高的绿玉米,$h=56°$;⑦黄玉米,$h=46°$;⑧苏丹草,$h=52°$;⑨黑钙土,$h=40°$;⑩谷物茬子,$h=35°$

从图 2.14 的不同种类下垫面的反照率光谱可以看到,积雪具有较高的反照率,而且在可见光和近红外波段变化较小。实际上积雪在可见光波段的反照率还高于近红外波段,这和其他各种下垫面都是不同的。水面的反照率一般是较小的,约 5% 左右,而且它随波长的变化也不大。黑钙土的反照率也是较低的,而且随波长变化也较小。各种植被下垫面反照率光谱的一个主要特点是:它们在近红外波段的反照率远大于可见光波段,其突变发生在大约 0.7 μm 附近。利用这一特点,在 NOAA 气象卫星上利用两个通道,分别测量可见光通道(例如 0.58～0.68 μm)和近红外通道(例如 0.7～1.1 μm)波段的地面反照率,并计算各种植被指数。其中应用较广的是归一化差分植被指数(NDVI,即 Normalized difference vegetation index),其定义为

$$NDVI = (Ch2 - Ch1)/(Ch2 + Ch1) \tag{2.2.8}$$

式中:Ch1 和 Ch2 分别为 1 通道和 2 通道卫星观测的地面反照率。当植被生长茂盛,归一化植被指数值就较大。植被指数被广泛地应用于判断下垫面植被生长的状况,对农业估产和土地利用状况的监测有很好的应用。

(2)云的反照率

由于云中水滴和冰晶的散射,使云体表面成了比较强的反射面。云层覆盖了大约 50% 的地球表面,云顶表面又具有较大的反射率,这就使得到达地面的太阳辐射大大减少,而返回宇宙空间的辐射能量加大,因此云层在地-气系统的辐射过程中有极为重要的作用。飞机、气球和卫星的一系列观测表明,云的反照率既依赖于云的厚度、相态、微结构及含水量等云的宏微观特性,也与太阳高度角有关。一般说来,云的反射率随云层厚度、云中含水量而增大。表 2.3 是根据卫星云图的亮度所确定的各种云的反照率,其值在 29%～92% 之间,平均约为 60%。

表 2.3　各类云(云盖面超过 80%)的平均反照率

云的种类	反照率(%)
大而厚的积雨云	92
云顶在 6 km 以下的小积雨云	86
陆地上的淡积云	29
陆地上的积云和层积云	69
海上的厚层云,云底高度约 0.5 km	64
海上的厚层积云	60
海上的薄层云	42
厚的卷层云,有降水	74
陆上卷云	36
陆上卷层云	32

（3）行星反照率

地球-大气系统的反照率称为行星反照率，它表示射入地球的太阳辐射被大气、云及地面反射回宇宙空间的总百分数。在没有用卫星直接观测以前，行星反照率是用各种方法间接估算的，例如用天文方法或根据云和各种地面的反照率及云量进行估算。20世纪60年代以来，采用卫星直接观测，观测结果已逐渐趋向于一致。

行星反照率分为各地区行星反照率和全球行星反照率。因为各地云量和冰雪分布情况不同，各地区行星反照率的差别较大，赤道地区的行星反照率约为0.2甚至更小，而极地为0.6甚至达到0.95。至于全年平均的全球行星反照率，由1967年雨云2号（NIMBUS 2）测出的值为0.295～0.300，泰罗斯7号（TIROS 7）测出的是0.32左右，由雨云3号测出的是0.284，后来雨云4号测出的是0.30，在1985年地球辐射收支试验（ERBE，即 Earth radiation budget experiment）中卫星测出的是0.297。总之，目前认为全球的行星反照率数值可取0.30。这是由地球表面的平均反照率（约为0.15）、云的高反照率和大气的后向散射作用的综合结果。

2.2.2 地球长波辐射

2.2.2.1 地面的长波辐射特性

地球-大气系统包括地面、各种气体分子以及云和气溶胶。地球-大气系统所处的温度为200～300 K，其辐射能量主要集中在4～120 μm 之间，这种辐射常称为长波辐射或地球辐射。

一般来说，地面对于长波辐射的吸收率近于常数，故可认为地面为灰体。表2.4给出各类表面的吸收率 A_g 值（或比辐射率 ε_g），可见地面的吸收率在0.82～0.99之间，沙土、岩石较低，而纯水与雪则极接近于1，有时可以看作黑体源表面。相比之下，地面对短波辐射的吸收率一般在0.5以下（除冰雪表面），而且随波长变化大。

表 2.4　地面长波辐射吸收率（或比辐射率）

表面种类	土壤	沙土	岩石	沥青路	土路	植被	海水	纯水	陈雪	雪
吸收率	0.95～0.97	0.91～0.95	0.82～0.93	0.956	0.966	0.95～0.98	0.96	0.993	0.97	0.995

设地表温度为 T_g，地面的积分辐出度应是：

$$F = A_g \sigma T_g^4 \qquad (2.2.9)$$

或以地面比辐射率 ε_g 表示，为

$$F = \varepsilon_g \sigma T_g^4 \qquad (2.2.10)$$

前面已提到，陆地表面可看作朗伯面；而平静的水面因有反射，则不能当作朗伯

面处理。

利用长波总辐射表可以测量地面长波总辐出度 F。若同时测出了地表温度 T_g，即可计算出地面的长波吸收率。不过更多时候我们用 F 的测量值计算地表温度，由 $F=A_g\sigma T_g^4$ 取 $\varepsilon_g=0.95$，可算出各种温度时地面放射的能量（表2.5），这个数值已经与地面收到的太阳辐射能接近。但是，到日落后，地面没有了太阳能收入，而这个放射却仍在继续着。

表 2.5　各种温度下地面放射的能量（$\varepsilon_g=0.95$）

$T_g(\text{℃})$	−40	20	0	20	40
$F(\text{W/m}^2)$	159	222	300	398	518

2.2.2.2　长波辐射在大气中的传输

与太阳的短波辐射相比，长波辐射在大气中的传输过程具有以下特点：

（1）地球与大气都是放射红外辐射的辐射源，通过大气中的任一平面射出的是具有各个方向的漫射辐射。而太阳直接辐射是主要集中在某一个方向的平行辐射。在红外波段，到达地面的太阳直接辐射能量远小于地球与大气发射的红外辐射，常常可不予考虑。

（2）除非在云或尘埃等大颗粒质点较多时，大气对长波辐射的散射削弱极小，可以忽略不计。即使在有云时，云对长波的吸收作用很大，较薄的云层已可视为黑体。因而研究长波辐射时，往往只考虑其吸收作用，忽略散射。

（3）大气不仅是削弱辐射的介质，而且它本身也放射辐射，有时甚至其放射的辐射会超出吸收部分，因此必须将大气的放射与吸收同时考虑。

总之，长波辐射在大气中的传输是一种漫射辐射，是在无散射但有吸收又有放射的介质中的传输。

（1）长波辐射传输方程

现在推导长波辐射的传输方程，同时考虑气层的放射与吸收，但不考虑散射，并假定大气是水平均一的，即是平面平行大气。

考虑一束单色辐射通过一层吸收气体介质。射入的辐亮度 L_λ 沿传播方向经过一段距离 $\text{d}l$ 后，由于吸收作用而使辐亮度变化 $\text{d}l_\lambda=-k_{ab,\lambda}L_\lambda\text{d}l$，此处 $k_{ab,\lambda}$ 是体积吸收系数。按吸收率定义，该薄气层的吸收率应是

$$A_\lambda=-\frac{\text{d}L_\lambda}{L_\lambda}=\frac{k_{ab,\lambda}L_\lambda\text{d}l}{L_\lambda}=k_{ab,\lambda}\text{d}l \qquad (2.2.11)$$

根据基尔霍夫定律，该气层发射的辐亮度是 $A_\lambda B_\lambda(T)=k_{ab,\lambda}B_\lambda(T)\text{d}l$，其中 $B_\lambda(T)$ 为普朗克函数，T 为该薄层的温度。因此，经过 $\text{d}l$ 并考虑到大气的吸收和发射后，辐

亮度的变化为

$$dL_\lambda = -k_{ab,\lambda}[L_\lambda - B_\lambda(T)]\sec\theta dz \qquad (2.2.12)$$

式中：θ 为辐射传输方向和天顶方向的夹角，令 $\mu = \cos\theta$，得

$$\mu\frac{dL_\lambda}{dz} = -k_{ab,\lambda}[L_\lambda - B_\lambda(T)] \qquad (2.2.13)$$

上式称为施瓦茨恰尔德(Schwarzchild)方程。普朗克函数 $B_\lambda(T)$ 代表源函数，表征由于热辐射造成辐亮度的增强，式中空气温度为 $T = T(z)$，随高度而变化。

由于垂直坐标 z 应用不太方便，常引进光学厚度坐标 δ(图 2.15)。按通常习惯，光学厚度向下为正。假设大气层可以向上一直伸展到大气上界 $z = \infty$，从某一高度 z 到大气上界的垂直光学厚度(为书写简洁，此处略去光学厚度 δ 的下标 λ)为

$$\delta(z) = \int_z^\infty k_{ab,\lambda} dz = \int_z^\infty k'_{ab,\lambda}\rho dz \qquad (2.2.14)$$

且有

$$d\delta = -k_{ab,\lambda} dz = -k'_{ab,\lambda}\rho dz \qquad (2.2.15)$$

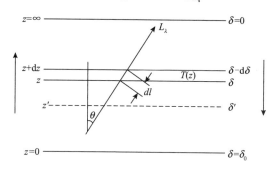

图 2.15　垂直坐标 z 与光学厚度坐标 δ

由这一定义可知，在大气上界之 $z = \infty$ 处，$\delta = 0$；在地面 $z = 0$ 处，若 $\delta = \delta_0$，则整层大气垂直光学厚度为 δ_0。施瓦茨恰尔德方程(2.2.13)成为

$$\mu\frac{dL_\lambda}{d\delta} = L_\lambda - B_\lambda(T) \qquad (2.2.16)$$

若规定 $0° \leqslant \theta \leqslant 90°$，则辐射传输向上时为($+\mu$)，而向下辐射时 $\theta > 90°$，只需将方程中的 μ 换成($-\mu$)即可。(2.2.13)和(2.2.16)式是辐射传输方程在长波辐射条件下的一种简化形式。这是个一阶线性常微分方程，在适当的条件下可以求解。解的形式为：

$$L_\lambda(\delta,\mu) = e^{-(\delta_0-\delta)/\mu}\left\{L_\lambda(\delta_0,\mu) - \int_{\delta_0}^\delta B_\lambda[T(\delta')]e^{-(\delta'-\delta_0)/\mu}\frac{d\delta'}{\mu}\right\}$$

$$= L_\lambda(\delta_0, \mu) e^{-(\delta_0 - \delta)/\mu} - \int_{\delta_0}^{\delta} B_\lambda[T(\delta')] e^{-(\delta' - \delta)/\mu} \frac{d\delta'}{\mu} \quad (2.2.17)$$

$$L_\lambda(\delta, -\mu) = e^{-\delta/\mu} \left\{ L_\lambda(0, -\mu) + \int_0^{\delta} B_\lambda[T(\delta')] e^{\delta'/\mu} \frac{d\delta'}{\mu} \right\}$$

$$= L_\lambda(0, -\mu) e^{-\delta/\mu} + \int_0^{\delta} B_\lambda[T(\delta')] e^{-(\delta - \delta')/\mu} \frac{d\delta'}{\mu} \quad (2.2.18)$$

这表明,在已知吸收物质的吸收系数和光学厚度以及介质的温度分布以后,可以从理论上计算大气中辐射场的分布。

(2)漫射辐射透过率

和讨论短波辐射时的辐亮度不同,漫射辐射的辐射通量密度是由各个方向的辐射流积分而成的。虽然每个方向辐射的传输符合指数衰减规律,但作为其总和的辐射通量密度,其衰减规律就要复杂一些。

仍利用图 2.15,考虑厚度为 dz 的薄层大气,有 dz 方向的单色辐射通过这层大气,若只考虑经过气层的吸收削弱,由(2.2.13)和(2.2.15)式,其衰减为

$$dL_\lambda = -L_\lambda k_{ab,\lambda} \sec\theta dz = L_\lambda d\delta/\mu \quad (2.2.19)$$

辐射由地面向上至 z 处时,由(2.2.17)式可得到

$$L_\lambda(\delta, \mu) = L_\lambda(\delta_0) e^{-(\delta_0 - \delta)/\mu} \quad (2.2.20)$$

设地面是朗伯面,有 $E_\lambda(\delta_0) = \pi L_\lambda(\delta_0)$,可求出在 z 高度上的辐照度 $E_\lambda^\uparrow(\delta)$:

$$E_\lambda^\uparrow(\delta) = 2\pi \int_0^1 L_\lambda(\delta_0) e^{-(\delta_0 - \delta)/\mu} \mu d\mu = E_\lambda(\delta_0) \cdot 2 \int_0^1 e^{-(\delta_0 - \delta)/\mu} \mu d\mu \quad (2.2.21)$$

定义由地面至 z 处气层的漫射辐射透过率 $\tau_{f,\lambda}$ 为

$$\tau_{f,\lambda}(\delta_0 - \delta) = \frac{E_\lambda^\uparrow(\delta)}{E_\lambda^\uparrow(\delta_0)} = 2 \int_0^1 e^{-(\delta_0 - \delta)/\mu} \mu d\mu \quad (2.2.22)$$

若令 $\mu = \frac{1}{\eta}$,$d\mu = -\frac{1}{\eta^2} d\eta$,代入(2.2.22)式即得

$$\tau_{f,\lambda}(\delta_0 - \delta) = 2 \int_1^\infty e^{-(\delta_0 - \delta)\eta} \frac{d\eta}{\eta^3} = 2Ei_3(\delta_0 - \delta) \quad (2.2.23)$$

式中 $Ei_3(\delta_0 - \delta)$ 是一个三阶指数积分,n 阶指数积分的定义式是

$$Ei_n(X) = \int_1^\infty e^{-X\eta} \frac{d\eta}{\eta^n} \quad (2.2.24)$$

而且有下列关系:

$$\frac{dEi_n(X)}{dX} = -Ei_{n-1}(X) \quad (2.2.25)$$

通过数值积分方法可求出此指数积分的函数表以便于应用。

根据定义,经过上述同样路径的平行辐射透过率应是指数函数,为

$$\tau_\lambda = e^{-(\delta_0 - \delta)} \quad (2.2.26)$$

而漫射辐射透过率是指数积分 $2Ei_3(\delta_0-\delta)$，不是指数函数，故这两种函数是有差别的。$Ei_3(X)$ 的值比 e^{-X} 小，即漫射辐射的透过率要小于平行辐射的透过率。如果我们硬要把透射率公式都写成指数形式，则漫射辐射的透过率应写为

$$\tau_{f,\lambda} = e^{-\beta(\delta_0-\delta)} \tag{2.2.27}$$

式中：β 是一个订正系数，为了校正指数函数与指数积分之间的差异，β 值随透过率不同是有变化的。但对 $\tau_{f,\lambda}=0.2\sim0.8$ 这一范围，取 $\beta=1.66$ 不会造成很大的误差，因此可以把漫射辐射的透过率写为

$$\tau_{f,\lambda} = e^{-1.66(\delta_0-\delta)} \tag{2.2.28}$$

即若要把漫射辐射当作平行辐射处理，应当将其光学厚度加大 1.66 倍。其原理是清楚的，因为 $(\delta_0-\delta)$ 是这一层大气的垂直光学厚度，垂直方向辐射的光学路径最短，而其他方向的路径都要加长，其吸收当然也增加了。作为对各个方向的积分，其最终效果是加大 1.66 倍，因此也有人把 β 称为漫射因子。

2.2.2.3　大气顶部射出的长波辐射

地气系统从大气顶部向外射出的长波辐射（Outgoing longwave radiation，OLR），在决定地球大气气候方面有着十分重要的意义。由于是漫射辐射，到达大气顶部的长波辐射来自半球的各个方向。令 $E_{L\infty}^{\uparrow}$ 表示 OLR，则它是大气顶部从各方向来的所有波长的长波辐亮度积分。

假定地面为黑体，温度为 T_g，则有边界条件：$\delta=\delta_0$ 处 $L_\lambda(\delta_0)=B_\lambda(T_g)$，辐射传输方程的解式(2.2.17)、(2.2.18)及边界条件，从大气顶部 $\delta=0$ 处向外射出的长波单色辐亮度为

$$L_\lambda(0,\mu) = e^{-\delta_0/\mu}\left\{B_\lambda(T_g) - \int_{\delta_0}^{0} B_\lambda[T(\delta)]e^{-(\delta-\delta_0)/\mu}\frac{\mathrm{d}\delta}{\mu}\right\}$$

$$= B_\lambda(T_g)e^{-\delta_0/\mu} - \int_{\delta_0}^{0} B_\lambda[T(\delta)]e^{-\delta/\mu}\frac{\mathrm{d}\delta}{\mu} \tag{2.2.29}$$

假设大气放射是各向同性的，对半球空间积分以后，可得到大气上界的单色辐射通量密度

$$E_\lambda^{\uparrow}(0) = \int_0^{2\pi}\int_0^{\pi/2} L(0,\mu)\cos\theta\sin\theta\mathrm{d}\varphi\mathrm{d}\theta$$

$$= \pi B_\lambda(T_g) \cdot 2\int_0^1 e^{-\delta_0/\mu}\mu\mathrm{d}\mu + \int_0^{\delta_0}\left\{\pi B_\lambda[T(\delta)] \cdot 2\int_0^1 e^{-\delta/\mu}\mathrm{d}\mu\right\}\mathrm{d}\delta$$

$$\tag{2.2.30}$$

根据(2.2.22)式，相应的有

$$\tau_{f,\lambda}(\delta_0) = 2\int_0^1 e^{-\delta_0/\mu}\mu\mathrm{d}\mu \tag{2.2.31}$$

和

$$\frac{\mathrm{d}\tau_{f,\lambda}(\delta_0)}{\mathrm{d}\delta} = 2\int_0^1 e^{-\delta/\mu}\mathrm{d}\mu \tag{2.2.32}$$

利用以上两式,(2.2.30)式可写为

$$E_\lambda^\uparrow(0) = \pi B_\lambda(T_g) \cdot \tau_{f,\lambda}(\delta_0) + \int_{\delta_0}^0 \pi B_\lambda[T(\delta)]\frac{\mathrm{d}\tau_{f,\lambda}(\delta)}{\mathrm{d}\delta}\mathrm{d}\delta$$

$$= \pi B_\lambda(T_g) \cdot \tau_{f,\lambda}(\delta_0) + \int_{\tau_{f,\lambda}(\delta_0)}^1 \pi B_\lambda[T(\delta)]\mathrm{d}\tau_{f,\lambda}(\delta) \tag{2.2.33}$$

式(2.2.33)中等号右边第一项表示来自于地表的辐射,第二项表示各层大气的辐射和吸收。

若求地气系统从大气顶部向外射出的长波辐射,则需对所有波长积分:

$$E_{1,\infty}^\uparrow = \int_0^\infty E_\lambda^\uparrow(0)\mathrm{d}\lambda \tag{2.2.34}$$

式(2.2.34)中对所有波长的积分从理论上来说可通过对所有谱线逐一积分而得到,但实际上这是不可能做到的。为此,需选用适当的谱带模型和足够大的频率间隔,且计算很繁杂,此处从略。

在推导前面的公式时需要特别注意其物理意义:

(1)各高度上发射的长波辐射量为该点温度所对应的黑体辐射量乘以其比辐射率(吸收率)。

(2)辐射在传输到大气上界的过程中要受到它上部各层大气的吸收衰减。

(3)大气层顶部的出射辐射是地面和各层大气辐射之和。

(4)地球大气顶部总的长波出射辐射为各波长出射辐射之和。

辐射传输方程及其解的一个重要应用是大气的遥感探测。由(2.2.29)和(2.2.33)式可知,大气中某一气层的气体一方面吸收来自地表面及其下层大气放射的辐射,另一方面又依据它本身的温度放射出辐射。这样,通过每一气层的吸收和发射作用,来自地表面和下层大气的辐射逐层向上传输,因此,大气的红外发射谱不但和大气温度的垂直分布有关,而且和吸收气体质量的垂直分布有关。这个辐射量利用卫星上的灵敏光谱仪可以测量到,并可反过来推求大气温度廓线或吸收物质含量随高度的分布。

整层大气的长波吸收特性最主要的特征是在 $8\sim12\ \mu\mathrm{m}$(波数为 $1250\sim800\ \mathrm{cm}^{-1}$)处有一个大气窗,而它恰好在地面长波辐射最强的波段。如果从卫星上看,"大气之窗"这一波段的辐射温度就接近地面温度。由图 2.16 可以看出,撒哈拉沙漠的地面温度接近 320K,发射的热辐射最强;而南极地区地面温度约 180K,发射的热辐射最弱,图中还可清楚地看出 CO_2,H_2O,O_3 和 CH_4 等成分发射的辐射。CO_2 的强吸收带在 $15\ \mu\mathrm{m}$(波数为 $667\ \mathrm{cm}^{-1}$)附近,由于 CO_2 是接近均匀混合的,地面和对流层大气发出的热辐射几乎被平流层的 CO_2 全部吸收,卫星上接收到的主要来自于

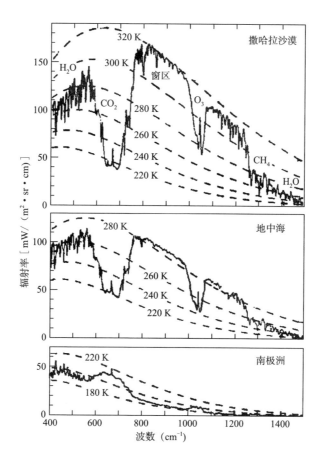

图 2.16　雨云 4 号卫星观测的地球和大气红外发射谱(盛裴轩 等,2003)

平流层 CO_2 发来的辐射。同样,O_3 以 $9.6~\mu m$(波数为 $1\,042~cm^{-1}$)为中心的吸收带发射的辐射反映了平流层上部的温度。

液体水的吸收在长波区很强,质量吸收系数近似为 $0.1~m^2/g$,所以 100 m 厚的云,若云的含水量为 $0.2~g/m^3$,其吸收的光学厚度就有 $0.1\times0.2\times100=2$,这就足以相当于黑体。一般都可以把云体当作黑体表面。但对某些薄的云,尤其是冰晶组成的云,黑体的假定并不满足,这时就不能简单地把卫星探测到的亮度温度当作云顶温度。亮度温度是指将实际物体当作黑体时所应有的温度,是卫星遥感中的一个重要物理量。

整层大气向下的长波辐射,即大气的逆辐射,也可以用类似的方法得到,因宇宙空间没有长波输入,大气上界处的边条件是 $L_\lambda(0,-\mu)=0$,因此整层大气向下的长波单色辐亮度为

$$L_\lambda(\delta_0, -\mu) = \int_0^{\delta_0} B_\lambda[T(\delta)]e^{-(\delta_0-\delta)/\mu}\frac{\mathrm{d}\delta}{\mu} \tag{2.2.35}$$

对角度积分,得

$$E_\lambda^\uparrow(\delta_0) = \int_0^{\delta_0}\left\{\pi B_\lambda[T(\delta)] \cdot 2\int_0^1 e^{-(\delta_0-\delta)/\mu}\mathrm{d}\mu\right\}\mathrm{d}\delta$$

$$= \int_0^{\delta_0}\left\{\pi B_\lambda[T(\delta)] \cdot \frac{\mathrm{d}\tau_{f,\lambda}(\delta_0-\delta)}{\mathrm{d}\delta}\right\}\mathrm{d}\delta \tag{2.2.36}$$

整层大气向下的地面的长波辐射,即大气逆辐射为

$$E_{L\cdot0}^\downarrow = \int_0^\infty E_\lambda^\downarrow(\delta_0)\mathrm{d}\lambda \tag{2.2.37}$$

实际上,对上面得到的这些公式进行积分是很困难的,因为大气中漫射辐射的透射率非常复杂,大气温度和吸收物质(水汽、CO_2 和 O_3 等)的分布也千变万化。因此,有一些简化的计算方法,例如 1942 年和 1960 年的艾尔萨塞(Elsasser)辐射图,1952 年山本(Yamamoto)的辐射图。20 世纪 70 年代以来,数值计算有了迅速的发展,辐射传输的实用算法有 LOWTRAN 系列(低谱分辨率大气透过率计算程序),是由美国空军地球物理实验室用 Fortran 语言编写目前使用的 LOWTRAN 7 已基本成熟固定,自 1989 年以来无大的改动。

2.2.3　气候系统的辐射平衡

2.2.3.1　地球表面的辐射平衡

在地球表面任何一处,它收到的和反射的太阳辐射以及收到和发射的长波辐射都有复杂的日变化和年变化以至长年的变化。这和该处的地理位置、云、温度、湿度及地表状况等众多因子有关。

全球地面的年平均净辐射通量密度见图 2.17。这是 Budyko(1986)根据陆地和海洋上的一些直接观测资料计算而得到的。由图 2.17 可见,净辐射通量密度随纬度增加而减小。赤道附近为 $160\sim180$ W/m^2,60°纬度处减小为 $20\sim40$ W/m^2。在全球大多数地区,地面的净辐射通量密度是向下的。不过在极区的冬季,地面净辐射通量密度是向上的,这是因为极夜太阳入射辐射非常小或接近于零。一般而言,在同一纬度上,海洋上的净辐射通量密度大于陆面上的,其最大值达 180 W/m^2 出现于热带海洋。这与大气、海洋吸收的太阳辐射分布一致。赤道地区第二个极大值位于大陆上。热带的最小值位于沙漠地区,这是由于沙地反射率较大、云量较少、湿小及地面温度高的缘故。

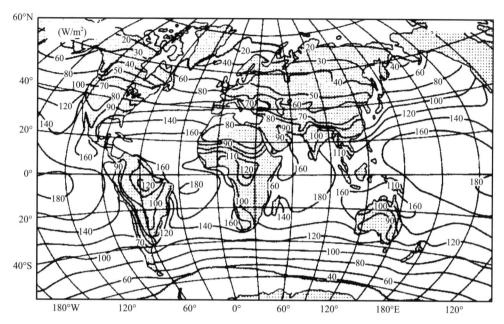

图 2.17　全球地表面的年平均净辐射通量密度(Budyko,1986)

2.2.3.2　大气的辐射平衡

大气系统中收入辐射有吸收的太阳辐射 Q_a、吸收的下垫面长波射出辐射 U_a,大气系统中支出辐射有向下的大气逆辐射 G_a 及向宇宙空间逸出的长波辐射 U_∞。于是大气辐射平衡方程可写为

$$R_a = Q_a + U_a - (G_a + U_\infty) \tag{2.2.38}$$

式中:R_a 为大气系统的净辐射(或大气的辐射平衡)。

若以 τ 为大气对长波辐射的透射系数,大气吸收地表放出长波辐射 $U_a = (1-\tau)U$,地面有效辐射 $F = U_0 - \varepsilon G_a$,$U_0$ 为地面放出的辐射能量,大气和地表向宇宙空间逸出的长波辐射的总和为 $F_\infty = \tau U_0 + U_\infty$,于是式(2.2.38)写为

$$R_a = Q_a + (F - F_\infty) \tag{2.2.39}$$

大气对于短波辐射的吸收很小,大气的辐射平衡值主要取决于 $(F - F_\infty)$,而地面的有效辐射远小于大气顶的逸出长波辐射,所以 $R_a < 0$,即大气辐射收入的净通量总是负的。其所需的能量则直接来自地表的感热和潜热的输送,来维持大气运动,也表明低纬度赤道及其两侧地区是地球上大气能量重要源地。

大气的净辐射通量尚难以直接测量,在没有卫星探测时主要通过常规气象资料进行一些间接推算,卫星探测与地面辐射观测资料的应用,为直接计算大气净辐射提供可能。

不少人曾计算过大气净辐射随纬度的分布。计算表明,随着纬度的增加,大气净辐射通量的绝对值在赤道至 $25°\varphi$ 左右随纬度增加而略有减小,其后又随纬度增加而增加,$50°\sim60°\varphi$ 以后又随着纬度增加而减小(图 2.18)。由图 2.18 还可以看出,大气净辐射通量在南、北两半球并不对称。这种分布不对称性主要是由于南、北两半球海陆分布的不均匀性引起的。

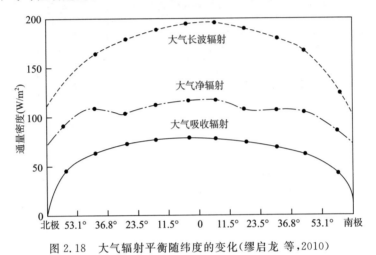

图 2.18　大气辐射平衡随纬度的变化(缪启龙 等,2010)

2.2.3.3　地气系统的辐射平衡

地-气系统包括地表和大气系统,在这一系统中,收入辐射是地面和大气吸收的太阳总辐射,支出辐射是整个系统向宇宙空间逸出的长波辐射。因此,地-气系统的辐射平衡方程为

$$R_s = Q(1-\alpha) + Q_a - F_\infty \qquad (2.2.40)$$

或

$$R_s = S_0(1-\alpha_s) + Q - F_s \qquad (2.2.41)$$

式中:R_s 为地-气系统的净辐射;Q 为到达地表面的总辐射;α 为地表反照率;S_0 为到达大气上界的天文辐射;α_s 为行星反照率;Q_a 为大气吸收的太阳辐射;$F_s = F_\infty$ 为地-气系统向宇宙空间逸出的长波辐射。

地-气系统净辐射的年变化。表 2.6 为 Ellis 等用一般的气象资料、海洋资料和卫星资料计算的结果。地-气系统净辐射通量从入射太阳辐射较多的 9 月份到次年 3 月份,R_s 为较大的正值;从 4 月份开始到入射辐射较少的 8 月份,为绝对值较大的负值。这是因为太阳辐射在 1 月份是近日点比 7 月份远日点多。另外地-气系统的物理状况如云状云量、地表反照率、地面和大气温度等的变化也影响地-气系统净辐射的年变化。

地-气系统净辐射的地理分布取决于天文辐射随纬度的变化、地-气系统行星反照率的分布及行星长波辐射。

2.6　地-气系统辐射平衡各分量的年变化(缪启龙 等,2010)

月份	S_0 (W/m²)	α_s (%)	$S_0(1-\alpha_s)$ (W/m²)	F_s (W/m²)	R_s (W/m²)
1	350.7	30.8	242.7	231.1	11.6
2	347.6	30.9	240.2	230.0	10.2
3	342.5	29.9	240.1	227.8	12.3
4	336.8	30.4	234.4	246.8	−12.4
5	332.0	31.4	227.8	245.0	17.2
6	329.1	31.1	226.7	245.4	18.7
7	328.8	29.6	231.5	236.5	5.0
8	331.1	29.0	235.1	235.2	− 0.1
9	335.7	28.0	239.4	231.1	8.3
10	341.6	29.8	239.8	235.5	4.0
11	347.1	31.3	238.5	232.6	5.9
12	350.5	31.8	239.0	230.7	8.3
年平均	339.5	30.4	236.3	235.7	0.6

(1)图 2.19 是 F. H. Vonder Hoar 等根据 1962—1965 年卫星观测资料得到的行星反照率的年平均值的全球分布。由图 2.19 可见,行星反照率的地理分布与各纬度的海陆分布、云的分布和冰雪覆盖面积有关。行星反照率的地理分布趋势是由赤道向两极增高,在纬度大于 30°的南北半球分布趋势有明显差异。南半球 α_s 的等值线有明显的带状分布特征,北半球 α_s 的等值线走向复杂,在低纬热带地区的 α_s 则有复杂的高低值中心,高值区出现在热带沙漠地区、大陆性对流云持续发展的地区。

海洋上一般来说行星反照率比陆地上的小,一般小于 15%～20%。而南、北半球的极区,则因冰雪覆盖,行星反照率年平均都大于 50%。

(2)地-气系统长波辐射的分布。图 2.20 是行星地球的长波射出辐射年平均通量密度的地理分布,由图可见地-气系统射出长波辐射年平均通量密度的分布形式与行星反照率的分布有一定的关系。局部的反照率高值区基本上与该地区行星射出长波辐射年平均通量密度的低值区相对应,尤其是在低纬地区更相似。但在北非这种关系遭到破坏,因为反照率很高的撒哈拉沙漠地区比较干燥,天空晴朗无云,致使沙漠地面的长波辐射损失很大,这表明射出长波辐射的分布与地面温度之间的关系,地

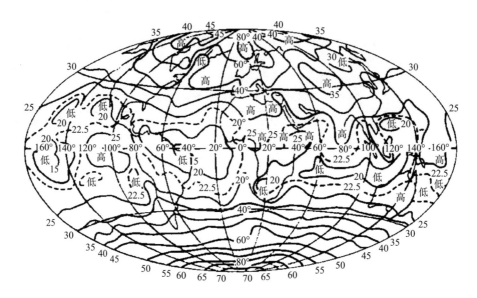

图 2.19　行星反照率年平均值(％)的地理分布图(缪启龙 等,2010)

面温度高,长波辐射损失大。在热带地区的热带辐合带区由于存在着深厚对流云,所以该地区也是行星射出长波辐射通量密度的相对低值区。从整体上看,从赤道到极地,随着纬度的增加,地-气系统长波射出辐射通量密度随之减小,而在副热带地区有最大值。

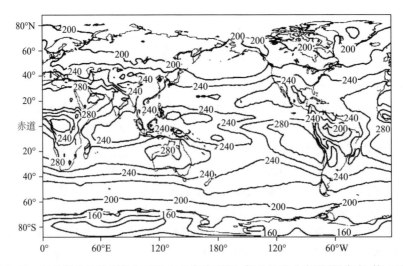

图 2.20　行星射出长波辐射年平均通量密度(W/m²)的地理分布图(缪启龙 等,2010)

图 2.21 是地-气系统净辐射年平均通量密度的地理分布。该图表明,地-气系统净辐射年平均通量密度在赤道两侧的低纬度地区为正值并大致呈带状分布,零值线在 $20°\sim30°$ 纬度一带摆动,大于 $30°$ 纬度的地区,地-气系统净辐射年平均通量密度为负值;在小于 $30°$ 纬度的地区,地-气系统净辐射年平均通量密度为正,这是一个很重要的事实。在赤道两侧的 $10°$ 纬度范围内,环绕地球为一不连续的高值区;在副热带的高值区内也有一些相对低值区,特别是北非和阿拉伯沙漠地区甚至出现负值,必须有大气能量的输入,或由空气压缩产生的绝热加热来抵消这一辐射冷却。为了达到地球上地-气系统的能量平衡状态,地-气系统内必然存在着一种能量的再分布过程,不断地把能量从热带向两极输送。但年平均值对全球积分而言,$R_s = 0$,这意味着整个行星地球吸收的太阳辐射和向宇宙空间逸出的长波辐射是相等的而处于平衡状态。在这种平衡状态下,考虑行星地球的相应温度,可用所谓零维能量平衡模式,即:

$$R_s = 0$$
$$4\pi r^2 \sigma T_c^4 = I_0(1 - \alpha_s)\pi r^2 \tag{2.2.42}$$

式中:T_c 为行星地球的辐射平衡温度;r 为地球半径;$I_0 = 1340$ W/m^2;$\sigma = 0.5668 \times 10^{-7}$ W/(m^2 · K^4);$\alpha_s = 0.30$。则 $T_c = 254.6$K,这相当于 500 hPa 的平均温度,比地表平均温度低约 33K。显然,这是地球大气的保温效应所致。

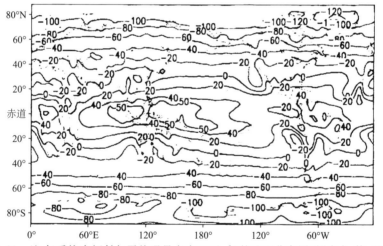

图 2.21 地-气系统净辐射年平均通量密度(W/m^2)的地理分布图(缪启龙 等,2010)

2.3 气候系统的水分循环

水是自然界分布最为广泛的物质之一,是地球上唯一能在自然条件下三态并存

的物质,几乎在地球系统的所有方面都起着支配作用,水和热的不同组合,决定了地球上气候带和自然带的形成。作为气候系统中一切生命赖以生存的物质,水具有一些独特的物理性质,了解和认识这些性质,对认识和分析气候系统的水分循环现象、水分循环机理和水分循环规律等有着十分重要的意义。

2.3.1 水的物理性质

2.3.1.1 水的密度

与绝大部分液体密度随温度的升高而减小不同,水的密度在 4℃时最大,为 1.0×10^3 kg/m³,水在 0℃时的密度为 0.99987×10^3 kg/m³。此外,水的密度异常还表现为 0℃的冰密度比 0℃液态水的密度小约 10%,为 0.915×10^3 kg/m³。

2.3.1.2 水的热力属性

水的传热性比其他液体小,在 20℃的传热率为 0.5987 J/(m·s·℃)。水在不同状态下的传热率差异明显,如冰的传热率为 2.261 J/(m·s·℃),雪的传热率很小,当雪的密度等于 0.1×10^3 kg/m³ 时为 0.093 J/(m·s·℃)。

水的比热容比其他液体和固体要大,且随温度呈奇异变化。即在 30℃,水的比热容最小,为 4176.3 J/(kg·℃),在 15℃ 和 70℃时均为 4186.8 J/(kg·℃)。水在不同状态时,比热容也不同。水汽的比热容在温度 100℃ 和大气压 1013.2 hPa 时为 1913.3 J/(kg·℃)。冰的比热容在 0℃时为 2030.6 J/(kg·℃),而在 -10℃时为 1858.9 J/(kg·℃)。

由于水的比热容大,所以水受热时,温度不易升高;水失热时,温度也不易降低。这一热力性质在减小地球表面气温的日变化和季节变化,尤其是减小海洋温度的日变化和季节变化方面更为明显,对维持地球气候的稳定性具有非常重要的意义。

2.3.1.3 水的表面张力

水的表面张力特别大,而其他液体,除水银外,在常温下表面张力都是比较小的。在 0℃时,水的表面张力为 7.549×10^{-2} N/m,在 100℃时为 5.715×10^{-2} N/m,此外,水对一般固体(除石蜡外)的附着力大于内聚力,所以水湿润固体的能力非常强,比如降水时,水能够很容易湿润植被、土壤等。

2.3.1.4 水的压缩率

水的压缩率很小,其体积压缩系数为 4.7×10^{-5}/1 个大气压,因此,水几乎是不可压缩的,可作为不可压缩流体。

2.3.2 水文方程

2.3.2.1 水文学经典方程

经典的水文学方程是基于水文循环的陆地分支的水分平衡而得出的。将连续性原则应用于某特定区域,陆地分支的平衡方程可写成

$$S = P - E - R_0 - R_u \qquad (2.3.1)$$

式中:S＝水的贮存率;P＝降水率(液态或固态);E＝蒸发率(包括陆地蒸散和冰雪上的升华);R_0＝表面径流;R_u＝地下径流。

对于较大的陆地区域,地下径流通常很小,故经典方程可简写成

$$\{\overline{S}\} = \{\overline{P} - \overline{E}\} - \{\overline{R}_0\} \qquad (2.3.2)$$

式中:"$\overline{}$"代表时间平均;"$\{\ \}$"代表该面积为止的区域的空间平均;$\{S\}$代表总的表面和地下水贮存的变化率;$\{\overline{P} - \overline{E}\}$是单位面积上平均降水率减去蒸发率;$\{\overline{R}_0\}$是平均径流率。对于长时间平均和大面积区域,$\{\overline{S}\}$同其他项相比很小,故方程(2.3.2)又可简化成

$$\{\overline{E}\} = \{\overline{P}\} - \{\overline{R}_0\} \qquad (2.3.3)$$

传统上对于水文学的主要兴趣是径流,它可以通过密集的河流测量网而准确测出。降水是径流的主要原因。

测量蒸发、蒸散和水分贮存量的变化是十分困难的,在某些地区,半经验的估计是可能的。但是,为了计划更有效的灌溉系统,实施各种水资源计划,也即更合理地利用可用水,对蒸散和土壤水分进行大尺度估计的需求愈发强烈。因此,一些水文学家现在已开始研究水文循环的大气分支。

2.3.2.2 水汽的平衡方程

水文循环的大气分支的构成是根据大气中水分的平衡建立起来的。吴国雄等(1995)的讨论如下,在单位面积的空气柱内(从地表到大气顶)的水量可以这样表示

$$W(\lambda, \varphi, t) = \int_0^{P_0} q \frac{\mathrm{d}p}{g} \qquad (2.3.4)$$

式中:q是比湿,W可称作是大气的可降水量。它代表着假设整个空气柱中的水汽凝结时所能得到的液态水量,它经常被表示成 g/cm^2 或 cm。把水平水汽输送对气压积分就得到了"空中流失"Q。

$$Q(\lambda, \varphi, t) = \int_0^{P_0} qV \frac{\mathrm{d}p}{g} = Q_\lambda i + Q_\varphi j \qquad (2.3.5)$$

其纬圈和经圈分量分别为

$$Q_\lambda = \int_0^{P_0} qu \, \frac{\mathrm{d}p}{g} = \langle qu \rangle \frac{p_0}{g} \qquad (2.3.6)$$

$$Q_\varphi = \int_0^{P_0} qv \, \frac{\mathrm{d}p}{g} = \langle qv \rangle \frac{p_0}{g} \qquad (2.3.7)$$

式中：Q_φ 代表通过单位纬圈墙截面柱的水汽通量（φ＝常数），Q_λ 代表通过单位经圈墙截面柱的水汽通量（λ＝常数）。前面的方程可以对时间求平均而得到对应的平均值 $\overline{W}, \overline{Q}, \overline{Q}_\lambda, \overline{Q}_\varphi$。

把水汽的基本方程和质量连续性方程综合起来，则大气中的水汽收支可以在 (x, y, p, t) 坐标系下表示如下：

$$\frac{\partial q}{\partial t} + \mathrm{div}qV + \frac{\partial(q\omega)}{\partial p} = S(q) + D \qquad (2.3.8)$$

式中：源汇项 $S(q)$ 等于单位质量空气内与相变相联系的水汽的产生和减少率，$D = -\alpha \mathrm{div} J_q^D$ 为通过边界的分子和湍流涡动扩散。大气水汽的源和汇主要是蒸发和凝结及更小的从周边（除了地表）扩散进来的水汽。于是，$S(q) = e - c$，其中 e 为蒸发率（包括升华），c 为单位质量空气内的凝结率，其单位为单位时间（s）内单位质量的湿空气中的水（g）。

类似于水汽我们可以写出凝结相的水（液态和固态）的平衡方程。注意到云的生成率由 $S(q_c) = -S(q)$ 给出，所以

$$\frac{\partial q_c}{\partial t} + \mathrm{div}q_cV + \frac{\partial q_c\omega_c}{\partial p} = -(e-c) \qquad (2.3.9)$$

式中：ω_c 是水滴或雪和固态冰微粒的垂直速度；$q_c\omega_c$ 是凝结水的垂直输送。

把方程（2.3.8）和（2.3.9）相加便可得到总的水分含量的平衡方程

$$\frac{\partial q}{\partial t} + \mathrm{div}qV + \frac{\partial(q\omega)}{\partial p} + \frac{\partial q_c}{\partial t} + \mathrm{div}q_cV + \frac{\partial q_c\omega_c}{\partial p} = D \qquad (2.3.10)$$

从地表到大气顶按气压对该方程垂直积分便给出了大气中总水量的平衡方程

$$\frac{\partial W}{\partial t} + \mathrm{div}Q + \frac{\partial W_c}{\partial t} + \mathrm{div}Q_c + P = E \qquad (2.3.11)$$

式中：W_c 为单位面积空气柱内的凝结水量

$$W_c(\lambda, \varphi, \tau) = \int_0^{P_0} q_c \, \frac{\mathrm{d}p}{g} \qquad (2.3.12)$$

Q_c 为凝结水的水平输送向量

$$Q_c(\lambda, \varphi, \tau) = \int_0^{P_0} q_c V \, \frac{\mathrm{d}p}{g} = Q_{c\lambda}i + Q_{c\varphi}j \qquad (2.3.13)$$

一般地讲，$\frac{\partial W_c}{\partial t} \ll \frac{\partial W}{\partial t}$，$Q_c \ll Q$ 所以方程（2.3.11）中云的液态和固态水的时间变化及其水平输送均可忽略，于是取时间平均后可把普适平衡方程简化为

$$\overline{\frac{\partial w}{\partial t}} + \text{div}\,\overline{Q} = \overline{E} - \overline{P} \qquad (2.3.14)$$

一个可能的例外是热带地区或者暖洋流(如湾流和黑潮)上空深厚的积雨云的形成阶段(Peixoto,1973)。

方程(2.3.14)表明地表面蒸发与降水的余差将由局地水汽贮存率 $\partial W/\partial t$ 和水汽的流入或流出 divQ 来平衡。将方程(2.3.14)在由想象中的垂直墙所围的空间区域(例如河流泄洪库或内海)内取平均可以导出它的另一个形式:

$$\left\{\overline{\frac{\partial W}{\partial t}}\right\} + \left\{\text{div}\,\overline{Q}\right\} = \left\{\overline{E} - \overline{P}\right\} \qquad (2.3.15)$$

利用高斯定理,方程(2.3.15)可写成在区域研究中更常用的一个形式

$$\left\{\overline{\frac{\partial W}{\partial t}}\right\} + \frac{1}{A}\oint(\overline{Q} \cdot n)\mathrm{d}\gamma = \left\{\overline{E} - \overline{P}\right\} \qquad (2.3.16)$$

式中:A 为区域面积;n 是垂直于区域边界向外的单位矢量。

方程(2.3.15)和(2.3.16)描述了水文循环的大气分支。除了在强风暴和短时间尺度情况之外,可降水量的变化 $\partial W/\partial t$ 同其他项相比是非常小的。于是对充分长时间而言,在蒸发大于降水的区域水汽将是辐散的,在降水大于蒸发的区域水汽是辐合的。

方程(2.3.14)和(2.3.15)中的 $\{\overline{E}-\overline{P}\}$ 是一样的,它把水文循环的陆地分支和大气分支联系起来。合并两方程消去 $\{\overline{E}-\overline{P}\}$ 有

$$\{\overline{R_0}\} + \{\overline{S}\} = -\{\text{div}\,\overline{Q}\} - \left\{\overline{\frac{\partial W}{\partial t}}\right\} \qquad (2.3.17)$$

显示出两个分支的联系。

除大气项外,如果集水盆地处的 $\{\overline{R_0}\}$ 和 $\{\overline{P}\}$ 也可从河流和降水数据中得知,那么就可以估计地下水的变化和蒸发率,利用水文学中常用的有限差分方法,方程(2.3.17)可以写成

$$\{\overline{S}\} = \left\{\overline{\frac{\Delta W}{\Delta t}}\right\} - \frac{1}{A}\oint(\overline{Q} \cdot n)\mathrm{d}\gamma - \{\overline{R_0}\} \qquad (2.3.18)$$

类似地,平均蒸发量也可以从方程(2.3.16)中得到

$$\{\overline{E}\} = -\left\{\overline{\frac{\Delta W}{\Delta t}}\right\} - \frac{1}{A}\oint(\overline{Q} \cdot n)\mathrm{d}\gamma - \{\overline{P_0}\} \qquad (2.3.19)$$

在较长时间段内,如一年,陆地和大气水的贮存率的变化很小。例如,对于大陆来说,地表面和次表层的径流必须由来自海洋的大气水分向陆地输送而完全平衡。

当在很长时间内考虑整个地球大气时,所有的输送和贮存项都没有了,从方程(2.3.14)可知全球大气平均蒸发必须由全球降水来平衡。

2.3.2.3 水汽输送分量

对于由纬度 φ 和 $\varphi + \Delta\varphi$ 所围的区域,水分平衡方程(2.3.14)可写成

$$\frac{\partial \overline{[W]}}{\partial t} + \frac{\Delta \overline{[Q_\varphi]} \cos\varphi}{R\cos\varphi\Delta\varphi} = \overline{[E-P]} \tag{2.3.20}$$

其中 $Q_\varphi = \int_0^{P_0} qv \frac{\mathrm{d}p}{g}$，为了更好地理解大气中水汽输送的各种机制，我们在时空域内展开纬向平均输送(Starr *et al*，1971)，正像我们前面在讨论角动量输送中所做的一样。

例如，对于某等压面通过一给定纬圈的平均向北水汽输送而言，我们可以利用展开式：

$$[qv] = [\overline{q}][\overline{v}] + [\overline{q}^* \; \overline{v}^*] + [\overline{q'v'}] \tag{2.3.21}$$

式中：$[\overline{q}][\overline{v}]$ 为平均经圈环流的输送，这在热带是占主导地位的。$[\overline{q}^* \; \overline{v}^*]$ 为大气环流的平均定常涡动的输送，例如半永久性副热带反气旋和高纬地区盛行的半永久性气旋。最后一项 $[\overline{q'v'}]$ 代表由于极锋地区及热带辐合带地区发展起来的瞬变扰动的向北水汽输送。

将方程(2.3.21)在垂直方向上积分可导出总经向输送的各种输送分量展开形式

$$[\overline{Q_\varphi}] = \frac{1}{g}\int[\overline{q}][\overline{v}]\mathrm{d}p + \frac{1}{g}\int[\overline{q}^* \; \overline{v}^*]\mathrm{d}p + \frac{1}{g}\int[\overline{q'v'}]\mathrm{d}p \tag{2.3.22}$$

类似地，我们可以考虑水汽的垂直输送 $q\omega$ 并将其纬圈和时间平均展开成几个部分

$$[q\omega] = [\overline{q}][\overline{\omega}] + [\overline{q}^* \; \overline{\omega}^*] + [\overline{q'\omega'}] \tag{2.3.23}$$

水汽的垂直输送构成了地表和自由大气的纽带，即向大气上层提供水汽和潜热。瞬变涡动项 $[\overline{q'\omega'}]$ 描述的是湍流扩散、积云对流及其他中尺度对流现象造成的水汽垂直输送。还可得到同方程(2.3.23)类似的凝结相的表达式，在这种情况下，$[\overline{q_c\omega_c}]$ 代表水滴或固态冰颗粒垂直输送。一般而言，当 $[q\omega]$ 向上时它是向下的，代表在一个给定气压面上的降水率。

2.3.3 气候系统中的水

2.3.3.1 气候系统中的水分类型

气候系统各圈层中的水主要可分为地面水、地下水、大气水和生物水四部分：地面水主要指储存于海洋、河流、湖泊、冰川、沼泽等水体中的水；地下水是指贮存于土壤和岩石孔隙、洞穴、溶穴中的水；大气水主要指悬浮于大气中的水汽、包括以液态和固态形式悬浮于大气中的水；生物水是指含在生物体内的水分。

地球上的精确水量很难估计。以海洋为例，要知道海洋中有多少水，首先就要测量海洋的地形，可是直到 20 世纪 70 年代，世界大洋还只有 5% 的面积标有足够可靠

的等深线,其中大部分测量工作是在 1957—1958 年的国际地球物理年期间完成的。至于分布于地下和冰盖中的水量则更难以精确估算。因此,迄今为止,对地球上各种圈层到底有多少水,就有不同的估计数值,尽管数字不尽相同,水在各种水体中的分配比例大体是一致的。

联合国教科文组织(UNESCO)1978 年公布的数字列于表 2.7。从表 2.7 可见,地球上水总量约为 13.86 亿 km³。其中存在于海洋中最多,约占 96.54%,若地球是一个光滑球体,则全球将被深达 2718 m 的海水所淹没。其次是陆地的冰川和永久积雪,约占总水量的 1.74%,如果这些冰雪全部融化,则海面将会升高 70 m 上下,那样世界上许多沿海平原、城市将被海洋淹没。第三是地下水,约占总水量的 1.71%,水源非常丰富。而湖泊水、河流水的储量十分有限。上述资料还表明,地球上的水绝大部分为海水,由于含盐量较高,目前尚且不能直接供人类大量使用。而不足 3% 的淡水,又有 2/3 以固态的冰、雪分布于极地和高山。与人类生产、生活密切的淡水,如湖泊水、河水和浅层地下淡水,其储量仅有 19 万 km³,占地球上全部水量的 0.014% 和地球淡水储量的 0.34%,这部分水是与人类生存和发展关系最为密切的,但又常以洪水形式直接流入大海,无法利用。由此可见,提供给人类可利用的淡水资源是十分珍贵的。大气水总量约为 1.29 万 km³,占地球上总水量的 0.001%,这部分水量虽然所占比例很小,但循环、更新快,是地球上可更新淡水资源的主要来源。

表 2.7 水在地球上各类水体中的分配(缪启龙 等,2010)

水体种类	总水量及所占比例		咸水量及所占比例		淡水量及所占比例	
	(亿 km³)	(%)	(亿 km³)	(%)	(亿 km³)	(%)
海洋水	13.38	96.54	13.38	99.04	0	0
地表水	0.242541	1.75	0.000854	0.006	0.241687	69.0
其中:						
冰川与冰盖	0.240641	1.736	0	0	0.240641	63.7
湖泊水	0.0001764	0.013	0.000854	0.006	0.00091	0.26
沼泽水	0.0001147	0.0008	0	0	0.0001147	0.033
河流水	0.0000212	0.0002	0	0	0.00000212	0.006
地下水	0.237	1.71	0.12870	0.953	0.10830	30.92
其中:						
重力水	0.23400	1.688	0.12870	0.953	0.10530	30.06
其他地下水	0.00300	0.022	0	0	0.00300	0.86
土壤水	0.000165	0.001	0	0	0.000165	0.05

续表

水体种类	总水量及所占比例		咸水量及所占比例		淡水量及所占比例	
	（亿 km³）	（％）	（亿 km³）	（％）	（亿 km³）	（％）
大气水	0.000129	0.0009	0	0	0.000129	0.04
生物水	0.0000112	0.0001	0	0	0.0000112	0.003
全球总储量	13.859846	100	13.509554	97.47	0.350292	0.53

2.3.3.2　气候系统中水的更新

地球上的水作为人类重要的水资源以及在气候变化中所起作用的关键是各圈中的水处于不断转换、循环和更新中。虽然地球上总水量有 13.86 亿 km³，但平均每年只有 57.7 万 km³ 的水参与水分循环，按此速度，地球上全部水量参与循环一次，或者说全部水量更新一次，大约需要 2400 年。地球上不同水体储水量的更新速度不同，除生物水外，地球上更新最快的是大气水，只有 8 天，其次为河流水，为 16 天。河流水这种较快的更新速度对人类获取淡水资源具有特殊重要的意义，也是水资源成为地球上能自行恢复或再生的一种水资源的原因。极地冰川的更新时间最长，约为10000 年。

2.3.4　水分循环

2.3.4.1　水分循环及其意义

（1）水分循环现象

气候系统是一个由岩石圈、水圈、大气圈、冰冻圈和生物圈构成的巨大系统。水在这个系统中起着重要的作用。水使气候系统各圈层之间的相互关系变得十分密切，气候系统中各种不同形态的水，如固态、液态和气态，随着温度的不同，水的状态发生变化，并且从一个地方向另一个地方，以不同的水形态发生转移，往复输送，形成水分循环。水分循环则是各圈层之间密切关系的具体表现。

具体来说，自然界的水在太阳能、重力以及大气运动的驱动下，不断地从水面（江、河、湖、海等）、陆面（土壤、岩石等）和植物的茎叶面，通过蒸发，或散发，以水汽的形式进入大气圈，并随大气环流进行水汽输送。在适当的条件下，大气圈中的水汽凝结成水滴，小水滴合并为大水滴，当凝结的水滴大到能克服空气阻力时，就在地球引力作用下，以降水的形式降落到地球表面。到达地球表面的降水，一部分在分子力、毛管力和重力的作用下，通过地面渗入地下；一部分则形成地面径流主要在重力作用下流入江、河、湖泊，再汇入海洋；还有一部分通过蒸散重新逸散到大气圈。渗入地下的那部分水,或者成为土壤水,再经由蒸散逸散到大气圈,或者以地下水形式排入江、河、湖泊,再汇入海洋。水的这种永无休止的循环运动过程称为水分循环。水分循环可以分为两类:水分由海洋输送到大陆,再返回到海洋的循环称为大循环或外循环;由海洋蒸发的水汽,再以降水形式直接落到海洋面上,或从陆地蒸发的水汽再以降水形式落到陆面上,这种循环为小循环(亦称内循环)。其中,全球范围的海陆间循环(大循环)把各种水体连接起来,使得各种水体能够长期存在,是水分循环的主线,意义非常重要。

气候系统中水分循环现象的发生,原因之一是水在常温下能实现液态、气态和固态的相互转化而不发生化学变化,这是水分循环发生的内因;其次是太阳辐射和地心引力为水分循环的发生提供了强大的热力和动力条件,使得水的固态、液态和气态随温度的变化而发生转移和变换,这是水分循环发生的外因,两个原因缺一不可。太阳向宇宙空间辐射大量热能,在到达地球的总热量中约有23%消耗于海洋和陆地表面的水分蒸发,平均每年有$5.77 \times 10^5 \ km^3$的水通过蒸发进入大气,通过降水又返回海洋和陆地。水分循环的空间范围向上可达地面以上平均约 11 km 的对流层顶,下至地面以下平均约 1 km 深处。

由于太阳能在地球上时空分布不均匀,而水分循环主要由太阳能驱动,因此导致地球上降水量和蒸发量的时空分布不均匀,这使得地球上有湿润地区和干旱地区的区别,也有多水季节和少水季节、多水年和少水年区别,甚至也是地球上发生洪涝、旱灾的根本原因,是地球上自然景观多样性得以形成的重要条件之一。水分循环是自然界众多物质循环中最重要的物质循环。水是良好的溶剂,水流可以携带物质,因此,自然界有许多物质,如泥沙、有机质和无机质均会以水作为载体,参与各种循环。

(2)水分循环尺度

将水分循环分为全球水分循环、区域水分循环和水-土(壤)-植(物)系统水分循环三种不同的尺度。

全球水分循环即为海陆间循环,是空间尺度最大的水分循环(图 2.22),也是最完整的水分循环,由于海陆分布不均匀与大气环流的作用,构成了地球上水的若干个大循环,这些循环随季节有所变动,它涉及气候系统各圈层的相互作用,与全球气候变化密切相关。

区域水分循环即为海洋或陆地内的水分循环,是全球水分循环的组成部分。由于人类生活在陆地上,这一尺度的水分循环重点是陆地水分循环,并以流域为区域尺度,强调降水径流形成过程(图 2.22)。降落到陆地上的雨水,首先满足截留、填洼和下渗要求,剩余部分成为地面径流,汇入河网,再流入流域出口断面。截留最终耗于蒸散,填洼的一部分将继续下渗,而另一部分也耗于蒸发。下渗到土壤中的水分,在满足土壤持水量需要后将形成土壤中水径流或地下水径流,从地面以下汇集到流域出口断面。被土壤保持的那部分水分最终消耗于蒸散。区域水分循环的空间尺度跨度也很大,可在1~10000 km³之间,相对于全球水分循环而言,它是一种开放式的循环系统。

水-土-植系统是一个由土壤、植物和水分构成的相互作用的系统,是区域水分循环的一部分,可以小到一个微分土块(图 2.22)。水-土-植系统水分循环是气候系统空间尺度最小的水分循环。降水进入这个系统后将在太阳能、地球引力和土壤、植物根系产生的力场作用下发生截留、填洼、下渗、蒸发、蒸腾和径流等现象,并且维持植物的生命过程。水-土-植系统水分循环也是一个开放式的循环系统。

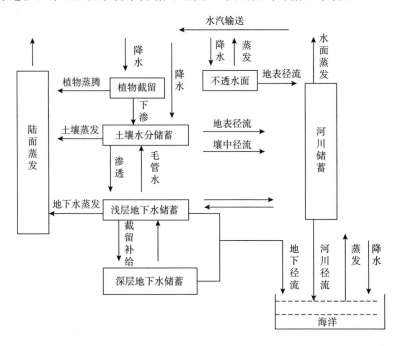

图 2.22　气候系统内不同尺度水分循环示意图(缪启龙 等,2010)

水分循环不仅具有不同的空间尺度,同时具有不同的时间尺度。一般来说空间尺度大的循环,时间尺度也长,如海陆间的一次水分循环过程可长达几个月的时间尺度。区域小循环的时间尺度可短到几小时。水分循环是由空间尺度几米到几千千米、时间尺度几小时到几个月的相互交叉融合的复杂过程。

(3)水分循环意义

水分循环的意义在于使得地球上水体组成一个连续的、统一的水圈,把气候系统五大圈层联立成既互相联系、又互相制约的有机整体；使得地球上的物质和能量得以输送；使得海洋和陆地之间的联系十分紧密；使得地球上的水周而复始地补充、更新，成为可再生的资源。

全球水分循环是大尺度气候变化研究的核心之一。区域水分循环是区域气候变化研究的重点。水-土-植系统水分循环是区域水分循环的重要基础，而且是陆面过程研究需要关注的重点之一。

2.3.4.2 大气中的水分

(1)大气中的含水量

大气圈是气候系统水分交换最大的舞台。水分交换的速度和水分平衡均受到大气中水分含量多少的影响。掌握大气中水分含量的计算，对于了解大气水分的空间分布特征和季节演变特点具有重要的意义。

大气中的水分，又称空中水，主要来自于陆地和海洋的水分蒸发。大多数情况下以气体形态存在于大气中，在一定条件下，会凝结而形成雨、雪、雹等降落地面，也常以水滴、冰晶的形态存在于云中。大气中的水较地面水少许多，若大气中平均总的含水量全部凝结成水，均匀分布在地球上，其水深仅约 25 cm。大气中水分含量定义为从地面到大气顶单位面积大气柱中的水分含量，包括大气中的水汽和云中的液态水及冰晶等，但目前后者的测定和计算方法均不够完善，暂不讨论。大气中水汽含量可利用大气湿度随高度的分布曲线随高度积分而求得，即

$$W_a = \int_0^{Z_\infty} \alpha(z)\mathrm{d}z \qquad (2.3.24)$$

式中：$\alpha(z)$ 为任一高度 z 处的空气绝对湿度，z_∞ 为大气柱顶高度。因为大气柱顶高度 z_∞ 确定很困难，可利用静力学方程 $\mathrm{d}p = -\rho g \mathrm{d}z$ 以及空气绝对湿度和空气比湿的关系，可将式(2.3.24)转换到比湿 $q(p)$ 随气压的积分，即

$$W_a = -\frac{1}{g}\int_{p_0}^{p_\infty} q(p)\mathrm{d}p \qquad (2.3.25)$$

式中：$q(p)$ 为比湿，p_0 为地面气压，p_∞ 为大气柱顶的气压，g 为重力加速度。实际计算时，由于湿度的观测资料是不连续函数，一般只给出一些等压面上（如 1000 hPa，925 hPa，850 hPa 等）的湿度观测，因此需要将式(2.3.25)转换为差分，即

$$W_a = \sum \frac{q(p_i)\Delta p_i}{g} = \sum \frac{\frac{1}{2}\left[q(p_i) + q(p_{i+1})\right]}{g}(p_i - p_{i+1}) \qquad (2.3.26)$$

式中：p_i，p_{i+1} 分别为相邻两等压面的下层和上层的气压。

图 2.23 是大气中水汽含量的垂直分布，该图清楚地表明，大气中的水汽主要集中于 500 hPa 以下。500 hPa 以上的水汽含量较少，这是由于大气中的水汽来自于地

表面的蒸发,近地层靠近水汽的源地,水汽自然最多,蒸散进入到大气低层的水汽,通过对流、湍流等运动向大气的上层输送,从而使水汽随高度增加而减少。700 hPa 以下水汽含量的季节变化十分显著,表现出夏季大气中水汽含量多,且垂直递减很明显,而冬季大气中水汽含量少,且垂直变化也不显著。

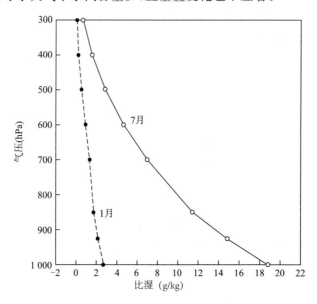

图 2.23　30°~40°N,110°~120°E 平均大气水分的垂直变化(比湿(g/kg))
(缪启龙 等,2010)

　　图 2.24 为全球 1 月和 7 月大气中水汽含量(用大气可降水量表示)的分布,由图 2.24 可见,在 1 月赤道地区可达 40 mm 以上,然后向两极逐渐减少,但仍可看出在北半球同纬度海洋上大气中水汽含量大于陆地上大气中水汽含量,而干旱的沙漠地区小于 10 mm,最小值 1~2 mm 出现在北半球高纬度和内陆地区。7 月份,大气中水汽含量大值区偏向北半球,最大值出现在亚洲南部达 50 mm 以上,最小值在南极,以及北非、澳大利亚的沙漠地区,不足 10 mm。同时,从图 2.24 还可看到,在所有的纬度上,大气中水汽含量都是夏季比冬季多,最大的变化出现在副热带。且季节变化,大陆上比海洋上大,尤其在广阔的北半球大陆上更是如此。区域性的季节变化大多在 10~20 mm 左右,但在亚洲东岸附近和季风区域,季节变化更大达到 20~30 mm。

　　北半球大气中的水汽含量比南半球大气中水汽含量多(表 2.8),这主要由北半球夏季的数值比较高。北半球(这里降水也较多)的水分平衡在很大程度上是由南半球热带流入北半球的水分来维持的。由于两半球的大陆分布的差异,季节变化在北半球为南半球的 3 倍。

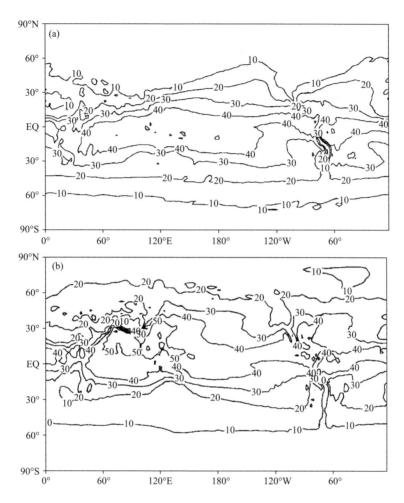

图 2.24 全球 1 月(a)和 7 月(b)平均大气水分含量的空间分布(可降水量表示,单位:mm)
(缪启龙 等,2010)

表 2.8 大气中的平均水汽含量(可降水量表示)(缪启龙 等,2010) 单位:mm

	北半球	南半球	全球
1 月	19	25	22
7 月	34	20	27

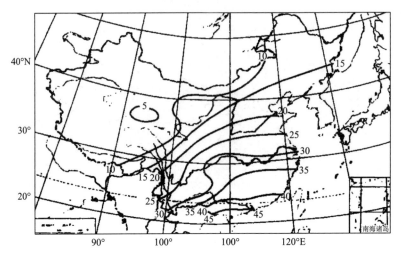

图 2.25　中国大气年水汽含量(mm)的分布(缪启龙 等,2010)

大气中的水汽含量不仅与局地蒸发快慢有关,而且还与大气中水汽输送量关系密切。就全球平均来说,有净水汽由海洋向陆地输送,而输送到陆地的水汽并非均匀分配到陆地的各个区域,在海洋向陆地输送的旅途上,越靠近海洋,获得的水汽就越多,相反远离海洋的内陆获得海洋的水汽就很少。中国年水汽含量的空间分布(图2.25)充分体现了与海洋距离远近的关系。中国,东南近海,西北深居内陆,因此大气中全年平均水汽含量的分布从南向北、从东到西是减少的。在华南地区,全年平均水汽含量为 40~50 mm,长江流域为 20~30 mm 左右,黄河流域为 20 mm 上下,到东北仅 15 mm。在西南地区,全年水汽含量为 20~30 mm,西藏高原东南边缘的雅鲁藏布江流域有 10~20 mm,此外除新疆天山北麓受到从大西洋和北冰洋来的气流调剂全年含水量可达 10 mm 外,整个西部地区大气中水汽含量都很少。

(2)大气中的水汽输送

由前所述赤道附近和高纬地区的地表蒸发量小于降水量,而副热带地区的地表蒸发量大于降水量。但根据多年观测的大气水分或地表水分记录,却未见赤道地区大气水分逐年减少,也未见副热带地区大气湿度逐年增加,这必然存在着大气中的水分由副热带向赤道和高纬传输,这种传输是由大气环流来实现的。根据南北方向上的风速矢量 V,空气的比湿大小可以按下面推演的公式计算水汽在南北方向上的水平输送。

取与南北向风速 V 相垂直的一小块面积 $ABCD$(图 2.26)。高为 δz,底边长为 δx,设空气在单位时间内由 $ABCD$ 流到 $A'B'C'D'$,则单位时间通过 $ABCD$ 截面积的空气质量为:$\rho V\delta x\delta z$。根据静力学方程 $\dfrac{\partial p}{\partial z}=-\rho g$,则在水平方向为单位长度($\delta x=1$),铅直方向气压差为 $\mathrm{d}P$ 的面内,单位时间输送的水汽为:$-\dfrac{1}{g}Vq\mathrm{d}p$。

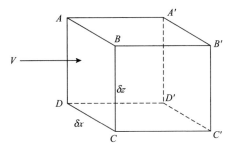

图 2.26 单位时间通过截面 ABCD 的空气质量示意图(缪启龙 等,2010)

从地面到大气顶水汽(E)在南北方向上的水平输送公式可写成

$$E = \frac{1}{g}\int_0^{p_0} Vq\,\mathrm{d}p \tag{2.3.27}$$

实际计算时,常用差分代替微分

$$E = \frac{1}{g}\sum_{i=1}^n V_i q_i \Delta P_i \tag{2.3.28}$$

式中:V_i(m/s)和 q_i(g/kg)为从地面向上第 i 层的平均风速和平均比湿,ΔP_i 为第 i 层下半层和上半层的气压差值,E 的单位是 g/(m·s)。即每秒在 1 m 纬圈范围,南北方向输送的水汽量。东西方向上的水汽输送可用相同的计算公式计算,只需要将风速改为纬向风速即可。由于风速的方向性,计算结果为正,表明水汽向北或向东输送,反之向南或向西输送。

中国夏季东亚季风区水汽输送场如图 2.27 所示。到达中国的水汽输送分为以下四个通道(如图中粗箭头所示):一个沿南亚季风的北支流经孟加拉湾到达中国西南边界,另一个由 105°E 附近越赤道气流与南亚季风的南支在南海南部汇合,流经南海北部到达中国南边界。这两个通道与南亚季风的南、北分支是一致的。第三个水汽通道是沿西太平洋副高西南侧的东南季风到达中国东南边界的水汽输送。这三支水汽流进入中国后,在大陆东部往东北方向输送,然后出境。不难看出这支东北水汽输送中有一部分是来自中纬度西风的贡献。第四个水汽通道是从中国西北边境进入的向东输送。由此可见,四条水汽通道基本体现了南亚季风、南海季风、副热带季风和中纬度西风带对中国夏季气候的影响。

水分循环是多环节的自然过程,全球性的水循环涉及蒸发、大气水分输送、地表水和地下水分循环以及多种形式的水量储蓄。降水、蒸发和径流是水循环过程的三个最

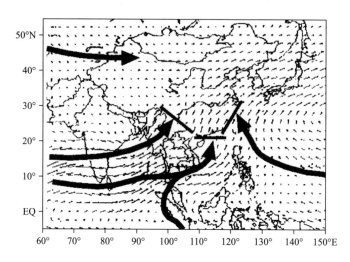

图 2.27　中国东亚季风区 1958—1998 年夏季平均水汽输送(100g/(cm·s))

(缪启龙 等,2010)

主要环节,这三者构成的水分循环途径决定着全球的水量平衡,也决定着一个地区的水资源总量。在自然循环中,就多年平均而言,无论是全球,或是一个区域,降水代表水资源的收入项,蒸发和径流代表水资源的支出项,收入项与支出项的水分基本是平衡的。

2.3.4.3　蒸发

由液态或固态水变为蒸汽的过程就是蒸发。因为影响的因素比较多,例如大气中的水汽含量、温度和空气运动等,要较精确地估计蒸发-蒸腾率也是很困难的。

最早人们用表达式

$$E_o = (e_s - e)f(\mu) \tag{2.3.29}$$

来估计蒸发率,式中:e_s 是蒸发表面的水汽压力;e 是高于蒸发面的某处的水汽压力;$f(\mu)$ 是水平风速的函数。由于各个参数取值难于统一,根据式(2.3.29)估计出的蒸发率也就比较差。

1963 年,H. L. Penman 提出了一个计算蒸发率的公式,即

$$E = \frac{SH + \gamma E_d}{s + \gamma} \tag{2.3.30}$$

式中:E 是蒸发率(mm/d);S 是在空气温度为 T 处的饱和水汽压曲线对温度的斜率(hPa/K);H 为辐射收支;γ 是测湿常数,一般可取 $\gamma=0.27$;而正 E_d 是空气的干化能力,可表示成

$$E_d = 0.35(1 + \mu/100)(e_a - e_d) \tag{2.3.31}$$

式中:μ 是 2m 高处的风速(m/s);e_a 是温度为 T 时的饱和水汽压;e_d 是平均水汽压。H 为辐射收支,则可以写成

$$H = R_a(1-r)\left[0.18+0.55\left(\frac{n}{N}\right)\right] - \sigma T^4\left\{0.56 - 0.092\sqrt{e_d}\left[0.10+0.90\left(\frac{n}{N}\right)\right]\right\}$$

$$(2.3.32)$$

式中:R_a 是到达地球大气顶的太阳辐射;r 是下垫面反射系数,可取 $r=0.05$;n/N 是实际日照时数与可能日照时数之比;黑体发射通量密度 σT^4 中温度 T 用绝对温度值(K)表示,$\sigma=5.67\times10^{-8}$ J/(m^2·s·K^4)。

式(2.3.30)是对自由水面而论的。对于某一个地区的平均,可以引入一个经验系数 b,则

$$\overline{E} = bE \qquad\qquad\qquad (2.3.33)$$

这里经验系数 b 是空间和时间的函数,通常可取 $b=0.7$。

另外一种较常用的方法是估计可蒸发量(Potential evapotranspiration),某处的月平均可蒸发量正 E_p 可表示成(单位为 cm/mon):

$$E_p = 1.6(10T/I)^a \qquad\qquad (2.3.34)$$

式中:T 是月平均温度(℃);I 是加热指数;a 可以取作常数,也可认为是 I 的函数。这里的加热指数 I 为各月的指数 i 的和:

$$I = \sum_1^{12} i \qquad\qquad\qquad (2.3.35)$$

而各月的指数 i 同月平均温度有关,具体计算时可通过图表进行,这里不再介绍。

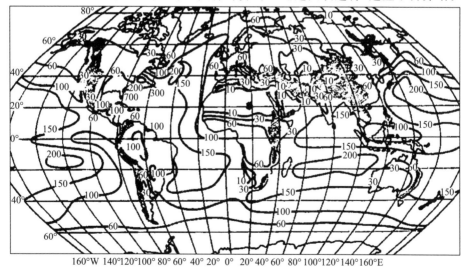

图 2.28 平均年蒸发量(cm)的全球分布(李崇银,2000)

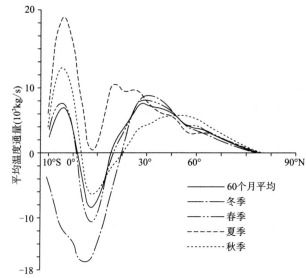

图 2.29　纬向平均的湿度通量(kg/s)分布(李崇银,2000)
(图中正、负值分别表示向北和向南)

平均年蒸发量的全球分布如图 2.28 所示。可以清楚地看到,洋面上蒸发的水汽量最多,因而,海洋就成为全球水汽的主要来源,而中高纬度大陆地区是水汽的主要汇。通过大气运动(环流)不断地把水汽由热带输送到中高纬度地区。图 2.29 是纬向平均湿度通量的经向剖面,水汽由热带地区向中高纬度地区的输送是明显的,且水汽通量也在热带地区最大。

大气所获得的能量中有 37.5% 来自蒸发潜热;大气得到的 34.5% 的太阳辐射,主要也是因水汽和云的吸收;而对于大气中 20% 的来自地球表面的长波辐射,其绝大部分也是因水汽和云的红外吸收而得到的。因此,大气中的水汽及其输送对大气的能量获取和能量输送都有非常重要的作用。

2.3.4.4　降水

大气中的液态或固态水,在重力作用下,克服空气阻力,从空中降落到地面的现象称为降水,它是水分循环的重要环节,也是陆地上水资源的主要来源,它包括雨、雪、雹、霰等所有水分。降水是支配自然景观、影响农业生产以及人类活动最重要的气候要素之一,也是自然界的一项重要的气候资源。降水分布一方面取决于大气中水汽的来源,即海陆分布;另一方面也决定于大气运动,大气的水平运动可以将水汽输送到远离海洋的内陆地区,大气中的垂直运动是产生降水的必要条件。所以地球上降水分布与流场的辐合、辐散紧密相关。因此,气流的辐合、辐散是支配降水带状分布的首要因子。海陆分布和地形起伏则是降水非地带分布的重要原因。

从全球的角度来看,地表蒸散是大气中水汽的主要来源。20 世纪 40 年代初,某些著作认为,大陆地区的蒸散是该地区降水的重要水汽来源,因此,许多规划方案提出,为了增加局部降水,通过开挖具有高蒸发率的池塘、地穴,种植具有高蒸腾率的树木,以增加蒸散水分,从而达到增加降水的目的。但是,近几十年以来,通过增加高空观测站网,许多关于大气中水汽循环的研究认为,陆地降水的水汽主要来源于海洋,来自于海洋的水汽平均占陆地降水的 89%左右。海洋降水的水汽主要也来源于海洋表面的蒸发,约占海洋降水的 85%。因此,海洋是大气中水汽的主要源地。

从图 2.30 的全球降水分布看来,全球降水量的水平分布是极其复杂的。表明降水分布的局地性很强。在各纬度带内降水量是不均匀的。如赤道地区有降水极多的赤道西太平洋,也有降水极少的赤道东太平洋;在 20°～30°纬度的少雨带中有降水很多的东亚沿海,也有降水极少的中亚、北非、北美等地。世界上降水最多的是东南亚和西非的一部分、南美的亚马孙河流域等赤道地区。在一些局部地区,如日本本州的一部分、中国台湾、印度的北部、夏威夷、西印度群岛、南美的哥伦比亚、厄瓜多尔、新西兰、马达加斯加的一部分等地,年降水量都超过 3000 mm。世界上降水最少的地区除了两极附近外,还有中、低纬度地区的干旱、沙漠区,从北非到中亚、澳大利亚的中西部、南北美的西海岸降水量都极少,一般在 100～250 mm。在沙漠的腹地甚至不到 50 mm。如中国新疆的塔克拉玛干沙漠年降水量不足 50 mm。

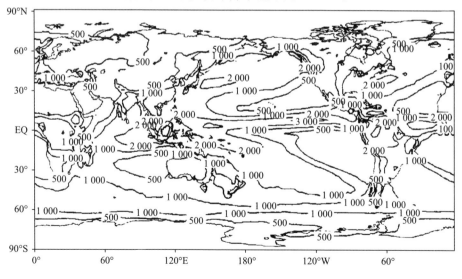

图 2.30 世界年降水量(mm)的分布(缪启龙 等,2010)

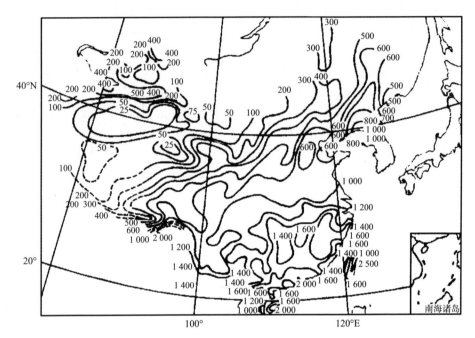

图 2.31　中国年降水量(mm)的分布(缪启龙 等,2010)

中国全年降水量最大的地区是在江南平原和东南沿海地区,年降水量在 1500～2000 mm(图 2.31);全年降水量最小的地区是在西北沙漠,年降水量只有 20mm 左右,全国干、湿相差可达 100 倍。年降水量的等值线基本上是从东南向西北逐渐减少的,东部大体平行于纬圈,长江流域在 1000 mm 以上,黄河流域在 800 mm 左右,华北地区为 500～600 mm,东北的大兴安岭以东地为 500～1000 mm,以西仅 300～500 mm。中国西部降水量受地形影响非常明显,西藏高原东南的雅鲁藏布江流域有 700 mm 左右,高原内部只有 100 mm,新疆的天山北坡,由于内部气流影响,年雨量较多,可达 150～400 mm,但在沙漠盆地地区,气候十分干燥。

2.3.4.5　径流

径流包括地表径流和地下径流,也是水分循环中不可缺少的一环,海洋蒸发输送的大量水汽,在陆地上空以降水形式降落地表,通过径流又回归海洋。补充了海洋水分,又维持了陆地和海洋的水分平衡。

由降雨到水流汇集至出口断面的整个物理过程,称为径流形成过程。径流形成是一个极为错综复杂的过程,为了对径流的形成有一个初步的认识,可将径流形成过程分为以下几个阶段。

(1)降雨过程

径流是降雨造成的,降雨是造成径流的必要条件,降雨过程是径流形成过程的一个组成部分,也可以看作是径流形成过程的初始阶段。

对于一个已知流域,各次降雨在时程上的变化和地区上的分布是不完全相同的。一场雨的强度常随时间不断地变化,就降雨的地区分布而言,可以笼罩全流域,也可以只降落在流域的部分面积上。降雨强度在流域上的分布也是不一致的,降雨强度大值中心的位置在一场雨中可能是沿着一个方向移动着,各次降雨强度的大值中心位置也是不完全相同的。降雨过程的特性,直接影响径流的形成过程,故降雨特性和径流形成过程之间的联系十分密切。

(2)流域的蓄渗过程

降雨到达地面时,地面上的植物和建筑物要截留一部分降雨。这部分暂时存留在植物或建筑物等表面的雨量称为截留水量。雨停之后,截留的附着水大部分被蒸发掉。

雨到达地面后,雨水从地面渗入土壤,称之为下渗。下渗发生在降雨期及雨停后的一段时间内,只要流域表面有水,就有下渗过程。降雨强度小于下渗强度时,雨水就完全渗入土中;降雨强度大于下渗强度时,坡面上就有积水和流水,这种积水和流水称之为超渗雨。

流域表面有各种形态的洼地和水塘,在降雨过程中,它们能容蓄一部分水量。洼地及水塘的容蓄水量来源于直接降落在它们表面的超渗雨以及由附近坡地流入的水量。当洼地及水塘蓄满后,水就会溢出。洼地和水塘蓄水可以维持一段较长的时期,降雨停止后,蓄水大部分蒸发消耗了,另一部分则渗入土中。

植物截留、下渗及洼地蓄水等过程,总称为流域的蓄渗过程。这一过程中,除直接降落在河面上的雨形成径流外,其余的不直接产生径流,而是消耗于植物截留、下渗和填洼,最终也是消耗于蒸发和下渗。这部分不产生径流的降雨,对径流的形成来说是一个损失量。所以,这个过程又可称为损失过程。对于不同流域或同一流域的不同时期的降雨损失量及损失过程是不完全相同的。

(3)坡面漫流过程

当流域上的降雨满足了损失过程后,就会出现超渗雨,此时,坡面上开始出现沿坡地流动的水流,通常称之为坡面漫流。坡面漫流并不遵循固定的水流路线,而是沿着经常变动的泄水路线流入附近的河网,坡面漫流的发展过程称之为坡面汇流。

坡面上的水流由许多细小的沟流所组成,当降雨强度较大时,坡面水流可能扩展至全部降雨面积,形成片流。坡面是产流的场所,也是径流输送的场所,尽管坡面上的汇流历时较短,汇流长度不大。但在中国,坡地占流域总面积的比重很大,因此,坡面漫流在径流形成过程中,对净雨(降水经扣除损失后称之为净雨或有效降雨,净雨

量又可称为产流量)在时程上起到了再分配的作用。

(4)河网汇流过程

坡面上的净雨,经漫流注入河网,在河网内沿河槽作纵向运动的过程称为河网汇流。河网汇流过程就是水流的形成和运动过程,而河流断面上的水位及流量的变化过程正是洪水流通过该断面的直接反映。

在涨水过程中,坡地漫流的雨水,不断注入河网,一部分存储于河槽,另一部分水流沿河槽下泄,使水位升高流量逐渐加大。对同一时刻而言,出口断面以上坡地汇入河网的总量必然大于出口断面的流量,因河网内要容蓄一部分水量。在落水过程中,则与此相反。这种现象称为河槽调蓄作用。

当降雨及坡地漫流停止后,河网汇流过程仍在进行,这个时期出于没有坡地水流的补给,河网蓄水开始消退,其历时的长短,决定于河网蓄水量大小及运动情况。另外,包气带水及潜水在降水期间所获得的水量,也缓慢地通过地下补给河网。

(5)地下径流过程

当地面径流终止和河槽蓄水量流泄后,河流的水量来源,全部依赖于地下水补给,称为地下径流过程。雨水经下渗到地下,一部分停蓄在土壤表层内,逐渐通过地面蒸发或植物蒸腾消耗,还有一部分下渗的水量,到达土壤的饱和层抬高地下水位,缓慢地注入河流,即为地下径流,又称基流。基流一般是很稳定的。下渗的雨水,还未到地下水面时,在一定条件下,往往在地面以下、潜水面以上的土层内(即包气带)产生流向河槽的表层流,它可能很快或较缓慢地注入河网。

一次降雨过程在流域出口断面形成的流量过程线,是流域蓄渗、坡面漫流以及河网汇流的综合结果。降雨径流的形成过程,从以上分析来看,可以分为两大过程,即满足于消耗的产流过程和水流汇集到出口断面的汇流过程。

2.3.5 气候系统的水分平衡

气候系统是一个系统,一个区域或流域以及水-土-植结构,也是一个系统。在这些系统中发生的水分循环,年复一年,永不休止,这是自然界服从物质不灭定律的必然结果,而水分平衡则遵循质量守恒,体现了水分循环量的多少,或者说,水分平衡是水分循环得以存在的支撑。下面分地表、大气和地-气系统介绍水分收支情况(缪启龙 等,2010)。

2.3.5.1 地表水分平衡方程

(1)水分平衡方程

气候系统中的水不断地循环着、变化着,对整个气候系统来说,它是一个封闭系统,其总量保持不变。对气候系统各个子系统或各个区域,它又是一个开放系统,既有水分的输入,又有水分的输出。对某一区域,在给定的时段内,水分的输入与输出之差,就等于该区域在这一时段内的水分变化量。水分平衡方程(水量平衡方程)可表示为

$$I - D = W_2 - W_1 = \Delta W \tag{2.3.36}$$

式中:I 为在某一定时段内输入该区域的各种水量之和;D 为在该时段内从该区域输出的各种水量之和;W_1、W_2 分别为该区域在这一时段的开始和结束时的总储水量,ΔW 为该时段内储水量的变化量。

式(2.3.36)是水分平衡方程的一般形式,是质量守恒定律用于水循环的一种数学模型。对不同的区域,不同问题,应具体分析水量的输入和输出项的各个组成部分,形成相应的水量平衡方程。

若以地球的大陆作为研究对象,其水量平衡方程为

$$E_c = r_c - f \pm \Delta W_c \tag{2.3.37}$$

若以海洋为研究对象,则其水量平衡方程为

$$E_s = r_s + f \pm \Delta W_s \tag{2.3.38}$$

式中:E_c、E_s 分别为陆地和海洋上的蒸发量;r_c、r_s 分别为陆地和海洋上的降水量;f 为大陆的地表径流;ΔW_c、ΔW_s 分别为陆地和海洋在研究的时段内储水量的变化量。

对于海洋和陆地,从多年平均看来,并没有发现明显的增减趋势。因此,ΔW_c、ΔW_c 可近似看作为零。于是,在多年平均情况下,大陆的水分平衡方程为

$$E_{cy} = r_{cy} - f_y \tag{2.3.39}$$

海洋的水分平衡方程为

$$E_{sy} = r_{sy} + f_y \tag{2.3.40}$$

式中:E_{cy}、E_{sy} 分别为陆地和海洋上的多年平均蒸发量;r_{cy}、r_{sy} 分别为陆地和海洋上的多年平均降水量;f_y 为陆地流入海洋的多年平均径流量。

将式(2.3.39)和式(2.3.40)相加,则可得到全球的水分平衡方程

$$E_{cy} + E_{sy} = r_{cy} + r_{sy} \tag{2.3.41}$$
$$E = r$$

可见全球的总蒸发量 E 等于总降水量 r。

(2)地表水分收支分布

表 2.9 是地球上水量平衡各要素的数量。由表 2.9 可知,海洋上多年平均蒸发量大于降水量,两者之差即为海洋输送到陆地上的水汽量;而大陆上则与此相反,蒸发量小于降水量,两者之差即为陆地流入海洋的径流量。而全球的总降水量与总蒸发量恰好相等。

表 2.9　地球上水分平衡(缪启龙 等,2010)

区域	面积(10^6 km²)	降水量(万 km³)	蒸发量(万 km³)	径流量(万 km³)
海洋	361	41.2	44.9	3.7
大陆	149	9.9	6.2	−3.7
全球	510	51.1	51.1	—

从各大海洋的水分平衡各分量看,太平洋和北冰洋年降水量大于年蒸发量,大西洋、印度洋为年蒸发量大于年降水量(表2.10)。这说明一个重要的事实,即一年内大西洋和印度洋要从北冰洋和太平洋得到相当多的水量。

表 2.10　地球各大洋的水分平衡(mm/a)(缪启龙 等,2010)

大洋	降水量	蒸发量	大陆边缘地区的径流	与邻近大洋交换的水量
大西洋	780	1040	−200	−60
印度洋	1010	1380	−70	−300
太平洋	1210	1140	−60	130
北冰洋	240	120	−230	350

表2.11是纬圈平均地表水分平衡的纬度分布,可见在南、北半球纬度10°~40°范围内的低纬度热带地区,蒸发量大于降水量,剩余的水汽则主要被输送到中高纬地区,补充那里由于蒸发量小于降水量而需要的水量,其次也有一部分输送给赤道地区。

表 2.11　纬圈平均水分平衡(缪启龙 等,2010)

纬度	面积(10^3 km²)		降水量(mm)		蒸发量(mm)		径流量(mm)	
	北	南	北	南	北	南	北	南
80°~90°	3913	3915	46	73	36	12	10	61
70°~80°	11587	11593	200	230	126	54	74	176
60°~70°	18899	18910	507	549	276	229	261	320
50°~60°	25609	25609	843	1003	447	553	396	450
40°~50°	31506	31503	374	1128	640	262	234	266
30°~40°	36409	36409	761	875	971	1181	−210	306
20°~30°	40202	40217	675	777	1110	1305	−435	−528
10°~20°	42788	42785	1117	1109	1284	1507	167	−398
0°~10°	44077	44083	1885	1435	1250	1371	635	64
0°~90°	254990	255024	990	975	897	1048	73	−37
全球			973		973			

表2.12为中国的水量平衡,可见,外流区的水分循环数值远大于内流区,如外流

区的降水量为 896 mm,内流区是 164 mm;而蒸发量分别为 492.6 mm 和130.2 mm;径流量分别为 403.4 mm 和33.8 mm。内流区的降水量、蒸发量和径流量分别占外流区的 18.3%、26.4% 和 8.45%。内流区由于没有参与到海洋与陆地的水分大循环,水量平衡各分量的数值都比较小。内流区的径流系数(20.6%)也小于外流区的 45.2%,表明内流区的降水绝大部分用于湿润局地地表、植被和下渗湿润土壤。因为内流区可供降水的水汽少,降水过程较弱,一次过程的降水量一般较小,因此径流所占的比例小于外流区。此外,同是外流区,不同水系流域水量平衡的量也有明显的差异。中国的外流区包括太平洋、印度洋和北冰洋,太平洋外流区的降水量和蒸发量最大,而印度洋外流区的径流量最大;虽然三大洋外流区中北冰洋的水分循环量都是最小的,但其径流系数是最大的,达到了 76.3%,即降水绝大部分形成了径流回归北冰洋,陆地上的水分利用率最低。太平洋外流区的径流系数最小,降水的利用率最高。

表 2.12 中国的水量平衡(缪启龙 等,2010)

水系流域		面积占总面积比例 (%)	降水量		径流量		蒸发量		径流系数 (%)
			mm	亿 m³	mm	亿 m³	mm	亿 m³	
外流区	太平洋	56.72	918	49926	391	21347.46	526	28578.54	42.8
	印度洋	6.51	739	4530	518.6	3238.90	220.4	129.11	71.5
	北冰洋	0.53	357	144	215.9	109.8	141.1	34.15	76.3
	小计	63.76	896	54600	403.4	24696.21	492.6	29903.73	45.2
内流区		36.24	164	5720	33.8	1177.14	130.2	4542.86	20.6
全国合计		100.00	629	60320	269.5	25873.35	359.5	34446.56	42.8

2.3.5.2 大气的水分平衡

(1)大气的水分平衡方程

所谓大气中的水分平衡指的是某一被研究地区在给定的一段时间内,大气柱中总收入的水汽量与总支出的水汽量之差,应等于该地区这一时段内大气柱中水汽含量的变化量,可以表示为

$$W_{ai} - W_{aq} = \Delta q_a \qquad (2.3.42)$$

大气柱中总收入的水汽量 W_{ai} 主要包括:地面蒸发至大气中的水汽量 E;外界输送给该地区内整层大气中的水汽量 Q_{ai}。

大气柱中总支出的水汽量 W_{aq} 主要包括:该地大气凝结降落给地面的水量 r;该地区整层大气柱向外输送出去的水汽量 Q_{aq}。

若被研究地区 t_1 时刻时大气柱中的水汽含量为 Q_{at1},至 t_2 时刻时大气柱中的水汽含量为 Q_{at2}。则 t_1 到 t_2 这段时间内,大气柱中水汽含量的变化量也可按下式计算

$$\Delta q_a = q_{a1} - q_{a2} \qquad (2.3.43)$$

我们把被研究地区大气柱中输入和输出的水量差称为该地区大气柱中水汽的净输送量。

$$\Delta Q_a = Q_{ai} - Q_{ag} \qquad (2.3.44)$$

把地面蒸发给大气的水量和大气凝结降落至地面的水量差称为该地区内的地气间的水汽净交换量

$$\Delta R = r - E \qquad (2.3.45)$$

由此代入上式,就可得到大气柱内的水分平衡方程为

$$\Delta Q_a - \Delta R = \Delta q_a \qquad (2.3.46)$$

由上可知,大气中的水分平衡问题,涉及大气中的水汽含量,大气中的水汽输送量,及大气和地面的水分交换量。

(2)大气水分平衡分布

图2.32和表2.13是垂直积分的纬向平均大气水汽收支的经向分布。由图2.32可见,冬、夏季不同纬度上的大气水分平衡有较大差异。北半球在冬季0°～40°N大气中水汽收入大于支出,为水汽源区,而40°～90°N大气中水汽收入小于支出为水汽汇区。夏季,在10°N附近则变为一个收入小于支出的大气水汽汇区,30°～40°N也成为一个水汽汇区,而20°～30°N仍为一个明显水汽源区;而在50°～90°N的大气水汽汇区的绝对值比冬季小许多。该图还表明水平通量的水平辐合及源汇强度具有相同的量级。

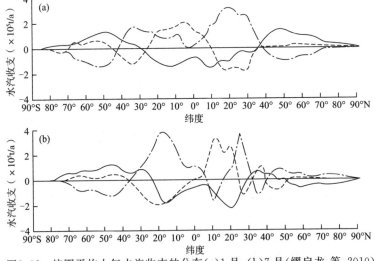

图2.32 纬圈平均大气水汽收支的分布(a)1月,(b)7月(缪启龙 等,2010)
(实线和虚线分别为总涡动和经圈环流水平通量的水平辐合,点划线为
余差项,代表水汽的源汇分布)

表 2.13 根据 r－E 平衡和根据大气通量推算出的水汽平均向北通量(10^{14}kg/a)
(缪启龙 等,2010)

纬度	70°	60°	50°	40°	30°	20°	10°	0°
北半球 r—E 平衡	8	23	105	189	142	−42	−143	165
大气通量	14	55	137	254	194	87	−105	103
南半球 r—E 平衡	−5	−52	−186	−291	−173	52	227	165
大气通量	−1	−42	−175	−229	−16	−43	−225	141

2.3.5.3 地-气系统的水分平衡

(1)地-气系统的水分平衡方程

地面水分平衡加大气中的水分平衡就是地-气系统的水分平衡。

地面水分平衡方程为

$$r - E - f - \Delta W = 0 \qquad (2.3.47)$$

大气中的水分平衡方程为

$$-r + \Delta Q + E - \Delta q_a = 0 \qquad (2.3.48)$$

因此,地-气系统的水分平衡方程为

$$\Delta Q_a = \Delta q_a + \Delta w + f \qquad (2.3.49)$$

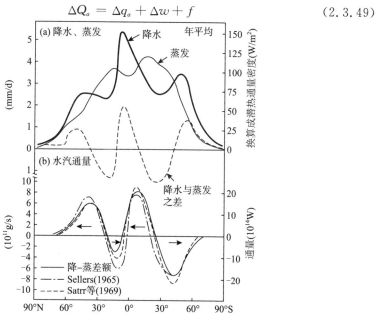

图 2.33 (a)年平均降水和蒸发及其差额;(b)由年平均降水
和蒸发差额求得的大气经向通量(缪启龙 等,2010)

图 2.33 给出年平均降水、蒸发随纬度变化的廓线及水汽经向通量,其主要特点表明蒸发超过降水的副热带到三个降水充沛的地区有较大的水分通量。由图 2.33 可见,指向极地的通量最大值在 4°附近。进一步分析还可以看到,南、北半球的降水、蒸发及降水-蒸发的水分通量是不完全对称的。副热带高蒸发在南半球大、北半球小。另外,水汽的输送,在赤道附近,南半球的水汽向北半球输送,补充了北半球赤道附近的较大降水而形成的较大的降水蒸发差。

(2)地-气系统水分平衡的分布

图 2.34 是全球降水量与蒸发量的季节变化,可见南半球蒸发量从热带到 45°S 的季节变化不如北半球明显。南半球蒸发量季节变化较小的原因:一是海洋面积较广,二是整年持续不断的信风,三是温带海洋地区冬、夏的气旋活动和冷空气爆发,虽然它们的强度并不大。

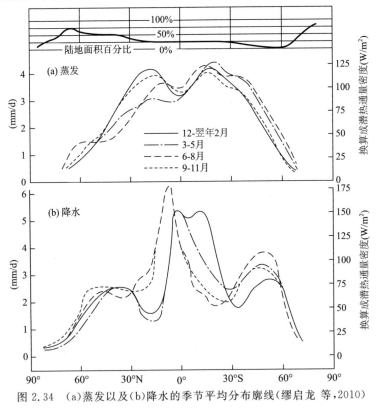

图 2.34 (a)蒸发以及(b)降水的季节平均分布廓线(缪启龙 等,2010)

图 2.34 还表明,温带纬度降水量最大值所在纬度随季节有一些摆动。北半球的峰值强度少变,这是因为夏季扰动虽较弱,但水汽含量较高,且陆上有相当可观的对

流性降水。北半球热带地区的降水季节变化最大,降水峰值所在纬度有明显的经向摆动。南半球夏季12月至翌年2月在赤道附近降水廓线呈双峰分布,这是因为在这一季节赤道以北大部分海洋上维持一个最大降水带,而在南美洲、非洲、大洋洲季风所在的经度上,最大降水量明显地移向赤道以南。

从水汽经向通量的季节变化看(图2.35),虽然年平均值热带的水汽经向通量的峰值与中纬度的峰值相当。但季节变化热带与中纬度有很大差异。在中纬度冬、夏季水汽经向通量的大小变化不大,且输送方向是向极地输送;热带地区,夏季—秋季有大量水汽由赤道及其以南地区向北输送;冬季—春季热带地区水汽由赤道及其以北地区向南输送。可见,热带地区水汽经向通量主要是指向赤道的,这与前面水汽源汇的分析相一致。

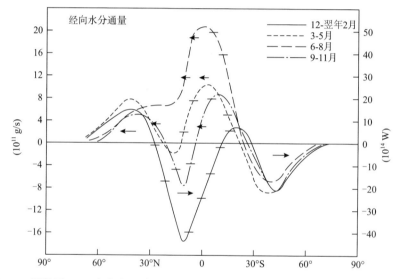

图2.35 根据图2.34中蒸发和降水的量值计算得到的水分经向通量(缪启龙 等,2010)

图2.36描述了0°~30°和30°~90°纬度的水分平衡的总特征。从全年看,北半球热带降水与蒸发几乎平衡,南半球却蒸发大于降水,蒸发降水比达1.21。这种蒸发的剩余恰好补充了30°~90°S间降水需要水汽的不足。冬季0°~30°,南半球蒸发降水比达1.73,北半球达1.31;而夏季,南半球0°~30°S,蒸发降水比为0.87,北半球为0.77;在30°~90°N,冬、夏季都是降水大于蒸发。上述结果表明,热带地区是全球的主要水汽源地。

无论在哪个半球上,冬季半球低纬热带地区大量的剩余水分多半被输送出去,以补充夏季半球热带低纬度地区降水量超过蒸发量的需要。在南半球热带地区蒸发超过降水量所产生的过剩水分,通过30°S的水汽输送随着季节的转变有一定的增加;

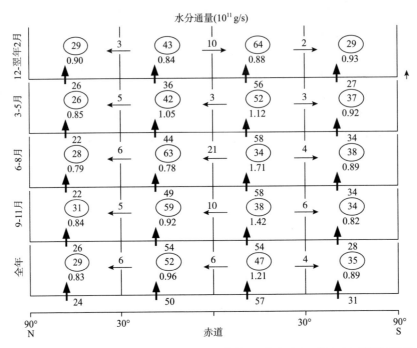

图 2.36　每个半球热带和温带全部降水(圆圈内数值)和蒸发速率(箭头右下侧数值)的总汇,
以及区域内蒸发与降水的比率(圆圈下侧数值)(缪启龙 等,2010)

而在北半球,这种随季节转变而增加的趋势并不明显。在北半球温带海洋上,有大量的水汽被输送到不稳定的冷气团中去,以满足冬季广大陆面上及海洋上降水对水分的需要。

2.4　气候系统和气候变化

近百年来,地球气候正经历一次以全球变暖为主要特征的显著变化。自然因素和人为因素都可引起气候变化,人为因素中最主要的是温室气体排放和土地利用。根据仪器观测和各种气候代用资料研究表明,过去几十年全球尺度的气候变暖十分明显,其主要原因之一是人类排放的温室气体的加热效应。各种预测的结果虽然相互之间存在一定差别,但都一致肯定了未来几十年全球平均气温将继续呈升高趋势。

但是,不论是对过去气候变化的检测分析,还是对未来气候变化趋势的估计,都还存在着很大的不确定性。产生不确定性的因素很多,其中,气候系统观测资料的缺乏,对自然气候变化规律认识的不足,对气候系统各种关键的过程和反馈机制还没有充分了解,以及气候模式本身还不很完善等,都是造成不确定性的主要因素。因此,气候系统作为气候变化的科学基础,相关的科学问题仍需要开展进一步深入和系统的研究。

参考文献

Peixoto J P,Oort A H. 1995. 气候物理学. 吴国雄,刘辉,译. 北京:气象出版社.

Solomon S, Qin D, Manning M, *et al*. 2007. 政府间气候变化专门委员会第四次评估报告第一工作组报告,气候变化2007-自然科学基础. 英国剑桥:剑桥大学出版社.

陈海山,孙照渤. 2002. 陆气相互作用及陆面模式的研究进展. 南京气象学院学报,**25**(2):277-288.

陈烈庭,阎志新. 1979. 青藏高原冬春季积雪对大气环流和我国南方降水的影响. 中长期水文气象预报文集(第一集),185-194. 北京:科学出版社.

方精云. 2000. 全球生态学. 北京:高等教育出版社.

符淙斌. 1980. 北半球冬春冰雪面积变化与我国东北地区夏季低温的关系. 气象学报,**38**:187-192.

郭其蕴,王继琴.1986. 青藏高原的积雪及其对东亚季风的影响. 高原气象. (5):116-123.

李崇银. 2000. 气候动力学引论. 北京:气象出版社.

缪启龙,江志红,陈海山,等. 2010. 现代气候学. 北京:气象出版社.

任振球.1990.全球变化:地球四大圈层异常变化及其天文成因. 北京:科学出版社.

盛裴轩,毛节泰,李建国,等.2003. 大气物理学. 北京:北京大学出版社.

温刚,严中伟,叶笃正.1997.全球环境变化——我国未来(20～50年)生存环境变化趋势的预测及研究. 长沙:湖南科学技术出版社.

Budyko M. 1955. Heat balance atlas. Clearing House for Federal Scientific and Technical Information. US Dept. Commerce, No. TT63-13243.

Budyko M. 1986. The Evolution of the Biosphere. Dordrecht:Reidel Publishing Company.

Charney J G. 1975. Dynamics of deserts and drought in the Sahel. *Q J R Meteorol Soc*,**101**(428):193-202.

Dickinson R E, Henderson-Sellers A. 1988. Modelling tropical deforestation:A study of GCM land-surface parameterizations. *Quart. J. Roy. Meteor. Soc.*, **114**:439-462.

Hahn D G, Shukla J. 1976. An apparent relationship between Eurasian snow cover and Indian monsoon rainfall. *J. Atmos. Sci.*, **33**:2461-2463.

Hellerman S. 1967. An updated estimate of the wind stress on the world ocean. *Mon. Wea. Rev.*, **95**:607-626.

Henderson-Sellers A, Gornitz A V. 1984. Possible climatic impacts of land cover transformations, with particular emphasis on tropical deforestation. *Clim. Change*, (6):231-258.

List R J. 1968. Smithsonian Meteorological Tables. Washington, D. C.:Smithsonian Press.

Lorenz E N. 1967. The Nature and Theory of the General Circulation of the Atmosphere. Geneva: World Meteorological Organization.

Miller A A. 1965. Climatology. London: Mcthuen.

Peixoto J P. 1973. Atmospheric vapor flux computations for hydrological purposes. Geneva, Switzerland: WMO publ: 357.

Sellers W D. 1965. Physical climatology. University Chicago Press.

Starr V P, Peixoto J P, Mckean R. 1969. Pole-to-pole moisture conditions for the IGY. *Pure Appl. Geophys.* **15**:300-331.

Starr V P, Peixoto J P. 1971. Pole-to-pole eddy transport of water vapor in the atmosphere during the IGY. *Arch. Met. Geophys. Biokl.* A 20, 85-114.

Walsh J E, Tucek D R, Peterson M R. 1982. Seasonal snow cover and short-term climatic fluctuations over the United States. *Mon. Wea. Rev.* , **110**: 1474-1485.

第3章
气候变化过程与成因

3.1 地质、历史时期的气候变化

地球形成行星的时间尺度约为 50 ± 5 亿年。根据地质沉积层的推断,约在 20 亿年前地球上就有大气圈和水圈。地球上的气候随时间是变化的,具有几十亿年的历史。一般认为地球大气的演化经历了原生大气、次生大气和现代大气三代。在地球诞生的早期,地球表面形成以氢、氦、氖为主要成分的氢气云团,这种没有层次的云团就是早期的原生大气。原生大气寿命很短,在地球形成不久后就消失了,强烈的太阳辐射向外不断散射的粒子流形成的太阳风可以吹散原生大气层。其次,另一个原因是地球刚形成时,质量还不大,引力较小,加上内部放射性物质衰变和物质熔化引起能量转换和增温,使分子运动加剧,氢、氦等低分子质量的气体便逃逸到宇宙空间去了。一般认为早期地球上曾经有一个阶段不存在大气圈。后来由于地球的重力收缩和放射性衰变致热等,才使地球内部温度升高,出现熔融现象,在重力作用下,物质开始分离,地球内部较轻的物质逐渐上升,外部一些较重的物质逐渐下沉,形成一个密度较大的地核。地球温度不断下降并冷凝成固体。这时内部高温促使火山频频爆发,产生出二氧化碳、甲烷、氮气、水汽、硫化氢和氨等具有较大分子质量的气体,在地球引力的作用下逐渐积蓄在地球周围,形成了环绕地球的次生大气。地球的水圈,也正是这个阶段由水汽凝结降落而形成的。大约在地球形成 10 亿~15 亿年后,岩石圈、大气圈和水圈已经演化成型。在地热、太阳能的作用下,简单的无机物和甲烷等合成氨基酸、核苷酸等有机物并逐步演化成蛋白质。大约在 35 亿年前,海洋中形成了简单的原始生物,属于厌氧型生物,并逐渐演化产生叶绿素,进行光合作用,这就是水体中最早出现的自养生物藻类。随着紫外线的光解和光合反应,大量的氧生成了,使地球上开始了生命活动的历程。由于表层海水强烈吸收致命的短波紫外线辐射,使得原始生命得以在表层以下海洋中繁衍起来。随着高空氧逐渐增多,在光解作用下产生了臭氧层,使得透过大气的紫外线大为减少,短波紫外线被全部吸收,促使植物进入海洋上层,又进一步增加了光合反应,更促进植物生命的发展和水生动物的繁衍。随着这种相互间的协调和增益过程,直到 4 亿年前,生命终于跨过了漫长的岁月,从海洋登上了陆地。大气也最终演变成今天的样子,一般称为现代大气。

现代大气稳定以后,地球气候的冷、暖、干、湿的变化交替出现,且有不同振幅的波动。从时间尺度和研究方法来看,地球气候变化史可分为 3 个时代:地质时代气候变迁、历史时代气候变迁、近代气候(近百年)变迁。地质时期气候变化时间跨度最大,从距今 22 亿至 1 万年,其最大特点是冰期与间冰期交替出现。历史时期气候一般指 1 万年左右以来的气候。近代气候是指最近一、二百年有气象观测记录时期的气候。研究地质时代气候变迁,主要依据地质沉积物,古生物学及同位素地质学的方法;历史时代气候变迁,一般使用物候记录、史书、地方志等历史文献和树木年轮气候学等研究方法;近代气候变迁则主要依据观测记录来研究。

3.1.1 地质时期的气候

地球古气候史的时间划分,采用地质年代表示(表 3.1)地质时代气候主要是根据地质构造、地质沉积物和古生物进行研究,近年还采用了同位素地质方法研究地质时代气候变迁,其精度虽不能同现代气候相比,但是地质资料能够分辨出变化幅度大、影响到整个地理环境或生态系统改变的气候差别,所以,地质时期的气候,就不仅是一种单纯的大气现象,而是体现了大气圈、水圈、冰冻圈、岩石圈(陆面)、生物圈等所组成的气候系统的总体变化。

目前学术界公认地质时期的气候变迁有三个气候寒冷的大冰期和两个气候温暖的间冰期。三个大冰期分别为:距今 6 亿年前的震旦纪大冰期、2 亿~3 亿年前的石炭至二叠纪大冰期和 200 万年前至今的第四纪大冰期。两大冰期之间是间冰期,间冰期持续时间比大冰期长得多。在大冰期和间冰期内还可划分若干个时间尺度不同的亚冰期和亚间冰期。在第四纪大冰期内,亚冰期气温约比现代低 8~12℃,亚间冰期约比现代高 8~12℃。据研究,我国第四纪大冰期中约有 3~4 次亚冰期,并且与欧洲的亚冰期相对应。

表 3.1 地球古气候史地质年代表(潘守文,1994)

地质年代				地壳运动与地质概况		气候概况	
代	纪（系）	符号	距今（百万年）				
新生代	第四纪	O	2或3	喜马拉雅运动（新阿尔卑斯运动）	地壳缓慢的升降运动		第四纪大冰期，氧气含量达现代水平，气温开始下降
	新近纪	R	25		喜马拉雅运动主要时期 煤形成 火山运动	大间冰期气候	东亚大陆趋于湿润
	古近纪	E	65				全球气候均匀变暖 表现为热带气候
中生代	白垩纪	K	136	燕山运动（旧阿尔卑斯运动）	海侵		干燥气候继续发展
	侏罗纪	J	192.5		燕山运动主要时期(造山运动强烈)		湿热气候
	三叠纪 三叠纪	T	225		中国、欧洲、北美出现红色、紫色土层		大气氧随波动速率增加 气候炎热，氧化作用强烈
古生代	二叠纪	P	280	海西运动	海洋继续增加容积 大火山作用 阳新统和乐平统造山运动 陆相或海相沉积	大冰期气候	世界性的湿润气候(除欧洲、北美外) 干燥气候 气候温暖无季节
	石炭纪	C	345				
	泥盆纪	D	395		海西运动开始 海相沉积	大间冰期气候	气候带呈明显的分区 气候更趋暖化
	志留纪	S	435	加里东运动	大规模的造山运动 地层运动平静		气候增暖且干湿气候带分异明显，形成欧亚大陆三个明显的气候带
	奥陶纪	O	500		海侵海退交替 地层运动平静		
	寒武纪	∈	570		多海相沉积		
元古代	震旦纪	Z			主要岩层为沉积岩 上贝克白云地层(加利福尼亚)		大冰期气候 O₂ 相当于现代大气 O₂ 水平的3%～10%
太古代	主要根据南非古老地层划分的地质年代和地质运动		1000 1200	吕梁运动			O_2 相当于现代大气 O_2 水平的3%～10%
			1500 2000 3000	五台运动	燧石藻地层(安大略)		O_2 相当于现代大气 O_2 水平的1%
			3300 4500	劳伦运动	无花果树地层 地壳岩石、海洋形成 地壳分化		氧化大气的出现 元古代大冰期气候 太古代大冰期气候
地球初期发展阶段			6000		地球形成		

关于地质时代的气候情况,只能根据间接标志去研究。比如,动物化石、植物化石、无机物化石以及各种遗迹。通过比较现代的植物与动物和各个地质时代的动物化石与植物化石,就可以得到关于各个相应地质时代气候的重要结论。古代土壤形

成过程与风化形式的研究,也可以得到很多有用的资料。例如,乔木化石代表夏季月份温度达到 10℃ 以上的气候。如果这些树木缺乏年轮,那么就说明这是热带森林气候。如果这些树木具有年轮,那么这些年轮就可以证明该地是具有季节变化的温带森林气候,由于冬季的低温,树木在冬季生长中断。但是,在热带草原气候中由于冬季的干旱,冬季树木也可以生长中断。此外,石灰质暗礁化石是说明这个区域在过去具有热带气候,食盐和石膏矿床更能说明为干燥气候,煤炭层可推知为湿润气候。但是,还须注意:没有煤炭、食盐或石膏矿床,并不能说明从前没有对其形成适宜的气候,因为气候仅仅是其形成的因素之一。例如,生成沼泽以及更进一步生成泥炭和煤炭的必需条件,除湿润气候外,必须要有形成湖泊的适当地形。同样,我们知道生物具有或多或少的气候适应能力,因此在特别长的期间内,当气候具有很缓慢的变化时,此点应加以相当考虑。

根据动物化石同样也可以明了当时的气候情况,例如马的化石和走禽的化石说明当时有草原气候,猿的化石说明当时有森林气候。1929 年,我国考古学家在北京西南房山周口店曾发现北京猿人,这对于研究中国地质时代气候的变迁提出了珍贵的资料。猿人遗体见于第四纪初三门系的沙砾层中,距今约 20 万年,由伴随发现的红土与生物化石,足见那时候气候较现在稍微湿润。不过,动物较植物移动性大,完全根据动物化石并不能精确判明当时气候特征。

用显微镜观察存在于堆积物中的植物花粉,再统计分类其种类时,也可以明了过去的气候,这种方法就称之为花粉分析。植物的花粉或孢子具有非常坚固的薄膜,这种膜可在整个的地质时代内保存于各种层理中。由于这些细微的植物残余数量很大,而且由于保存完善,所以我们在适当的分析和用统计方法整理以后,就可能确定在不同地质时代中某一植物的分布区域。这种方法最初应用于北欧及东欧冰期后的堆积物,特别在间冰期的堆积物中获得非常良好的结果。

根据古代人类的遗物以及伴随发现的遗体也可以追溯当时的气候情况。例如,在鄂尔多斯风成黄土层中曾发现旧石器时代(距今约 1 万余年)人类的遗物,且有犀牛/象/野牛遗骸伴随发现,足见这里当时气候较今日要暖湿。我国在新石器时代(距今 3000～8000 年前)初期有红陶文化遗址,后期有黑陶文化遗址。红陶文化遗址发现于河南的仰韶村,此外安阳殷墟、辽宁锦西沙锅屯与甘、青二省东部也曾发现。当时人们喜居高地,且遗址附近象、鹿、鱼、鳖遗骸很多,足当时这些地方低地森林密布,间有沼泽,不宜大量人口居住。

地质时期的气候概况分述如下。

(1)太古代:在这个时代里,在西南非洲、芬兰和加拿大都可以找到冰川作用的痕迹。非洲的冰碛厚度达 500 m。

(2)元古代:在这个时代里,冰碛层有世界性的分布。在格陵兰、斯匹茨卑尔根、北欧、南部乌拉尔山的西坡、摩尔曼斯克海岸、中国(南达北纬 26°)、澳洲、非洲和北美都发现冰川作用的痕迹。这种冰川是重复多次的。在澳洲有两层漂砾层,被 2300 m 厚的沉积层所隔开。在南部乌拉尔发现具有季节层理的缟状泥灰岩,据此便已确定具有 30～35 年以及 5～6 年的气候振动。在中国,特别是在长江中下游、湖北南部、湖南西部、安徽南部的休宁地方以及云南东部、贵州中部与东南部,都有冰碛岩的分布。这种冰碛岩一般都是很厚的堆积,包括大小不同的漂石,漂石面上常被磨光且有擦痕。

(3)古生代:在古生代地球上已经清晰地具有气候带,在地球上可以推定具有显著的气候差异。

寒武纪:在现在的中部西伯利亚高原区域,曾沉积有丰富的石膏、硬石膏、钠盐、钙、镁和氧化钾层。因此,那个时代气候是炎热而干旱的。气候带只能初步辨认。

志留纪:在这个时代气候较暖,有丰富的暖海动物。这时候气候带已存在。在北美从密执安到宾夕法尼亚都是沙漠,并且在海里曾沉积巨大的盐与石膏层。

泥盆纪:气候逐渐变得更暖,直至石炭纪变为典型的温暖气候为止。有些科学家认为存在有温度带。在绍林吉亚除季节的层理以外,还发现 11 年周期的证迹。

石炭纪:在石炭纪一般为温和而湿润的气候,全世界出现有海洋性气候。这时候形成有森林湿原(巨大的木贼与羊齿)的广大湖沼,最后能形成大规模的煤层。石炭纪树木缺少年轮就说明树木终年都能生长,即没有寒冷季节,也没有干旱季节使其生长发生中断。这个时代的气候带很清晰。在这个时代的后期或在石炭二叠纪中,气候就变冷了,曾发生广大的内陆冰,在非洲(从南非到赤道)、澳洲、南美与印度都曾发生其踪迹。但是,北半球不论在旧大陆或在新大陆,这时候却都盛行干燥气候。

二叠纪:在欧洲与北美都具有干旱带的清楚证迹,在二叠纪的末期在亚洲也有此情况。索利卡姆斯克出名的沉积岩就属于这一时代。在这些地方冬季温度高达 17～20℃。在其他地方这时的气候是潮湿的,且积存丰富的煤层,不过其煤储量少于石炭纪。我国在二叠纪时一般为湿热气候,如南部的阳新统建造有大量的礁珊瑚就是证明。这时候的纺锤虫大都有丰富的石灰质釉填充也说明气候炎热。到上二叠纪,大羽羊齿植物群南北都很繁茂,表示气候湿热。到上二叠纪的后期,因海水的退出,气候逐渐变干燥。

(4)中生代:中生代整个为温暖时代,尤其是前半时段较现在更为温暖。

三叠纪:在欧洲与北美仍有炎热与干燥的气候,我国也是干热气候。不论欧洲、北美或中国,红色与紫色的建造是很普遍的,这说明当时气候炎热,氧化剧烈。在三叠纪的地层中,常含有石膏与食盐层,这说明当时气候很干燥。

侏罗纪:新西伯利亚岛和约瑟夫群岛以及南极洲的植物化石群都指示出温和或

凉爽的气候。在欧洲西部曾找到喜暖植物的遗迹。努梅尔(M. Neumager)认为侏罗纪可分为三个略呈东西走向的气候带。克涅(Kerner)假定现在水陆分布与气温的关系在地质时代也仍旧存在,再根据努梅尔所做的侏罗纪地图,曾计算当时各纬度的气温。根据他的计算结果,在$20°N\sim40°S$温度显著高于今日,就是在$50°\sim70°N$也大致如此,只是在$30°N$附近才稍低。此外,南半球较北半球高$1.5℃$,全球的平均气温较今日约高$2℃$。但克涅的基本方法就是错误的,他的结果也很有疑问。

白垩纪:在中部亚细亚为沙漠。南半球的温带可以区分清楚。没有冰川的痕迹。上白垩纪与现在气候相当。

(5)新生代:新生代以哺乳动物和被子植物的高度繁盛为特征,由于生物界逐渐呈现了现代的面貌,故名新生代。

第三纪:气候带能很好地区分。在下第三纪气候更均匀温暖。欧洲气候比现在暖得多。在格陵兰发现温带气候树木的遗迹。在伏尔加河流域具有现在日本南部的暖湿气候,生长有棕榈树和常绿青冈。在乌克兰曾生长现在分布在越南和菲律宾群岛的棕榈树。今土耳其范围及附近曾是干燥的。在中国当时的气候比较炎热,所以沉积物大多带有红色。在上第三纪开始变冷,且寒冷气候渐渐由北方向南方波及。

第四纪:这一时期内以广大的冰川为其特点。在这个地质时代里,已基本具备了现代地理条件,因而这一时代的地球气候史的研究占有十分重要的地位。第四纪大冰期在南北半球都是存在的。当冰期最盛时在北半球有三个主要大陆冰川中心,即斯堪的那维亚冰川中心:冰川曾向低纬伸展到$51°N$左右;北美冰川中心:冰流曾向低纬伸展到$38°N$左右;西伯利亚冰川中心:冰层分布于北极圈附近$60°\sim70°N$之间,有时可能伸展到$50°N$的贝加尔湖附近。估计当时陆地有24%的面积为冰覆盖,还有20%的面积为多年冻土,这是冰川最盛时的情况。第四纪大冰期中,气候有多次变动,冰川有多次进退。根据对欧洲阿尔卑斯山区第四纪山岳冰川的研究,确定第四纪大冰期中有5个亚冰期。在中国也发现不少第四纪冰川遗迹,定出4次亚冰期,如表3.2所示。在亚冰期内,平均气温约比现代低$8\sim12℃$。在两个亚冰期之间的亚间冰期内,气温比现代高。北极约比现代高$10℃$以上,低纬地区约比现代高$5.5℃$左右。覆盖在中纬度的冰盖消失,甚至整个极地冰盖消失。在每个亚冰期中,气候也有波动,例如在大理亚冰期中就至少有5次冷期(或称副冰期),而其间为相对温暖时期(或称副间冰期)。每个相对温暖时期一般维持1万年左右。目前正处于一个相对温暖期的后期。据研究,在距今1.8万年前为第四纪冰川最盛时期,一直到1.65万年前,冰川开始融化,大约在1万年前大理亚冰期(相当于欧洲武木亚冰期)消退,北半球各大陆的气候带分布和气候条件基本上形成现代气候的特点。根据上述气候变化的事实和许多其他现象,可以肯定在过去50亿年里地球气候曾经历过极为显著的冷暖变化和干湿变化。有冰川广布时期,也有温暖或炎热时期,这些变动不仅是局部地区的,也是全球性的气候变迁。

表 3.2　第四纪冰期中的亚冰期(李爱贞 等, 2006)

影响第四纪气温的因素综合曲线		距今年数(千年)	欧洲的亚冰期	中国的亚冰期对比(暂定)
热	冷			
		100	武木亚冰期　武Ⅱ 晚期　武Ⅰ 早期	大理亚冰期
		200	里斯—武木间冰期	
		300	里斯间冰期	庐山亚冰期
		400 500 600	民德—里斯间冰期	
		700	民德亚冰期	大姑亚冰期
		800 900	群智—民德间冰期	
		1 000 1 100	群智亚冰期	鄱阳亚冰期
		1 200 1 300	多脑—群智间冰期	
		1 400 1 500 1 600 1 700 1 800 1 900	多脑亚冰期	

　　关于气候变迁的原因,有过很多假说,这些假说大体可分为天文学假说、地学假说与物理学假说。天文学假说是最早考虑的,这种假说认为气候变迁是由于宇宙的原因,也就是由于地球以外的影响。这些宇宙原因可能是地球轨道某种要素的周期变化,如黄道倾斜的周期变化、偏心率的变化与春分点的周期性移动(岁差)。根据地球在宇宙间位置的变化以及地球对于太阳来说所发生的位置变化,说明气候发生变化的论点,当然是有根据的。尤其是地球上太阳辐射量的强度与分布完全和地球对于太阳的位置有关系,所以地球上的气候在长时间内由于天文要素的变化也会发生变化。地学假说主

要根据海陆分布变迁的研究和在个别地质时代发生变化的海陆形状,把气候的变迁和地质学与大地构造学的起因联系起来。这个假说是在地球上寻求变化的原因,例如两极位置的移动、纬度的变化、水陆分布的变化、大陆的垂直运动等。物理学假说试用太阳辐射的发射特点和地球对于太阳辐射的吸收性质所发生的长年变化,去说明地球上气候的变迁。例如,太阳活动的消长、大气透射率的大小或大气中杂质的增减、大气构成要素的变化(如二氧化碳的增减)都可以影响气候发生变化。

3.1.2 历史时期的气候变化

历史时代的气候,通常是指距今1万年的被称为"冰后期"的气候。这1万年中、后期5000年开始有文字记载,前期的5000年的气候仍需通过地质、古生物等资料去考察。对于历史时代气候变迁问题的讨论最早可以追溯到古希腊和古罗马时期。亚诺芝曼德(Anaximander)认为太阳渐渐消耗地球的水分。亚里士多德(Aristoteles)相信冷而多雨的气候是周期循环的。之后一段时间这些问题好久无人讨论过。在19世纪,这些问题才被重新提起,并且进行了认真的讨论,不过当时学者意见并不一致。有些人认为在历史时代内气候具有相当的变化,即所谓变化说。反之,另一些人却提出不变学说,认为在历史时代内虽非长期存在和今日完全相同的气候,但也并没有显著的气候变化。前者的说法又可分两派,一派主张气候是具有直进变化,就是气候只向某一方向变化,例如由湿润变向干燥,或由寒冷变向温暖。另一派则主张脉动学说,认为气候是轮回的呈波状变化,从湿冷气候变到干暖气候,又从干暖气候变到湿冷气候。不过,脉动变化学说认为气候变化不一定是周期性的(即最大振幅的位相不一定相同)。

雪线的升降与当时气候的冷暖有密切关系。一个时代的气候温暖则雪线上升,时代转寒则雪线下降。挪威冰川学家曾做出冰后期的近1万年来挪威的雪线升降图(图3.1)。当然,雪线高低虽与气温有密切关系,但还要看雨量的多少和季节分配,不能用雪线曲线的升降完全来代表气温的暖寒。莱斯托(O. Leistol)曾把冰后期近一万年来出现过的四次比较寒冷的气候时期分别都比拟为冰期(Ice age)。第一次寒冷时期:距今约8000~9000年。主要寒期在公元前6300年前后。它是武木亚冰期最近一次副冰期的残余阶段。第二次寒冷时期:公元前5000年到公元前1500年的气候温暖时期中出现的一次气候转寒时期。主要寒期在公元前3400年前后。第三次寒冷时期:公元前1000年到公元100年之间,主要寒期在公元前830年前后。有人称这个寒冷时期为新冰期(Neo-glaciation)。第四次寒冷时期:公元1550年到1900年,主要寒期在公元1725前后。欧洲称这个寒冷时期为现代小冰期(Little ice age)。四次寒冷时期的主要寒期,相距公元2000年的时间分别为:8300年、5400年、2830年和275年,平均相隔的时间为2600年左右,具有一定的周期性。在两次寒冷时期之间为相对温暖的时期。第一次温暖时期的主要暖期发生于距今 7000 年左右;第二次温暖时期的主要暖期发生于距今 4000 年左右。由于这两次温暖时期之间的第二次寒冷时期的降温幅度较小,故这两次温暖时期又往往合称为气候"最适"期。第三次温暖时期发生于距今 1100～700 年,被称为第二次气候最适期。其间仍有一系列较小尺度的冷暖起伏。

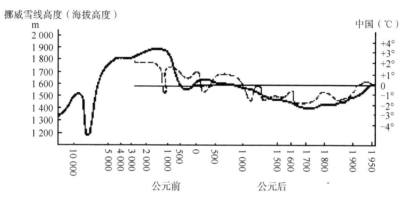

图 3.1　万年来挪威雪线高度(实线)和近 5000 年中国气温(虚线)变迁图(竺可桢,1973)

竺可桢 1973 年曾根据中国物候观测、考古研究、文献记载,做出我国近 5000 年温度变化曲线,其结果与欧洲(挪威)10000 年雪线升降曲线总趋势近似。根据图 3.1 上的温度变化曲线,中国亦有四次温暖时期和四次寒冷时期,时间尺度为 $10^2 \sim 10^3$ 年。近 5000 年气候变迁的特点是温暖时期愈来愈短,温暖程度愈来愈低。这一特点可从考古材料证明。

(1)第一个温暖时期,公元前 3000 年以前到公元前 1000 年左右。河南安阳殷墟,作为商代(约公元前 1600—前 1046 年)的故都,在这里发现了丰富的亚化石动物。这里除了如同西安半坡遗址发现多量的水獐和竹鼠外,还有貘、水牛和野猪,而这些动物现在只见于热带和亚热带。另外,在殷墟发现十万多件甲骨。在殷商时期的一个甲骨上刻文说,打猎时获得一象,这表明在殷墟发现的亚化石象必定是土产的。河南省原来称为豫州,"豫"字就是一个人牵了大象的标志,这是有其含义的。公元前 3000 年以前到公元前 1000 年这段时期内,气候也不是一直温暖而是有变化的,但以温暖为主。同一时期,欧洲则从公元前 5000 年以来的气候最暖时期到此时期的初期,温度有下降,到公元前 1000 年时,温度又回升到另一温暖时期。

(2)第一个寒冷时期,在公元前 1000 年左右到公元前 850 年(西周时期)。《竹书纪年》记载周孝王时,长江一个大支流汉水有两次结冰,发生于公元前 903 年和公元前 897 年。《竹书纪年》又提到结冰之后紧接着就是大旱。这就表示公元前第 10 世纪时期的寒冷。

（3）第二个温暖时期，在公元前 770 年到公元初（东周到西汉时代）。春秋时期（公元前 770—前 476 年），气候又变暖。《左传》提到，鲁国（今山东）过冬，冰房得不到冰；在公元前 698 年、公元前 590 年和公元前 545 年时尤其如此。此外，像竹子、梅树这样的亚热带植物，在《左传》和《诗经》中，常常提到。秦朝和西汉（公元前 221—公元 25 年）气候继续暖和，当时的物候要比 1660 年（清初）早三个星期。汉武帝刘彻（公元前 140—前 87 年）时，《史记》记载当时经济作物的地理分布，如橘之在江陵，桑之在齐鲁，竹之在渭川，漆之在陈夏。如与现代比较，便可知当时亚热带植物的北界比现在更推向北方。

（4）第二个寒冷时期，在公元初年到公元 600 年（东汉、三国到南北朝时期）。三国时代曹操（公元 155—220 年）在铜雀台（河北临漳）种橘，只开花不结果，气候已比汉武帝时期寒冷。曹丕在公元 225 年到淮河广陵（今淮阴）视察兵士演习，由于严寒，淮河突然冻结，演习不得不停止，这是目前所知的历史时期第一次有记载的淮河结冰。这种寒冷气候一直持续到公元 3 世纪后半叶，特别是公元 280—289 年的十年间达到顶点，当时每年阴历四月霜降，徐中舒曾经指出汉晋气候不同，晋代时，年平均温度大约比现在低 1～2℃。《齐民要术》是反映公元 6 世纪时代的农业百科全书，关于石榴树的栽培，书中记载："十月中以蒲藁裹而缠之，不裹则冻死也。二月初乃解放。"现在河南或山东，石榴树可在室外生长，冬天无须盖埋，这就表明 6 世纪上半叶河南、山东一带的气候比现在冷。

（5）第三个温暖时期，在公元 600 年到 1000 年（隋唐时代）。我国气候在公元 7 世纪中期变得暖和，公元 650 年、669 年和 678 年的冬季，陕西长安无雪无冰。公元 8 世纪初期梅树生长于长安；9 世纪初期，西安南郊的曲江池还种有梅花，同时，柑橘也种植于长安，公元 751 年秋，长安有几株柑树结实 150 颗，味道与江南和蜀道的柑橘一样。可见从 8 世纪初到 9 世纪中期，长安可种柑橘并能结果实。柑橘只能耐 -8℃ 的最低温度，梅树只能耐 -14℃ 的最低温度。应该注意到，在 1931—1950 年期间，西安的年绝对最低温度每年都降到 -8℃ 以下，1936 年、1947 年和 1949 年的年绝对最低温度都降到 -14℃ 以下。说明隋唐时代气候比现在温暖。唐朝的生长季节也比现在长。《蛮书》（大约写于公元 862 年）中说：曲靖（北纬 24°45′，东经 103°50′）以南，滇池以西，一年收获两季作物，9 月收稻，4 月收小麦或大麦。而现代，根据云南省气象局 1966 年的资料，当地由于生长季节缩短，不得不种豌豆和胡豆来代替小麦和大麦了。当然，近年当地人们改革耕作方式正在改变这种情况。

（6）第三个寒冷时期，在公元 1000 年到 1200 年（宋代）。11 世纪初期华北已不知有野生梅树，梅树只能在培养园中生存，曾有"关中幸无梅，赖汝充鼎和"的咏杏花诗句。从这种物候常识，可见唐宋两朝的寒暖不同了。12 世纪初期，我国气候加剧转寒。公元 1111 年第一次记载到江苏、浙江之间拥有 2250 km² 面积的太湖，不但全部结冰,且冰的坚实足可行车。寒冷的天气把太湖洞庭山的柑橘全部冻死。浙江杭州的终雪日期延长到暮春。根据南宋时代的历史记载,从公元 1131 年到 1260 年,杭州每十年降雪平均最迟日期是 4 月 9 日,比 12 世纪以前十年最晚春雪的日期,差不多推迟一个月。公元 1153—1155 年,靠近苏州的运河冬天常常结冰,船夫不得不经常备铁锤破冰开路。12 世纪时,寒冷气候也流行于我国华南和西南部。福州是我国东海岸荔枝生长的北限,那里人民至少从唐朝以来就大规模地种植荔枝。一千多年以来,那里的荔枝曾遭到两次全部冻死:一次在公元 1110 年,另一次在公元 1178 年,都在 12 世纪。荔枝在四川种植线的变迁为:唐朝某期间(公元 765—约 830 年)成都有荔枝;北宋时期,荔枝只能生长于眉山(成都以南 60 km)以南;南宋时期四川眉山已不生荔枝,要到眉山更南 60 km 的乐山及以南的宜宾、泸州才大量种植。目前,眉山还能生长荔枝,说明现在的气候条件更像北宋时代,而比南宋寒冷气候时期温暖。

(7)第四个温暖时期,在公元 1200 年(南宋时期)到 1300 年(元代中期)。从竹的种植分布可以看出:隋唐时期的第三温暖气候时期,河内(今河南省博爱)、西安和凤翔(陕西省)设有管理竹园的特别官府衙门,称为竹监司;到了南宋时代的第三寒冷气候时期,河内和西安的竹监司因无生产而取消了,只有凤翔的竹监司依然保留;到了元朝中期(1268—1292 年),西安和河内又重新设立竹监司管理竹子生产,这显然是气候转暖的结果。

(8)第四个寒冷时期,大约从公元 1400 年至 1900 年(明朝前期至晚清时期)。在这约 500 年期间,太湖、汉水和淮河均结冰四次,洞庭湖也结冰三次,鄱阳湖也曾结了冰。建于唐朝,经营近千年的江西省橘园和柑园,在公元 1654 年和 1676 年两次寒冬中完全毁掉了。在这个时期内,我国最寒冷时期是在 17 世纪,特别以公元 1650—1700 年为最冷。

综上所述,对中国近五千年来的气候史的初步研究,可以归纳出以下结论:

(1)在近五千年中的最初两千年,即从仰韶文化到安阳殷墟的考古发现,大部分时间的年平均温度比现在高出 2℃ 左右。冬季 1 月份的温度比现在高 3～5℃。

(2)从公元前 1000 年的周代初期以后,我国气候有一系列冷暖变动,其最低温度时期分别在公元前 1000 年左右(周初),公元 400 年左右(东晋),公元 1200 年左右(南宋)和公元 1700 年左右(清)。温度摆动范围为 1～2℃。

(3)在每一个 400～800 年的期间内,可以分出 50～100 年为周期的波动,温度变化范围为 0.5～1℃。

(4)近五千年气候变迁的特点是:温暖时期越来越短,温暖程度越来越低。从生物分布可以看出这一趋势。例如,在第一个温暖期,我国黄河流域发现有象;在第二个温暖期,象群栖息北限就移到淮河流域及其以南;第三个温暖期就只在长江以南,如信安(浙江衢州)和广东、云南才有象了。而五千年中的四个寒冷时期的趋势,正好与四个温暖时期相反,长度越来越长,程度越来越强。从江河封冻可以看出这一趋势。在第二个寒冷时期还只有淮河封冻的情况(公元225年),第三个寒冷时期出现了太湖封冻的情况(公元1111年),而在第四个寒冷时期的公元1670年,长江几乎封冻了。

我国历史时代的气候波动若与世界其他地区的气候比较,可以明显看出,气候的波动是世界性的,虽然最冷年份和最暖年份可以在不同的年代,但气候的冷暖起伏趋势彼此是先后呼应的。丹麦哥本哈根大学物理研究所丹斯加尔德(W. Dansgard)在格陵兰岛森特立营(Camp Century)的冰川块中,用放射性同位素O^{18}的方法,得到近1700年来格陵兰气温变迁图。与前述用物候方法测得的我国气温作比较,两者的起伏趋势可以说几乎是平行的。从三国到六朝的第二个寒冷气候时期,清初的第四个寒冷气候时期,与格陵兰的气温变迁都是一致的,只是时间上稍有参差。如我国南宋严寒时期开始时,格陵兰在12世纪初期尚有高温,但相差也不过三、四十年,格陵兰温度就迅速下降到平均温度以下了。若追溯到距今三千年前,格陵兰曾经历一次两三百年的寒冷气候,与我国《竹书纪年》记录到的周代初期的寒冷气候时期恰相呼应;接着,距今2500年到2000年间,格陵兰出现温和气候时期,与我国秦汉时代的第二个温暖气候时期遥相印证。凡此均说明格陵兰古今气候变迁和我国是一致的。再以英国C.P.E.布鲁克斯所制欧洲公元3世纪以来欧洲温度升降图与我国同时期温度变迁对照比较,可以看出两地温度波澜起伏是有联系的。同一温度起伏中,欧洲的波动往往落在我国之后,如12世纪是我国近代历史上最寒冷的一个时期,但是在欧洲12世纪却是一个温暖时期,直到13世纪才寒冷下来。又如17世纪的寒冷气候时期,我国也比欧洲早50年。表现出欧洲和我国的气候是息息相关的。这些地方气候变动如出一辙,足以说明这种变动是全球性的。

历史时期的气候,在干湿上也有变化,不过气候干湿变化的空间尺度和时间尺度都比较小。中国科学院地理所曾根据历史资料,推算出我国东南地区自公元元年至公元1900年的干湿变化。如表3.3所示。其湿润指数I的计算方法为:$I=2F/(F+D)$,式中F为历史上有记载的雨涝频数,D是同期内所记载的干旱频数,I值变化于0~2之间,$I=1$表示干旱与雨涝频数相等,小于1表示干旱占优势。对中国东南地区而言,求得全区湿润指数平均为1.24,将指数大于1.24定义为湿期,小于1.24定为旱期,在这段历史时期中共分出10个旱期和10个湿期。从表3.3可以看出各干湿期的长度不等,最长的湿期出现在唐代中期到北宋(公元811—1050

年),持续 240 年,接着是最长的旱期,出现在宋代和元代,持续 220 年(公元 1051—1270 年)。

表 3.3　中国东南地区旱湿期(李爱贞 等,2006)

公元	年数	湿润指数	旱或湿期	公元	年数	湿润指数	旱或湿期
0—100	100	0.66	旱	1051—1270	220	1.08	旱
101—300	200	1.44	湿	1271—1330	60	1.46	湿
301—350	50	0.94	旱	1331—1370	40	1.00	旱
351—520	170	1.48	湿	1371—1430	60	1.50	湿
521—630	110	0.96	旱	1431—1550	120	1.08	旱
631—670	40	1.60	湿	1551—1580	30	1.48	湿
671—710	40	0.98	旱	1581—1720	140	1.02	旱
711—770	60	1.50	湿	1721—1760	40	1.40	湿
771—810	40	0.88	旱	1761—1820	60	1.02	旱
811—1050	240	1.44	湿	1821—1900	80	1.30	湿

3.2　近百年全球和中国的气候变化

近百余年来由于有了大量的气温观测记录,区域的和全球的气温序列不必再用代用资料。由于各个学者所获得的观测资料和处理计算方法不尽相同,所得出的结论也不完全一致。但总的趋势是大同小异的,那就是从 19 世纪末到 20 世纪 40 年代,全球气温曾出现明显的波动上升现象。高山冰川退缩,雪线升高,北半球冻土带北移,这种增暖在北极最突出,极地区域冰层变薄。1919—1928 年间的巴伦支海水面温度比 1912—1918 年时高出 8℃。巴伦支海在 20 世纪 30 年代出现过许多以前根本没有来过的喜热性鱼类,1938 年有一艘破冰船深入新西伯利亚岛海域,直到 83°05′N,创造世界上自由航行的最北纪录。这种增暖现象到 20 世纪 40 年代达到顶点,此后,全球气候有变冷现象。以北极为中心的 60°N 以北,气温越来越冷,比常年值低 2℃左右,进入 20 世纪 60 年代以后高纬地区气候变冷的趋势更加显著。例如,1968 年冬,原来隔着大洋的冰岛和格陵兰,竟被冰块连接起来,发生了北极熊从格陵兰踏冰走到冰岛的罕见现象。进入 20 世纪 70 年代以后,全球气候又趋变暖,到 1980 年以后,全球气温增暖的形式更为突出。

威尔森(H. Wilson)和汉森(J. Hansen)等应用全球大量气象站观测资料,将

1880—1993年逐年气温对1951—1980年的平均气温求距平值(图3.2)。计算结果为,全球平均气温从1880—1940这60年中增加了0.5℃,1940—1965年降低了0.2℃,然后从1965—1993年又增加了0.5℃。北半球的气温变化与全球形势大致相似,升降幅度略有不同。从1880—1940年平均气温增暖0.7℃,此后30年降温0.2℃,从1970—1993年又增暖0.6℃。南半球年平均气温变化呈波动较小的增长趋势,从1880年到1993年增暖0.5℃,显示出自1980年以来全球年平均气温增暖的速度特别快。1990年为近百余年来气温最高值年(正距平为0.47℃),其余7个特暖年(正距平在0.25~0.41℃)均出现在1980—1993年中。

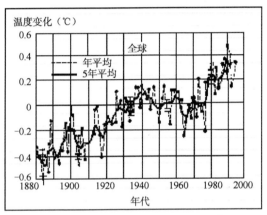

图3.2 近百余年来全球年平均气温的变化(1880—1993年)(Hansen *et al*,1993)

琼斯(P. D. Jones)等对近140年(1854—1993年)全球气温变化做了大量研究工作。他们亦指出从19世纪末至1940年全球气温有明显的增暖,从20世纪40年代至70年代气温呈相对稳定状态,在80年代和90年代早期气温增加非常迅速。自19世纪中期至今,全球年平均气温增暖0.5℃。南半球各季皆有增暖现象,北半球的增暖仅出现在冬、春和秋三季,夏季气温并不比1860—1870年代暖。Briffa(1993)曾指出全球各地近百余年来增暖的范围和尺度并不相同,有少数地区自19世纪以来一直在变冷。但就全球平均而言,20世纪的增暖是明显的。他们列出南、北半球和全球各两组的气温变化序列,一组是经过ENSO影响订正后的数值,一组是实测数值,其气温变化曲线起伏与威尔森等所绘制的近百余年的气温距平图大同小异[1]。

《IPCC第五次评估报告》对近百年全球温度变化总结如下。过去三个十年的地表已连续偏暖于1850年以来的任何一个十年。全球平均陆地和海洋表面温度的线性趋势计算结果表明,在1880—2012年期间(存在多套独立制作的数据集)温度升高了0.85℃

---

[1]他们以1959—1979年30年平均值为基础,然后将1854到1993年气温资料逐年对此平均值求距平值。

（0.65℃至1.06℃）。基于现有的一个单一最长数据集①，1850—1900年时期和2003—2012年时期的平均温度之间的总升温幅度为0.78℃（0.72℃至0.85℃）。这一趋势大于第四次评估报告给出的1906—2005年温度线性趋势，为0.74℃（0.56℃至0.92℃）。近50年（1956—2005年）的线性变暖趋势[每10年0.13℃（0.10℃至0.16℃）]几乎是近100年（1906—2005年）的两倍。全球温度普遍升高，北半球较高纬度地区温度升幅较大。在北半球，1983—2012年可能是过去1400年中最暖的30年（中等信度）。在过去的100年中，北极温度升高的速率几乎是全球平均速率的两倍。过去20年以来，格陵兰冰盖和南极冰盖的冰量一直在损失，全球范围内的冰川几乎都在继续退缩，北极海冰和北半球春季积雪范围在继续缩小（高信度②）。陆地区域的变暖速率比海洋快。自1961年以来的观测表明，全球海洋平均温度升高已延伸到至少3000 m的深度，海洋已经并且正在吸收气候系统增加热量的80％以上。对探空和卫星观测资料所做的新的分析表明，对流层中下层温度的升高速率与地表温度记录类似。

图3.3为利用大气、冰冻圈和海洋的三个大尺度指标比较观测到的和模拟的气候变化。三个指标分别为：大陆地表气温变化、北极和南极9月海冰范围以及主要洋盆的海洋上层热含量。同时也给出了全球平均变化。地表温度的距平相对于1880—1919年，海洋热含量的距平相对于1960—1980年，海冰距平相对于1979—1999年。所有时间序列都是在十年的中心处绘制的十年平均值。在气温图中，如果研究区域的空间覆盖率低于50％，则观测值用虚线表示。在海洋热含量和海冰图中，实线是指资料覆盖完整且质量较高的部分，虚线是指仅资料覆盖充分而不确定性较大的部分。模式结果是耦合模式比较计划第五阶段（CMIP5）的多模式集合范围，阴影带表示5％至95％信度区间。从图3.3中可以明显看出全球、陆地、海洋及各大洲百年来温度波动上升的事实，并且从模拟结果看出这一段时期内的增温主要是由于人类活动的作用。

随着气候变暖，出现了一系列相关问题。海平面上升与温度升高的趋势相一致。在1901至2010年期间，全球平均海平面上升了0.19 m（0.17 m至0.21 m）。很可能的是，全球平均海平面上升速率在1901—2010年间的平均值为每年1.7 mm（1.5 mm至1.9 mm），1971—2010年间为每年2.0 mm（1.7 mm至2.3 mm），1993—2010年间为每年3.2 mm（2.8 mm至3.6 mm）。对于后一个时期海平面上升速率较高的问题，验潮仪和卫星高度计的资料是一致的。1920—1950年间可能也出现了类似的高速率。20世纪70年代初以来，观测到的全球平均海平面上升的75％可以由冰川冰量损失和因变暖导致的海洋热膨胀来解释（高信度）（图1.4和3.4）。具有高信度的是，1993—2010

①在第四次评估报告中也采用了这一要点中提到的两种方法。第一种方法利用1880—2012年间所有点的最佳拟合线性趋势计算温度差。第二种方法计算1850—1900年和2003—2012年两个时期的平均温度差。因此，这两种方法得出的值及其90％不确定性区间不具有直接的可比性。

②IPCC用于定义不确定性的指导意见中，高信度指大约有八成机会结果正确。

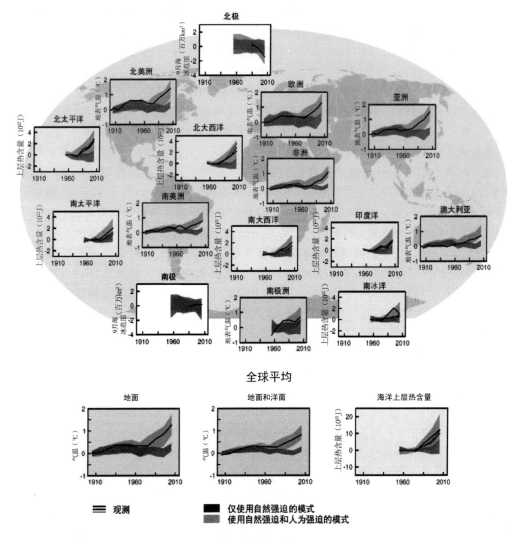

图 3.3 全球观测到的和模拟的气候变化(IPCC,2013)

(对应彩图见第 423 页彩图 3.3)

年间全球平均海平面上升与观测到的海洋热膨胀[每年 1.1 mm(0.8 mm 至 1.4 mm)]、冰川[每年 0.76 mm(0.39 mm 至 1.13 mm)]、格陵兰冰盖[每年 0.33 mm(0.25 mm 至 0.41 mm)]、南极冰盖[每年 0.27 mm(0.16 mm 至 0.38 mm)]以及陆地水储量变化[每年 0.38 mm(0.26 mm 至 0.49 mm)]的总贡献一致。这一总贡献为每年 2.8 mm(2.3 mm 至 3.4 mm)。人为强迫很可能对 1979 年以来北极海冰的损耗做出了贡献。

观测到的1970年以来北半球春季积雪减少可能是人为贡献。人类活动很可能对20世纪70年代以来的全球平均海平面上升做出了重要贡献。这是由于人类活动对造成海平面上升的两大因子,即热膨胀和冰川冰量损耗产生影响的这一结论具有高信度。具有高信度的还有,基于对太阳总辐射的直接卫星观测,1986—2008年间,太阳总辐射的变化未对此期间的全球平均地表温度上升做出贡献。具有中等信度①的是,太阳变率的11年周期影响了某些地区的年代际气候波动。宇宙射线和云量的变化之间没有确凿的联系被发现。由于对南极海冰范围变化原因的科学解释不完整且相互矛盾,而且对该地区自然内部变率的估计具有低信度,因此对观测到的南极海冰范围小幅增加的科学认识具有低信度。

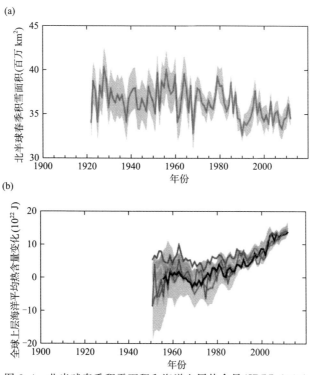

图 3.4 北半球春季积雪面积和海洋上层热含量(IPCC,2013)

(a)北半球3—4月(春季)平均积雪范围;(b)调整到2006—2010年时段相对于1970年所有资料集平均值的全球平均海洋上层(0~700 m)热含量变化

(对应彩图见第424页彩图3.4)

---

①IPCC用于定义不确定性的指导意见中,中等信度指大约有五成机会结果正确;后文的低信度指大约有两成机会结果正确。

近百年来,降水分布也发生了变化。从 1900 年至 2005 年,高纬度地区降水很可能增加,大部分亚热带陆地区域降水可能减少,已观测到的趋势仍在持续。在北美和南美的东部地区、北欧和亚洲北部及中亚地区降水显著增加,但在萨赫勒、地中海、非洲南部地区和南亚部分地区降水减少。就全球而言,自从 20 世纪 70 年代以来,受干旱影响的面积可能已经扩大,并且强降水频率增加。在北半球 30°~85°N 地区降水量的平均增幅达 7%~12%,且以秋冬季节最为显著。北美洲大部分地区 20 世纪降水量增幅为 5%~10%;中国西部和长江中下游地区降水量在 20 世纪后半叶也显著增加,但中国北方地区降水量则有所下降;欧洲北部地区在 20 世纪后半叶降水量明显增多;1891 年以来,俄罗斯东经 90°以西降水量增加了 5%。而北半球副热带地区的降水量明显减少,特别是在 20 世纪 80—90 年代期间。20 世纪南半球 0°~55°S 大陆区域的降水量增加了 2%左右。在 20 世纪下半叶,人为强迫很可能对海平面上升做出了贡献,如北极海冰的融化。有一些证据表明,人类对气候的影响又对水分循环产生了影响,其中包括观测到的 20 世纪大尺度陆地降水的变化形态。多半可能自 20 世纪 70 年代以来人类影响已经促使全球朝着旱灾面积增加和强降水事件频率上升的趋势发展。进入 21 世纪后,2000 年全球年降水量继续增多,2001—2003 年连续 3 年全球年降水量均低于历年平均值。2003 年,在北美洲中西部、南美洲东部、欧洲大部、东南亚、澳洲东部等地区均表现为降水量的明显减少;津巴布韦遭遇了近 50 年少有的干旱。2003 年,印度季风区的降水量为常年平均值的 2 倍,亚洲西部地区近年来的长期干旱状况也得到了暂时的缓解。

另外,近来二氧化碳浓度的飞速上升是在以往的气候变化史中没有过的。大气中直接测量二氧化碳的最长纪录是在美国夏威夷的马纳洛亚站,二氧化碳数据(图 3.5)测量是指在干燥空气中的摩尔分数。试验站对二氧化碳浓度的测量是由斯克利普斯海洋研究所的 C. David Keeling 开创的,这项研究始于 1958 年 3 月,是美国国家海洋和大气管理局支持的一项服务(Keeling et al,1976)。NOAA(美国国家海洋和大气管理局)从 1974 年 5 月起开始单独观测此项目,并且与斯克利普斯海洋研究所已经运行的观测平行进行(Thoning,1989)。黑色曲线表示经过季节修正后的数据。由图 3.5 中所示大气 CO_2 含量表明,CO_2 浓度在过去的几十年中一直处于明显的上升之中,近五十年中,1960 年 CO_2 浓度观测值为 316.91 ppm;2010 年观测值为 389.82 ppm(数据源于 NOAA 网站);也就是说在这五十年内上升率达到 23%。世界气象组织公布,2014 年 4 月北半球二氧化碳平均浓度首次突破 400 ppm。这种上升可能与人类活动的关系密不可分,毕竟在这期间,全世界的人口总数从 20 世纪 60 年代的约 25 亿上升到目前已突破 70 亿,加之人类经济社会的发展对能源消耗的增长,势必对全球碳循环过程产生影响。

我国近百年的气候也发生了明显变化。总体来说,这种变化的趋势与全球气候

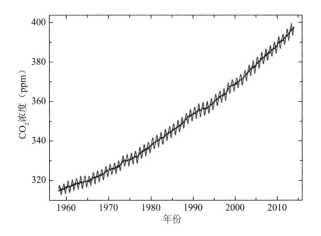

图 3.5　美国夏威夷马纳洛亚站(Mauna Loa)1960—2010 年实测 CO_2 浓度(ppm)的逐年变化
（较平滑的曲线为经过季节修正后的数据,较曲折的曲线为实测值）

变化的趋势一致。近 100 年中国的平均气温上升了 0.6～0.8℃。我国学者根据我国 1910—1984 年 137 个站的气温资料,将每个站逐月的平均气温划分为五个等级,即 1 级暖、2 级偏暖、3 级正常、4 级偏冷、5 级冷,并绘制了全国 1910 年以来逐月的气温等级分布图。根据图 3.6 中冷暖区的面积计算出各月气温等级值,把每 5 年的平均气温等级值与北半球每 5 年的平均温度变化进行比较。可见 20 世纪以来我国气温的变化与北半球气温变化趋势基本上是大同小异的,即前期增暖,20 世纪 40 年代中期以后变冷,70 年代中期以来又见回升,所不同的只是在增暖过程中,20 世纪 30 年代初曾有短期降温,但很快又继续增温,至 40 年代初达到峰点。另外,20 世纪 40 年代中期以后的降温则比北半球激烈,至 50 年代后期达到低点,60 年代初曾有短暂回升,但很快又再次下降,而且夏季比冬季明显。我国 80 年代的增暖远不如其他北半球地区强烈,在 80 年代南、北半球都是 20 世纪年平均气温最高的 10 年,而我国 1980—1984 年的平均气温尚低于 60 年代的水平。90 年代情况比百年平均气温略微偏高 0.37℃。近 100 年来中国的增温也主要发生在冬季和春季,而夏季却有微弱变凉趋势。另外,1951—2000 年中,我国大陆 35°N 以北地区年平均气温变暖显著于 35°N 以南,即呈现"北暖南寒"的形式,35°N 以北地区冬季的变暖速率显著大于夏季和年平均气温的升温速率。表 3.4 是不同来源观测的近百年来中国气温的变化。

　　另外,我国气温变化有显著的区域特征,尽管有些研究认为中国气温上升主要是长江流域以南地区经历了由偏冷向偏暖的趋势转变造成的,但是大家普遍接受的是,西北、华北和东北地区是明显的上升地区,而其他地区气温没有显著的上升变化趋势。1990 年以前的资料分析显示:在中国相当大范围逐渐变暖的同时,四川盆地却

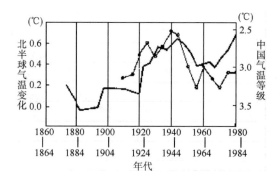

图 3.6　中国气温等级的 5 年平均值(较短线条)和北半球气温 5 年平均值(较长线条)的变化
(北半球气温变化以 1880—1884 年为基准)(中国科学技术蓝皮书(第 5 号)——气候,1990)

存在一个明显的变冷中心。最新资料分析表明:四川盆地在 1980s 有一段低温期,但是进入 1990s 气温逐渐回升,从长时间来看,四川盆地的气温仍呈现不显著的上升趋势。另外从全国的平均气温看,在 1980s 都有一段低温期,因此低温不仅发生在四川盆地,就全国而言,气温的变化仍以上升为主。

表 3.4　近百年来中国气温变化(陈幸荣 等,2013 年)

参考文献	近 100a 情况		近 50a 情况	
	温度变化℃/100a	观测时段	温度变化℃/50a	观测时段
Hulme et al. 1994	0.35	1880—1992 年	0.3	1951—1999 年
Jones et al.个人通信	0.35	1900—1999 年	0.73	1950—1999 年
王绍武等,1990;1998	0.39	1900—1999 年	0.77	1950—1999 年
龚道溢,个人通信	0.55	1906—2005 年	1.25	1956—2005 年
林学椿等,1995	0.19	1900—1999 年	0.64	1950—1999 年
唐国利等,2005	0.72	1900—1999 年	0.92	1950—1999 年
	0.79	1905—2001 年	1.1	1951—2001 年
综合结果	0.19~0.72	1900—1999 年	0.64~0.92	1950—1999 年
赵宗慈等,2005,模式中加入人类强迫	0.71	1900—1999 年	0.9	1950—1999 年
Zhou et al.,2005,模式中加入所有强迫	0.70	1900—1999 年	0.85	1950—1999 年

因此从 19 世纪末以来,我国气温总的变化趋势是上升的,这在冰川进退、雪线升降中也有所反映。如 1910—1960 年 50 年间天山雪线上升了 40~50m,天山西部的冰舌末端后退了 500~1000 m,天山东部的冰舌后退了 200~400 m,喜马拉雅山脉在我国境内的冰川,近年来也处于退缩阶段。在 1986—2006 年间,中国已经连续出现

了 17 次全国范围的暖冬。中国近 50 年气候变暖以北方为主。东北北部、内蒙古及西部盆地达 0.8℃/10 年以上,这就是说近 50 年已经上升了 4℃以上。

影响我国的降水因素较多,地域差异显著。但 20 世纪我国降水总体趋势大致从 18 世纪和 19 世纪的较为湿润时期转向为较为干燥时期。长江中下游在 19 世纪末、20 世纪 30 年代和 60 年代是三个少雨时期,平均周期为 35 年。华北降水低点比长江中下游地区要晚 7～8 年。华南地区的降水趋势和中纬度地区不同,周期长度明显缩短,平均约为 14～18 年。王英等(2006)对 1951－2002 年中国约 730 个气象台站数据的分析表明:全国平均年降水量从 20 世纪 60 年代到 90 年代呈明显下降趋势,但在 90 年代后期出现回升,其中夏季和冬季降水量已达到 20 世纪 50 年代和 60 年代的水平。同时,降水量变化呈现显著的区域分异特征:华北、华中、东北南部地区持续下降,长江流域以南地区明显增加,而新疆北部、东北北部和青藏高原西部 20 世纪 60 年代到 70 年代下降,80 年代后期有所回升。中国北方有从干旱到湿润转变的迹象,但华北和东北南部地区仍然处于持续的干旱期。中国降水量的总体下降及 90 年代后期的回升与全球变化趋势基本一致,但区域变化格局与全球中高纬度地区降水增加、热带和亚热带地区减少的特征正好相反。表 3.5 给出不同地域不同年代的年际变化回归系数可以看出区域间全年降水量年代际变化趋势的不一致。而相对湿度的变化和降水有很多相似之处,降水是相对湿度变化的一个重要影响因子。王遵娅等(2004)对 1951－2000 年气象数据进行研究,结果表明:中国春季和冬季相对湿度减小,而夏、秋季增大,但趋势都不明显。各区域的四季以相对湿度减小为主,北方的减湿比南方显著,东北、华北和西北东部四季都是负趋势,东北的秋、冬季通过了信度检验。西部的增湿比东部明显,青藏高原春、秋、冬 3 个季节,西北西部夏、秋季的正趋势都通过了信度检验。长江中下游夏季的增湿非常显著,和该地区降水增加是相对应的。表 3.6 给出不同地区、不同季节的相对湿度距平的线性趋势系数情况。

表 3.5　各年代际七个典型区域降水量年际变化趋势 (mm/a)(王英 等,2006)

20 世纪的年代	东北北部	新疆地区北部	长江以南地区	青藏高原东部	东北地区南部	华北—华中地区	青藏高原西部
50 年代	15.39 *	12.52 *	3.39	12.53 *	2.76	2.45	1.82
60 年代	−3.21	1.06	3.76	−0.70	−2.22	−1.67	0.76
70 年代	3.11	−0.98	−3.98	−1.12	−3.88	−3.24	−3.77
80 年代	4.39	2.94	−6.95	1.5	−2.6	−2.97	−3.65
90 年代	−1.54	−1.62	8.06 *	0.39	3.30	4.34 *	6.52 *
50 年平均	0.58	0.51 *	1.14 *	0.53 *	−0.69 *	−0.69 *	−0.69 *

* 号表示通过了 0.05 的显著性水平检验,正值表示降水增加,负值表示降水减少

表 3.6　相对湿度距平的线性趋势系数(单位:%/10a)(王遵娅 等,2004)

区域	春	夏	秋	冬	年平均
全国平均	−0.02	0.08	0.04	−0.20	−0.03
东北	−0.50	−0.20	−0.80 *	−0.80 *	−0.60 *
华北	−0.20	−0.20	−0.30	−0.60	−0.30
长江中下游	−0.40	0.40 *	0.20	−0.004	0.01
华南	0.07	−0.06	−0.09	0.20	0.01
青藏高原	1.20 *	−0.10	0.80 *	1.00 *	0.70 *
西南	0.30	−0.10	−0.10	−0.05	−0.01
西北东部	−0.50	−0.40	−0.20	−0.40	−0.40 *
西北西部	0.20	0.70 *	0.60 *	−0.30	0.30 *

* 号表示通过了 0.05 的显著性水平检验

　　中国的降水量观测资料在 1951 年以前略多于气温观测。但是最大的问题是分布不均以及记录的中断。所以,许多关于降水量变化的研究只限于 1951 年之后。比较完整的资料为 20 世纪 50 年代恰好是一个多雨时期。因此无论分析近 40 年,还是近 50 年,经常会得到降水量下降、气候变干的结论。要检验这个结论是否可靠,第一,要有一个长于 50 年,最好达到 100 年以上的序列;第二,这个序列要有一定的均匀性。王绍武等(2000)建立 1880 年以来中国东部 35 个站的季降水量序列。初步构成了以后各均一的序列。首先为检验每个站对全国平均降水量变化的重要性,利用包括台湾在内的 165 个站 1951—1990 年的降水量计算全国总平均降水量,然后计算总平均降水量与每个站的相关系数,绘制出相关分布图。发现 105°E 以东相关系数均在 0.2 以上,105°E 以西则相关很小或者是负值,这表明中国东部与西部降水量变化的不一致性。而且总体讲西部地区降水量小,对全国总平均降水量贡献不大。同时西部也缺少史料。因此,降水量重建仅限于东部地区,全部 35 个站与全国总平均降水量的相关系数均在 0.2 左右,或者更高,大约有三分之一相关系数在 0.4 以上。这就保证了所建序列对中国地区的代表性。

　　根据观测资料情况把 1880 年以来分为 3 段时期;1880—1899 年、1900—1950 年及 1951 年至今。1900—1950 年的 51 年中 35 个站共缺测 553 年次,平均缺测 15.8 年,占 51 年的 31%。缺测还没有达到不能插补的程度,这段时期大多数年份有降水量等级图可供参考,再加上史料,就不难插补了。但 1880—1899 年期间共缺测 542 年次,平均缺测 15.5 年,占 20 年的 77%,表明降水量资料不足四分之一,并且没有降水等级图可供参考。因此,只能依靠史料来插补。好在自 20 世纪 70 年代中期在全国范围展开旱涝史研究以来,各省市自治区气象局及有关科研、教学单位整理出版或内部印刷了大量史料汇编。但是,由于史料比较粗略,不可能插补到月的尺度,因此只插补了季降水量,而且是先给出 5 级降水量的差别,然后再换算成降水量。经过这样插补,得到了如图 3.7 所示的 1880—2000 年中国东部四季降水量距平趋势。从图 3.7 可以看出四季降水量的变化,有相同之处亦有不同之处。1900 年前后及 20 世纪 60 年代降水量的减少在四季均有一定反映。但是 20 世纪 20 年代的干旱则夏、秋两季最明显。另外,数据研究还表明,20~30 年的年代际变率最明显,1950—1990 年降水量似乎是减少的,但从 60 年代中期以后,特别到 90 年代降水量又有增加的趋势。其实,无论是上升或者下降的趋势均只限于一定时期,从 120 年整体看并无上升或下降趋势,而是以 20~30 年的年代际变化为主,这是与气温变化大不相同的。功率谱分析也表明,我国年降水量变化周期主要是 3.3 年和 26.7 年,前者可能与 ENSO 的影响有关,后者则表明我国降水有显著的年代际变化。近几十年来我国降水的低频波动可能主要是年代际变化引起的,而并非全为气候变化趋势。

从地域上而言,在过去几十年中,中国降水呈增加趋势的测站与呈下降趋势的测站大致相当。大范围明显的降水增加主要发生在西部地区,其中以西北地区尤为显著。1960—1990 年与 1970—2000 年两个 31a 整编资料的对比分析也说明,西北地区在气温显著上升的同时,降水也增加,由暖干向暖湿转型,但东部干旱的形势比前期更为显著。中国东部季风区降水变化趋势的区域性差异较大,长江流域降水趋于增多,东北东部、华北地区和四川盆地东部降水趋于减少。在 21 世纪初的研究(Xu,2001)也表明,华北、黄河中下游地区自 20 世纪 70 年代末以来夏季降水呈现不断减少趋势,而长江中下游到华南地区雨量呈增加趋势,高值中心在长江中游地区。同时得出:20 世纪 70 年代到 80 年代东部多雨轴线不断南移,逐渐呈现"北旱南涝"的模式,并且 90 年代以来这种趋势进一步加剧。龚道溢等(2002)的研究结果表明,1979年前后,我国东部地区及长江流域的夏季降水量发生了明显的转折,从少雨时段转为多雨时段。以上不同时段资料的分析结果都反映了我国东部地区夏季雨带的南移趋势,有北部降水减少、长江中下游及南部地区增多的倾向。

无论是中国的气温还是降水,在过去近百年来,尤其是在 20 世纪末都发生了一定的变化。众所周知,引起气候变化的原因可以概括为自然的气候波动(包括外界强迫:大气环流,海表温度,太阳辐射的变化,火山爆发等)和人类活动的影响(人类燃烧矿物燃料以及毁林引起的大气中温室气体浓度的增加,硫化物气溶胶浓度的变化,陆面覆盖和土地利用的变化等)两大类型。前者是气候系统内部以及气候系统与其他外界强迫相互作用的结果,后者是人类活动作用于气候系统的结果。江志红等(1997)在对百年尺度的气候变化做诊断分析时,总结出气候变化大致有以下几方面

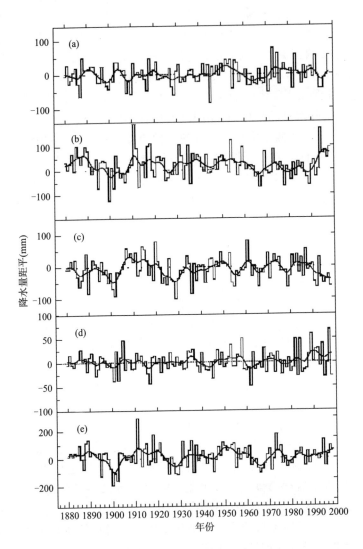

图 3.7 1880—2000 年四季中国东部降水量距平(王绍武 等,2000)

((a)春季;(b)夏季;(c)秋季;(d)冬季;(e)年降水量。距平为对 1961—1990 年平均)

的物理成因:气候系统自身振荡、温室效应、太阳活动、火山爆发等。在气候系统内部各因子相互作用的过程中,最直接的影响是大气与海洋环流的变化或脉动,大气和海洋是造成区域尺度气候要素自然变化的主要原因。中国位于欧亚大陆的中纬度地区,向东面临着海洋,向西又有高大地形青藏高原,因此中国的气候变化主要受大气环流,如:北极涛动(AO)、东亚季风的影响,同时又受海洋(尤其是太平洋和印度洋)

环流的自然振荡,如太平洋年代际尺度振荡 PDO 和自身复杂地形(如青藏高原)与陆面状况(如沙漠区)的影响。

3.3 极端气候的变化

当某地的天气、气候出现不容易发生的异常现象,或者说当某地的天气、气候严重偏离其平均状态时,即意味着发生"极端气候"(Climate extremes),也称极端天气气候。世界气象组织规定,如果某个(些)气候要素的时、日、月、年值达到 25 年以上一遇,或者与其相应的 30 年平均值的"差"超过了二倍均方差时,这个(些)气候要素值就属于异常气候值。出现异常气候值的气候就称为"极端气候"。干旱、洪涝、高温热浪和低温灾害等都可以看成极端气候。需要注意的是,严格来讲极端气候事件与气象灾害是有区别的。一个强热带风暴,如果袭击一个没有人类社会活动的区域就不构成灾害。气象灾害需要更多地从人类经济社会角度、从承灾体的脆弱性方面考虑。但由于目前的人类活动已遍及全球,极端事件又几乎是灾害的代名词,与极端事件相伴的通常是严重的自然灾害。例如,狂风刮倒房屋,暴雨引起的洪涝淹没农田,长期干旱导致庄稼干枯,高温酷热和低温严寒造成疾病增加、死亡率增高。如此种种,不胜枚举。

在最近的 10 余年,国际上对极端天气气候事件的时间变化特点进行了许多分析研究。《IPCC 第四次评估报告》(AR4)对 2007 年之前的相关研究进行了系统总结。已有的研究包括采用过去几十年气候资料和统计技术对主要极端天气气候事件频率和强度年代变化特点及长期趋势的分析,以及采用气候模式模拟技术对未来可能气候极端事件发生频率变化的分析等。2011 年 11 月 18 日,政府间气候变化专门委员会(IPCC)正式批准了一个新的特别报告,即《管理极端事件和灾害风险,推进气候变化适应》(SREX)。SREX 第三章从观测到的变化、变化背后的原因、未来变化的预估及其不确定性等三个方面评估极端天气气候事件,此评估建立在 IPCC 的 AR4 基础上,并吸纳了 AR4 以来(至 2011 年 5 月发表)的最新研究成果,更新了 AR4 关于极端天气和气候事件变化的评估结果。为了有效推动世界各国开展极端天气气候事件变化检测研究,WMO(World Meteorological Organization)气候委员会等组织联合成立了气候变化检测和指标专家组(Expert Team on Climate Change Detection and Indices,ETCCDI),并定义了 27 个典型的气候指数,其中包括 16 个气温指数和 11 个降水指数(表 3.7 和表 3.8)。国内外学者利用这些基本指数对各种极端温度和降水事件进行了探讨。

表 3.7　极端气温指数(翟盘茂 等,2012)

分类	代码	名称	意义
日最高、最低气温的月极值	TX_x	月最高气温极大值	每月中日最高气温的最大值
	TN_x	月最低气温极大值	每月中日最低气温的最大值
	TX_n	月最高气温极小值	每月中日最高气温的最小值
	TN_n	月最低气温极小值	每月中日最低气温的最小值
绝对阈值	FD	霜冻日数	一年中日最低气温小于0℃的天数
	SU	夏季日数	一年中日最高气温大于25℃的天数
	ID	冰封日数	一年中日最高气温小于0℃的天数
	TR	热夜日数	一年中日最低气温大于20℃的天数
	GSL	生长期	北半球从1月1日(南半球为7月1日)开始,连续6天日平均气温大于5℃的日期为初日,7月1日(南半球1月1日)以后连续6天日平均气温小于5℃的日期为终日,初日和终日之间的日数为生长期
相对阈值	$TN10_p$	冷夜日数	日最低气温小于10%分位值的日数
	$TX10_p$	冷昼日数	日最高气温小于10%分位值的日数
	$TN90_p$	暖夜日数	日最低气温大于90%分位值的日数
	$TX90_p$	暖昼日数	日最高气温大于90%分位值的日数
	WSDI	异常暖昼持续指数	每年至少连续6天日最高气温大于90%分位值的日数
	GSDI	异常冷昼持续指数	每年至少连续6天日最高气温小于10%分位值的日数
其他	DTR	月平均日较差	日最高气温与日最低气温之差的月平均值

表 3.8　极端降水指数(翟盘茂 等,2012)

分类	代码	名称	意义
绝对阈值	R10mm	中雨日数	日降水量大于等于10 mm的日数
	R20mm	大雨日数	日降水量大于等于20 mm的日数
	Rnn mm	日降水大于某一特定强度的降水日数	日降水量大于等于nn mm的日数
相对阈值	$R95_pTOT$	强降水量	日降水量大于95%分位值的年累计降水量
	$R99_pTOT$	特强降水量	日降水量大于99%分位值的年累计降水量

续表

分类	代码	名称	意义
持续干湿期	CDD	持续干期	日降水量小于 1 mm 的最大持续日数
	CWD	持续湿期	日降水量大于 1 mm 的最大持续日数
其他	Rx1day	1 日最大降水量	每月最大 1 日降水量
	Rx5day	5 日最大降水量	每月连续 5 日最大降水量
	SDII	降水强度	年降水总量与湿日日数（日降水量大于等于 1.0 mm）的比值
	PRCPTOT	年总降水量	日降水量大于 1 mm 的年累计降水量

3.3.1 全球范围极端气候变化的事实及变化规律

自 1950 年以来,综合 SREX 和现有研究成果把观测到的极端天气气候事件的变化可以总结如下:

(1)全球范围内,即对于有足够资料的陆地区域,总体而言,冷昼和冷夜的数量很可能减少了,而暖昼和暖夜的数量很可能增加了。这些变化还可能发生在北美、欧洲和澳大利亚的大陆尺度上。在 20 世纪 60 年代以后,全球大部分陆地地区极端冷事件(如低温、寒潮、霜冻、冷夜和冷日等)发生频率逐渐减少,而极端暖事件(如高温、热浪、暖日和暖夜等)发生频率明显增加,其中极端冷事件频率的减少比极端暖事件的增加更为明显。亚洲大部分地区日极端温度的上升趋势具有中等信度。非洲和南美洲的日极端温度的变化趋势一般具有低到中等信度。全球而言,具有中等信度的是,在许多(但不是全部)有足够资料的地区,包括热浪在内的暖事件的持续时间或数量已经增加。

(2)全球范围内,有些区域强降水事件的数量发生了显著的变化,其中数量显著增加的区域可能多于显著减少的区域,但在趋势上具有很强的区域和次区域变化;并且,在许多区域强降水事件的变化趋势并不具有统计显著性,一些地区强降水的变化也存在季节差异(如欧洲冬季的趋势比夏季更加一致)。20 世纪北半球大陆中高纬度大部分地区降水增加了 5%～10%,近 50 年暴雨的发生频率增加了 2%～4%;低纬度地区和中低纬度地区夏季的极端干旱事件增多。总体而言,强降水事件增加的趋势在北美洲最一致。

(3)更多证据表明,全球极端海平面的趋势反映出平均海平面的趋势,因此,与平均海平面上升有关的沿海极端高水位事件可能已经增加,主要是风暴潮,但不包含海啸增多。多年冻土的退化可能加剧了,并可能产生了物理影响。

(4)由于以往观测能力的变化,热带气旋活动(强度、发生频率、持续时间)的长期

(40年或更长时期)变化具有低信度,但某些地区热带气旋强度显著加强,中纬度风暴路径有向极区移动的趋势。南北半球主要风暴路径可能已经向极地移动,但是,温带气旋强度的变化具有低信度。由于资料不均一和监测系统不足,小尺度现象(如龙卷和冰雹)的变化具有低信度。

(5)由于缺乏直接观测资料、某些地理上的趋势不一致性及分析得到的趋势对所选择的指数的依赖性,目前尚无充分证据说明观测到的干旱趋势具有高信度。具有中等信度的是,某些地区特别是欧洲南部和非洲西部经历了更强和时间更长的干旱,但是其他一些地区如北美中部和澳大利亚西北部,干旱已经变得更不频繁、更弱或时间更短。

(6)由于台站观测洪水的记录所涵盖的空间范围和时间跨度有限,还由于土地利用和工程的变化造成的干扰影响,仅有有限到中等的证据可用于评估由气候驱动的区域尺度上洪水强度和频率的变化,而且这些证据表现出低一致性,因此,在全球尺度上甚至洪水的变化方向都具有低信度。然而,具有高信度的是,依赖融雪和冰川融水的河流的春季流量高峰有提前出现的趋势。

(7)具有中等信度的是,赤道太平洋中部的厄尔尼诺事件更加频繁了,但是,因证据不足,不能给出有关厄尔尼诺-南方涛动(ENSO)更具体的变化。

(8)全球尺度上,大型滑坡的变化趋势具有低信度。关于波浪的气候变化趋势,AR4之后的研究数量很少,且覆盖的区域有限,其结果普遍支持了之前的研究,其中大多数研究发现了波浪变化和内部气候变率之间的联系。最近有一些研究针对全球不同地区观测到的风速变化,但是,由于风速仪资料的种种缺点,加上一些地区采用风速仪资料和再分析资料得到的趋势不一致,因此目前极端风的变化具有低信度。

(9)模拟研究也发现,在大气中温室气体浓度增加的情况下,与气温和降水相关的极端天气气候事件发生频率及强度也将出现明显变化,一些变化与观测的趋势时空分布相似。气候模拟研究还指出,在未来不同温室气体排放情景下,全球陆地地区高温热浪事件频率增多的可能性极大,而寒冷日数和霜冻日数进一步减少,极端强降水事件频率和降水量在许多地区可能上升,受干旱影响的地区范围可能增加,强台风的数量可能增加(IPCC,2007)。

从上述结论可以看出,观测到的极端天气气候事件变化的信度因地区和极端天气气候事件的不同而异,原因是信度取决于资料的质量、数量及是否有分析这些资料的研究。极端事件很少发生,这意味着可用于评估其发生频率或强度变化的资料稀缺,因而识别其长期变化很困难。而且,资料的不均一性会增加分析结果的不确定性。尽管过去15年在改善资料均一性方面取得了进展,对于许多极端事件,资料仍然较少并存在问题,从而导致确定其变化的能力较低。对在区域或全球尺度上观测到的某一特定极端事件的变化赋予低信度,既不意味着也不排除这种极端事件发生变化的可能性。某一特定极端事件的全球趋势可能比某些区域趋势更可靠(如极端温度)或更不可靠(如干旱),这取决于该极端事件变化趋势的地理一致性。

3.3.2 我国极端气候事件的研究

我国学者对极端天气气候事件的研究也已有较长历史,获得了大量成果(丁一汇等,2008)。在"十一五"期间,科技部的重大科技计划项目对极端气候事件观测和模拟研究又给予明确支持。其中,国家科技支撑项目"我国主要极端天气气候事件及重大气象灾害的监测、检测和预测关键技术研究"和国家重点基础研究发展计划项目"全球变暖背景下东亚能量与水循环变异及对我国极端气候的影响研究"分别设立了有关观测的极端气候变化研究课题。

3.3.2.1 极端温度变化

国内学者应用各种方法和资料,对中国地面极端气温变化进行了研究(翟盘茂等,1997;严中伟 等,2000;龚道溢 等,2004;Zhang et al,2008)。最近的分析结果与早期研究基本一致。在1951—2008年期间,全国年平均最高气温有较明显的增加趋势,增加速率为0.16℃/10a,且气温升高主要发生在最近的10余年(唐红玉 等,2005)。平均最高气温北方增加明显,南方大部分台站变化不明显;增加最多的地区包括东北北部、华北北部和西北北部,青藏高原增加也很明显。就季节平均最高气温来看,冬季的增加最为明显,对年平均最高气温的上升贡献最大;夏季平均最高气温增加最弱。比之于最高气温,年平均最低气温在全国范围内表现出更为一致的显著增加趋势。全国年平均最低气温上趋势远较年平均最高气温变化明显,上升速率达到0.29℃/10a。北方地区上升更显著,且上升速率有随纬度增加趋势(周雅清 等,2010)。与年平均气温变化趋势相似,年平均最低气温增加最明显的地区是东北、华北、西北北部和青藏高原东北部等地区。各季节平均最低气温均呈增加趋势,冬季增加最明显,对年平均最低气温的上升贡献最大。最高和最低气温的变化在各个区域内部存在差异。西北地区东部夏季平均最高气温有下降趋势,中部除冬季外所有季节平均最高气温都显著下降,北部冬季最高气温上升;季节平均最低气温在西北东部一般上升,但夏季下降(马晓波,1999)。南方地区的长江中下游夏季平均气温下降明显,主要是由于最高气温明显下降造成的(任国玉 等,2005)。在我国北方地区,黄河下游区域年、春季和夏季平均最高气温均出现较明显的下降趋势(张宁 等,2008)。因此,我国平均最高气温和平均最低气温都是以冬季的增暖最为明显。冬季气温的明显上升,是导致"暖冬"年份增多的主要原因(陈峪 等,2009)。无论是年还是季节,平均最低气温的增暖幅度均明显大于平均最高气温。在过去的半个多世纪,年平均最低气温开始显著升高的时间明显早于最高气温,后者主要在20世纪80年代中期以后表现出明显的上升趋势。由于平均最低气温增加一般比平均最高气温增加偏早、偏强，我国年平均日较差呈总体下降趋势。下降幅度较大的地区主要在东北、华北东北部、新疆北部和青藏高原。全国各季平均日较差均呈下降趋势，但冬季的下降趋势最为明显（唐红玉 等，2005）。又由于冬季平均最低气温上升比夏季平均最高气温上升快，我国多数地区气温极值的年内变化趋向和缓。

1951年以后全国平均高温日数有弱的减少趋势，但在20世纪90年代中期以后有一定增加。在不同地区，高温日数的变化趋势不同，长江中下游和华南地区有显著的减少趋势，中国西部的部分地区则有增加趋势。最近的分析发现，中国年均极端高温的频数在近50年中趋于上升，而年均极端低温的频数则有所减少，这与近年多数观测分析结果一致。在空间分布上，除西南地区部分站点外，近50年中国大部分地区极端低温事件的年均发生频数趋于减少，而极端高温事件发生频率的变化则呈现出东南沿海减少、西北内陆增加的分布特点（章大全 等，2008）。Ding *et al*（2009）的分析表明，中国高温热浪事件频数变化具有较强年代际变动特点，西北地区20世纪90年代后具有突然增长趋势；东部地区20世纪60年代前极热事件偏多，70—80年代偏少，90年代以后呈增多和增强趋势，但长期线性趋势不明显。中国大部分地区寒潮事件频率明显减少、强度减弱。封国林等（2009）对中国逐日最高气温资料进行分析发现，中国中部和华北地区极端气温事件序列具有较明显的长程相关性，存在较强的记忆性特征，揭示出极端高温事件在这些地区更易发生；而云贵、内蒙古中部、甘肃和沿海地区长程相关性较弱，区域性差异明显。破纪录事件是极端气候的特殊表现形式。在气候变暖背景下，破纪录高温事件发生频次呈现不断增加的特点。近半个世纪我国破纪录高温事件略有增多，而破纪录低温事件明显减少；在破纪录事件强度上，高温事件强度在高纬度地区略有增强，而低温事件强度在高纬度地区及新疆、青藏高原则有一定趋弱，但在南方大部地区却呈现较明显的增强趋势（熊开国 等，2009）。万仕全等（2009）利用极值理论（EVT）中的广义帕雷托分布（GPD）研究气候变暖对中国极端暖月事件的潜在影响，发现气候变暖对极端暖月的变率和高分位数有明显影响，响应的空间分布集中在青藏高原中心区域和华北至东北南部的季风分界线附近，而其他地区对气候变暖的响应并不明显。

全国平均暖昼（夜）日数在20世纪80年代中期以后表现出显著的增加趋势（Zhai *et al*，2003；周雅清 等，2010）。北方大部、西部地区和东南沿海地区暖昼天数有增加趋势，而长江中下游和华南等地则有减少趋势。暖夜日数增加趋势更为明显，增长最显著的地区出现在西南地区。在绝大多数地区，霜冻日数有显著的减少，20世纪90年代的平均年霜冻日数比60年代减少10天左右（Zhai *et al*，2003）。与此对应的是，多数地区气候生长期则呈现明显增加趋势（徐铭志 等，2004）。全国平均冷昼日数在近半个世纪有弱的减少趋势，20世纪80年代中期以后减少比较显著。空间分布上，北方地区冷昼日数减少显著,而南方地区则有弱的增加趋势(周雅清 等,2010)。全国平均冷夜日数有明显减少趋势,特别是 20 世纪 70 年代中期以后表现得更为明显。大部分地区的冷夜日数都在显著减少,北方地区的减少趋势要大于南方地区。多数地区平均最低气温的上升幅度明显大于平均最高气温,这导致了平均气温日较差的显著减小。从气温年较差看,我国大多数地区都呈现出显著减少的趋势,北方地区的减少幅度普遍比南方地区大,大致为 $-0.86\sim-0.94$℃/10a(华丽娟 等,2004;唐红玉 等,2005)。

因此,在最近的半个世纪左右,我国与高温相关的极端气候事件频率和强度变化一般较弱,20 世纪 90 年代以后有增多增强趋势;与低温有关的极端事件频率和强度则明显减少减弱,但进入 21 世纪以来偏寒冷事件有所增多和增强。观测到的高、低温事件频率和强度变化与平均最高气温上升不明显、平均最低气温上升趋势显著的特点完全一致。

3.3.2.2 极端降水变化

对我国降水量极值变化趋势的分析表明,1951—1995 年期间全国平均 1 日和 3 日最大降水量没有出现明显的变化,华北地区趋于减少,而西北西部地区趋于增加(翟盘茂 等,1999)。最近的分析表明了相似的结果,1956—2008 年期间全国平均 1 日最大降水量同样没有明显的趋势变化,但可以发现显著的年代际变化。从 20 世纪 50 年代中到 70 年代后期,最大降水量有减少现象;而从 70 年代后期到 1998 年最大降水量有明显上升趋势,此后则重又下降(陈峪 等,2010)。

不少作者利用各种绝对和相对阈值标准定义极端强降水事件,分析过去 50 年极端降水事件频率和强度的变化情况。这些分析一般表明,过去半个世纪我国有暴雨出现地区的年平均暴雨日数呈微弱增多趋势,但趋势不显著。从区域上看,华北和东北大部暴雨日数减少,而长江中下游和东南沿海地区一般增多。造成极端偏湿状况的连续降水日数变化与总降水量和极端强降水频率变化具有相似的空间分布特征(Bai et al,2007)。根据百分位值定义的强降水频数和降水量与暴雨日数变化趋势相似,但可以发现西部大部分地区强降水频数和降水量有比较明显的增多。我国多数地区秋季极端强降水减少,冬季一般增多,夏季南方和西部增多,而北方减少(Wang et al,2009)。Qian et al(2007)对降水进行分级后分析发现,我国小雨普遍减少,而暴雨和大暴雨有所增多。极端降水量与降水总量的比值在中国多数地区有所增加,说明降水量可能存在向极端化方向发展的趋势(杨金虎 等,2008)。Zhang et al(2008)发现,我国北方地区极端强降水与总降水频数的比值在 20 世纪 70 年代末、80 年代初发生了比较明显的跃变。许多研究指出,我国多数地区不仅极端强降水量或暴雨降水量在总降水量中的比重有所增加,极端强降水或暴雨级别的降水强度也增强了。这种现象不仅出现在降水量和极端强降水增加的南方和西部,甚至出现在降水量和极端强降水减少的华北和东北(翟盘茂 等,2003;孙凤华 等,2007)。

在全球气候变化背景下,全国和各个区域气象干旱发生的频率、强度和持续时间是否出现了变化,是很值得关注的问题。根据综合气象干旱指数(CI),分析近50多年来中国的气象干旱时空分布特征(邹旭恺 等,2010)表明,在近半个多世纪中,我国气象干旱较重的时期主要出现在20世纪60年代、70年代后期至80年代前期、80年代中后期以及90年代后期至21世纪初。就整体而言,全国气象干旱面积在1951—2008年中有比较显著的增加趋势。气象干旱面积增加主要出现在北方地区,其中松花江流域、辽河流域、海河流域增加趋势显著,海河流域干旱化最为突出,南方大多数的江河流域气象干旱面积的变化趋势不明显,只有西南诸河流域有显著的减少趋势。破纪录干旱事件的相关研究也表明,极端干旱强度最大区域分布在我国北方的半干旱地区,中心区域位于华北地区、黄河中下游及淮河流域(杨杰 等,2010)。侯威等(2008)研究了北方地区近531年的极端干旱事件频率变化,并与古里雅冰芯同位素^{18}O含量变化进行了对比,发现在同位素^{18}O含量较高的时期(偏暖时期)发生极端干旱事件的概率较低,反之亦然。章大全等(2010)研究了气温升高和降水减少在极端干旱成因中所占的比重,发现降水减少仍然是中国东部干旱形成的主要因素。相对于南方地区,中国华北、东北及西北东部等地区的干旱化进程对气温比降水变化更为敏感。龚志强等(2008)发现,华北和江淮流域在气候较暖的时期可能易发生强度大、范围广的同步干旱事件,并认为近30年北方地区的干旱化可能是自然气候变率起主导作用下人为气候变化和自然气候变率共同作用的结果。

3.3.2.3 热带气旋、沙尘暴和雷暴的变化

在1970—2001年32年间,登陆我国的热带气旋频数有一定下降趋势,其中1998年达到了近30年来的最小值。1950—2008年期间,登陆我国的热带气旋频数同样存在减少趋势,其中20世纪50—60年代登陆热带气旋频数较多,1991—2008年是热带气旋登陆我国的最少时期,但进入21世纪以后有一定上升(杨玉华 等,2009;赵珊珊等,2009)。经南海和菲律宾海区登陆我国的热带气旋频数下降明显,经东海海区登陆的热带气旋频数也有减少,但趋势不显著(王秀萍 等,2006)。从1951—2004年间登陆强度为强台风和超强台风的热带气旋频数变化看,一般呈显著减少趋势。最大登陆热带气旋强度出现在20世纪50—70年代,但平均登陆热带气旋强度没有明显变化。登陆热带气旋的破坏潜力也存在明显的年代际变化,20世纪50—70年代初明显偏强,以后则偏弱。登陆热带气旋平均强度的减弱和高强度热带气旋频次的减少是引起破坏潜力减弱的主要原因。在1957—2008年期间,热带气旋导致的中国大陆地区降水量总体上表现出下降趋势,东北地区南部这种趋势尤为显著(王咏梅 等,2008)。这和登陆热带气旋数量趋于减少是一致的。

近半个世纪,我国北方沙尘暴发生频率整体呈现减少趋势,但在世纪之交的几年

沙尘暴频率和强度有所增加。20世纪70年代以前北方沙尘暴明显偏多,从80年代中期开始显著偏少。总体而言,20世纪60—70年代波动上升,80—90年代波动减少,2000年后又急剧上升,但仍明显低于常年水平。沙尘暴频率下降与北方地区平均风速、大风日数和温带气旋频数减少趋势完全一致(张莉 等,2003;张小曳 等,2006;Wang *et al*,2009;Jiang *et al*,2010)。

最近几年,还有一些对于雷暴等局地强天气现象变化的研究,值得进行回顾和总结。关于雷暴日数变化的研究多集中在东部小区域范围内或大城市附近,而且使用了不同的分析时间段落和方法,但几乎全部台站和区域个例分析结果均表明,雷暴发生频率有比较明显的减少趋势(蔡新玲 等,2004)。其中,1961—2002年陕西省关中地区、1961—2001年长江三峡库区及其周边地区、1957—2004年广东省、1959—2000年成都地区、1966—2005年山东省等区域年雷暴发生频率均呈现比较明显的下降(高留喜 等,2007;叶殿秀 等,2005;易燕明 等,2006)。

综合以上研究结果,可以发现我国各主要类型极端气候事件频率和强度变化十分复杂,不同区域不同类型极端气候变化特点表现出明显差异。表3.9总结了过去半个世纪中国主要类型极端气候变化的特点。

表 3.9　20世纪50年代以来全国主要类型极端气候变化观测研究结论(任国玉 等,2010)

极端事件	研究时段	观测的变化趋势	结论可信度
暴雨或极端强降水	1951—2008	全国趋势不显著,但东南和西北增多,华北和东北减少。暴雨或极端强降水事件强度在多数地区增加。	高
暴雨极值	1951—2008	1日和3日暴雨最大降水量有一定增加,南方增加较明显。	中等
干旱面积、强度	1951—2008	气象干旱指数(CI)和干旱面积比率全国趋于增加,华北、东北南部增加明显,南方和西部减少。	高
寒潮、低温频次	1951—2008	全国大范围地减少、减弱,北方地区尤其明显,进入21世纪以来有所增多,但长期下降趋势没有改变。	很高
高温事件频次	1951—2008	全国趋势不显著,但华北地区增多,长江中下游地区年代际波动特征较强,90年代后趋多。	中等
热带气旋、台风	1954—2008	登陆我国的台风数量减少,每年台风造成的降水量和影响范围也减少。	高
沙尘暴	1954—2008	北方地区发生频率明显减少,1998年以后有微弱增多,但与20世纪80年代以前比较仍显著偏少。	很高
雷暴	1961—2008	东部地区现有研究区域发生频率明显减少	很高

注:对评估结论可信度的描述采用《IPCC第四次评估报告》的规定。很高:至少有90%概率是正确的;高:约有80%概率是正确的;中等:约有50%概率是正确的;低:约有20%概率是正确的;很低:正确的概率小于10%

3.3.3　极端天气气候事件的影响

极端天气常常造成房屋倒塌、人员伤亡、农作物失收。英国经济学家斯特恩爵士指出:"极端天气的成本达到世界每年 GDP 的 0.5%~1%。如果世界继续变暖,这个数字还会持续上升"。

(1)对自然生态系统的影响。气温的升高对自然生态系统造成了严重的影响。高原的冰川和积雪融化,北极震荡致冷空气持续南下,厄尔尼诺和拉尼娜现象活跃,春汛提前。2010 年的汛情尤其严重。据报道,5 月份以来,广西、贵州、四川等十多省市遭受强降雨袭击,2939 万人受灾,因灾死亡 200 人,转移人口 171 万人。农作物受灾 372 万 hm²,倒塌房屋 33.9 万间,直接经济损失约 665 亿元。两极的冰川融化,各种生物的生存状况令人担忧。生物种类的灭绝速度加快。森林面积的减小也影响深远,地质灾害频发。而且由于森林的消失,很多野生动物失去了栖息地,加速了物种的灭绝。在中国几乎已经找不到野生老虎等动物的踪迹。另外,珊瑚礁、红树林、极地和高山生态系统、热带雨林、草原、湿地等自然生态系统受到严重的威胁。

(2)对农业生产的影响。极端气候事件对中国农业的影响总的来说对粮食生产的影响是负面的,会使农业生产的不稳定性增加。经过对 1949—2007 年我国农业受灾面积、经济损失、农业粮食损失分析:气象灾害每年造成受灾面积呈波动上升趋势,20 世纪 50 年代平均为 2258 万 hm²,到 90 年代为 49551.4 万 hm²,农业受灾面积不断扩大(周京平 等,2009);气象灾害造成农业经济损失逐年升高,呈现"谷—峰—谷"特征,20 世纪 90 年代,农业经济损失波动幅度大,属于强波动,年平均损失 2000 亿元以上,2008 年损失达到 4100 亿元;粮食减产数量,从 20 世纪 80 年代到 21 世纪初达到高峰,2000 年粮食减产最高值 5996 万 t。

(3)对人类生活的影响。人们的衣食住行的模式正在主动或被动地进行着改变,以适应气候的变化。海平面的升高使海岸洪水造成的损失加大。每年我国的南方地区都要经历洪水的"洗礼"。我国沿海地区如上海、北海、广州等地区的人口面临着被淹的风险。海平面上升会加剧洪水、风暴潮、侵蚀以及其他海岸带灾害,进而危及那些支撑小岛屿社区生计的至关重要的基础设施、人居环境。气候的变化加大了台风、暴雨、洪涝灾害、干旱等极端天气的发生概率,增加了预测的难度,给人类的生活秩序和心理带来了极大的冲击和极高的重建、迁徙代价。极端气候还影响了我国的水资源分布。缺水的地区更加缺水,水资源丰富的地区则出现严重的洪涝灾害。华北缺水,人们不得不努力寻找水源,但在华中、华南、华东地区却发生洪涝灾害,形成了一个矛盾的局面。

(4)对人类健康的影响。极端气候事件影响着人的健康,尤其是对抵抗能力较弱的人群,如小孩、老人。全球变暖使热浪事件发生得更加频繁,在欧洲的希腊、西班牙等影响比较严重的国家,每年都有森林大火,几乎每年都有市民热死。高温状况下,病毒和病菌更加活跃,人体的免疫力下降,导致呼吸系统和心血管疾病的发病率增加。发达城市的热岛效应也不可忽视,高楼大厦林立的地方温度往往比其他地方高。极端天气也为登革热、霍乱等传染病提供了滋生的环境。气候变热,大气中污染物质和导致过敏的物质含量增加,使一些传染性疾病的传播范围扩大,造成恶性循环。由于环境的变化,极端天气事件频发,对人的心理也会产生很大的冲击,容易出现心理问题。

3.4 自然过程与气候

气候的形成和变化受多种因子的影响和制约。图 3.8 表示各因子之间的主要关系。由图 3.8 可以看出:太阳辐射和宇宙-地球物理因子都是通过大气和下垫面来影响气候变化的。人类活动既能影响大气和下垫面从而使气候发生变化,又能直接影响气候。在大气和下垫面间,人类活动和大气及下垫面间,又相互影响、相互制约,这样形成重叠的内部和外部的反馈关系,从而使同一来源的太阳辐射影响不断地来回传递、组合分化和发展。在这种长期的影响传递过程中,太阳又出现许多新变动,它们对大气的影响与原有的变动所产生的影响叠加起来,交错结合,以多种形式表现出来,使地球气候的变化非常复杂。

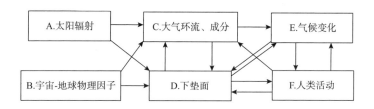

图 3.8 气候变化的因子

3.4.1 天文因素对气候的影响

3.4.1.1 地球轨道因素的改变

地球在自己的公转轨道上,接受太阳辐射能。而地球公转轨道的三个因素:偏心率、地轴倾角和岁差(春分点的位置)都以一定的周期变动着,这就导致地球上所受到的天文辐射发生变动,引起气候变化。

(1)偏心率

地表接收的太阳辐射量之所以不同是由于地球公转的轨道并不是真正的圆形而是椭圆形。椭圆形是一个有两个焦点的几何图形,并且这两个焦点并不位于椭圆的几何中心。在图 3.9 中看到的 F_1 和 F_2 是物体运动的焦点,而 C 点事该图形的几何中心。当物体沿椭圆形轨道运行时,其围绕的中心是两个焦点中的一个,结果就形成了物体距几何中心忽远忽近的结果。宇宙间行星运行的轨道虽然会受到其他天体重力的影响而有所改变,但基本上还是可以被计算出来的。米兰科维奇(M. M. Lanko-vitch)通过复杂的数学演算推演出了几万年间地球偏心率的变化。对于圆来说,不管大小它始终是一个圆,但对于椭圆形而言则不同,它有大小和形状的变化。偏心率就是用来测量椭圆形状的。偏心率越大,椭圆就越扁。主轴是椭圆形中最长的直线。如图 3.9 所示,当物体围绕 F_1 运行时,F_1 与 C 之间的距离为线性偏心率,写作 le。主轴的长度用希腊字母 α 表示。偏心率 e 的定义为 $e=le/\alpha$。从这个定义可以看出偏心率永远都小于 1,因为 α 大于 le。如果物体运行的轨道是圆形的话,F_1 就位于 C 的位置,它的线性偏心率 le 是 0,而偏心率也是 0。目前地球轨道的偏心率是 0.017,接近于圆形。但偏心率在 0~0.06 之间变动,周期约为 96000 年。

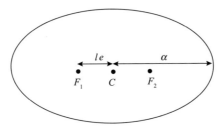

图 3.9 偏心率

现在地球到达近日点的时间是在 1 月而到达远日点的时间是 7 月。受地球偏心率的影响,地球与太阳之间的距离在远日点时是 15396 万 km,在近日点时是 14499.1 万 km,两者相差 3%。这种差异带来的结果是地球在 1 月份时所接收到太阳辐射比 7 月份多 7%。多出的这 7% 看起来似乎还不足以对地球气候产生什么重大影响,甚至当地球的公转轨道是圆形而不是椭圆形的时候,这多出的 7% 也不过就是使北半球的冬天比现在冷一些而南半球的夏天比现在热一些罢了。在过去的 10 万年里,地球的偏心率曾经发生过几次变化,从 0.001 变化到 0.054 之后又变回到现在的 0.017。目前北半球冬季位于近日点附近,近日点附近地球的公转速度快,远日点附近地球的公转速度慢,因此北半球冬半年比较短(从秋分至春分,比夏半年短 7.5日)。以目前情况而论,地球在近日点时所获得的天文辐射量(不考虑其他条件的影响)较现在远日点的辐射量约大 1/15,当偏心率是 0.001 时,地球一年四季所接收的太阳辐射从整体上看没有什么大的波动变化。但当偏心率达到 0.054 时,则此差异就成为 1/3。这种变化给地球气候带来了严重的影响。如果冬季在远日点,夏季在近日点,则冬季长而冷,夏季热而短,使一年之内冷热差异非常大。这种变化情况在南北半球是相反的。

(2)地轴倾斜度及地轴摆动

地轴倾斜(即赤道面与黄道面的夹角,又称黄赤交角)是产生四季的原因。由于地球轨道平面在空间有变动,所以地轴对于这个平面的倾斜度(ε)也在变动。现在地轴倾斜度是 23.44°,最大时可达 24.24°,最小时为 22.1°,变动周期约 4.2 万年。这个变动使得夏季太阳直射达到的极限纬度(北回归线)和冬季极夜达到的极限纬度(北极圈)发生变动(图 3.10)。当倾斜度增加时,高纬度地区在夏季所接收的太阳辐射会增加,赤道地区的年辐射量会减少,会导致地球出现酷暑严寒的极端性气候。例如,当地轴倾斜度增大 1°时,在极地年辐射量增加 4.02%,而在赤道却减少 0.35%。可见地轴倾斜度的变化对气候的影响在高纬度比低纬度大得多。此外,倾斜度愈大,地球冬夏接受的太阳辐射量差值就愈大,特别是在高纬度地区必然是冬寒夏热,气温年较差增大;相反,当倾斜度小时,则冬暖夏凉,气温年较差减小。夏凉最有利于冰川的发展。

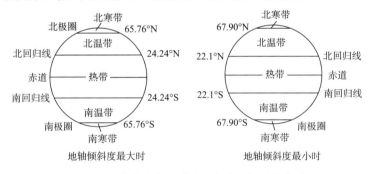

图 3.10 黄赤交角变动时回归线和极圈的变动

地球在过去的 2.58 万年里,地轴摆动也呈现周期性的变化。地球就像是一个高速旋转的陀螺。在不受外力影响的情况下陀螺是直立稳定的,然而当有外力作用时,陀螺并不会翻倒而是发生摆动,转动的角度并不是朝向外力的方向而是与其形成直角。这是什么道理呢?原来,陀螺在旋转的时候,不但围绕本身的轴线转动而且还围绕一个垂直轴做锥形运动。太阳和月亮的引力作用于地球时,除了能带动海水的涨落之外,还会使地球像陀螺一样受其影响产生周期性转动,围绕垂直轴做圆锥运动,这就是地轴的摆动。古希腊天文学家和数学家喜帕恰斯(前 190—前 120)是最早对地轴摆动进行研究的科学家。地轴摆动的研究进一步引出下一个问题:岁差。

（3）岁差

大约公元前 130 年,喜帕恰斯将其对二分点(春分和秋分点)的测量结果与其他早期科学家的记录进行了对比,发现在 169 年的时间里太阳在天球上的投影位置移动了 2°。他把这称为岁差。地轴摆动对历法有重要影响。在喜帕恰斯生活的年代,春分时太阳位于白羊座,但到了公元初年,太阳的位置移动到了双鱼座。今天太阳则是位于宝瓶座。这证明地球的公转轨道在二分点时不断发生着变化,每年都几乎要向西移动一点儿。这是地轴摆动的结果。喜帕恰斯推算,地轴摆动的速度大概是每年 45 角秒或 46 角秒。这一结果几乎是完全正确的,因为今天人们已推算出岁差的实际速度是每年 50.26 角秒。

普通意义上的一年是指地球两次经过春分点的时间间隔,称为一个回归年,包括 365.242 个太阳日。地球绕太阳一周实际所需的时间间隔为一个恒星年,一个恒星年为 365.256 个太阳日,恒星年与回归年的时间差为岁差。岁差对地球气候有重要的影响。目前地球处于近日点的时间是每年的 1 月;处于远日点的时间是 7 月。这对地球的温度有调节作用,不会引起在北半球冬天过冷和南半球夏天过热的结果。但由于岁差的原因,春分点沿黄道向西缓慢移动,大约每 21000 年,春分点绕地球轨道一周。春分点位置变动的结果,引起四季开始时间的移动和近日点与远日点的变化。地球近日点所在季节的变化,每 70 年推迟 1 天。大约在 1 万年前,北半球在冬季是处于远日点的位置(现在是近日点),那时北半球冬季比现在要更冷,南半球则相反。

偏心率、地轴倾斜度和岁差是地球的三个周期性变化。就其中任何一个而言,其自身对地球的影响还是非常有限的。但如果三个周期变化同时发生则后果难以想象。比如当岁差使地球在 1 月时达到远日点并且偏心率达到最大值时,二者相互作用互相补充,其结果是北半球在冬季时气温降到极限。如果此时地轴倾斜度也达到最大值,那么北半球在隆冬时节与太阳的距离要远远超过现在,地球接收的太阳辐射就会变得更少了。由于北半球的陆地面积比南半球多,在北半球上所发生的一切变化都与气候有着千丝万缕的联系。陆地的热容量低于海洋,因而冬季时陆地上热量的散失要比海洋快。如果陆地吸收的太阳辐射还有所减少的话,那么在相同的条件下,冬季结束之前陆地温度就已跌至海洋温度以下。这将改变陆地与海洋之间的热量分配而引起气候的改变。米兰科维奇曾综合这三个周期性变化进行了计算并推算出他们在几万年里的变化进程。这些结果被称为米兰科维奇循环。他还计算出了三个周期重叠时的大致时间。通过这些研究,米兰科维奇计算了地球接收的太阳辐射量的变化,特别是夏季时北纬 5°～75° 的太阳辐射量,并将计算结果用图表曲线的形式进行了描述。借助德国矿物学家阿尔布雷克特·彭克(1858—1945)对地球冰期开始时间的计算,他发现地球表面受太阳辐射的面积达到最小值时,正是地球冰期的开始,两者之间有9次的重合期。例如,23万年前在65°N上的太阳辐射量和现在77°N上的一样,而在13万年前又和现在59°N上的一样。他认为当夏季温度降低约4~5℃,冬季反而略有升高的年份,冬天降雪较多,而到夏天雪还未来得及融化时,冬天又接着到来,这样反复进行,就会形成冰期。虽然米兰科维奇借鉴了许多前人的研究成果,他的计算和论断在一定程度上颇有说服力,但在当时却遭到了来自气象学家们的质疑。因为太阳辐射量在地球上的变化幅度非常小,似乎难以对地球气候产生影响,所以一直到1976年以前,他的理论在学术界一直是个有争议的话题。直到1976年,人们通过对软泥中氧同位素的分析,发现气候发生变化的时间与米兰科维奇推算的结果一致。1990年对软泥芯进行的另一项研究也证实,气候变化每隔10万年就循环一次,而每隔41万年则会加剧这种变化。当然米兰科维奇的理论也有值得商榷的地方。根据他的观点,每隔10万年发生一次的气候循环应该仅仅是一种间接地表现,是对岁差所做的微调。尽管科学家们无法解释这种微小的变化是如何引发冰期这样大的气候变化的。周期既然可以改变地球的体积以及生物量,那么它也可以改变大气中二氧化碳的含量,而二氧化碳的改变又可以引发温室效应并反过来加剧天文周期所引发的影响。尽管诸如此类的争论仍在继续,但是许多古气候学家已经开始接受米兰科维奇的观点。他们相信在循环与气候之间确实存在着某种必然的联系。

3.4.1.2 太阳活动的变化

太阳黑子活动具有大约11年的周期。据1978年11月16日到1981年7月13日雨云7号卫星(装有空腔辐射仪)共971天的观测,证明太阳黑子峰值时太阳常数减少。Fonkal et al(1986)的研究指出,太阳黑子使太阳辐射下降只是一个短期行为,但太阳光斑可使太阳辐射增强。太阳活动增强,不仅太阳黑子增加,太阳光斑也增加。光斑增加所造成的太阳辐射增强,抵消掉因黑子增加而造成的削弱还有余。因此,在11年周期太阳活动增强时,太阳辐射也增强,即从长期变化来看太阳辐射与太阳活动为正相关。

据最新研究,太阳常数可能变化在1‰~2‰。模拟试验证明,太阳常数增加2‰,地面气温可能上升3℃,但减少2‰,地面气温可能下降4.3℃。我国近500年来的寒冷时期正好处于太阳活动的低水平阶段,其中三次冷期对应着太阳活动的不活跃期。如第一次冷期(1470—1520年)对应着1460—1550年的斯波勒极小期;第二次冷期(1650—1700年)对应着1645—1715年的蒙德尔极小期;第三次冷期(1840—1890年)较弱,也对应着19世纪后半期的一次较弱的太阳活动期。而在中世纪太阳活动极大期间(1100—1250)正值我国元初的温暖时期,说明我国近千年来的气候变化与太阳活动的长期变化也有一定联系。

3.4.1.3　宇宙-地球物理因子

宇宙因子指的是月球和太阳的引潮力,地球物理因子指的是地球重力空间变化,地球转动瞬时极的运动和地球自转速度的变化等。这些宇宙-地球物理因子的时间或空间变化,引起地球上变形力的产生,从而导致地球上海洋和大气的变形,并进而影响气候发生变化。

月球和太阳对地球都具有一定的引潮力,月球的质量虽比太阳小得多,但因离地球近,它的引潮力等于太阳引潮力的 2.17 倍。月球引潮力是重力的千分之 0.56 到千分之 1.12,其多年变化在海洋中产生多年月球潮汐大尺度的波动,这种波动在极地最显著,可使海平面高度改变 40～50mm,因而使海洋环流系统发生变化,进而影响海—气间的热交换,引起气候变化。地球表面重力的分布是不均匀的。由于重力分布的不均匀引起海平面高度的不均匀,并且使大气发生变形可从图 3.11 中看出。在 $40°～70°N$ 地区平均海平面高度距平计算值(ΔH)与气压平均距平观测值(ΔP)呈明显的反相关,其相关系数为 $\gamma_{P,H}=-0.82\pm0.4$。北半球大气的四大活动中心的产生及其宽度、外形和深度,都带有变形的性质。有人认为海平面变形力距平,可以看作大气等压面变形的指数。

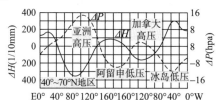

图 3.11　$40°～70°N$ 地区平均海平面高度变形距平计算值(ΔH)与气压平均距平观测值的比较
(彭公炳 等,1983)

3.4.2　陆面过程对气候的影响

陆地约占有全球表面 30% 的面积,它与大气之间的动量、热量和水分的交换,对天气的变化和气候都有显著影响。从水文学、农学、生态学和全球环境变迁等领域的研究工作者的角度来看,陆地是人类生存的场所,陆地水资源、作物产量、植被的演替及其他物理环境等与人类生存活动息息相关的问题,都与陆面上的物理、化学过程有着密切的关系,因此对于陆面过程及其与大气的相互作用的研究还是十分重要的。1984 年世界气象组织(WMO)和国际科学理事会(ICSU)公布的世界气候研究计划(WCRP),强调了陆气相互作用及陆面过程研究的重要性。近年来,陆面过程及其与气候的相互作用引起了人类社会的普遍关注,并逐渐成了一个重要的科学研究领域。由于陆面观测资料的缺乏和陆面过程的复杂性,陆面过程的研究一直落后于诸如海气相互作用的研究。虽然在一些方面来说,陆地影响没有海洋显得重要,因为它储存的能量相对比较少,而且陆面介质不存在像海流那样的运动,热量的水平输运基本上可以忽略。20世纪80年代中后期,水文大气试点试验(HAPEX)、全球能量和水循环试验(GEWEX)、国际地圈生物圈研究计划(IGBP)等一系列大型陆面外场观测试验和研究计划的实施,为陆气相互作用的发展提供了条件,使陆气相互作用的研究有了新的突破,人们对陆气相互作用也有了新的认识。

对于很多重要的大气与下垫面相互作用过程,陆地比海洋的可变性更大,而且人类活动与自然的相互作用主要在陆地,人类影响局地气候主要是通过改变陆地状况这一途径去实现的。生物群落、植被群系与陆面上的气候状态有着很好的对应关系,这是因为每一种生物对气温、土壤温度和土壤水分都有一定的适应范围。气候的变化会直接或间接改变它们的分布,但反过来,它们的变化也可能导致气候的变化,即有反馈作用。其实,在不同的地区,不同的植被条件及陆面状态对天气、气候的影响是很不一样的。例如,在地中海地区,具有在干湿状况间保持不稳定平衡的气候,陆面的森林一旦遭到破坏就会很快破坏这种平衡,从而导致破坏性的土壤侵蚀和谷地沉积,森林难以再恢复;在赤道热带湿润地区情况可能就不一样,即使遭到破坏,森林也许很快就可恢复。随着人类改造自然的能力增大,大有进一步将陆地自然生态系统改变成生产粮食的生态系统的趋势。这种改造活动在世界某一地区已获得很大的成功,在另一些地区却是失败的。人们就要问:亚马孙流域的热带雨林是否可以砍掉去种粮食作物?非洲干旱区是否可以大规模的增加放牧的数量?中国西部干旱区是否可大范围的垦荒?为了回答这些问题,就迫切需要科学家们去探索气候与陆地系统的反馈机制,以及气候对陆面状况的变化的敏感性程度。

3.4.2.1　陆面过程研究进展

20世纪80年代以来,陆气相互作用的研究引起了科学界的广泛关注。为了深入认识陆气相互作用,改善对陆面过程的描述及其参数化方案,在WCRP和IGBP的协调和组织下,大型国际研究计划相继开展。这些观测计划很大程度上反映了陆气相互作用研究的发展趋势,表3.10列举了20世纪90年代以来主要的研究计划,以便对陆面观测研究的进展有一个大致的了解。

表3.10　近年来主要的大型国际陆面观测研究试验和计划

陆面观测研究试验或计划	试验地点	主要研究目标
EFEDAECHIVAL(1991—1995年) 欧洲沙漠化地区陆面研究计划	西班牙东南部	半干旱区水热交换、生物气象和遥感
ABRACOS安哥拉—巴西亚马孙气候观测研究计划(1990—1995年)(LBA的预研究试验)	亚马孙河流域	生物、气象、气候影响

陆面观测研究试验或计划			试验地点	主要研究目标
TIPEX青藏高原科学实验 （1994年第一次；1998年第二次）			中国青藏高原	高原地面能量和水循环、 陆气相互作用、边界层、云、辐射
NOPEX北半球气候过程陆面试验 （1993—1997年；2000—2002年）			瑞典斯堪的纳维亚半岛	生物气象、非均匀陆面的各种交换过程研究
BOREAS（1993—1996年） 加拿大北部生态系统—大气圈研究			加拿大北部	北部森林生态系统—大气相互作用，生物、气象、遥感、气候影响研究
ISLSCP（国际卫星陆面气候计划）	FIFE（1987年、1989年） 国际卫星陆面气候计划首次外场试验		美国堪萨斯州中部	水热交换、生物气象及遥感
	HEIFE（1988年，1990—1992年，1994年，1995年） 中—日黑河陆气相互作用外场观测试验		中国西北部黑河流域	干旱区水热交换、生物气象、遥感
WCRP	HAPEX水文大气试点实验	大尺度陆面水循环观测试验 HAPEX-Sahel（1990—1992年）	非洲尼日尔西部的尼亚美	生物气象和遥感；
	GEWEX全球能量和水循环试验	MAGS（1998—1999年；200—2005年）	加拿大北部	寒带水热循环、大气和水文模式耦合、遥感应用
		GCIP（1995—2000年） 全球能量和水循环大陆尺度观测试验	密西西比河流域、美国中部、加拿大南部	水文循环、气象与遥感
		BALTEX（1994—2001） 波罗的海试验	波罗的海盆地	水文、气候、环境
IBGABHPC		LBA（1996—2003年） 亚马孙河流域大尺度	亚马孙河流域	生物气象和遥感
		GEWEX-GAME-Siberia亚洲季风实验—西伯利亚实验（1997年）	西伯利亚	水文、气象
		GEWEX-GAME-HUBEX亚洲季风实验—淮河实验（1997—2001年）	中国淮河流域	区域水文、气象
		IMGRASS（1997—1998年） 内蒙古半干旱草原土壤—植被—大气相互作用研究计划	中国内蒙古草原	半干旱草下垫面的水热交换及生物过程
LOPEX黄土高原陆面过程试验研究 （2009年）			中国黄土高原（甘肃、宁夏、内蒙古、山西）	陆面水分输送规律及生态生理过程的影响；陆面过程对气象和环境灾害影响的关系

陆面观测研究试验或计划	试验地点	主要研究目标
中国西部环境和生态科学研究计划（2001—2003 年）	西北地区新疆干旱区	区域尺度水分循环与气候变化；植被与水分循环；沙漠节水新技术
中日 JICA（2006—2008 年）"中日气象灾害合作研究中心"项目	中国西南、青藏地区	东亚陆-气相互作用对东亚极端天气影响研究；青藏高原与南亚季风活动相互作用因素
地表通量参数化与大气边界层过程的基础研究（2003—2006 年）	中国华北平原	陆-气相互作用
城市边界层三维结构研究（2004—2007 年）	中国长江三角洲城市群地区	城市陆面过程与气候
亚洲季风区海-陆-气相互作用对我国气候变化的影响（2001—2004 年）	中国东部沿海及其他相关区域	海-气、陆-气相互作用对气候变化影响
海岸带海-陆-气相互作用科学试验与耦合模式系统研发（2007—2008 年）	中国华南及其沿海地区	沿海地区海-陆-气相互作用关系

针对不同的气候区域，以上的陆面观测研究计划分别对陆表水文、能量平衡、地表及土壤水热传输、地气通量交换、生态系统、云和辐射、边界层等项目进行了观测，为陆面模式的发展和陆面过程的参数化方案提供了必要的条件，推动了陆面过程数值模拟研究的发展。另外，从 20 世纪 80 年代初至今，陆面观测研究所关注的气候区域发生了明显的变化：早期的观测主要集中于热带地区，目的是为了研究热带雨林所代表的稠密植被下垫面-大气之间的相互作用；其后，观测的气候区域逐渐扩展到了干旱-半干旱区、中纬度草地、农耕地；而最近的陆面观测则针对不同的气候区域，在全球范围内全面研究与陆面有关的各种过程，季风区以及中高纬寒区的陆-气相互作用、生态系统-气候相互作用的研究占据了重要的位置，而有关干旱-半干旱区、积雪、苔原冻土等特性下垫面的研究也逐渐受到了重视。

近 20a 来，陆面模式的发展取得了长足的进步。在大量观测研究的基础上，为了合理描述与陆面有关的各种过程，众多的 LSM 涌现出来。陆面模式由早期的简单"Bucket"模式，逐渐发展到了能够全面描述土壤-植被-大气相互作用的综合模式。Carson *et al*（1981）曾详细总结了早期 GCM 中的陆面参数化方案，而 20 世纪 90 年代初，国际陆面参数化方案比较计划（PILPS）的实施为更深入认识陆面过程和完善陆面参数化方案做出了重要贡献。起初，Manabe（1969）最早在 GFDL GCM 中引进了一个简单的陆面参数化方案，即被广泛用于早期 GCM 中的"Bucket"模式。模式将近地层土壤看作一个大桶，根据地表水平衡简单描述地表（一层土壤）水循环过程，规定全球陆面具有相同的固定场容（Field Capability），即大桶所能容纳的最大水量，而地面蒸发与桶内水量成简单的线性关系,显然这是对陆面水循环过程的极端简化。之后的 BATS/Z—SVAT/LMD—ZD BATS 和另一种陆面模式 SiB 是全面描述土壤-植被-大气相互作用的参数化方案。Dickinson 等发展了生物圈-大气传输模式(BATS),较细致地考虑了植被在地气相互作用中的重要性,对植被的拦截、气孔阻尼、冠层阻尼和植被对辐射传输等过程进行了全面的参数化处理。该模式为典型的单层大叶模式,采用改进的强迫恢复法计算土壤温度,土壤水的计算则采用了 Darcy 水流定理,该模式在陆气相互作用中得到了广泛的应用。在国内,赵鸣等(1995)在 BATS 基础上,通过引进近地层,发展了一个土壤-植被-大气相互作用模式 Z—SVAT。张晶等(1998)则在 BATS 的基础上发展了 LPM —ZD 陆面过程模式。之后,出现了很多优秀的综合模式模型,比如:Bonan 发展的 LSM(NCAR CCM3)LSM 和 Dai 发展的 IAP94。综合模型加强了陆面模式对生态系统的描述,多被用于气候、生态、水文等相关领域中。由于陆面模式是一个极其活跃的研究领域,还有很多各具特色的陆面模式,这里不再一一介绍。但就陆面模式的研究重点而言,大致可以分成以下 3 个阶段:

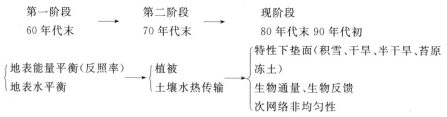

3.4.2.2　陆面特征对气候影响的显著因子

很多学者利用大气环流模式(AGCM)或区域气候模式开展了一系列的敏感性试验,如 Charney *et al*(1977)的气候对表面反照率的敏感性试验,Shukla *et al*(1982)的气候对土壤水分的敏感性试验,Sud *et al*(1985)的气候对表面粗糙度的敏感性试验,结果都表明:陆地表面状况对大气环流和大气降水有强烈的影响,图 3.12 给出了这三个陆面关键参数的大尺度变化可能导致的结果。曾庆存从另一方面研究过生物生产量与环境及气象因子的关系,他通过推理,构造了生物生产量与某几个环境因子(如土壤含水量等)的一个简单非线性方程组,并从理论上求解生产量对环境因子的依赖关系,非常直观地给出了放牧与草原生态间的相互作用关系。这些敏感性试验及生态与环境的相互作用的理想试验都是利用十分简单的陆面过程模式,在十分理想的假定下进行的。为了较为合理有效地研究气候对陆面状况的敏感性及其相互作用机理,必须发展细致复杂的陆面过程模式。

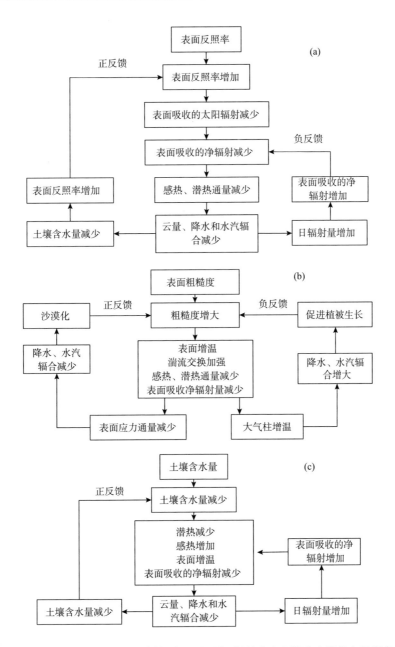

图 3.12 陆地表面三个关键参数:表面反照率、粗糙度和土壤含水量的大尺度变化可能导致的陆-气相互反馈结果(戴永久 等,1996)

从严格的意义上来讲,陆面过程应包含发生在陆面上所有的物理、化学、生物过程,以及这些过程与大气的关系,它的时间尺度可以从微秒(μsec)到万古(aeons),它的空间尺度可以从分子尺度到全球尺度。1974 年在斯德哥尔摩召开的国际气候学会议上所定义的气候系统五大成分——大气圈、水圈、岩石圈、生物圈、冰冻圈,陆面过程就涉及三大成分——生物圈、冰冻圈、水圈。它的范围之广、系统之大、相互作用之复杂,显然不可能把所有的内容连接在一起来处理。通常的处理方法是:把它分成许多部分或单元,每个部分或多或少可以作一独立的项目,把外界对它的影响作为输入项(或称外强迫),它对其他部分的作用作为输出项,首先对每一小部分进行单独处理,然后,再来解决它的综合整体行为。从气候研究的角度出发,研究陆面过程的目的是要有效地给出表面与大气之间的能量和物质交换的通量。

陆面特征对气候影响最显著的三个因子是:地表反照率、土壤湿度和地表粗糙度。

(1)地表反照率(α)

投射到地面上的辐射,部分被反射、部分被吸收,还有部分透射过地面。自然界大多数固体是非透明的,故日光或被反射或被吸收。相反,水是半透明的,日光可射入海洋的表层,而大气对短波辐射则几乎是全透明的。地面辐射或是地面的反射,或是地面放出的辐射,或是兼而有之。重要的是要分清反射辐射和再辐射。如果地面吸收的辐射随后又再放射的话,根据斯蒂芬-玻尔兹曼定律和维恩定律,再辐射的波长将有所改变,即波长决定于地面绝对温度及其放射本领。因此,自然界的大多数物体放射的是红外辐射。如果辐射被直接反射,波长没有变化,反射后的短波辐射还是短波辐射,反射和入射的短波辐射之比就叫作反照率。表 3.11 中列出了一些有代表性的反照率值。植冠的反照率决定于它的几何形状、太阳高度角以及组成物的辐射性质。根据 Monteith(1973)的结果,比较光滑的植物表面,如平整的草地的反照率约为25%。对于 50~100cm 高的作物,当地面覆盖完整时其反照率在 18%~25%,然而森林的反照率只有 10%。四周茎叶之间的多次反射截留了一部分辐射,这就是为什么反照率随着植物高度的增加而减少的原因。同理,大部分植物的反照率是随太阳高度角而变的。太阳接近天顶时其值最小,随着太阳高度角的减小其值增加,因为这时顶盖茎叶之间很少进行多次散射。

表 3.11　各种地表的反照率

地表	反照率(%)
新鲜的干雪	80~95
海冰	30~40X
干燥粗松的沙质土	35~45

续表

地表	反照率(%)
牧草地	15～25
干草原	20～30
针叶林	10～15
落叶林	15～20

Charney *et al*(1975)在研究非洲萨赫勒(Sahel)干旱时发表了著名的干旱形成的动力学机制论文之后,紧接着 Charney *et al*(1977)作了地表反照率 α 对大气环流影响的研究,他们的做法是取六个不同 α 值的试验区分析其对降水的影响,这六个试验区在非洲、亚洲和北美洲各有两个,且每对中包含有一个主要的沙漠区和一个季风区,这二者的交接处是一块半干旱区,地表反照率的改变是通过控制陆面蒸发系数来完成的。试验结果发现高的 α 值使这里形成热汇和下沉运动,从而导致降水减少,反之,降水则增加,而现实生活中 α 的变化主要取决于陆面植被的变化。因此他提出生物物理反馈机制可能会引起沙漠边界的变化,这是一种正反馈机制。随后,Chervin(1979)、Sud *et al*(1982)在研究萨赫勒/撒哈拉(Sahel/Sahara)地区反照率变化中得出了与 Charney 等相同的结论。Carson *et al*(1981)作了一些对比试验,他们比较了全球陆面反照率分别取 0.1 和 0.3 时的模拟结果,试验表明低反照率对应高降水率。α=0.1 时降水量为 4.6 mm/d,α=0.3 时降水量为 3.4 mm/d。那么,哪些过程与 α 关系密切呢? 第一是大陆雪盖;第二是植被变化。马玉堂等(1982)分析了呼伦贝尔草原开垦地和未开垦地连续两年的野外观测资料,发现垦荒的小气候效应是多方面的,特别是各种热力效应尤为显著。当然,地表反照率的变化在其中起了很大作用。一般来讲,毁林使 α 上升,造林使 α 下降,即使在同一地区,不同植被也会对应不同的 α。随着季节的变更,植被的 α 值也会变化。

(2)土壤湿度(w)

土壤湿度是表征陆面水文过程的重要参量,它对局地气候乃至全球气候都有着非常重要的作用。土壤湿度通过改变地表向大气输送的感热、潜热和长波辐射通量而影响气候变化,它的变化同样会影响土壤本身的热力性质和水文过程,使地表的各种参数发生变化,从而进一步影响气候变化,反之,气候变化能引起土壤含水量的变化。为了更清楚地说明土壤湿度对气候变化影响的物理过程,可把土壤湿度与陆面过程及其和气候变化相互联系的物理机制归纳为如图 3.13。从图中可以清楚地看出其间相互的关系。土壤湿度对气候的影响表现在它能改变地表的反照率(通过改变土壤的颜色)、土壤的热容量、地表的蒸发和植被的生长状况,以上影响的结果最终导致地表能量、水分的再分配,从而产生对气候的影响。

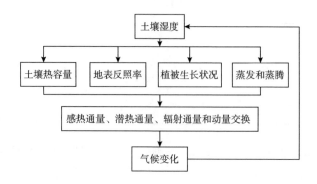

图13　土壤湿度影响气候变化的物理机制(马柱国 等,1999)

　　Manabe(1975)、Walker *et al*(1977)先后作了土壤湿度对气候影响的工作,得到了一些有意义的结论。之后,Shukla *et al*(1982)用大气环流模式证明全球的降水、温度和运动场强烈地依赖于地面蒸发,得到了某些定论。他们的做法是:在作7月份定常气候积分时,分别作了全球土壤为永久性干和永久性湿的两个试验,发现在20°S以北干土壤地面温度要比湿土壤高出15～20℃,当然他们在试验中的假设是理想的,在现实中无法办到,所以这个数据仅有参考意义,但它表明了某种规律。他们的模拟还指出,对降水而言,湿土壤在欧洲和亚洲大部产生的降水与实况无很大差别,而干土壤则不同,它在欧洲和亚洲大部几乎无降水。Mintz(1984)总结了前人所做的全球性和局地性的大气环流对 w 和 α 的一系列敏感性试验,指出所有的试验均表明模式模拟的气候对于能够影响蒸发的陆面边界条件是敏感的。当土壤水分供应或 α 有区域性(或全球性)变化时,降水、温度和运动场的改变则出现在相应的区域(或全球)。除此之外,还有人在理论上探讨了土壤湿度的影响。刘永强等(1992)建立了一套地气耦合模式,他们讨论了土壤湿度的异常对短期气候异常的贡献。结果表明,与土壤热力状况的影响相比,土壤水状况在短期气候变化中起着重要的作用。气候异常的持续性与地、气之间水分及能量交换的能力有关,土壤湿度或植被覆盖度越大,则地、气水分和热量交换的速度越快,从而地-气系统扰动衰减的速度越快。在较干的气候环境中,地、气系统自身调节能力较弱,因而某种状态容易维持,不易受到扰动。土壤湿度除了直接与降水、降雪、蒸发以及径流有关外,还与植被有很密切的关系。季劲钧等(1989)对比了作物地与半荒漠土壤湿度的变化,在相同的初始湿度下积分,植被不同,湿度变化也不一样,半荒漠地因裸露土面蒸发大,上层土壤变干快,作物地因植被冠层蒸腾强,土壤上层蒸发弱,其下层水分因受到植被根系的抽吸而很快变干。

　　(3)地表粗糙度(Z_0)

　　地表粗糙度是表征陆面特征的又一重要参数,它主要由陆面粗糙程度和植被覆盖高度决定。Sud *et al*(1985)在这方面作了许多有价值的工作。他们针对沙漠区地表粗糙度变化作了对比试验,第一次取全球陆面的 $Z_0 = 45$ cm,第二次仅取全球沙漠区 $Z_0 = 0.02$ cm,其余陆面还是 45 cm。计算结果表明当 Z_0 变小时,撒哈拉地区的降水减少,并且热带辐合带(Intertropical convergence zone,ITCZ)南移到 $14°N$,与实测值 $10°N$ 接近,这说明 Z_0 的精确描述会提高模式模拟的效果。他们还发现印度次大陆中某一局部区域 Z_0 的改变会对整个印度次大陆夏季季风降水有很大影响,他们认为如果过量地毁林将使降水减少,相反,更多地植树造林(隐含着低的 α 和高的 Z_0)将会增加降水。由此推测 Z_0 同样存在着像 α 一样的正反馈效应(Charney *et al*,1975),并认为沙漠化的产生是与毁林相联系的 Z_0 减小所触发的,其中撒哈拉地区低的 Z_0 对7月环流的作用是一个重要佐证。Z_0 之所以这么重要,是因为它改变了行星边界层(PBL)的结构,Sud *et al*(1988)专门讨论了这个问题,认为 Z_0 的减小可使 PBL 中的风速增大,表面应力下降,降水也就发生相应的变化。

综上所述,植被在陆面过程中起着重要作用,它可以改变下垫面的基本特征(如 w、α 和 Z_0),而且随着季节的更替,伴随植被而变的这三个要素无疑也会相应变化,因此,研究植被的特性就成了了解陆面过程的关键。Rind(1984)在作植被水分循环对气候有何影响的数值积分时指出了植被的重要性。季劲钧等(1989)指出一个地区的大气候背景主要由辐射和降水条件决定,而地表状况,特别是植被起了重要的调节作用,同一种植被在不同的大气条件和土壤湿润程度下,将产生完全不同的水、热平衡关系。Shukal *et al*(1990)把对植被重要性的认识又提到了一个新的高度。文章指出,以前全球植被的分布传统上被认为是由局地气候因子决定的,特别是降水和辐射这两个因子。而使用复杂的大气数值模式进行模拟试验以后,便改变了这种观点。植被的存在与否可以改变当地气候。也就是说,隐含着这样一种结论,当前气候与植被也许共存于一个动力平衡态中,这种平衡态可以被毁林与造林中任意一个较大的变动而改变。那么,植被为何具有如此重要的特性呢?它除了对周围环境有一种宏观动力作用外,还有一种微观活动(如反射、吸收和发射直接与间接的可见光、近红外线等)、植被的水汽、感热和动量的空气动力传输等。为了更好地了解植被的生物物理特性,我们引入 Dickinson(1983)的一段话:"植被温度控制各种生物化学过程的速率,如果温度太低或太高,对作物的生产都不利,蒸腾是作为光合作用的副产品而出现的。当植被打开它们的叶孔获取二氧化碳时,树叶中的水汽以蒸腾形式损失掉,如果根系不能贮存这么多损失掉的水分,则叶孔将关闭到使植被水平衡得以维持的程度,这样将减少对二氧化碳的吸收。因此,植被根系地带水分的提供同样是重要的"。由此可见,在研究局地乃至全球气候时,应充分考虑植被的作用。

3.4.3　冰雪覆盖对气候的影响

3.4.3.1　冰雪覆盖的概况

冰冻圈是气候系统的组成部分之一,包括海冰、大陆冰盖、高山冰川和季节性积雪等,由于它们的辐射性质和其他热力性质与海洋和无冰雪覆盖的陆地迥然不同,形成一种特殊性质的下垫面,它们不仅影响其所在地的气候,而且还能对另一洲、另一半球的大气环流、气温和降水等产生显著的影响。在气候形成中冰雪覆盖是一个不可忽视的因子。

冰雪覆盖既需要冰点以下的低温,还必须有充足的固态降水,以维持雪和冰的供应。图 3.14 给出全球平均气温、平均降水量和雪线高度随纬度的变化。所谓雪线(Snow line)是指某一高度以上,周围视线以内有一半以上为积雪覆盖且终年不化时的高度。雪线高度主要因纬度而异。全球最大雪线高度并不出现在赤道,而出现在南北半球的热带和副热带,特别是在其干旱气候区。因为这些干旱气候区降水供应少,晴天多,又多下沉气流,积雪比较容易融化,而赤道地区降水量大、云量多,日照百分率不如热带、副热带干旱区大的缘故。随着纬度的继续增高,气温降低,在总降水量中雪量的比例逐渐增大,冬长夏短,雪线逐渐降低。到了高纬度,长冬无夏,地面积雪终年不化,雪线也就降到地平面上。

在同纬度的山地,雪线高度可因种种条件各不相同。例如在冬季,降雪多的地区雪线比较低,在降水集中于夏季的地区,雪线就比较高;向阳坡的积雪比背阴坡易于融化,向风坡的积雪易被吹散,背风坡积雪易于积存;向海洋的湿润坡降雪量大于向内陆的干旱坡;这些都会导致不同坡向雪线高低不同。例如喜马拉雅山南坡雪线高度平均位于 3900 m,北坡平均位于 4200 m,个别地区雪线高达 6000 m。

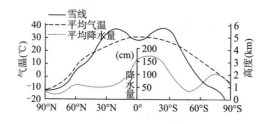

图 3.14　气温、降水量和雪线高度随纬度的变化(周淑贞,2006)

地球上各种形式的总水量估计为 $1384×10^6 km^3$,其中约有 2.15% 是冻结的。就淡水而言,几乎有 80%～85% 是以冰和雪的形式存在的。自 1966 年秋季开始,人造卫星提供了连续的、大范围的冰雪覆盖资料。从平均值看来,全地球约有 10% 的面积为冰雪所覆盖。现代地球冰冻圈各组成部分所占面积的年平均值如表 3.12 所示。

表 3.12 现代地球冰冻圈(李爱贞 等,2006)

组成	面积($10^6 km^2$)	占地球面积的比例(%)			存留时间(年)
		全球	陆地	海洋	
大陆雪盖	23.7	4.7	15.9		$10^{-2}\sim10$
海冰	24.4	4.8		6.7	$10^{-2}\sim10$
大陆冰盖	15.4	3.0	10.3		$10^3\sim10^5$
山岳冰川	0.5	0.1	0.3		$10\sim10^3$
多年冻土	32.0	6.2	21.5		$10\sim10^3$

　　大陆雪盖以季节性积雪为主,夏季亦有积雪,但面积大为缩小,有时有的地区积雪可维持数年之久,但不稳定。如果积雪长期维持则会转变为大陆冰盖又称大陆冰原。南极冰盖是世界上最大的冰盖,面积达 13.6×10^6 km^2,格陵兰冰盖面积约为 1.8×10^6 km^2,山岳冰川的面积合计约为 0.5×10^6 km^2,三者冰体的体积之比约为 90∶9∶1。多年冻土分布在高纬,欧亚大陆和北美大陆的高纬地区,其最大深度在西伯利亚为 1400 m,在北美为 600 m。

　　海冰主要指在北冰洋及环绕南极大陆的海洋中,漂浮在海上的冰。海冰覆盖在海面并不结成一个整体,而是分裂成块,冰块之间为水体。越接近极区水体越少,越到低纬冰块所占比例越小。根据人造卫星探测资料,全球冰雪覆盖面积有明显的季节变化和年际变化。表 3.13 列出南北半球及全球海冰和大陆积雪各月平均值。由此表 3.13 可见,北半球海冰和雪盖面积均以 2 月为最大,8 月为最小。2 月海冰面积相当于 8 月的 2 倍强,雪盖面积更相当于 8 月的 10 倍有余。南半球海冰面积以 9 月为最大,2 月最小,其 9 月海冰面积约相当于 2 月的 4 倍多。可见南半球海冰面积的季节变化比北半球更大。

表 3.13 南北半球及全球海冰与大陆积雪覆盖面积($10^6 km^2$)(王绍武,1994)

月份		1	2	3	4	5	6	7	8	9	10	11	12	年
北半球	海冰	14.3	14.7	14.7	13.8	12.5	10.9	8.8	7.2	7.3	9.8	11.7	13.4	11.6
	雪盖	46.2	46.7	39.6	30.9	21.0	10.5	5.4	4.3	5.5	19.8	32.0	41.5	25.3
	冰雪	60.5	61.4	54.3	44.7	33.5	21.4	14.2	11.5	12.8	29.6	43.7	54.9	36.9
	冰雪*	58.5	60.1	53.7	41.5	32.0	21.5	14.3	11.0	12.4	23.8	39.6	53.5	35.2
南半球	海冰	6.6	4.5	5.3	8.4	11.5	14.5	17.2	19.0	19.6	19.4	16.2	10.8	12.8
	冰雪*	19.6	17.3	18.6	21.6	24.6	27.6	29.6	31.1	33.1	34.0	31.9	25.6	26.3
全球	海冰	20.9	19.2	20.0	22.2	24.0	20.4	26.0	26.2	26.9	29.2	27.9	24.2	24.4
	冰雪*	78.1	77.4	72.3	63.4	56.6	49.1	44.0	42.3	46.4	57.8	71.5	79.1	61.5

　　* 为 Kukal(1978)资料,其余为 Robock(1980)资料。冰雪指海冰与雪盖面积总和

海冰还有明显的年际变化。从 20 世纪 70 年代初到 80 年代初,南半球海冰面积平均减少了 2.4×10^6 km²,即大约减少了 20%,变化相当激烈。但 80 年代初又有所回升,此后一直到 90 年代初,比较平稳,年际变化不明显。从近 20 年的资料看来,南半球海冰面积的变化远大于北半球。20 年中北半球变化的幅度(经过平滑处理)只有 0.4×10^6—0.5×10^6 km²,而南半球则达到 2.2×10^6 km² 以上,约为北半球的 4~5 倍。

大陆雪盖的年变化亦很显著。以欧亚大陆积雪面积为例,卢楚翰等(2014)根据美国国家海洋大气局的冰雪数据中心(NSIDC)的北半球逐月雪盖资料和逐月欧亚积雪面积指数得出春季(4 月、5 月份平均)欧亚大陆雪盖面积在 1967—1981 年期间平均值(1.46×10^7 km²)明显高于 1982—2010 年(1.3×10^7 km²),尤其是 1979—1981 年面积明显增大后骤降(图 3.15)。冰雪的另一种特征是新陈代谢率,亦即固态降水在冰体上的停留时间。大陆冰盖存留的时间最长($10^3\sim10^5$ 年),山岳冰川和永冻土其次($10^1\sim10^3$ 年),以大陆雪盖和海冰存留时间较短($10^{-2}\sim10^1$ 年)。后两者对气候的异常影响特别显著。

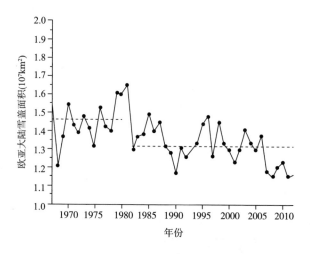

图 3.15　春季(4、5 月份平均)欧亚大陆雪盖面积(卢楚翰 等,2014)
(其中两段虚线分别为 1967—1981 年平均值和 1982—2010 年平均值)

3.4.3.2　冰雪覆盖对气温的影响

冰雪覆盖是大气的冷源,它不仅使冰雪覆盖地区的气温降低,而且通过大气环流的作用,可使远方的气温下降。冰雪覆盖面积的季节变化,使全球的平均气温亦发生相应的季变。图 3.16 为 1 月、4 月、7 月、10 月全球及两个半球平均气温。如果不考虑一年中日地距离的变化,作为全球平均,一年四季接收到的太阳辐射应该是一个常数,全球平均气温也应该接近为一个常数,而没有显著的季节变化。但事实却不然。在图 3.16 中,全球平均的 1 月气温远低于 7 月。根据近年日地距离的情况看来,1 月接近近日点,1 月的天文辐射量比 7 月约高 7%。全球平均气温出现上述情况,显然与冰雪覆盖面积有关。在图 3.16 中还可见到北半球和南半球各自的月平均气温均与冰雪覆盖面积呈反相关关系,冰雪面积大,平均气温低。再从图 3.15 可见,北半球大陆雪盖面积的年际变化与大陆平均气温的对应关系亦很明显。出现雪盖面积正距平的年份,大陆气温即为负距平。而雪盖面积为负距平时,大陆气温即呈现出正距平。

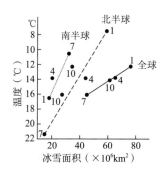

图 3.16 北半球、南半球和全球月平均气温与冰雪覆盖面积对应值分布(周淑贞,2006)

冰雪表面的致冷效应是由于下列因素造成的:

(1)冰雪表面的辐射性质

冰雪表面对太阳辐射的反射率甚大,一般新雪或紧密而干洁的雪面反射率可达86%~95%;而有孔隙、带灰色的湿雪反射率可降至 45% 左右。大陆冰盖的反射率与雪面相类似。海冰表面反射率约在 40%~65% 左右。由于地面有大范围的冰雪覆盖,导致地球上损失大量的太阳辐射能。这是冰雪致冷的一个重要因素。地面对长波辐射多为灰体,而雪盖则几乎与黑体相似,其长波辐射能力很强,这就使得雪盖表面由于反射率加大而产生的净辐射亏损进一步加大,增强反射率造成的正反馈效应,使雪面更加变冷。

如果冬季被海冰覆盖的海洋面积大幅度减少的话,尽管海平面不会因此而有所改变(因为冰是海水的而一部分),但它会降低海面的反照率,从而使海水吸收大量的热量,海洋上方的空气温度将因此上升。温度的升高使降雪减少,海冰融化加快,海面反照率进一步下降。所以正反馈是一把双刃剑,它既可以引发突发冰期也可以使冰期突然结束。近年来,由于气候变暖,四处扩张的冰盖正全面后退,这种变化的原

因是冰面反照率的正反馈。

（2）冰雪—大气间的能量交换和水分交换特性

冰雪表面与大气间的能量交换能力很微弱。冰雪对太阳辐射的透射率和导热率都很小。当冰雪厚度达到50 cm时，地表与大气之间的热量交换基本上被切断。在北极，海冰的厚度平均为3 m。在南极，海冰的厚度为1 m，大陆冰盖的厚度更大。因此大气就得不到地表的热量输送。特别是海冰的隔离效应，有效地削弱海洋向大气的显热和潜热输送，这又是一个致冷因素。冰雪表面的饱和水汽压比同温度的水面低，冰雪供给空气的水分甚少。相反地，冰雪表面常出现逆温现象，水汽压的铅直梯度亦往往是冰雪表面比低空空气层还低。于是空气反而要向冰雪表面输送热量和水分（水汽在冰雪表面凝华）。所以冰雪覆盖不仅有使空气致冷的作用，还有致干的作用。冰雪表面上形成的气团冷而干，其长波辐射能因空气中缺乏水汽而大量逸散至宇宙空间，大气逆辐射微弱，冰雪表面上辐射失热更难以得到补偿。此外，当太阳高度角增大，太阳辐射增强时，融冰化雪还需消耗大量热能。在春季无风的天气下，融雪地区的气温往往比附近无积雪覆盖区的气温低数十摄氏度。

综合上述诸因素的作用，冰雪表面使气温降低的效应是十分显著的。而气温降低又有利于冰面积的扩大和持久。冰雪和气温之间有明显的正反馈关系。

3.4.3.3　冰雪覆盖对大气环流和降水的影响

冰雪覆盖使气温降低，在冰雪未全部融化之前，附近下垫面和气温都不可能显著高于冰点温度。因此冰雪又在一定程度上起了使寒冷气候在春夏继续维持稳定的作用。它往往成为冷源影响大气环流和降水。现举例说明如下：

亚洲东海岸外的鄂霍茨克海在初夏期间是同纬度地带中最寒冷的地区，比亚洲内地寒极附近的雅库次克还要寒冷（见表3.14），其差值在6、7两月最显著，而这两月正是我国长江流域的梅雨期。梅雨实质上是从南方来的暖湿空气同北方来的寒冷空气在长江流域一带持续冲突影响的结果。鄂霍茨克海表面的寒冷使得该海区成为向南移动的主要冷空气源地之一，在梅雨的形成中起了主要的作用。鄂霍茨克海冰的形成与西伯利亚内陆冬季寒冷的气候有关，整个冬半年寒冷的空气顺着西风气流到达鄂霍茨克海区，使这里温度降低，并逐渐冰冻。这一寒冷效应一直贮存到初夏，发挥它的冷源作用。在对梅雨的长期预报时，必须考虑鄂霍茨克海年初的冰雪覆盖面积。又例如青藏高原冬春的积雪对我国的降水有一定影响。统计资料表明：青藏高原冬春积雪和长江流域夏季降水呈显著正相关，而与华南和华北呈反相关。另外春季积雪比冬季积雪对夏季降水的影响更大（朱玉祥，2007）。

表 3.14 鄂霍茨克海东南角表层水温与雅库次克气温(℃)(周淑贞,2006)

月份	1	2	3	4	5	6	7	8	9	10	11	12
鄂霍茨克海东南角表层水温	1.42	0.16	−0.09	1.03	3.33	8.31	12.9	16.7	15.6	11.6	10.1	8.6
雅库次克气温	−43.5	−35.3	−22.2	−7.9	5.6	15.5	19.0	14.5	6.0	−8.0	−28.0	−40.0
差值	44.9	35.5	22.1	8.9	−2.3	−7.2	−6.1	2.2	9.6	19.6	38.1	48.6

冰雪覆盖面积对降水的影响还可涉及遥远的地区。据研究,南极冰雪状况与我国梅雨亦有密切关系。从大气环流形势来看,当南极海冰面积扩展的年份,其后期南极大陆极地反气旋加强,绕极低压带向低纬扩展,整个行星风带向北推进,从而使赤道辐合带北移,并导致北半球的副热带高压亦相应地北移。又由于南极冰况分布有明显的偏心现象,最冷中心偏在东半球(70°~90°E),由此向北呈螺旋状扩展至澳大利亚,由澳大利亚向北推进的冷空气势力更强,因此对北太平洋西部环流的影响更大。以 1972 年为例,这一年南极冰雪量正距平值甚大,自南半球跨越赤道而来的西南气流势力甚强。西太平洋赤道辐合带位置偏东、偏北,副热带高压弱而偏东,东亚沿岸西风槽很不明显,而在 80°E 附近却有低槽发展,这种形势不利于冷暖空气在江淮流域交绥,因此是年梅雨季短、量少,为枯梅年。相反,在 1969 年南极冰雪量少,行星风带位置偏南,北半球西太平洋赤道辐合带位置比 1972 年偏南约 15 个纬距(在160°E 以西),副热带高压西伸,且偏南,我国大陆东部有明显的西风槽,有利于锋区在此滞留,是年梅雨期长,梅雨量高达 2800 mm,约相当于 1972 年的三倍。

此外,冰雪覆盖面积和厚度的变化还影响海水水平面的高低。在寒冷时期,降雪多而融化少,这样大陆就把水分以冰雪形式留在大陆上,不能通过河川径流等水分外循环形式如数(海洋表面蒸发数量)还给海洋,导致海洋支出的水分多,收入的水分少,海水就会变少,海平面就会下降。相反,在温暖时期,大陆上的积雪就会融化,这时海洋收入的水分又会多于支出的水分,引起海水增多和海平面上升。据估算如果目前南极大陆冰盖全部融化,则全球海洋的海平面要抬升 70~80 m。

3.5　人类活动与气候

3.5.1　人类活动对气候变化的影响

人类活动对气候的影响有两种:一种是无意识的影响,即在人类活动中对气候产生的副作用;一种是为了某种目的,采取一定的措施,有意识地改变气候条件。在现阶段,以第一种影响占绝对优势,而这种影响在以下三方面表现得最为显著:①在工农业生产中排放至大气中的温室气体和各种污染物质,改变大气的化学组成。人类从地壳中提取元素,通过不同途径,又把这些元素撒向地表。人类每年向大气排放的铅、汞、砷、镉等超过自然背景值 20 倍到 300 倍。二氧化硫的大量排放使酸雨泛滥。大气中的氟氯烃、四氯化碳和二氯乙烷等气体增加后,使臭氧层变薄。②在农牧业发展和其他活动中改变下垫面的性质,如破坏森林和草原植被,海洋石油污染等等。近三百年来,人类已砍掉占陆地面积 1/5 的森林,每年向海洋倾倒的船舶废物 640 万 t,石油 200 万 t,废塑料 15 万 t。海上油膜杀死大批浮游生物和海鸟,还会产生海洋沙漠化效应。自然土地被征用成为农业用地,人类利用机械动力和炸药,把大量土壤、覆盖物等从一个地方搬运到另一个地方。其消极后果是毁灭植物,引起水土流失等灾害。这种负面例子屡见不鲜,自 1954 年起,苏联在哈萨克、西伯利亚、乌拉尔、伏尔加河沿岸和北高加索的部分地区大量开垦荒地,到 1963 年为止,十年垦荒达 6000 万 hm^2。由于耕作制度混乱,缺乏防护林带,加之气候干旱,造成新垦荒地风蚀严重。每年春季,开垦地上的疏松表土经常被大风刮起,形成所谓"黑风暴"。1960 年 3 月和 4 月刮起的两次严重的"黑风暴",席卷了俄罗斯大平原南部的广大地区,使垦荒地区春季作物受灾面积达 400 万 hm^2 以上。1963 年刮起的"黑风暴"比 1960 年影响的范围更广,在哈萨克被开垦的土地上,受灾面积达 2000 万 hm^2。在俄罗斯和乌克兰的一些地区,由于对森林的极度砍伐,更加重了"黑风暴"的发生。③在城市中的城市气候效应。随着工业化、城市发展和大规模开发自然的进行,人类活动对气候的影响也日益广泛和深化。据统计,在 20 世纪初,全世界人口在一百万以上的大城市还只是屈指可数的几个。但到 1951 年,就达到了 66 个。到 1960 年,更增加到 133 个。进入21 世纪后,人口超过千万的超级大都市已经达到 25 个之多(英国《每日电讯报》2011年 1 月 25 日消息)。在城市,由于建筑物的兴建和道路的铺设,大面积地表成为不透水的下垫面,其粗糙度、反射率、辐射性能和水热收支状况同自然状态有很大不同。同时,由于城市的工业、交通运输工具和家庭炉灶使用各种能源,排放出大量的废气和余热,也大大地改变城市的热状况。因而,在城市地区形成了独特的城市气候。并且,城市作为大气污染和热污染的源地,正在影响全球的气候。

随着环境问题日益突出,人类活动对气候变迁的影响逐渐引起各方面的重视。首先是一些国家的气象学家相继开展这方面的研究工作,曾多次召开国际性的科学讨论会,如 1970 年在美国举行的,讨论人类活动无意识的造成气候变化等环境问题的 SCEP(Study of critical environmental problems)会议和 1971 年 6 月、7 月间在瑞典斯德哥尔摩举行的,专门讨论人类对气候的影响的 SMIC(Study of man's impact on climate)会议等。"世界气候大会——气候与人类"专家会议于 1979 年 2 月 12—23 日在瑞士日内瓦举行。来自 50 多个国家的约 400 人参加了该会议。中国气象学会副理事长谢义炳率4人代表团出席了会议,其他三人是中央气象局气象科学研究院张家诚、北京大学王绍武、中国科学院地理研究所郑斯中。大会通过了世界气候大会宣言。宣言指出,粮食、水源、能源、住房和健康等各方面均与气候有密切关系。人类必须了解气候,才能更好地利用气候资源和避免不利的影响。宣言要求各国有力支持"世界气候计划"的实施。这个计划强调要研究自然因子和人类活动因子对气候的影响和气候预测问题。因此指出必须加强气候资料工作。同时特别指出,气候、水文、海洋、地球物理因子资料的重要性。计划强调要研究气候变化对人类活动的影响,并着重指出在经济发展计划中要充分利用现有的气候和气候变化知识的迫切性。第一次世界气候大会最终推动建立了政府间气候变化专门委员会(Intergovernmental panel on climate change,IPCC)。IPCC 自 1990 年至 2014 年共发布了五次评估报告,评估报告提供有关气候变化、其成因、可能产生的影响及有关对策的全面的科学、技术和社会经济信息;还有描述制定国家温室气体清单的方法与做法等科学专题及技术报告。2007 年 IPCC 与美国前副总统戈尔分享了当年的诺贝尔和平奖。可以说,进入 21 世纪以后,对于气候变化绝不仅仅是科学家和科研工作者所考虑的问题了,已成为社会各界共同关注的话题。当然也从另一方面说明人类活动对气候变化的影响日益显著。

在地球从形成到现在漫长的岁月中,地球环境在各种自然力的作用下,沧海桑田,变化万千,但这些变化相对比较缓慢。然而,进入工业化社会后,人为因素和自然因素的交互影响和叠加作用已使得地球环境发生了并还在发生着巨大的变化,其速度和规模都是前所未有的。在这种背景下,英国地球物理学家詹姆斯·洛夫洛克(James E. Lovelock)提出了全新的地球观。1972 年,英国地球物理学家洛夫洛克和美国生物学家马古利斯(Lynn Margulis)提出了"盖亚假说(Gaia hypothesis)"。洛夫洛克认为地球上的生物不仅生成了大气,而且还调节着大气,使其保持一种稳定的气体构成,从而有利于生命的存在。地球上的生命及其物质环境,包括大气、海洋和地表岩石是紧密联系在一起的系统进化。生命首次出现的地球完全不同于今天的地球,那时地球大气充满了 CO_2,根本就没有 O_2。根据恒星演化理论,那时的太阳温度要比现在低 25%~30%,早期的温室效应使地球保持温暖的状态。随着太阳温度的升高,海水变热,蒸发强烈,再加上若干亿吨蕴藏在碳酸盐岩石中的 CO_2 释放出来,长此以往温室效应必将失控。幸运的是,大约在 20 亿年前海洋中开始出现蓝藻,它们通过光合作用使大气中的 CO_2 转化为有机化合物,释放出 O_2,拯救了整个生命世界。地球从诞生之日起就从来没平静过,除了各种旱涝、飓风、海啸、地震以及火山爆发之外,它还不断地被来自宇宙空间的岩石碎块所轰击。平均大约一亿年就有一颗巨大的陨星撞击地球,往地球大气中注入大量尘埃和气体,遮蔽住阳光,使地球遭受极大的灾难,大量物种灭绝,例如恐龙的灭绝就是一个典型的例子。但 6500 万年前恐龙灭绝之后经过漫长的年代,地球上又出现了新物种,这表明地球上生物和环境结合起来的系统是强健的并能很快修复自己的创伤。虽然灾难发生时生命对全球环境的控制会暂时中断,但在事后生命会迅速恢复控制并重新启动调节功能。这并不意味着地球没有变化,因为物种更新了,环境也有所改变。总之,盖亚假说认为地球上的生物与环境结合起来的大系统一般来说是稳定的,但当其处于超越自身调节能力的非常状态时,也会发生突变。盖亚假说的核心思想是认为地球是一个生命有机体,洛夫洛克说地球是活着的,其本身就是一个巨大的生命有机体,具有自我调节能力。为了这个有机体的健康,假如她的内在出现了一些对她有害的因素,环境系统本身具有一种反馈调节机能,能够将那些有害因素去除掉。生物演化与环境变化是耦合的过程,自然选择的生物进化是行星自我调节的一个重要部分,生物通过反馈对气候和环境进行调控,造就适合自身生存的环境。

自地球形成以来的46亿年中,太阳辐射强度增加了25%～30%。从理论上讲,太阳辐射强度增减10%就足以引起全球海洋蒸发干涸或全部冻结成冰,但地质历史记录却证明,地球上尽管发生过三次大冰期和大冰期内的暖热期交替变化,地表的平均温度变化仅在10℃上下,说明地球存在某种内部的自我调节机制。当前大气中温室气体的浓度越来越高,全球变暖越来越明显,理论上将导致陆地植被向两极扩展,面积不断增大,对 CO_2 等温室气体的吸收能力也越来越强,这又反过来降低了大气中温室气体的浓度,即地球上存在着负反馈调节机制。

根据盖亚假说,地球上的各种生物能有效调节大气的温度和化学构成,影响生物环境,而环境又反过来影响达尔文的生物进化过程,两者共同进化。各种生物与自然界之间主要由负反馈环连接,从而保持地球生态的稳定状态。各种生物调节其物质环境,以便创造各类生物优化的生存条件。盖亚假说认为,地球表面的温度和化学组成是受生物圈主动调节的。地球大气的成分、温度和氧化还原状态等受天文、生物或其他干扰而发生变化并产生偏离。生物通过改变其生长代谢对偏离做出反应,以缓和地球表面的变化。全球变暖导致海平面上升,威胁万物生存,从盖亚假说的角度来看,地球不会变得如此不适合万物生存,总会有一些制衡作用应运而生,而所有作用加起来就是一个恒定的地球。把地球看成一个最大的生物,一些看似不平衡的现象就可以用个体生物上的观念来理解。我们发现气温上升、盐度增加等现象会导致藻类增加二甲基硫的排放量,而二甲基硫的增加会使得大气的反射率增加,进而降低地表温度。

虽然根据盖亚假说,地球母亲这个巨大的生命有机体能有效抵制外来变化以保持自身的稳定,适应万物生存,但是这并不代表人类所做的一切都有一个凡事包容的妈妈在为他们处理善后。盖亚假说本身并不是判断人们的行为正确与否的最终道德标准,从哲学的角度来看,物极必反,事物性质的稳定需要一个"度",一旦超过了这个"度",事物必然会发生质变。

3.5.2　大气成分改变对气候的影响

工农业生产排入大量废气、微尘等污染物质进入大气,主要有二氧化碳(CO_2)、甲烷(CH_4)、一氧化二氮(N_2O)和氟氯烃化合物(CFCs)等。大气中温室气体和气溶胶含量的变化会改变气候系统的能量平衡。温室气体有效地吸收地球表面、大气自身和云散射的热红外辐射。这就形成了一种辐射强迫,因而导致温室气体效应增强,即所谓的"增强的温室效应"。所谓辐射强迫是对某个因子改变地球-大气系统射入和逸出能量平衡影响程度的一种度量,它同时是一种指数,反映了该因子在潜在气候变化机制中的重要性。正强迫使地球表面变暖,负强迫则使其变冷。如:二氧化碳浓度或太阳辐射量的变化等造成对流层顶净辐照度(向上辐射与向下辐射的差)发生变化。研究辐射强迫的意义在于:比起气候变化本身来,可以用高得多的精度来确定它,从而比较它们对气候影响的相对重要性(石广玉,1991)。根据《IPCC第四次评估报告》,工业化时代的辐射强迫增长率很可能在过去一万多年里是空前的。二氧化碳、甲烷和氧化亚氮增加所产生的辐射强迫总和为 $2.30\ W/m^2$($2.07\sim2.53\ W/m^2$)。二氧化碳的辐射强迫在 1995—2005 年间增长了 20%,至少在近 200 年中,它是其间任何一个十年的最大变化。据确凿的观测事实证明,近数十年来大气中这些气体的含量都在急剧增加,而平流层的臭氧(O_3)总量则明显下降。这些气体都具有明显的温室效应,如图 3.17 所示。在波长9500 nm 及 12500~17000 nm 有两个强的吸收带,这就是 O_3 及 CO_2 的吸收带。特别是 CO_2 的吸收带,吸收了大约 70%~90% 的红外长波辐射。地气系统向外长波辐射主要集中在 8000~13000 nm 波长范围内,这个波段被称为大气窗。上述 CH_4、N_2O、CFCs 等气体在此大气窗内均各有其吸收带,这些温室气体在大气中浓度的增加必然对气候变化起着重要作用。

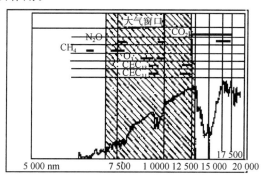

图 3.17　地球气候系统的长波辐射及温室气体的吸收带
阴影部分为大气窗口(周淑贞,2006)

表 3.15　大气中主要温室气体(IPCC,2007)

温室气体	CO_2	CH_4	N_2O	CFCs
工业化前 1750—1800 年浓度(ppm)	280	0.715	0.270	0
20 世纪 90 年代浓度(ppm)	353	1.732	0.309	0.0002~0.0003
2005 年浓度(ppm)	379	1.774	0.319	0.0004~0.0005
2010 年浓度(ppm)	391	1.803	0.324	—
每年平均增长速率(%)	0.5	0.9	0.25	4
在大气中的寿命期(年)	100	10	150	65~130
加热率比值 R(相对于 CO_2)	1	21	206	>10000
增温效应(%)	50	15	6	20

　　大气中 CO_2 浓度在工业化之前很长一段时间里大致稳定在约 280±10 ppm,但在近几十年来增长速度甚快,至 2005 年和 2010 年已分别增至 379 ppm 和 391 ppm(见表 3.15),并且现在仍在持续增长,2012 年 5 月 16 日,日本气象厅公布的数据显示,在岩手县大船渡市大气环境观测所测得的 3、4 月大气中温室气体二氧化碳的平均浓度自 1987 年观测开始以来首次超过 400ppm。图 3.5 给出美国夏威夷马纳洛亚站(Mauna Loa)1960—2010 年实测值的逐年变化。图 3.18 所示为最近 4 年(2010—2014)在马纳洛亚站观测到的 CO_2 月平均浓度值。图中所示较曲折的线是每月浓度的平均值,较平滑的线是按照季节循环校正后的均值。马纳洛亚站最新数据显示 2013 年全年 CO_2 平均值已经达到 396.48 ppm。近四年来,每年平均增加 2.3 ppm。总体来看,二氧化碳浓度自工业革命以来一直处于增长的趋势,并且 2014 年数据还显示增长的幅度也在逐年增加。大气中 CO_2 浓度急剧增加的原因,主要是由于大量燃烧化石燃料、大量砍伐森林和地表水域面积缩减造成的。人类活动一方面增加了大量二氧化碳的排放,另一方面减少了二氧化碳的汇。据研究排放入大气中的 CO_2 有一部分(约有 50%上下)为海洋所吸收,另一部分被森林吸收变成固态生物体,贮存于自然界,但由于目前森林大量被毁,致使森林不但减少了对大气中 CO_2 的吸收,而且由于被毁森林的燃烧和腐烂,更增加大量的 CO_2 排放至大气中。目前,对未来 CO_2 的增加有多种不同的估计,如按现在 CO_2 的排放水平计算,在 2025 年大气中 CO_2 浓度可能为 425 ppm,是工业化前的 1.55 倍。

　　甲烷(CH_4)俗称沼气,是另一种重要的温室气体。它主要由水稻田、反刍动物、沼泽地和生物物质缺氧加热或燃烧而排放入大气。在距今 200 年以前直到 11 万年前,CH_4 含量均稳定于 0.75~0.80 ppm,但近年来增长很快。1950 年 CH_4 含量已增加到 1.25 ppm,2005 年为 1.774 ppm。根据美国国家海洋和大气管理局(NOAA)的

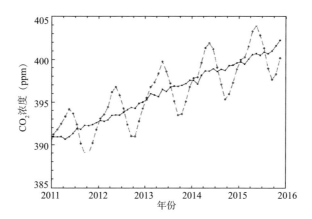

图 3.18 美国夏威夷马纳洛亚站(Mauna Loa)2011—2015 年实测 CO_2 浓度变化

(图片来源:http://www.noqq.gov)

(图中较曲折线为 CO_2 每月浓度平均值,较平滑线为按季节循环校正后的均值)

数据(图 3.19),2007 年后大气中甲烷的含量增加更加迅速。在 2009 年,甲烷浓度首次突破了 1.8 ppm。根据目前增长率外延,2030 年和 2050 年分别达 2.34 至 2.50 ppm。根据研究,北半球大气中 CH_4 的平均浓度明显比南半球高,可能是因为北半球受人类活动影响比较大,估计人为源占 60%,主要是水田耕作、畜牧业发展、生物质燃烧以及固体废弃物填埋。另外自然湿地由于其良好的厌氧发酵条件而向大气释放大量 CH_4,约占 25%。大气中的 CH_4 可与羟基自由基发生氧化还原反应而去除,少量会向平流层输送,也有部分被土壤吸收。

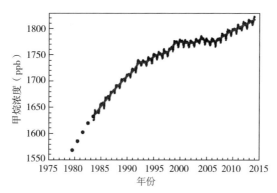

图 3.19 1979—2014 年全球甲烷平均浓度(引自:http://www.esrl.noaa.gov/gmd/aggi/aggi.html)

(红线表示滑动平均值,蓝点为实测数据值,蓝线为蓝点数据值连线)

(对应彩图见第 425 页彩图 3.19)

一氧化二氮(N_2O)向大气排放量与农田面积增加和施氮肥有关。平流层超音速飞行也可产生 N_2O。在工业化前大气中 N_2O 含量约为 0.285 ppm。1985 年和 2005 年分别增加到 0.305 ppm 和 0.319 ppm。考虑今后继续排放,预计到 2030 年大气中 N_2O 含量可能增加到 0.35～0.45 ppm 之间。一氧化二氮在大气中有长达 150 年的寿命,其除了引起全球增暖外,还可通过光化学作用在平流层引起臭氧 O_3 离解,破坏臭氧层。世界各地的观测资料几乎没有显示出南北半球大气中 N_2O 的浓度差,可能是因为它本身浓度很低,人为排放量小,也可能与 N_2O 在大气中的寿命较长有关。不过像燃烧化石燃料、施用化学肥料以及生物质燃烧等人类活动无疑会向大气排放 N_2O,其中人为源有 60%～70% 来自耕作土壤,另外一些工业生产过程如硝酸、尼龙、合成氨和尿素等也会向大气释放 N_2O。大气中 N_2O 的自然源则主要包括森林、草地和海洋等自然系统,约占总排放量的 60%。N_2O 在大气中非常稳定,主要通过光化学反应除去,另外土壤也能吸收少量 N_2O。

氟氯烃化合物(CFCs)是制冷工业(如冰箱)、喷雾剂和发泡剂中的主要原料。此族的某些化合物如氟利昂 11(CCl_3F,CFC_{11})和氟利昂 12(CCl_2F_2,CFC_{12})是具有强烈增温效应的温室气体。近年来还认为它是破坏平流层臭氧的主要因子,因而限制 CFC_{11} 和 CFC_{12} 生产已成为国际上突出的问题。在制冷工业发展前,大气中本没有这种气体成分。CFC_{11} 在 1945 年、CFC_{12} 在 1935 年开始有工业排放。到 1980 年,对流层低层 CFC_{11} 含量约为 0.000168 ppm 而 CFC_{12} 为 0.000285 ppm,到 1990 年和 2005 年则分别增至 0.00028 ppm 和 0.000484 ppm,其增长是十分迅速的。近几十年来,大气中的 CFC_{11} 和 CFC_{12} 始终以 4% 左右的年增长率迅速增加。CFCs 在对流层会与羟基自由基反应,在平流层中发生光化学分解而去除。其未来含量的变化取决于今后的限制情况。

根据专门的观测和计算大气中主要温室气体的浓度年增量和在大气中衰变的时间如表 3.15 所示。可见除 CO_2 外,其他温室气体在大气中的含量皆极微,所以称为微量气体。但它们的增温效应极强(从温室效应来看一个 CH_4 分子的作用为一个 CO_2 分子的 21 倍,N_2O 为 CO_2 的 206 倍,而 CFCs 一般相当于一个 CO_2 分子的一万倍以上),而且年增量大,在大气中衰变时间长,其影响甚巨。

臭氧(O_3)也是一种温室气体,它受自然因子(太阳辐射中紫外辐射对高层大气氧分子进行光化学作用而生成)影响而产生,但受人类活动排放的气体破坏,如氟氯烃化合物、卤代烷化合物、N_2O 和 CH_4、CO 均可破坏臭氧。其中以 CFC_{11}、CFC_{12} 起主要作用,其次是 N_2O。自 20 世纪 70 年代末以来,全球 60°S～60°N 各纬带上的臭氧总量都呈下降趋势,而且 12°S～12°N 以外地区的臭氧下降趋势在统计上是显著的;下降趋势随纬度升高而加剧,在相同纬带上,臭氧的下降趋势北半球均较南半球明显。20 世纪 90 年代初是全球各纬带臭氧下降最剧烈的时期。臭氧变化在南北半球也表现出不对称性。臭氧总量下降趋势表现出的同纬度上北半球均大于南半球的事实可能主要由两半球人类活动的差异引起。图3.20是各气候带纬向平均臭氧总量距平值的年际变化(1965—1985年),由图3.20可见,自20世纪80年代初期以后,臭氧量急剧减少,以南极为例,最低值达−15%,北极为−5%以上,从全球而言,正常情况下振荡应在±2%之间,据1987年实测,这一年达−4%以上。从60°N~60°S间臭氧总量自1978年以来已由平均为300多普生单位(国际上习惯将臭氧总量表示为相当于在标准气压和温度下,单位底面积上的厚度,通常用多普生单位(DU)作为单位。1DU定义为标准大气压下0.01 mm的厚度)。减少到1987年290单位以下,亦即减

少了3%~4%。从垂直变化而言,以15~20 km高空减少最多,对流层低层略有增加。南极臭氧减少最为突出,在南极中心附近形成一个极小区,称为"南极臭氧洞"。自1979年到1987年,臭氧极小中心最低值由270 DU降到150 DU,小于240 DU的面积在不断扩大,表明南极臭氧洞在不断加强和扩大。1984年,英国科学家首次发现南极上空出现臭氧洞。在1988年其O_3总量虽曾有所回升,但到1989年南极臭氧洞又有所扩大。1994年10月4日世界气象组织发表的研究报告表明,南极洲3/4的陆地和附近海面上空的臭氧已比十年前减少了65%还要多一些。美国科学家称:北极30个臭氧监测站获得的初始数据显示,2011年冬季臭氧浓度下降的情况比以往更严重。可能北极第一个臭氧空洞已经形成。但有资料表明对流层的臭氧却稍有增加。

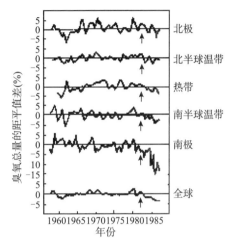

图3.20 各气候带纬向平均臭氧总量距平值的年际变化(1965—1985年)

(李爱贞 等,2006)

大气中温室气体的增加会造成气候变暖和海平面抬高。根据《IPCC第四次评估报告》,1906—2005年全球平均气温上升了0.74℃,最近50年升温约为每10年升高0.13℃,是过去100年升温的2倍。对于全球气温的增加,多数学者认为是温室气体排放所造成的。表3.15中列出四种温室气体的排放所产生的增温效应,从气候模式计算结果还表明此种增暖是极地大于赤道,冬季大于夏季。全球气温升高的同时,海水温度也随之增加,这将使海水膨胀,导致海平面升高。再加上由于极地增暖剧烈,当大气中CO_2浓度加倍后会造成极冰融化而冰界向极地萎缩,融化的水量会造成海平面抬升。实际观测资料证明,自从1900年以来,全球海平面已升高了20.32 cm,现在海平面正以大约每年0.32 cm的速度升高,这个速度还在不断提高。据计算,在温室气体排放量控制在1985年排放标准情况下,全球海平面将以5.5 cm/10a速度而抬高,到2030年海平面会比1985年增加20 cm,2050年增加34 cm;若排放不加控

制,到 2030 年,海平面就会比 1985 年抬升 60 cm,2050 年抬升 150 cm。温室气体增加对降水和全球生态系统都有一定影响。据气候模式计算,当大气中 CO_2 含量加倍后,就全球讲,降水量年总量将增加 7％～11％,但各纬度变化不一。从总的看来,高纬度因变暖而降水增加,中纬度则因变暖后副热带干旱带北移而变干旱,副热带地区降水有所增加,低纬度因变暖而对流加强,因此降水增加。就全球生态系统而言,因人类活动引起的增暖会导致在高纬度冰冻的苔原部分解冻,森林北界会更向极地方向发展。在中纬度将会变干,某些喜湿润温暖的森林和生物群落将逐渐被目前在副热带所见的生物群落所替代。根据预测,CO_2 加倍后,全球沙漠将扩大 3％,林区减少 11％,草地扩大 11％,这是中纬度的陆地趋于干旱造成的。温室气体对臭氧层的破坏对生态和人体健康影响甚大。臭氧减少,使到达地面的太阳辐射中的紫外辐射增加。大气中臭氧总量若减少 1％,到达地面的紫外辐射会增加 2％,此种紫外辐射会破坏核糖核酸(DNA)以改变遗传信息及破坏蛋白质,能杀死 10 m 水深内的单细胞海洋浮游生物,减低鱼产,以及破坏森林,减低农作物产量和质量,削弱人体免疫力、损害眼睛、增加皮肤癌等疾病。此外,由于人类活动排放出来的气体中还有大量硫化物、氮化物和人为尘埃,它们能造成大气污染,在一定条件下会形成"酸雨",能使森林、鱼类、农作物及建筑物蒙受严重损失。大气中微尘的迅速增加会减弱日射,影响气温、云量(微尘中有吸湿性核)和降水。

　　人类活动除了对大气中气体成分的种类和比例产生影响之外,也会改变大气中气溶胶粒子的多寡。大气中气溶胶粒子可以按照来源分为人工源和自然源两大类,此处主要讨论人工源气溶胶粒子的变化及影响。人造气溶胶粒子主要来源于两个方面:工厂、交通运输工具、家庭炉灶以及焚烧垃圾等排放出来的烟尘和废气。这完全是人为原因。由于自然植被被人类破坏后,大风刮起尘土形成的沙尘暴、霾或者由于植物焚烧产生的烟霾,这种属于人类活动的间接影响。大气中的含尘量变化比温室气体浓度更难确定,但是粗略估计,自工业革命以来,随着工业、交通运输业的发展,地球大气中悬浮颗粒总量已增加了 50％。Flohn(1970)对大气中气溶胶粒子产量的估算,在 1968 年到 1970 年间,全球人为粒子的产量平均每年为 5.3 亿 t,约占全球大气中气溶胶粒子总产量的三分之一。在人为粒子中,90％以上是在人口稠密、工业发达的北半球产生的。1973 年以来,在这个星球的表面,能见度在下降,气溶胶浓度在上升。能见度的变化可以有效衡量气溶胶浓度的变化。大气尘埃的气候效应比较复杂,但一般人为,悬浮在大气中的气溶胶粒子犹如地球的遮阳伞,它能反射和吸收太阳辐射,特别是能减少紫外光的透过,使到达地面的太阳辐射减少,从而引起地面气温降低,故称为"阳伞效应"(Umbrella effect)。气溶胶粒子还会导致全球"变暗"(Global dimming)(Stanhill,2001),在过去 30 年的对太阳入射辐射(包括直接辐射和散射辐射)的观测和模拟研究中表明,在 10 年以上时间尺度上,太阳入射辐射不是一个常量,尤其在 20 世纪 90 年代前后呈现了两种截然不同的变化趋势,90 年代前期持续下降,后期则开始上升。"变暗"就是指下降时期。另外,大气污染微粒提供了丰富的凝结核,能使云量、降水量和雾的频率增加,这对地表也是起冷却作用。但是空气中所含的水蒸气数量是一定的,如果气溶胶粒子多了,就相当于凝结核多了,形成的小水滴数量就会变多,每一个小水滴的体积相应就会变小。而降雨的产生是由于空气中的小水滴相互碰撞长大,水滴自身的重力大于空气浮力,水滴在地球重力作用下就会降落到地面。凝结核多了,小水滴小了,碰撞形成大水滴的难度就会增加,这样就会导致地面降雨的减少。一般认为,雾霾这种污染天气对农业生产是不利的。由于空气中颗粒物质增加,能见度降低,使光照减少,影响植物光合作用,植物生长速度减缓,从而影响作物产量。但这项研究仍在继续,如何把雾霾影响和其他因素分开,比如降水和病虫害等,是研究的难题。

由于人类活动所导致的大气棕色云效应,从新德里到北京抵达地面的阳光不断减少,城市正变得越来越暗,喜马拉雅山脉上大范围的冰川正在以更快速度融化,天气状况越来越极端(金石,2008)。2008 年 11 月 13 日,联合国环境署在北京发布了大气棕色云报告。该报告称,棕色云的成因是燃烧化石燃料和传统生物燃料,就某些情况和某些地区而言,将加重由温室气体引发的气候变化效应。这是由于大气棕色云中炭黑和烟尘颗粒会吸收阳光,加热空气。棕色云层同时将对空气质量和亚洲农业产生影响,增加亚洲地区 30 亿人口的健康和食物供应的风险。该报告显示,已经观测到兴都库什—喜马拉雅—西藏地区冰川覆盖的减少,而这个区域正是亚洲大多数河流的源头,因此将对亚洲的水资源和粮食安全产生影响。然而这份报告也称,从全球范围来讲,棕色云有可能"遮蔽"气候变暖现象或对其有反作用,减少程度从 20%～80%不等。这是因为棕色云中所含物质如酸性因子和一些有机物可以反射太阳光,从而降低地球表层温度。

另外,20 世纪 80 年代争论较为激烈的焦点之一是核战争对气候冲击的假说。大气中的一次核爆炸可能影响到离地面 30～45 km 高的大气环流。估计每 100 万 t 的核物质制造 3000t 氧化氮,他们在参与化学反应而消失之前,可在平流层中滞留 4 年多,吸收短波辐射,破坏臭氧并使地面降温。20 世纪 60 年代的核导弹实验使对流层中氧化氮增加了 9.8 亿 t,这会使到达地面的太阳短波辐射减少 2.5%,后来利用气球探测证实了这个数值。在 1963 年禁止核试验条约公布之前,1962—1966 年冬季气温是 20 世纪最冷的冬季。与此同时,对流层上层的温度升高了 6℃。但并非所有这些变化都是核试验造成的,比如,1963 年印度尼西亚巴厘岛发生的阿贡火山喷发也会造成地表的冷却。1982 年,发现核爆炸也会向空气中排放大量尘埃。有 1 t 的核爆炸物就有 2000 t 的尘埃被排放到上层大气。此外,在一次核战争中,来自燃烧的森林和城市的烟雾会被对流抬升到上层大气中,理论上认为这会使地表大幅度降温。后来研究证明,即使在短暂的核战争中,烟雾和煤灰的影响也是具有灾难性的。火暴(Firestorm)能在森林中持续一周并烧毁城市,向平流层注入烟雾和煤灰,在平流层则不会轻易被雨水冲走。烟雾和煤灰比火山灰小得多，在大气中停留的时间也更长。一次放出 5000 t 爆炸物的短期核战争，释放出的碳大部分将在几天后进入大气上层，总量可达 2.25 亿 t，相当于人类活动一年排放的烟灰量。这些烟雾会阻挡入射的短波辐射，放走出射的长波辐射，这种作用比火山灰大得多。煤灰也吸收太阳辐射并加热对流层，其净效应是在对流层中产生逆温，逆温会阻碍大气混合、凝结及煤烟的消散，使到达地面的太阳辐射减少。综合作用会使大陆上空降温 30℃。计算机模拟结果表明，北美和亚洲部分地区上空夏季气温将会在 2 天内降到 0℃ 以下，10 天后大部分内陆地区的温度降到 0℃ 以下，并会持续 6 个月或更长。即使南半球受原子弹攻击目标较少，也避免不了这个影响。计算机模拟表明，主要攻击目标所在的北半球中纬度上空暖空气会流到南半球，在纬度为 15°S～30°S 处下沉到地球表面。正常的大气环流，包括赤道附近两个哈德莱环流带，在北半球被一个对流单体所代替，并跨过两个半球。这个环流可使煤灰和烟雾形成的云向全球扩展。在大陆腹地和沿海地区，平均温度本应下降 10～20℃，但由于海洋加热效应一般只会下降 5～10℃。内陆地区大气稳定并出现旱情，而沿海地区相对较暖的海水会引起强大的沿海暴风雨，此现象与现状东海岸低压形成相似。沿海地区的降水将增加，通过雨水放射活动将在这里增强，大气中停留的放射性粒子由此降落到地表。前面所讨论主要依赖于计算机模拟，但毕竟模拟模式仍存在缺陷。后来进一步研究表明，核战争可能使夏季和冬季温度分别降低 5℃ 和 25℃，因此温度的模拟结果与季节还密切相关。随着模型逐步改善，温度效应似乎不再那么显著，于是便用"核秋天"来代替"核冬天"描述核战争可能对气候产生的影响。

类似的气候灾害已经在地球上出现过，但假定的气候结果并未出现。第一次严重的"核冬天"发生在 1915 年 7—8 月，西伯利亚地区的森林大火，火势凶猛，释放出的烟雾达 0.2 亿～1.8 亿 t，与理论计算的一次大型核战争所排放的量相当。大火烧毁了与德国西部面积相等的一块区域，大火持续了 51 天，但烟雾没有弥漫到亚洲大陆以外的地方。由于烟雾削弱了太阳辐射，致使邻近地区降温 10℃ 左右并持续了一个月，收获期延迟了 10～15 天。烟雾和降温作用使大气看上去非常稳定，导致邻近地区的烟雾无法扩散。即使考虑该地区森林火灾造成的烟雾以及温度降温的记录，烟雾造成的冷却对农业的影响仍然很小。另外一次"核冬天"发生在 1991 年 2 月海湾战争结束的时候，其原因是伊拉克军队蓄意点燃了科威特油田。仅在两天的时间内就有约 600 口油井被点燃，直至 6 月初才扑灭了 100 口，烟云覆盖下的某些地区的气温比正常温度低了 11℃。沾满了黑烟的雪覆盖了西藏和法国阿尔卑斯山脉，烟雾扩散到了日本上空 7000 m 高的大气中，但烟雾对海湾以外地区影响很小。直到 3 月底，在下风向的夏威夷冒纳罗亚火山及美国怀俄明州上空对流层中都出现了浓厚的烟雾，但烟雾上升的高度没有超过 7000 m。当时海湾地区的二氧化硫和臭氧含量比在烟雾弥漫下的落基山脉测得的小。由于地表降温使局部大气稳定，烟雾不能进入平流层,另外,烟雾具有吸湿性,因而很容易在大气中被清洗掉。这两个事件说明,充满烟雾的核战争可能不会导致理论上的"核冬天",在对全球气候的影响中可能没有理论上那么严重。

3.5.3 下垫面性质改变与局地气候的形成

人类活动改变下垫面的自然性质是多方面的,目前最突出的是破坏森林、湿地、干旱地的植被及造成海洋石油污染等。

3.5.3.1 森林与气候

森林是一种特殊的下垫面,它除了影响大气中 CO_2 的含量以外,还能形成独具特色的森林气候,而且能够影响附近相当大范围地区的气候条件。森林林冠能大量吸收太阳入射辐射,用以促进光合作用和蒸腾作用,使其本身气温增高不多,林下地表在白天因林冠的阻挡,透入太阳辐射不多,气温不会急剧升高,夜晚因有林冠的保护,有效辐射不强,所以气温不易降低。因此林内气温日(年)较差比林外裸露地区小,气温的大陆度明显减弱。森林树冠可以截留降水,林下的疏松腐殖质层及枯枝落叶层可以蓄水,减少降雨后的地表径流量,因此森林可称为"绿色蓄水库"。雨水缓缓渗透入土壤中使土壤湿度增大,可供蒸发的水分增多,再加上森林的蒸腾作用,导致森林中的绝对湿度和相对湿度都比林外裸地为大。森林可以增加降水量,当气流流经林冠时,因受到森林的阻碍和摩擦,有强迫气流的上升作用,并导致湍流加强,加上林区空气湿度大,凝结高度低,因此森林地区降水机会比空旷地多,雨量亦较大。据实测资料,森林区空气湿度可比无林区高 $15\%\sim25\%$,年降水量可增加 $6\%\sim10\%$。森林有减低风速的作用,当风吹向森林时,在森林的迎风面,距森林 100 m 左右的地方,风速就发生变化。在穿入森林内,风速很快降低,如果风中挟带泥沙的话,会使流沙下沉并逐渐固定。穿过森林后在森林的背风面在一定距离内风速仍有减小的效应。在干旱地区森林可以减小干旱风的袭击,防风固沙。在沿海大风地区森林可以防御海风的侵袭,保护农田。森林根系的分泌物能促使微生物生长,可以改善土壤结构。森林覆盖区气候湿润,水土保持良好,生态平衡有良性循环,可称为"绿色海洋"。

根据考证,历史上世界森林面积曾占地球陆地面积的 2/3,但随着人口增加,农、牧和工业的发展,城市和道路的兴建,再加上战争的破坏,森林面积逐渐减少,到 19 世纪全球森林面积下降到陆地面积的 46%,20 世纪初下降到 37%,目前全世界森林总面积约为 30 多亿 hm^2,占全球陆地面积的 27%。我国上古时代也有浓密的森林覆盖,其后由于人口繁衍,农田扩展和明清两代战祸频繁,到 1949 年全国森林覆盖率已下降到 8.6%。经过 60 多年的大规模植树造林和对天然林的保护,到 2013 年,第八次全国森林资源清查的结果显示,森林覆盖率已提高到 21.63%。但由于底子薄,仍明显低于世界平均覆盖率,排名世界第 115 位,人均森林覆盖面积仅为世界的 1/4。

一些边远地区和贫困山区仍然存在毁林开荒行为。由于新造幼林的生物量远低于成熟林,根据"全球森林监察"(Global forest watch,GFW)数据,综合世界资源研究所、马里兰大学、联合国环境署等数十个机构的信息,并借助 NASA 支持的卫星技术实时监控的卫星资料,中国仍属世界主要森林损耗国家之一。由于大面积森林遭到破坏,使气候变旱,沙尘暴加剧,水土流失,气候恶化。相反,新中国成立后我国营造了各类防护林,如东北西部防护林、豫东防护林、西北防沙林、冀西防护林、山东沿海防护林等等,在改造自然、改造气候条件上已起到显著作用。在干旱、半干旱地区,原来生长着具有很强耐旱能力的草类和灌木,它们能在干旱地区生存,并保护那里的土壤。但是,由于人口增多,在干旱、半干旱地区的移民增加,他们在那里扩大农牧业,挖掘和采集旱生植物作燃料(特别是坡地上的植物),使当地草原和灌木等自然植被受到很大破坏。坡地上的雨水汇流迅速,流速快,对泥土的冲刷力强,在失去自然植被的保护和阻挡后,就造成严重的水土流失。在平地上一旦干旱时期到来,农田庄稼不能生长,而开垦后疏松了的土地又没有植被保护,很容易受到风蚀,结果表层肥沃土壤被吹走,而沙粒存留下来,产生沙漠化现象。畜牧业也有类似情况,牧业超过草场的负荷能力,在干旱年份牧草稀疏、土地表层被牲畜践踏破坏,也同样发生严重风蚀,引起沙漠化现象的发生。在沙漠化的土地上,气候更加恶化,具体表现为:雨后径流加大,土壤冲刷加剧,水分减少,使当地土壤和大气变干,地表反射率加大,破坏原有的热量平衡,降水量减少,气候的大陆度加强,地表肥力下降,风沙灾害大量增加,气候更加干旱,反过来更不利于植物的生长。据联合国环境规划署估计,当前每年世界因沙漠化而丧失的土地达 6 万 km^2,另外还有 21 万 km^2 的土地地力衰退,在农牧业上已无经济价值可言。沙漠化问题也同样威胁我国,近数十年来沙漠化面积逐年递增,因此必须有意识地采取积极措施保护当地自然植被,进行大规模的灌溉,进行人工造林,因地制宜种植防沙固土的耐旱植被等来改善气候条件,防止气候继续恶化。

3.5.3.2　海洋荒漠化、酸化与气候

海洋荒漠化是当今人类活动改变下垫面性质的另一个重要方面。占地球面积70%以上的海洋是人类和一切生命的摇篮,海洋是气候系统的重要组成部分,是气候的形成和变化的基本要素之一,海洋对陆地的气温和降水格局起着调节作用。近年来由于人口不断增加,人类活动范围不断扩大,海洋的生态环境遭到日益严重破坏和污染,反过来又威胁着人类自身的生产发展。人们用海洋荒漠化来描述海洋破坏和污染的严重性。常说的海洋荒漠化有广义和狭义两种,广义的海洋荒漠化是指由于海洋开发无度、管理无序、酷渔滥捕和海洋污染范围扩大,使渔业资源减少,赤潮等危害不断,海洋出现了类似于荒漠的现象。狭义的海洋荒漠化指由于海洋石油污染形成的油膜抑制海水的蒸发,使海上空气变得干燥,使海洋失去调节气温的作用,产生"海洋沙漠化效应"。据统计,全世界每年向海洋倾倒各种废弃物多达 200 亿 t,污染

程度日趋严重,尤以石油污染最甚。据估计,每年通过各种渠道泄入海洋的石油和石油产品,约占全世界石油总产量的 0.5%,即有 1500 万 t 以上。其中以油轮遇难和战争造成的损失最为严重。

目前,世界上 60% 的石油是经海上运输的。为了增加运量,降低成本,油轮越造越大,一旦发生事故,后果极其严重。自从 1967 年"托雷峡谷 1 号"油轮在英国东南的锡利群岛触礁而泄露大量原油以来,世界上已经发生了 15 起重大泄油事故,造成大片海域污染。1989 年 3 月 24 日,美国埃克森公司"瓦尔德斯"号油轮在阿拉斯加州威廉王子湾搁浅,并向附近海域泄漏了近 3.7 万 t 原油。这起美国历史上最严重的海洋污染事件使阿拉斯加州沿岸几百公里长的海岸线遭到严重污染,并导致当地的鲑鱼和鲱鱼资源近于灭绝,几十家企业破产或濒于倒闭。1992 年 12 月 3 日,载有约 8 万 t 原油的希腊"爱琴海"号油轮在西班牙西北部加利西亚沿岸触礁搁浅,后在狂风巨浪的冲击下断为两截,至少 6 万 t 原油泄入海中并引起大火。1993 年 1 月 5 日,利比里亚油轮"布雷尔"号在苏格兰设得兰群岛南端的加斯韦克湾触礁。油轮所载8.45万 t 原油全部泄入事发海域,严重破坏了海域的生态环境,并给当地的渔业造成不可估量的损失。1996 年 2 月 15 日,悬挂利比里亚国旗的"海上女王"号油轮在英国西部威尔士圣安角附近海域触礁,导致船上 13 万 t 原油中的半数泄漏海中,对周围环境造成严重危害。2001 年 3 月 29 日,在马绍尔群岛注册的"波罗的海"号油轮在丹麦东南部海域与一艘货轮相撞,泄漏原油约 2700t。因事故发生海域是丹麦的一个海鸟自然保护区,导致大量海鸟死亡。2002 年 11 月 19 日,悬挂巴哈马国旗的"威望"号油轮在西班牙西北部海域断裂并沉入海底。船上装有 7.7 万 t 燃料油,其中 6.3 万多 t 燃料油最终泄漏到海中。这一事故使西班牙北部 500 km 海岸上的数百个海滩遭到重度污染,数万只海鸟死亡。

战争造成的石油污染也是触目惊心的。在两次世界大战中,曾有数百艘油轮沉没,估计损失石油 1000 万 t,至今任由石油从海底沉船的腐烂油箱中渗漏出来。在长达 8 年的两伊战争中,几乎每天都有油轮遭到袭击,大量石油污染海湾。1983 年 2 月,伊拉克飞机轰炸了伊朗的诺鲁兹油田,每天溢出石油两三千桶。而 1991 年初海湾战争期间泄漏入海洋的石油量更高达 81 万 t。

海洋石油污染并不局限于漏油的油船。大约 46% 的海水石油污染起源于汽车、工厂和其他陆地污染源。扩展在海面上的石油阻断了海水和空气的氧交换,使海水缺氧,水生生物会因缺氧窒息、中毒等而死亡,海鸟首当其冲。石油会渗入或粘住海鸟的羽毛,使它们游不动也飞不了。浮游生物和藻类可直接从海水中吸收溶解的石油烃类,而海洋动物则通过吞食、呼吸、饮水等途径将石油颗粒带入体内或被直接吸附于动物体表。生物在吸收后,可能导致生物的畸形或者死亡。据研究,当海水中含油浓度为 0.01 mm/L,孵出的鱼畸形率为 25%～40%。如果海域被严重污染,生物要经过 5～7 年才能重新繁殖,其后果将持续几十年之久。

　　海洋石油污染是当今人类活动改变下垫面性质的一个重要方面。由于各种原因倾泻到海洋的废油,有一部分形成油膜浮在海面,抑制海水的蒸发,使海上的空气变得干燥。同时又减少了海面潜热的转移,导致海水温度的日变化、年变化加大,使海洋失去调节气温的作用,油膜效应的产生,使海洋失去调节作用,导致污染区及周围地区降水减少,天气异常,产生"海洋沙漠化效应"。特别是在比较闭塞的海面,如地中海、波罗的海和日本海等海面的废油膜影响比广阔的太平洋和大西洋更为显著。

　　此外,人类为了生产和交通的需要,填湖造陆,开凿运河以及建造大型水库等,改变下垫面性质,对气候亦产生显著影响。建造大型水库后,对气候产生的影响如同天然湖泊对气候的影响一样,故称之为"湖泊效应"。水库建成以后,由于水库水体巨大热容量所起的对热量的调节作用,使得水库附近的气温日较差和年较差均变小,而平均气温则比建库前升高。据研究,一个 32 km² 水面的水库,库区平均气温可上升 0.7℃。水库对于风速的影响,在建成水库以后,由于下垫面从粗糙的陆地变为光滑的水面,摩擦力显著减小,因而库区风速比建库前增大。此外,由于库区水-陆面之间的热力差异,使得库区沿岸形成一种昼夜交替、风向相反的地方性风,即所谓"湖陆风"。白天,风从水面吹向岸上;夜间,风从岸上吹向水面。水库对降水和云量也有影响,一般认为,在水库上空由于空气稳定,年降水量和云量均减少,而在大型水库的下风方,因从水面输来湿润空气,降水和云量则可能增加。以我国新安江水电厂在 1973 年对新安江水库气候的研究为例,位于新安江水库附近的淳安县,在水库建成(1960 年)后,夏天不像过去那么热,冬季不像过去那么冷,初霜推迟,终霜提前,无霜期平均延长了 20 天。新安江水库对降水的影响主要是使夏季和年降水量减少,而冬季降水量略有增加。在库区附近,年降水量大约减少了 100 mm;在水库中心,年降水量可能减少 150 mm。水库影响年降水量减少的区域,主要在水库附近的十几千米范围内,而离水库稍远的地势较高的地方,水库建成后降水反而增加,个别地方的年降水量可能增加 100 mm,甚至在 200 mm 以上。因此,对于整个水库流域来说,建库前后的平均年降水量变化并不大。此外,新安江水库建成后,水库附近的雾日比以前增多;雷雨的频率却减少,而且雷雨是沿着水库的边缘移动,一般不易越过水库。

　　随着各国水利的兴修,水库不断增加。据统计,全世界的水库有效容积在 1960年前后为 2050 km³,到 1970 年已增至 2500～3000 km³。根据当前的估计,全球有50000 座以上的大型水坝(高度在 15 m 以上,或者蓄水能力在 300 万 m³ 以上),10 万座以上的中型水坝(蓄水能力在 10 万 m³ 以上)和超过 100 万座的小型水坝(蓄水能力低于 10 万 m³)。所有水坝的蓄水能力总和估计在 7000 km³ 左右,所有水库的水体总表面积约为 50 万 km²。因此,会引起许多水库附近地区的局地气候变化,而且由于水库水面的扩增,使得蒸发的水量也相应增加,因此必将起到影响全球气候变化的效应。

　　在二氧化碳浓度增加的背景下,海洋酸化明显。海洋对调节大气中二氧化碳浓度起到了非常重要的作用,如果没有海洋对二氧化碳的吸收,现在大气中二氧化碳浓度大约要高于 450ppm。但是,海洋对大气二氧化碳浓度的调节并不是一件完全没有危害的事情,会导致海洋 pH 值下降、破坏海洋基本化学物质的平衡、影响海洋生物环境等问题。最近的研究还发现海洋酸化很可能会加剧全球变暖(Katharina *et al*,2013)。当海水酸度增加的时候,生物硫化合物二甲基硫醚(DMS)的浓度会下降。海洋生物释放的 DMS 是大气硫化物的主要自然来源。硫化物或者二氧化硫不是温室气体,但大气中高浓度的硫化物可以减少到达地球表面的辐射,具有一定的冷却效应。那么,海洋酸化后减少了大气硫化物的生物来源,更多的太阳辐射可能到达地球表面,从而加速全球变暖。

3.5.3.3 湿地与气候

湿地是开放水体与陆地之间过渡的生态系统,具有特殊的生态结构和功能。按照"国际重要湿地特别是水禽栖息地公约"的定义,湿地是指不论其为天然或人工、长久或暂时的沼泽地、泥炭地或水域地带,带有静止或流动的淡水、半咸水或咸水水体,包括低潮时水深不能过 6 m 的水域。

湿地的功能是多方面的,它可作为直接利用的水源或补充地下水,又能有效控制洪水和防止土壤沙化,还能滞留沉积物、有毒物、营养物质,从而改善环境污染。此外,它还能以有机质的形式储存碳元素,减少温室效应,保护海岸不受风浪侵蚀,提供清洁方便的运输方式等。它因有如此众多有益的功能而被人们称为"地球之肾"。湿地还是众多植物、动物特别是水禽生长的乐园,同时又向人类提供食物(水产品、禽畜产品、谷物)、能源(水能、泥炭、薪柴)、原材料(芦苇、木材、药用植物)和旅游场所,是人类赖以生存和持续发展的重要基础。

湿地在气候系统中也起到很多不可替代的作用。首先,湿地可以改变大气气体成分。湿地在全球碳循环过程中有极其重要的意义。湿地内丰富的植物群落,能够吸收大量的二氧化碳气体,并放出氧气。但湿地既是二氧化碳的"汇"也可以是二氧化碳的"源"。湿地中植物残体分解缓慢,形成有机物质的不断积累,因此湿地是二氧化碳的"汇"。湿地经过排水后,改变了土壤的物理性状,地温升高,通气性改善,植物残体分解速率加快,而分解过程中产生大量二氧化碳气体,成为二氧化碳的"源"。湿地中的一些植物还具有吸收空气中有害气体的功能,能有效调节大气组分。但同时也必须注意到,湿地生境也会排放出甲烷等温室气体。沼泽有很大的生物生产效能,植物在有机质形成过程中,不断吸收二氧化碳和其他气体,特别是一些有害的气体。沼泽地上的氧气则很少消耗于死亡植物残体的分解。沼泽还能吸收空气中粉尘及携带的各种菌,从而起到净化空气的作用。沼泽堆积物具有很大的吸附能力,污水或含重金属的工业废水,通过沼泽能吸附金属离子和有害成分。湿地可以输送大量水汽。就算潜育沼泽一般也有几十厘米的草根层。草根层疏松多孔,具有很强的持水能力,它能保持大于本身绝对干重3~15倍的水量。不仅能储蓄大量水分,还能通过植物蒸腾和水分蒸发,把水分源源不断地送回大气中,从而增加了空气湿度,调节降水,在水的自然循环中起着良好的作用。据实验研究,1 hm² 的沼泽在生长季节可蒸发掉7415 t水分。其次,湿地可以调蓄洪水,防止或减轻气候灾害。湿地在蓄水、调节河川径流、补给地下水和维持区域水分平衡中发挥着重要作用。我国降水的季节变化和年际变化大,通过湿地的调节,储存来自降水、河流过多的水量,从而避免发生洪水灾害。长江中下游的洞庭湖、鄱阳湖、太湖等许多湖泊曾经发挥了巨大的储水功能,防止了无数次洪涝灾害,如鄱阳湖湿地一般可削弱洪峰流量15%~30%,从而大大减轻对长江的威胁。再如,三江平原沼泽湿地蓄水达38.4亿 m³,由于挠力河上游大面积河漫滩湿地的调节作用,能将下游的洪峰值消减50%。湿地植物的根系及堆积的植物体对地基有稳固作用,沿海许多湿地可抵御波浪和海潮的冲击,可防止或减轻对海岸线、河口湾和江河岸的侵蚀,特别是红树林湿地。沿海淡水湿地对防止海咸水入侵具有重要意义。另外,湿地具有调节局地小气候的作用,湿地储存水量大,沼泽地最大持水量可达200%~400%,有的甚至高达800%,其蒸散量一般大于水面蒸发量。这种高含水、强蒸发的特性,使湿地周围地区的湿度增大,气温的日变化和年变化减少,使区域气候条件比较稳定。湿地蒸发量的大小,往往还可以影响区域降水状况。湿地生产的晨雾还可以减少周围土壤水分的丧失。如果湿地被破坏,当地的降水量很可能会减少。如博斯腾湖及周围湿地通过水平方向的热量和水分交换,使其周围的气候比其他地区略温和湿润。由于湿地的存在使临近博斯腾湖的焉耆与和硕比距湿地较远的库山气温低1.3~4.3℃,相对湿度增加5%~25%,沙暴日数减少25%。

人类影响气候变化从而影响湿地变化,并且这些影响绝大部分都是负面的。河流和湖泊湿地因温度、降雨量和蒸发量变化将受到影响,流量和水位的变化,对内陆湿地有着严重的影响。干旱和半干旱地区对降水变化尤其敏感,因为降水减少可以大大改变湿地面积。海岸湿地将易受到海平面上升、海洋表面温度升高和更加频繁和强烈的风暴活动的影响。与湿地相关的农业生产也会受到气候变化的影响。到目前为止,水稻是人类的主要食物之一,尤其是亚洲最重要的农作物。在亚洲的热带地区,微小的升湿就会对水稻产生不利的影响,例如在印度由于气候变化引起降水变化,其水稻产量受到了影响。在2000年,日本的南部,由于连续的降水,使其水稻产量下降。同时水稻面积的变化将相应地改变 CH_4 的释放,这对水稻的生长具有重要影响。

3.5.3.4 城市气候

在城市,空气的污染、人为热的释放和下垫面性质的改变是人类引起城市地区气候变化的三大原因。城市气候是指在区域气候背景上,经过城市化后,在人类活动影响下而形成的一种特殊局地气候。城市气候特征与郊外自然状态下的气候特征有显著的差异,1970年 Landsberg(1981)把这些差异归纳成一个简明表格(表3.16)。

表3.16　城市气候特征与郊外气候特征的比较(Landsberg,1981)

要素	城市与郊外对比
大气污染物质	凝结核比郊区多10倍,微粒多10倍,气体混合物多5~25倍
辐射、日照	太阳总辐射少0~20%;紫外辐射:冬季少30%,夏季少5%;日照时数少5%~15%
云、雾	总云量多5%~10%;雾:冬季多1倍,夏季多30%
相对湿度	年平均低6%,冬季低2%,夏季低8%
气温	年平均高0.5~3.0℃,冬季平均最低气温高1~2℃,夏季平均最高气温高1~3℃
风速	年平均小20%~30%,瞬时最大风速小10%~20%,静风日数少5%~20%
降水	降水总量多5%~15%,<5 mm雨日数多10%,降雪少5%,雷暴多10%~15%

从大量观测事实看来,城市气候的特征可归纳为城市"五岛"效应(混浊岛、热岛、干岛、湿岛、雨岛)和风速减小、多变。下面分别按照这几个方面进一步说明城市对气候的影响。

(1)城市混浊岛效应

城市混浊岛效应主要有四个方面的表现。首先城市大气中的污染物质比郊区多,仅就凝结核一项而论,在海洋上大气平均凝结核含量为940粒/cm³,绝对最大值为39800粒/cm³;而在大城市的空气中平均为147000粒/cm³,为海洋上的156倍,绝对最大值竟达4000000粒/cm³,也超出海洋上绝对最大值100倍以上。以上海为例,1986—1990年监测结果,大气中SO_2和NO_x两种气体污染物城区平均浓度分别比郊县高8.7倍和2.4倍。其次,城市大气中因凝结核多,低空的热力湍流和机械湍流又比较强,因此其低云量和以低云量为标准的阴天日数(低云量≥8的日数)远比郊区多。据上海1980—1989年统计,城区平均低云量为4.0,郊区为2.9。城区一年中阴天(低云量≥8)日数为60天而郊区平均只有31天,晴天(低云量≤2)则相反,城区为132天而郊区平均却有178天。欧美大城市如慕尼黑、布达佩斯和纽约等亦观测到类似的现象。第三,城市大气中因污染物和低云量多,使日照时数减少,太阳直接辐射(S)大大削弱,而因散射粒子多,其太阳散射辐射(D)却比干洁空气中为强。在以D/S表示的大气混浊度(Turbidity factor,又称混浊度因子)的地区分布上,城区明显大于郊区。根据上海1959—1985年观测资料统计计算,上海城区混浊度因子比同时期郊区平均高15.8%。在上海混浊度因子分布图上,城区呈现出一个明显的混浊岛。在国外许多城市亦有类似现象。第四,城市混浊岛效应还表现在城区的能见度小于郊区。这是因为城市大气中颗粒状污染物多,它们对光线有散射和吸收作用,有减小能见度的效应。当城区空气中NO_2浓度极大时,会使天空呈棕褐色,在这样的天色背景下,使分辨目标物的距离发生困难,造成视程障碍。此外城市中由于汽车排出废气中的一次污染物——氮氧化合物和碳氢化合物,在强烈阳光照射下,经光化学反应,会

形成一种浅蓝色烟雾,称为光化学烟雾,能导致城市能见度恶化。美国洛杉矶、日本东京和我国部分城市均有此现象。

(2)城市热岛效应

在近地面温度图上,郊区气温变化很小,而城区则是一个高温区,就像突出海面的岛屿,由于这种岛屿代表高温的城市区域,19世纪初,英国气候学家赖克·霍德华在《伦敦的气候》一书中把这种气候特征称为"热岛效应"。

城市热岛效应形成的原因主要是:

①城市内大量的人为热。城市内有大量锅炉、加热器等耗能装置以及各种机动车辆、工厂生产以及居民生活都需要燃烧各种燃料,每天都在向外排放大量的热量。此外,城市中绿地、林木和水体的减少也是一个主要原因。随着城市化的发展,城市人口的增加,城市中的建筑、广场和道路等大量增加,绿地、水体等却相应减少,缓解热岛效应的能力同时被削弱。在中高纬度城市特别是在冬季,城市中排放的大量人为热是热岛形成的一个重要因素。许多城市冬季热岛强度大于暖季,周一至周五热岛强度大于周末,即受此影响。②城市内下垫面性质的改变。城区大量的建筑物和道路构成以砖石、水泥和沥青等材料为主的下垫层。这些材料热容量、导热率比郊区自然界的下垫面层要大得多,而对太阳光的反射率低、吸收率大;因此在白天,城市下垫面层表面温度远远高于气温,其中沥青路面和屋顶温度可高出气温 $8\sim17℃$,此时下垫面层的热量主要以湍流形式传导,推动周围大气上升流动,形成"涌泉风",并使城区气温升高;在夜间城市下垫面层主要通过长波辐射,使近地面大气层温度上升。③城市中建筑物参差错落,形成许多高宽比不同的城市街谷。在白天太阳照射下,由于街谷中墙壁与墙壁间、墙壁与地面之间,多次的反射和吸收,在其他条件相同的情况下,能够比郊区获得较多的太阳辐射能,如果墙壁和屋顶涂刷较深的颜色,则其反射率会小,吸收的太阳能将更多,并因为墙壁、屋顶和地面的建筑材料又具有较大的导热率和热容量,城市街谷于日间吸收和储存的热能远比郊区为多。另外,由于城区下垫面层保水性差,水分蒸发散耗的热量少(地面每蒸发 1 g 水,下垫面层失去2.5 kJ的潜热),所以城区潜热小,温度也高。城区密集的建筑群、纵横的道路桥梁,构成较为粗糙的城市下垫面层、因而对风的阻力增大,风速减低,热量不易散失。④城市内大气污染产生的温室效应。城市中的机动车、工业生产以及居民生活,产生了大量的氮氧化物、二氧化碳和粉尘等排放物。这些物质会吸收下垫面热辐射,同时其中很多气体还是红外辐射的良好吸收者,产生温室效应,从而引起大气进一步升温。但大气污染在城市热岛效应中起的作用其实是相当复杂的。大气污染物在城区浓度特别大时,会像一张厚厚的毯子覆盖在城市上方,白天它大大地削弱了太阳直接辐射,城区升温减缓,有时可在城市产生"冷岛"效应。夜间它将大大减少城区地表有效长波辐射所造产生的热量损耗,起到保温作用,使城市比郊区"冷却"得慢,形成夜间热岛现象。

世界上大大小小的城市,无论其纬度位置、海陆位置、地形起伏有何不同,都能观测到热岛效应。而其热岛强度又与城市规模、人口密度、能源消耗量和建筑物密度等密切相关。从天气形势上分析,在稳定的气压梯度小的天气形势下,才有利于城市热岛的形成。在强冷锋过境时,即无热岛现象。在风速大时,空气层结不稳定时,城郊之间空气的水平和垂直方向的混合作用强,城区与郊区间的温差不明显。一般情况是夜晚风速小,空气稳定度增大,热岛效应增强。在风速小于 6 m/s 时,可能产生明显的热岛效应,风速大于 11 m/s 时,下垫面层阻力不起什么作用,此时热岛效应不太明显。在晴天无云时,城郊之间的反射率差异和长波辐射差异明显,有利于热岛的形成。

(3)城市干岛和湿岛效应

城市相对湿度比郊区小,有明显的干岛效应,这是城市气候中普遍的特征。城市干岛效应与热岛效应通常是相伴存在的。由于城市的主体为连片的钢筋水泥筑就的不透水下垫面,因此,降落地面的水分大部分都经人工铺设的管道排至他处,形成径流迅速,缺乏天然地面所具有的土壤和植被的吸收和保蓄能力。据估计,当城市的地表有 50% 为不透水物覆盖时,城市排出的水量将为田园状态的 2 倍,在流量顶峰时可达 3 倍。因而平时城市近地面的空气就难以像其他自然区域一样,从土壤和植被的蒸发中获得持续的水分补给。这样,城市空气中的水分偏少,湿度较低,再加上热岛效应,易形成孤立于周围地区的"干岛"。

城市内雾的出现频率却比郊区多,因为城市内每天有大量的烟尘、废气排入空中,这些污染颗粒有的能作为凝结核,吸附空气中的水分,形成小水滴浮游在空中,其浓度达到一定程度便形成了雾,是湿岛效应的一种表现。在有雾时,雾滴与周围空气间进行水分交换,市区较暖,饱和水汽压较高,能容纳的水汽量较郊区为多,形成所谓的"雾天湿岛"。随着城市的发展,城市空气中的污染微粒增加,城市雾的发生也逐渐频繁。例如曾经以"雾都"闻名于世的伦敦,在政府颁布洁净空气法后,禁止在伦敦市内燃煤等一些防治空气污染的措施,伦敦市的污染情况逐步得到改善后,相应雾的日数也有所减少了。

城市内干岛和湿岛的变化,既与下垫面因素又与天气条件密切相关。特别在盛夏季节,郊区农作物生长茂密,城郊之间自然蒸散量的差值更大。城区由于下垫面粗糙度大(建筑群密集、高低不齐),又有热岛效应,其机械湍流和热力湍流都比郊区强,通过湍流的垂直交换,城区低层水汽向上层空气的输送量又比郊区多,这两者都导致城区近地面的水汽压小于郊区,形成"城市干岛"。到了夜晚,风速减小,空气层结稳定,郊区气温下降快,饱和水汽压减低,有大量水汽在地表凝结成露水,存留于低层空气中的水汽量少,水汽压迅速降低。城区因有热岛效应,其凝露量远比郊区少,夜晚湍流弱,与上层空气间的水汽交换量小,城区近地面的水汽压高于郊区,出现"城市湿岛"。这种由于城郊凝露量不同而形成的城市湿岛,称为"凝露湿岛",且大都在日落后若干小时内形成,在夜间维持。

在国外,城市干岛与湿岛的研究以英国的莱斯特、加拿大的埃德蒙顿、美国的芝加哥和圣路易斯等城市为著称。其关于城市湿岛的形成多数归因于城郊凝露量的差异,少数论及因城区融雪比郊区快,在郊区尚有积雪时,城区因雪水融化蒸发,空气中水汽压增高,因而形成城市湿岛。根据周淑贞等对上海1984年全年逐日逐个观测时刻大气中水汽压的城郊对比分析,还发现上海城市湿岛的形成,除上述雾天湿岛和凝露湿岛外,还有结霜湿岛、雨天湿岛和雪天湿岛等,它们都必须在风小而伴有城市热岛时,才能出现。

由于污染源增多和湿岛效应,使得城市雾霾天气明显多于郊外。加上城市的风速减弱不利于大气污染物的扩散稀释,近年来我国各地城市的大气污染日益严重,尤其是北方的冬季,燃煤供暖释放出大量污染物,又经常出现不利于污染物扩散的逆温天气,大气污染特别严重。

(4)城市雨岛效应

城市对降水影响问题,国际上存在着不少争论。1971—1975年美国曾在其中部平原密苏里州的圣路易斯城及其附近郊区设置了稠密的雨量观测网,运用先进技术进行持续5年的大城市气象观测实验(Metromex),证实了城市及其下风方向确有促使降水增多的"雨岛"效应。这方面的观测研究资料甚多,以上海为例,根据本地区170多个雨量观测站点的资料,结合天气形势,进行众多个例分析和分类统计,发现上海城市对降水的影响以汛期(5—9月)暴雨比较明显。在上海1960—1989年汛期降水分布图上(图3.21),城区的降水量明显高于郊区,呈现出清晰的城市雨岛。在非汛期(10月至次年4月)及年平均降水量分布图(图略)上则无此现象。

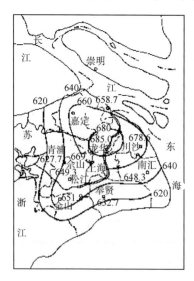

图3.21 上海汛期(5—9月)降水分布图(1960—1989年平均值)(周淑贞,1988)

城市雨岛形成的条件是:①在大气环流较弱,有利于在城区产生降水的大尺度天气形势下,由于城市热岛环流所产生的局地气流的辐合上升,有利于对流雨的发展;②城市下垫面粗糙度大,对移动滞缓的降雨系统有阻障效应,使其移速更为缓慢,延长城区降雨时间;③城区空气中凝结核多,其化学组分不同,粒径大小不一,当有较多大核(如硝酸盐类)存在时,有促进暖云降水作用。上述种种因素的影响,会"诱导"暴雨最大强度的落点位于市区及其下风方向形成雨岛。城市不仅影响降水量的分布,并且因为大气中的 SO_2 和 NO_2 甚多,在一系列复杂的化学反应之下,形成硫酸和硝酸,通过成雨过程(Rain out)和冲刷过程(Wash out)成为"酸雨"降落,危害甚大。

由于城市雨岛效应及下垫面性质改变导致的径流系数数倍增大,近年来我国大城市的暴雨内涝灾害日益频繁和严重,经常发生交通瘫痪和局地淹没,经济损失惨重。

城市对降雪的影响有两种不同的情况,因为降雪还决定于气温的高低。在气温很低的地方,降水多以雪的形式,城市促进降水也就是促进了降雪,这种情况城市的降雪量和降雪日数都比郊外多;但在气温不太低的地方,由于城市的温暖,并足以使降雪在城市上空就融化,到达地面的是雨,这种情况城市的降雪量、降雪日数和积雪都会比郊外少。

(5)城市的风和云量

城市对风的影响表现在两个方面:第一,城市的热岛效应造成市区与郊区之间的温度差,这温度差产生城市的局地环流,特别是当大范围水平气流微弱时,城市上空有强烈的上升气流,周围地面的空气向市区补偿,地面盛行风向朝向城市中心。由热岛中心上升的空气在一定高度上又流向郊区,在郊区下沉,形成一个缓慢的热岛环流,又称城市风系(图 3.22),这种风系有利于污染物在城区集聚形成尘盖,有利于城区低云和局部对流雨的形成。我国上海、北京等城市都曾观测到此类城市热岛环流的存在。第二,城市内鳞次栉比的建筑群是气流的障碍物,使得地面风速大为减弱,市区的平均风速一般比郊外空旷地区低 20%~30%;瞬时最大风速则低 10%~20%。

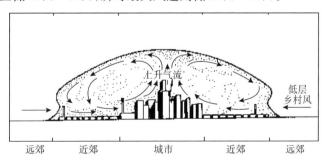

图 3.22　城市热岛环流模式和尘盖(周淑贞,2006)

　　此外,城市内部因街道走向、宽度、两侧建筑物的高度、形式和朝向不同,各地所获得的太阳辐射能就有明显的差异,在盛行风微弱时或无风时会产生局地热力环流。又当盛行风吹过鳞次栉比、参差不齐的建筑物时,因阻障效应产生不同的升降气流、涡动和绕流等,使风的局地变化更为复杂。

　　城市对云量的影响方面,一般认为,由于城市上空凝结核丰富和有上升气流,云量将有所增加。如东京,1929—1938年其间与1886—1895年期间相比较,年平均云量增加了0.6;阴天日数增加了37.5天。但是也有相反的例子,有些城市观测的云量减少。对于这种情况,有人用城市湿度下降的原因来解释。赵娜等(2012)对北京1961—2008年的气候观测资料进行统计,这48年来北京城区和郊区低云量均呈增加的趋势,郊区的增幅明显大于城区。城郊低云量的年变化趋势与气温的变化一致,与降水量的变化相反。城区夏、秋季低云量增加最明显,春季次之,冬季下降;郊区的低云量夏季增加最明显,春季和秋季次之,冬季基本不变。通过对比城区郊区总云量和低云量的变化我们发现,二者并没有明显的相关性。目前得到的云量观测资料,无论是云量增加还是减少,其变化量均未超过观测的误差范围。因此,城市对云量的影响情况还有待进一步的研究。

参考文献

白爱娟,翟盘茂.2007.中国近百年气候变化的自然原因讨论.气象科学,27(5):584-590.

布莱恩特,E.2004.气候过程和气候变化,刘东生,译.北京:科学出版社.

蔡新玲,刘宇,康岚,等.2004.陕西省雷暴的气候特征.高原气象,23(增刊):118-123.

陈海山,孙照渤.2002.陆气相互作用及陆面模式的研究进展,南京气象学院学报,25(2):277-288.

陈幸荣,张志华,蔡怡.2013.近百年气候变化及可能的自然影响因素研究进展.海洋预报,30(1):78-85.

陈峪,任国玉,王凌,等.2009.近56年我国暖冬气候事件变化.应用气象学报,20(5):539-545.

陈峪,陈鲜艳,任国玉.2010.中国主要河流极端降水变化特征.气候变化研究进展,6(4):265-269.

戴永久,曾庆存.1996.陆面过程研究.水科学进展,7(增刊):40-53.

丁一汇,任国玉.2008.中国气候变化科学概论.北京:气象出版社.

封国林,杨杰,万仕全,等.2009.温度破纪录事件预测理论研究.气象学报,67(1):61-74.

高留喜,杨成芳,冯桂力,等.2007.山东省雷暴时空变化特征.气候变化研究进展,3(4):239-242.

龚道溢,朱锦红,王绍武.2002.长江流域夏季降水与前期北极涛动的显著相关.科学通报,47(7):546-549.

龚道溢,韩晖.2004.华北农牧交错带夏季极端气候的趋势分析.地理学报,59(2):230-238.

龚志强,封国林.2008.中国近1000年旱涝的持续性特征研究.物理学报,57(6):3920-3931.

侯威,杨萍,封国林,等.2008.中国极端干旱事件的年代际变化及其成因.物理学报,57(6):3932-3940.

华丽娟,马柱国,罗德海,等.2004.1961－2000年中国区域气温较差分析.地理学报,**59**(5)：680-688.

季劲钧,胡玉春.1989.陆面过程模式的敏感性试验.大气科学,**47**:265-272.

江志红,丁裕国,金莲姬.1997.中国近百年来气温场变化成因的统计诊断分析.应用气象学报,**8**(2):175-190.

金石.2008.联合国环境署发布大气棕色云报告.环境保护,**23**:57.

李爱贞,刘厚风,张桂芹.2003.气候系统变化与人类活动.北京:气象出版社.

李爱贞,刘厚风.2004.气象学与气候学基础.北京:气象出版社.

李爱贞,刘厚风.2006.气象学与气候学基础(第二版).北京:气象出版社.

廖妙婵,孙雅坤.2011.论极端气候事件及其影响,重庆科技学院学报(社会科学版),3:59-66.

刘永强,叶笃正,季劲钧.1992.土坡湿度和植被对气候的影响－I:短期气候异常持续性的理论分析.中国科学B辑:441-448.

刘植,刘秀铭,李平原,等.2012.大气CO_2变化与气候.亚热带资源与环境学报,**7**(1):89-94.

卢楚翰,管兆勇,李震坤,等.2014.春季欧亚大陆积雪对春夏季南北半球大气质量交换的可能影响.大气科学,**38**(6):1185-1197.

罗亚丽.2012.极端天气和气候事件的变化.气候变化研究进展,**8**(2):90-98.

马晓波.1999.中国西北地区最高、最低气温的非对称变化.气象学报,**57**(5):613-621.

马玉堂,等.1982.垦荒的若干小气候效应.气象学报,**40**:353-360.

马柱国,魏和林,符淙斌.1999.土壤湿度与气候变化关系的研究进展与展望.地球科学进展,**14**(3):299-305.

迈克尔·阿拉贝.2011.气候变化,马晶,译.上海:上海科学技术文献出版社.

么枕生.1959.气候学原理.北京:科学出版社.

彭公炳,陆巍.1983.气候的第四类自然因子.北京:科学出版社.

任国玉,初子莹,周雅清,等.2005.中国气温变化研究最新进展.气候与环境研究,**10**(4):701-716.

任国玉,封国林,严中伟.2010.中国极端气候变化观测研究回顾与展望.气候与环境研究,**15**(4):337-353.

石广玉.1991.大气微量气体的辐射强迫与温室气候效应.中国科学(B辑),(7):776-784.

孙凤华,杨素英,任国玉.2007.东北地区降水日数、强度和持续时间的年代际变化.应用气象学报,**18**(5):610-618.

唐红玉,翟盘茂,王振宇.2005.1951－2002年中国平均最高、最低气温及日较差变化.气候与环境研究,**10**(4):728-735.

万仕全,王令,封国林,等.2009.全球变暖对中国极端暖月事件的潜在影响.物理学报,**58**(7):5083-5090.

汪自军,陈圣波,吕航,等.2010.大气臭氧不同量纲之间的转换.气象与环境学报,**26**(2):63-67.

王绍武.1982.地球上的冰雪和气候变化.自然杂志,**5**(8):610-612.

王绍武.1994.气候系统引论.北京:气象出版社.

王绍武,龚道溢,叶瑾琳,等.2000.1880年以来中国东部四季降水量序列及其变率,地理学报,**55**(3):281-293.

王秀萍,张永宁.2006.登陆中国热带气旋路径的年代际变化.大连海事大学学报,**32**(3):41-45.

王英,曹明奎,陶波,等.2006.全球气候变化背景下中国降水量空间格局的变化特征.地理研究,**25**(6):1031-1041.

王咏梅,任福民,李维京,等.2008.中国台风降水的气候特征.热带气象学报,**24**(3):233-238.

王遵娅,丁一汇,何金海,等.2004.近50年来中国气候变化特征的再分析.气象学报,**62**(2):228-236.

熊开国,封国林,王启光,等.2009.近46年来中国温度破纪录事件的时空分布特征分析.物理学报,**58**(11):8107-8115.

徐铭志,任国玉.2004.近40年中国气候生长期的变化.应用气象学报,**15**(3):306-312.

严中伟,杨赤.2000.近几十年我国极端气候变化格局.气候与环境研究,**5**(3):267-372.

杨杰,侯威,封国林.2010.干旱破纪录事件统计理论研究.物理学报,**59**(1):664-675.

杨金虎,江志红,王鹏祥,等.2008.中国年极端降水事件的时空分布特征.气候与环境研究,**13**(1):75-83.

杨玉华,应明,陈葆德.2009.近58年来登陆中国热带气旋气候变化特征.气象学报,**67**(5):689-696.

叶殿秀,张强,邹旭恺.2005.三峡库区雷暴气候变化特征分析.长江流域资源与环境,**14**(3):381-385.

易燕明,杨兆礼,万齐林,等.2006.近50年广东省雷暴、闪电时空变化特征的研究.热带气象学报,**22**(6):539-546.

翟盘茂,任福民.1997.中国近四十年最高最低温度变化.气象学报,**55**(4):418-429.

翟盘茂,任福民,张强.1999.中国降水极值变化趋势检测.气象学报,**57**(2):208-216.

翟盘茂,潘晓华.2003.中国北方近50年温度和降水极端事件的变化.地理学报,**58**(增刊):1-10.

翟盘茂,李茂松,高学杰,等.2009.气候变化与灾害.北京:气象出版社.

翟盘茂,刘静.2012.气候变暖背景下的极端天气气候事件与防灾减灾.中国工程科学,**14**(9):55-63,84.

张家诚,朱明道,张先恭,等.1976.气候变迁及其原因.北京:科学出版社.

张晶,丁一汇.1998.一个改进的陆面过程模式及其模拟试验研究:第一部分:陆面过程模式及其"独立(off-line)"模拟试验和模式性能分析.气象学报,**56**(1):1219.

张莉,任国玉.2003.中国北方沙尘暴频数演化及其气候成因分析.气象学报,**61**(6):744-750.

张宁,孙照渤,曾刚.2008.1955—2005年中国极端气温的变化.南京气象学院学报,**31**(1):123-128.

张强,胡向军,王胜,等.2009.黄土高原陆面过程试验研究(LOPEX)有关科学问题.地球科学进展,**24**(4):363-371.

张小曳,龚山陵.2006.2006年春季的东北亚沙尘暴.北京:气象出版社:1-118.

章大全,钱忠华.2008.利用中值检测方法研究近50年中国极端气温变化趋势.物理学报,**57**(7):6435-6440.

章大全,张璐,杨杰,等.2010.近50年中国降水及温度变化在干旱形成中的影响.物理学报,**59**(1):655-663.

赵鸣,江静,苏炳凯,等.1995.一个引入近地层的土壤-植被-大气相互作用模式.大气科学,**19**(4):405-414.

赵娜,刘树华,杜辉,等.2012.城市化对北京地区日照时数和云量变化趋势的影响.气候与环境研究,**17**(2):233-243.

赵珊珊,高歌,孙旭光,等.2009.西北太平洋热带气旋频数和强度变化趋势初探.应用气象学报,**20**(5):555-563.

中国科学技术蓝皮书(第5号)——气候.1990.北京:科学技术文献出版社.

周京平,王卫井.2009.极端气候因素对中国农业经济影响初探.现代经济,**8**(7):142-145.

周淑贞.1979.气象学与气候学.北京:高等教育出版社.

周淑贞.1988.上海城市气候中的"五岛"效应.中国科学,(11):1226-1234.

周淑贞.2006.气象学与气候学(第三版).北京:高等教育出版社.

周雅清,任国玉.2010.中国大陆1956－2008年极端气温事件变化特征分析.气候与环境研究,**15**(4):405-417.

周亚军,陈葆德,孙国武.1994.陆面过程研究综述.地球科学进展,**9**(5):26-31.

竺可桢.1973.中国近五千年来气候变迁的初步研究.中国科学,2:168-189.

朱玉祥,丁一汇,徐怀刚.2007.青藏高原大气热源和冬春积雪与中国东部降水的年代际变化关系.气象学报,**65**(6):946-958.

邹旭恺,张强,任国玉.2010.基于综合气象干旱指数与干旱变化趋势研究.气候与环境研究,**15**(4):371-378.

Bai A,Zhai P,Liu X,*et al*.2007.On climatology and trends in wet spell of China.*Theor. Appl. Climatol*.,**88**:137-148.

Briffa K R,Jones P D.1993.Global surface air temperature variation over the twentieth century:Part 2,implications for large－scale high－frequency palaeoclimatic studies.*The Holocene*,3:165-179.

Carson D J and Sangster A B.1981.The influence of land－surface albedo and soil moisture on general circulation model simulation.Research Activities in Atmospheric and Oceanic Modelling,Rutherford I D ed.,*Numerical Experimentation Program*,GARP/WCRP Rep,2.

Charney J G,*et al*.1975.Drought in the Sahara:a biogeophysical feedback mechanism.*Science*,**187**:434-435.

Charney J G,Quirk W K,Chow S H,*et al*.1977.A comparative study of the effects of albedo changes on drought in semi-arid regions.*J. Atmos. Sci.* **34**:1366-1385.

Chervin R M.1979.Response of the NCAR general circulation model to changed land surface albedo.Report of the JOC study conference on sensitivity studies,GARP Publications Series No.22,Volume 1:563-581.

Dickinson R E.1984.Modeling evapotranspiration for three dimensional global climate model.Hanson J E and Takahashi T eds,*Geophs Monogr*,29.

Ding T,Qian W,Yan Z.2009.Changes of hot days and heat waves in China during 1961－2007.*Int. J. Climatol.*,doi:10. 1002/ joc. 1989.

Dlugokencky E J,Steele L P,Lang P M,*et al*.1994.The growth rate and distribution of atmospheric methane.*Journal of Geophysical Research Atmospheres*,**99**,issue D8.17021-17043.

Foukal P,Lean J.1986.The influence of faculae on total solar irradiance and luminosity.*Astro-*

phys. J，**302**：826-835.

Grove J M，Switsur R. 1994. Glacial geological evidence for the medieval warm period. *Climatic change*，**26**(2)：143-169.

Hansen J，Wilson H. 1993. Commentaryon the significance of global temperature records. Climatic Change，**25**：185-191.

IPCC. 2007. Climate change 2007：the fourth assessment report of the intergovernmental panel on climate change. UK：Cambridge University Press.

IPCC. 2013. Summary for Policymakers. In：Climate Change 2013：The Physical Science Basis. Contribution of Working Group I to the Fifth Assessment Report (AR5). Printed October 2013 by the IPCC，Switzerland.

Jiang Y，Luo Y，Zhao Z，*et al*. 2010. Changes in wind speed over China during 1956-2004 . *Theor. Appl. Climatol.* ，**99**：421-430.

Katharina D S，Kloster S，Ilyina T，*et al*. 2013. Global warming amplified by reducedsulphur fluxes as a result of ocean acidification. *Nature Climate Change*，(3)：975-978.

Keeling C D，Bacastow R B，Bainbridge A E，*et al*. 1976. Atmospheric carbon dioxide variations at Mauna Loa Observatory，Hawaii. *Tellus.* **28**，Issue 6，December ：538-551.

Landsberg H E. 1981. The urban climate，International Geophysics Series，Vol. **28**. New York：Academic Press.

Li H C，Ku T L. 2002. Little Ice Age and Medieval Warm Periods in Eastern China as Read from the Speleothem Records. *American Geophysical Union*，**71**：09.

Manabe S. 1969. Climate and the ocean circulation，I，The atmosphere circulation and the hydrology of the Earth's surface. *Mon Wea Rev*，**97**：739-774.

Manabe S. 1975. A study of the interaction between the hydrologic cycle and climate using a mathematical model of the atmosphere. Report on meeting on weather—feed interactions，Massachusetts Institute of Technology：21-45.

Mintz Y. 1984. The sensitivities of numerically simulated climate to land surface boundary condition. *The Global Climate*，Houghton J T ed，Cambridge University Press：70-105.

Qian W，Fu J，Yan Z. 2007. Decrease of light rain events in summer associated with a warming environment in China during 1961-2005. *Geophys. Res. Lett.* ，34，L 11705，doi：101029/2007G L029631.

Rind D. 1984. The influence of vegetation on the hydrologic cycle in a global climate model，Climate Processes and Climate Sensitivity. Hansen J E and Takahashi T eds，*Geophs Monogr.* ，(29).

Shukal J and Mintz Y. 1982. Influence of land surface evapotranspiration on the earth climate. *Science*，**215**：1498-1501.

Shukal J，*et al*. 1990. Amazon deforestation and climate change. *Science*，**247**：1322-1325.

Stanhill G，Cohen S. 2001. Global dimming：A review of the evidence for awidespread and significant reduction in global radiation with discussion of its probable causes and possible agricultural consequences. *Agricultural and forest Meteorology*，**107**(4)：255-268.

Sud Y C and Fennessy M J. 1982. A study of the influence of surface albedo on July circulation in semi—arid regions using the GLAS GCM. *J Climatel*, **2**: 102-125.

Sud Y C, Smith W E. 1985. The influence of surface roughness of deserts on July circulation: A numerical study. *Boundary—Layer Meteorol*, **33**: 15-49.

Sub Y C, *et al*. 1988. Influence of local surface roughness on atmosphere circulation and precipitation: A sensitivity study with a general circulation model. *J Appl Meteor*, **27**: 1036-1054.

Thoning K W, Tans P P, Komhyr W D. 1989. Atmospheric carbon dioxide at Mauna Loa Observatory: 2. Analysis of the NOAA GMCC data, 1974-1985. *Journal of Geophysical Research Atmospheres*. Volume 94, Issue D6 20 June: 8549-8565.

Walker J and Rowntree P R. 1977. The effect of soil moisture on circulation and rainfall in a tropical model. *Quart J Roy Meteor Soc*, **103**: 29-46.

Wang L, *et al*. 2009. Temporal change of warm winter events over the last 56 years in China . *Journal of Applied Meteorological Science* (in Chinese), **20** (5): 539-545.

Wang X, Zhai P. 2009. Variation of extratropical cyclone activity in northern East Asia. *Adv. Atmos. Sci.*, **26** (3): 471-479.

Xu Q. 2001. Abrupt change of the mid—summer climate in central east China by the influence of atmospheric pollution. *Atmospheric Environment*, **35** (2): 5029-5040.

Zhai P, Pan X. 2003. Trends in temperature extremes during 1951—1999 in China. *Geophys. Res. Lett.*, 30, doi: 10. 1029/2003G l018004.

Zhang D, Feng G, Hu J. 2008. Trend of extreme precipitation events over China in last 40 years. *Chinese Physics* B, **17**(2): 736-742.

第4章

气候变化影响

4.1 气候变化对世界各大洲影响概述

气候变化对于人类社会和自然生态造成了重要的影响,在 IPCC 评估报告中,较为全面地阐述了气候变化对于世界各地所造成的危害,现将其对于各大洲的主要影响概述(IPCC,2001;殷永元 等,2004;郭庆春 等,2011)如下:

非洲,受气候变化的影响,谷物产量明显降低,缺水问题更加突出,预估气候变率和气候变化还将严重危及许多非洲国家和地区的农业生产,特别是食物的获取;对于适合农业生产的地区,生长期长度和生产潜力预计会下降,特别是沿干旱和半干旱地区的过渡区,这会进一步对粮食安全产生负面影响;由于年降水量的减少,非洲南部、北部和西部的沙漠化趋势更为严重;受海平面上升和海岸线侵蚀的影响,尼日利亚、塞内加尔、冈比亚、埃及等国居住在沿海地区居民,以及非洲东南部沿海地区居民等的生活将受到严重的负面影响。

亚洲,高温、洪水和土壤退化使亚洲干旱、热带地区的粮食生产受到很大的威胁。亚洲北部地区的粮食产量可能因全球气候变暖而增加;海平面上升和更加猛烈的龙卷风,使居住在温带和热带沿海地势较低区域数以千万计的居民被迫离开家园。预计未来气候变化将通过不断减少产量和缩小可耕地面积,以及减少鱼类食物的供应而影响农业;预估亚洲大多数国家气候变暖和降雨带迁移,将引起农作物生产力的大幅下降,这是高温压力以及更为严重的干旱和洪水灾害带来的后果;农业生产力的下降在那些已经遭受可耕地日益不足的地区将更加明显,并且将增加亚洲,尤其是发展中国家饥荒的风险。

欧洲,南部更加干旱,而其他地区洪水频繁;阿尔卑斯山的冰川将在 21 世纪末消失一半;热浪将使旅游者改变传统的旅游线路,而减少的降雪会彻底影响欧洲的旅游业;在欧洲中部和东部,预估夏季降水会减少,造成更严重的缺水压力,由热浪造成的健康风险会增大,森林生产力预计会下降,而泥炭地火灾频率会增加;在欧洲北部,预估气候变化会带来正反两方面的影响,包括一些如供暖需求降低、农作物产量提高以及林木生长量增加等方面的效益,如果气候持续变化,其负面影响(包括更频繁的冬季洪水、濒危的生态系统以及地面不稳定性增强)可能会大于其所带来的效益。

拉丁美洲,洪灾和旱灾更加频繁;温度升高及相应的土壤水分降低,预估会使热带雨林逐渐被热带稀树草原所取代;半干旱植被将趋向于被干旱地区植被所取代;在拉丁美洲许多热带地区,由于物种灭绝而存在生物多样性损失显著的风险;在较为干旱的地区,气候变化预计会导致农业用地的盐碱化和荒漠化,预估某些重要农作物生产力会下降,畜牧业生产力预计也会降低,对粮食安全带来不利后果,温带地区的大豆产量预计会增加;巴西东北部人们赖以生存的农业耕作受到严重的挑战,疟疾和霍乱大行其道。

大洋洲,对某些温带作物来说,全球变暖带给他们的影响最初是积极的。但全球变暖现象若进一步加剧,对于这些作物的影响则有利有弊。澳大利亚和新西兰的很多地方平时会异常干旱,但日益频发的暴雨龙卷风等,会造成严重的洪涝灾害,热浪和火灾的强度与频率在增强,洪水、山体滑坡、干旱和风暴潮很可能变得更加频繁和猛烈。到2030年,由于干旱和火灾增多,在澳大利亚南部和东部大部分地区以及新西兰东部部分地区,预估农业和林业产量会下降。然而在新西兰,由于生长期延长,霜冻减少,降雨增加,预计会给西部和南部地区以及靠近河流干流地区带来效益。

北美洲,适度的气候变暖会使北美洲的粮食生产受益。但局部地区,如加拿大的大草原区、美国的大平原地区的粮食生产也会受到严重影响。海平面的上升加剧海岸线被侵蚀和洪水泛滥,而这又导致暴雨更加频繁和猛烈。这一正反馈现象已经发生在美国佛罗里达州和大西洋沿海地区。疟疾、登革热和莱姆病等疾病有可能因气候变化而在北美大陆横行,死于与热有关疾病的人数将大大上升。

小岛国,尤其是那些高纬度地区的岛屿,变暖已导致对一些本地物种的更换,非本地入侵物种将逐渐侵入中高纬度的岛屿;但以前则受到不利温度条件的限制,短期内极端事件的增加将影响热带岛屿上森林的适应性响应,由于其面积较小,所以猛烈的气旋或风暴可能轻易地大量毁坏许多岛屿上的森林,某些高纬度岛屿上的森林覆盖可能增加;海平面上升、洪水、海水侵入淡水、土壤盐碱化和供水减少将很可能对沿海农业造成不利影响;远离海岸、极端事件(如洪涝和干旱)的变化可能对农业生产产生不利影响;预计在今后100年间,海平面的升高速度会明显加快,从而加剧小岛国海岸线的侵蚀,生态系统受到破坏,土地消失,珊瑚礁受到损害,渔业和旅游业受到严重影响,大量原住民将会移居,其经济发展也将会受到严重威胁。

极地,全球气候变暖对北极、南极和南大洋造成巨大的影响,包括冰川融化、冰盖缩小、海平面上升、洋流方向改变等等。

4.2 气候变化对自然生态与农牧业生产的影响

4.2.1 气候变化对地表形态特征的影响

受气候变化、全球温度明显升高的影响,地球表面的形态特征正在发生着显著的改变,主要体现在冰冻圈与湿地面积的缩小、海平面的升高与土地的严重退化等。

根据《IPCC第五次评估报告》第一工作组报告,受全球气候变暖的影响,全球陆地冰川、格陵兰和南极冰盖都在加速消融,北冰洋海冰和北半球春季积雪都在减少(图1.4,图3.4),同时,观测资料也显示北半球冻土层温度上升以及冻土层厚度明显减小(IPCC,2013)。

湿地是陆地生态系统的重要组成部分,它是由水陆相互作用而形成的具有特殊功能的自然综合体,具有巨大的环境功能和效益,被誉为"地球之肾"。据估计,全球约有860万 km^2 湿地,但由于人类不合理地利用与气候变化的影响,80%的湿地资源正在丧失或退化。

冰川融化和海水温度升高引发的热膨胀导致了海平面的上升(图3.4),从1901年到2010年,全球平均海平面上升了0.19 m,平均每年升高1.7 mm;1971年到2010年间平均升高速度达每年2.0 mm;1993年到2010年间平均速度则达到每年3.2 mm,这些数据表明海平面的上升速度在明显加快(IPCC,2013)。海平面上升,增加了沿岸地区遭受洪水泛滥的频率,风暴潮影响的程度加重,海岸带滩涂湿地、红树林、珊瑚等因此遭到破坏,甚至引起海水入侵地下淡水层,在一些人口稠密的低洼地区,所遭受的风险则会更大。

土地退化包括了土壤侵蚀、土壤次生盐渍化、土壤污染以及土地荒漠化等,其中土地荒漠化受气候变化带来的降水分布不均,干旱、极端干旱等事件频发的影响最为显著。目前,地球上沙漠及荒漠化土地面积共4560.8万 km^2,占地球上土地面积的35%,威胁到全球15%的人口和100多个国家和地区,其已经成为威胁人类可利用土地的最主要问题(朱诚 等,2006)。中国甘肃民勤县,有着悠久的历史和丰富的文化,但其原本就被腾格里和巴丹吉林大沙漠所包围,目前观测到这两大沙漠有加速汇合的趋势,沙漠边缘平均每年以3~4 m的速度向绿洲推进,目前民勤县荒漠化面积已经达到94%,如果任其发展,民勤这一沙漠绿洲就将不复存在,其历史文化也会随之消失。

4.2.2 气候变化对生物多样性的影响

生物多样性是人类赖以生存和发展的基础,直接影响着生态系统的功能和稳定性,它也是全人类共有的宝贵财富,为人类的生存与发展提供了丰富的食物、药物、燃料等生活必需品以及大量的工业原料,维护了自然界的生态平衡,并为人类的生存提供了良好的环境条件。同时,生物多样性是生态系统不可缺少的组成部分,人们依靠生态系统净化空气、水等;自然界的所有生物都是互相依存,互相制约的,每一种物种的绝迹,都预示着很多物种即将面临死亡(黎燕琼 等,2011)。

生物在气候变化条件下,适应新的温度和降雨模式一直是生物进化演变过程中的一个主要推动力(牛书丽 等,2009;蔡蕾,2007)。但是目前,在气候变暖为主要特征的气候变化影响下,地球上生物的适应能力明显降低,生物多样性正在遭受前所未有的威胁。如果我们能够将生物多样性的丧失和气候变化的威胁一起综合考虑,将为生物多样性适应气候变化创造条件。

生物多样性主要包括了物种多样性、遗传多样性以及生态系统多样性。目前的研究表明,作为对气候变化的响应,陆地、淡水和海洋生物地理分布、季节性活动、迁徙模式和丰度、物种的相互作用等已发生改变(姜彤 等,2014;IPCC,2014)。气候变化对于物种、遗传以及生态系统的影响,主要体现在以下几个方面:

首先,对于物种的影响(吴建国,2008;黎燕琼 等,2011;蔡蕾,2007;刘洋 等,2009;Niemela *et al*,2001;Nilson *et al*,1999)包括物种分布范围的变化,如气候变暖迫使许多物种向更高的纬度和海拔迁移,当无法再迁移时,就会发生地方性甚至全球性的灭绝;物种的丰富度减少、优势度更替,如气候变化使得一些森林中的动物种群数量增加,优势树种交替,草本物种的丰富度明显减少等等;此外气候变化对于物种的影响还体现在物种的物候期发生紊乱,动物的繁殖受到影响、幼崽成活率降低,病虫害的发生发展增强,物种的灭绝速度明显加快等等方面。

其中导致物种灭绝的一个重要的原因就是物种生境的退化(蔡蕾,2007)。比如极地是对气候变化最敏感的地区,由于海冰的逐渐消失,依赖其休息、捕食和繁殖的北极熊生存首当其冲受到威胁。白鹤是一种极度濒危的迁徙性湿地鸟类,在俄罗斯北极地区和西伯利亚繁殖,在中国的长江中下游越冬,但是随着全球气候不断变暖,白鹤栖息的北极圈内苔原预计会减少大约70%。当前尚存的几个大规模亚洲虎栖息地分布在印度红树林地区,未来海平面的上升可能会造成这些栖息地的消失。

海洋物种的多样性受到了气候变化的严重影响。海洋的动物门类达35个门,远高于陆地的11个动物门类(Briggs,1994),受到温度升高的影响,海洋物种呈现明显减少的趋势,如洛杉矶珊瑚礁鱼类的物种数量减少了15%～25%(Sally *et al*,1997),太平洋地区因为海水温度上升导致海龟繁殖的后代雌性比例远高于雄性,整个海龟种群的存活率降低(陈宝红 等,2009)。气候变化引起海水酸化,而海水酸化又会引起所有海洋钙化生物的钙化速率下降,直接影响到贝类、石珊瑚、浮游有孔虫、球石藻、翼足类以及珊瑚礁钙质藻等钙化物种的钙化速率。其中文石生产者(石珊瑚和翼足类)和高镁方解石生产者(珊瑚礁钙质藻)受 CO_2 浓度变化的影响尤为剧烈。经验数据和模型结果表明,在大气 CO_2 浓度加倍情况下,珊瑚礁的钙化速率降低 14%~40%(Lee et al,2003),钙化速率的下降导致珊瑚礁骨骼脆弱化、受侵蚀概率上升、珊瑚礁物种组成和群落结构改变,最终导致珊瑚礁分布范围缩小,纬度限制线向赤道方向移动,严重地威胁到依赖于珊瑚礁生境的物种组成。研究表明,从 1880—2002年,我国南沙珊瑚礁生态系统的平均钙化速率已经下降了 12%,预计到 2065 年珊瑚礁钙化速率将减少 26%,到 2100 年将减少 33%(张远辉 等,2006)。此外,海水酸化还引起鱼类、甲壳类和头足类等海洋非钙化动物的呼吸蛋白质氧亲和性急剧下降,从而影响这些动物的分布(Lee et al,2003)。

其次,遗传多样性是指种内基因的变化,包括种内显著不同的种群间和同一种群内的遗传变异,也称为基因多样性(刘红梅 等,2001),是地球上生物个体中包含遗传信息的总和(宋丁全,2004)。遗传多样性是一个种、变种、亚种或者品种基因变异的总和,其变化过程包括了蛋白质、染色体和基因等的变化(陈灵芝 等,2001)。物种在漫长的变化过程中,其遗传与气候在一定范围内形成了较为稳定的关系,但随着气候的变化,受遗传物质传递与条件改变的影响,遗传的多样性也随之发生了变化(吴建国,2008)。遗传物质传递与繁殖受精过程密切相关,基因活动也主要与生物繁殖过程相关。气候变化对基因多样性影响包括对繁殖过程、单倍体(如芽变)和多倍体的形成等。气候变化使山地积雪融化提前,使一些两栖类动物繁殖提前,这些变化对遗传物质传递都产生了一定的影响。一些大型动物,由于种群密度小,活动范围大,基因受气候变化威胁较大。

最后就是气候变化对于生态系统多样性的影响。生态系统的多样性,主要是指地球上生态系统的组成、功能的多样性以及生境、生物群落等的多样性(黎燕琼 等,2011)。气候变化对于生态系统影响的最重要内容,主要体现在生态系统的地带性改变上,这种改变在高纬度地区变化最为强烈,热带等低纬度地区的响应不明显(Enquist,2002)。此外,气候变化还导致了一些功能生态系统的退化与丧失,包括一些湿地生态系统、红树林生态系统的退化,特别是海岸与海洋生态系统受海平面上升、海水温度升高的影响,其群落结构、功能等也在发生巨大的变化(陈宝红 等,2009;杜建国 等,2012)。受气候变化的影响,生态系统之间由于相互关联,甚至会出现生态系统退化的正反馈作用,如湿地是红树林的较佳生境,但是湿地生态系统的退化,使得红树林随之退化;缺少了红树林的保土固水,湿地的退化又会加速,二者的退化形成了正反馈。

4.2.3　气候变化对水文水资源的影响

全球很多地区的降水变化和冰雪消融正在改变水文系统,影响到水资源量和水质(IPCC,2014)。水是大气环流和水文循环中的重要因子,是受气候变化影响最直接和最重要的因子之一。水循环是研究气候变化对水资源影响的理论基础,水文循环是气候系统的重要组成部分,既受气候系统的制约,又对气候系统进行反馈。气候变化必然引起水循环的变化,对于流域水循环而言,其特征在相当大程度上是由所处的气候条件决定的。或者说,流域的气候条件在客观上决定了流域的水循环背景。气候因子对水循环过程的影响是复杂的、多层次的,气候系统通过降水、气温、日照、风、相对湿度等因子直接或间接地影响着水循环过程(刘昌明 等,2008)。

气候变化已经对水文水资源产生了不可低估的影响,特别是在气候变化日益严重的影响下,伴随人口增长与经济发展,干旱、洪涝等极端事件的频繁发生,水资源的供需矛盾也日渐突出(王国庆 等,2008)。气候变化会改变全球水循环的现状,通过影响相关水文途径或者指标,使得全球水资源时空分布重新分配(於凡 等,2008)。除了直接影响以外,气候因子还通过发生在陆面和土壤中控制陆面与大气之间水分、热量和动量交换的陆面过程间接地影响水分循环。如气温、日照、风和相对湿度对陆面蒸散发过程的影响等。

深入研究气候变化背景下水文水资源系统的变化规律,揭示气候变化与水文水资源以及生态环境变化之间的关系,分析水循环演变特征,评估未来气候变化对流域水文与水资源的影响,可为未来水资源系统的规划设计开发利用和运行管理提供科学依据。

受影响的水文指标或途径主要包括以下几个方面:

(1)温度的变化。温度虽然不是水文途径,但它是重要的水文指标,因为大气温度越高,大气的持水能力就会越强,随着温度的升高,降水的季节分配会发生显著变化,从而导致季节流量对全年流量的比例失调(丁一汇,2008)。

(2)降水量的变化。降水是地球上一切水资源的总来源,也是气候变化中影响水资源最直接的因子。气候系统的输出降水对水循环的影响是最为直接的。对某一特定的区域而言,一定程度上可以说降水是水循环的开始。气候变化引起降水变率增大,降水分布更加不均匀(丁一汇,2008),最新研究结果表明,海洋由于缺少观测数据,其降水量变化趋势无法估计,全球大陆地区自1901年以来,降水量除了北半球中纬度地区呈现增加趋势,北半球副热带地区明显减少,非洲北部、南美的沙漠地区减少更为明显,而南半球有小幅增加趋势(刘昌明 等,2008;沈大军 等,1998;《气候变化国家评估报告》编委会,2007)此外其他纬度区域尺度上的长期降水量变化趋势并不明显(IPCC,2013),降水量在区域尺度上的分配不均匀,而这种不均匀,也正是目前全球尺度频繁发生的极端干旱或者洪涝事件的主要原因(李峰平 等,2013;Karl *et al*,1998;Frich *et al*,2002)。

(3)蒸散发的变化。蒸散发是重要的水文指标,它不仅是水文循环的重要途径,还是能量平衡的关键影响因子。它不仅与温度有关,还与日照、大气相对湿度及风速有关,特别是在全球不同的区域、不同尺度上,影响蒸散发的主导因子不同、其变化特征也不尽相同。目前,以中国为例,蒸发皿蒸发量呈现减少的趋势,而这种减少在全球范围内也呈现相当的普遍性(刘昌明 等,2008),由此就产生了受到广泛关注的"蒸发悖论"问题,简单地说,就是温度明显升高,蒸发皿蒸发量却出现下降的趋势。也有学者根据作物参考蒸散量的降低,说明在一些地区,风速的减少是蒸散发减少的主导因子(He *et al*,2013)。现阶段,有关蒸散发的机理方面研究,有待进一步的探讨与观测。

(4)径流的变化。径流是水文途径响应气候变化的重要途径。目前的研究结果表明,近50年,我国六大江河(长江、黄河、珠江、松花江、海河、淮河)的实测径流量都呈现下降趋势(刘昌明 等,2000;Liu *et al*,2002;张建云 等,2008)。我国以占全球约6%的可更新水资源、9%的耕地,支持了占全球22%人口的生存和发展。随着径流量的下降,我国的水资源问题日益突出,河流两岸的工农业及生活用水也受到了一定程度的威胁。全球尺度来看,由于所采用的研究方法差异,尺度不同,所得到的结果也大相径庭(沈大军 等,1998)。而新疆内陆河流域1998年到2005年,实际上经历了一个暖湿期,气温上升,径流在增加,新疆以东地区降水和径流却仍然减少,这个现象展现出不同地区在当今全球气候变化下水资源的变化因气温与降水的不同而出现区域响应的差异性。

受气候变化的影响,径流量的季节变化差异明显,极易造成洪涝灾害的频繁交替发生。如对美国特拉华流域的季节径流和土壤含水量的研究表明,冬季升温导致大部分降水以雨水形式降落,使冬季径流增加,春夏两季径流减少,流域北部积雪的减少和蒸散发的增加,将改变径流的年内分配规律并减少现有的可用水资源(Mccabe,1990)。在欧洲国家流域的研究工作中,有关温带地区的研究内容广泛,在这些地区年径流量主要是由春季融雪形成(Saelthun,1990)。

(5)地下水的变化。气候变化对地下水的影响是一个值得关注的研究方向,但目前的研究多局限于不同的气候变化下的地下水水量的变化,研究方法和预测精度尚有待于进一步提高和完善,已有结果表明,华盛顿州埃伦斯堡流域在全球变暖情况下,地下水的补给量平均每年下降25%(科恩,2001)。

(6)水质的变化。全球变暖的背景下,许多地区的湖泊和河流水温上升,对于水质产生严重影响,对于湖泊水库而言,可能增加水体营养物质,藻类和浮游动物增加,加速富营养化的发展;对于沿海地区,江河径流量减少和海平面上升将使海水沿河道和地下水入侵,加速农田盐渍化;河流中鱼类的分布也会发生变化并提早迁徙(邓慧萍 等,1996;曾群 等,2006;刘昌明 等,2008;丁一汇,2008)。由于水体温度的升高,溶解度下降,水体中的溶解氧随之降低,造成鱼类的大量死亡,从而使得水体遭受严重污染,水质明显降低。以太湖为例,以前太湖蓝藻一般发生在7—8月,但2007年5月底,太湖就爆发了大面积的蓝藻,而2008年4月初蓝藻再次提前出现,目前尚不能确定气候变化和太湖蓝藻出现的时间及程度之间的定量关系,但是气候变化下的河流水质已经受到严重影响。美国的相关研究表明,在美国众多的西部河流中,流速慢的河流将给下游用水者提供含盐量较高的水,而流速较快的河流能帮助减少一些水质问题。

受气候变化影响,与日俱增的强降水事件使得更多的农药和城市废弃物冲入河流、湖泊当中,不仅直接降低了水质,还进一步减少了溶解氧的含量。

4.2.4 气候变化对农业生产的影响

对于农业生产影响方面,许多区域的作物研究表明,气候变化对粮食产量的不利影响比有利影响更为显著(IPCC,2014)。气候变化的不确定性,引起水热资源要素的时空分布格局变化、土壤有机质和土壤肥力变化、农作物品种适应性和多样性及其抗逆性改变,加剧局部地区的灾害要素形成,因此,对世界粮食生产、种植制度、生产结构和区域布局将产生深远的影响。农业对气候变化非常敏感,是受气候变化影响最大的行业(杨晓光 等,2010;林而达 等,2007),而同时,气候始终是影响农业生产的首要决定因子,全球绝大部分农业生产直接受控于气候要素和气候系统(唐国平 等,2000)。气候变化引起全球降水格局的改变,而降水对于农业生产,特别是旱地农业生产起着决定性的作用,尤其是处于干旱、半干旱、半湿润地区和缺乏应对手段的第三世界国家,气候变化将带来更加严峻的挑战。

随着人口的持续增加,全球粮食如何充足有效的供给,正在成为人类急需解决的重大问题。特别是如何在现有的农业技术水平下,采取因地制宜且适度地适应对策,通过优化种植模式、调整农业产业结构等,趋利避害,在气候变化的不利影响限制下,持续合理高效的利用气候资源,实现农业较高产水平下的可持续发展,也越来越成为研究的重点。当前很多国家和地区因为缺乏足够有效的适应措施,而使粮食安全得不到保障(Lobell *et al*,2008)。

面对气候变化,人类赖以生存的农业正遭受着重大影响,一系列由气候变化所带来的负面因素,都已成为农业发展的重要限制因子,特别是愈发频繁发生的旱灾、洪涝、水土流失等等,都对农业产生了重大并且深远的影响。非洲、亚洲、欧洲、拉丁美洲等的绝大多数国家,都在经历着粮食产量的显著降低,农业生产面临着前所未有的威胁,而这种威胁正在随着气候变化的发展而日益加剧(IPCC,2001)。

以全球四大商品粮(玉米、水稻、小麦、大豆)为例,受气候变化的影响,玉米与小麦分别呈现减产趋势,而大豆与水稻的增减产则基本保持平衡,在相当多的国家,气候变化的负面影响将在很大程度上抵消技术进步带来的产量显著增加部分(Lobell *et al*,2011)。尽管一些研究表明,气候变化的一些影响会给某些种类的作物带来增产的正效应,但这种正效应在一定程度上还是受温度升高等的负面影响而被抵消,特别是在很多发展中国家表现最为明显(Parry *et al*,2005;Long *et al*,2006;Rosenzweig *et al*,1994;Lobell *et al*,2007)。日益升高的气温将使得对热敏感的农作物产量降低,逐渐被喜温耐热的品种所替代,而这些农作物包括主产粮食作物水稻、小麦和玉米等(Sun *et al*,2009)。

气候变暖改善了区域的热量资源,使得积温增加。但是对于一些作物来说,它所需要的温度条件已经得到了满足,随着温度的进一步上升,其所带来的负效应也愈发显现。气候变化对农作物的产量构成影响明显,我国不同地区均存在气象产量的减产趋势。尤其是北方(西北、华北和东北)地区大陆性气候地区,是我国粮食生产主产区,也是未来潜在增长区,但恰恰也是气象产量减产的高风险地区。在这些地区,气候变化中降水变化带来的干旱化会削弱或抑制升温的正面效应,特别是在水资源日益紧缺的华北地区。水稻在西北和东北的扩张可能提高粮食生产能力,但是这些地区的水稻在气候变化下的高减产风险不可忽视。综合来说,中国不同地区粮食生产仍将主要面临不同程度的减产风险和波动风险,表现为总体的减产和日益增大的生产力的不稳定性和粮食生产能力的不确定性(潘根兴 等,2011)。在我国的旱作农区,受土壤水分蒸发量加大的影响,水分已经成为旱作农区最主要的制约与限制因子,旱作农区的作物气候产量减少了 $10\%\sim20\%$(张强 等,2008)。

耕地资源受气候变化的影响,呈现明显的减少趋势,特别是我国干旱、半干旱地区的农牧过渡带向东南方向推移,这不仅减少了耕地面积,还可能引起沙漠化的危险区域向东南推进(《第二次气候变化国家评估报告》编委会,2011)。由于我国耕地分布中北方多于南方,旱地多于水田,坡耕地多于平地,总体上将表现为盐碱化发展,侵蚀加剧和土壤墒情降低的土地资源变化趋势,并将进一步加剧华北、西北地区的沙化,华北和东北地区西部的盐碱化,西南山区特别是喀斯特地区的水土流失。未来气候变化下旱地比例将更大,低产田比例可能扩大,灾害脆弱性将进一步提高。耕地的自然生产力(地力贡献力)将出现降低的趋势,并诱发农业生产投入成本的加大而限制生产效益,这反过来可能限制对气候变化的适应。

土壤肥力也受气候变化的影响,如温度升高或者降水量减少,会降低土壤的有机碳含量,进而降低土地资源的生产潜力,而其中温度又起着主导作用(周义 等,2011);同时,气候变化对土壤碳、氮的生物化学循环过程将产生综合影响和长期效应,气候变化会促进土壤呼吸,加快农田土壤养分周转,改变土壤碳氮组分(潘根兴等,2011)。气候变化尤其是气温升高后,土壤有机质的微生物分解将加快,化肥释放周期缩短,在高 CO_2 浓度下,虽然光合作用的增强能够促进根生物量增加,在一定程度上补偿了土壤有机质的减少,但土壤一旦受旱,根生物量的积累和分解都将受到限制(杜华明,2005),这意味着需要施用更多的肥料以满足作物的需要,而施肥量的增加不仅使农民投入增加,而且挥发、分解、淋溶流失的增加对土壤和环境也十分有害。

气候变暖使得复种指数增大,多熟制的种植北界表现出向北推移的趋势(杨晓光等,2010);我国东北地区水稻种植北界北移了4个纬度,且其具有生长期内光热水同步,昼夜温差加大等变化特征,该地区的水稻生产表现为对气候变化的良好响应(潘根兴 等,2011);但是,由于不同地区水分变化可能产生的不利影响,种植制度的变化也面临着较大的不确定性(周义 等,2011)。华北目前的一些冬小麦品种因冬季无法经历足够的寒冷期以满足春化作用对低温的要求而被其他品种所取代;东北地区玉米的早熟品种将逐渐被中、晚熟品种取代(杨尚英,2006);华南、华中和华东地区要引进和培育耐高温、耐涝的水稻新品种,而西南地区要引进和培育耐高温、耐旱的水稻新品种等。

气候变化会影响厄尔尼诺-南方涛动(ENSO),造成西太平洋暖池海水热力、青藏高原上空热力、季风环流和太平洋副热带高压等的异常,带来农业等旱涝气象灾害的频繁加剧发生(叶笃正 等,1996;黄荣辉 等,1999),频发的干旱和洪涝灾害,占到了灾害总损失的 70%～85%(陈兆波 等,2012)。

几乎所有大范围流行性、爆发性、毁灭性的农作物重大病虫害的发生、发展、流行都和气象条件密切相关,或与气象灾害相伴发生。气候变化使得病虫害向着爆发突变的方向发展,特别是生长季的变暖使得大部分病虫害发育历程缩短、危害期延长、危害的地理范围扩大、危害的程度明显增强等等(霍治国 等,2012);特别是冬季的气温对于虫害的爆发有着重要的影响,严寒的冬季可以有效冻死害虫,而暖冬往往会给来年造成虫害大爆发(周曙东 等,2010)。气候变暖使得黏虫越冬北界北移约3个纬度、稻飞虱越冬北界北移约 2.5～3.5 个纬度,使农作物害虫迁飞区域范围扩大,黏虫、草地螟和稻飞虱繁殖代数增加(张润杰 等,1997)。气候变暖将引起生物种间关系变化,温度升高扰乱了原先自然控制下害虫-捕食者、害虫-寄生天敌等种群间的关系,害虫暂时得不到天敌的控制而迅速繁殖,就会出现害虫爆发(Naidu *et al*,1998)。

近年来,作物品质对于气候变化的响应,受到越来越多的关注。作物品质的形成是品种遗传特性和环境条件综合作用的结果,在一定遗传基础上,环境作用至关重要。特别是在 CO_2 浓度增加、温度升高、水分胁迫等条件下,作物的品质改变明显。水稻、小麦、玉米等作物一般从籽粒灌浆到蜡熟期,环境因子的差异(包括 CO_2 浓度、温度、水分等)对籽粒品质影响最大(Wu *et al*,2004)。现有的研究结果表明, CO_2 浓度对于作物品质的影响因作物种类、品种而异,并且温度、水分、CO_2 浓度等的影响还会相互制约与限制,如水分胁迫会提高籽粒的粗蛋白含量,但是高浓度的 CO_2 会限制这一作用(郭建平 等,2001;谢立勇 等,2007;白丽萍 等,2007)。

温度的升高延长了作物的全年生长期,这对无限生长习性或者多年生作物以及热量不足的地区有利,但是对于生育期短的作物来说,它会使得生长发育速度加快,生育期缩短,从而减少干物质的积累时间,产量降低(肖国举 等,2007);充足的积温条件会使得作物的生长季延长,但是受蒸发加大、土壤水分不足等的限制,作物的生长发育会因此而延迟(董智强 等,2012),遭受霜冻等低温灾害的风险加大。

气候持续变暖,灾害增多,防灾减灾已经成为当前的紧迫任务,为避免或延迟"人为危险气候"的出现,要尽早采取适应性的行动。为了降低气候变化带来的不利影响,需要发展农业领域适应气候变化的相关技术。筛选出不同地区适宜的气候变化适应措施,分析评估不同气候变化适应措施的适宜范围、适宜条件,以及适应措施产生的效果。构建一套筛选和评估气候变化适应措施的工作框架和评价标准,将排序优先的适应措施进行示范和推广(陈兆波 等,2012)。

4.2.5　气候变化对草地畜牧业的影响

草地畜牧业是许多发展中国家的农业主体产业,部分发达国家或地区(如北美西部、澳大利亚、新西兰等)的农业生产也以草地畜牧业为主(董世魁 等,2013)。在全球变化的大环境下,草地退化严重,生产力和物种多样性不断降低,草地生态系统的平衡受到严重的胁迫(Rapport et al,1999;Pimm et al,2000)。当前,世界上天然草地普遍退化和逐步消失,每年草地退化、沙化和盐碱化的面积,约占世界草地总面积的 0.1%。在全球变暖的过程中,较干旱的草地类型如稀疏草原、荒漠草原等的面积会逐渐增加,这些草原类型极容易因侵蚀和火灾而退化(郭春生 等,2010)。

中国草地面积约占世界草地的 13%,拥有天然草地 3.92 亿 hm^2,占国土总面积的 41.41%,它是我国陆地最大的生态系统,是我国总耕地面积的 4 倍,是森林面积的 3.6 倍,主要分布在内蒙古、新疆、西藏、青海和甘肃等地,这些省区每年为国家创造约五分之一的畜牧业产值(鲁安新 等,1997)。

草地总的气候特征是以温带大陆性季风气候为主,表现为春季气温回升迅速,少雨,多大风;夏季短促炎热,降水集中;秋季气温变化剧烈,降水少;冬季漫长、寒冷、风大、空气干燥;气候的空间变异很大,区域间差距明显;年度间波动显著,具有极大的不稳定性。

受各种自然灾害的严重危害,使得作为西部特色经济和支柱产业的畜牧业生产水平极为低下;我国草原绝大部分处于干旱半干旱地区,自然条件严酷,生态条件脆弱,在自然因素改变及人类活动影响下,极易发生波动(张存厚,2013)。草地畜牧业直接影响到牧民的生存状况、生活质量、对生态保护的态度及草地对市场的商品和服务供应。

草地畜牧业是对气象灾害最为敏感和脆弱的经济部门之一,雪灾等气象灾害事件的频繁发生使得草地畜牧业系统受到极大影响(Parmesan,2000;吕晓英 等,2003)。草地畜牧业雪灾是指积雪掩盖草场使牲畜吃不饱,加上饲草料储备不足及棚圈设施差,牲畜挨饿受冻,致使牲畜瘦弱掉膘、母畜流产、仔畜成活率降低、牲畜死亡率增高的一种气象灾害(郝璐 等,2006)。由于雪灾属于突发性自然灾害,不仅影响冬季放牧,而且严重威胁着由于前期干旱累积而特别脆弱的冬季畜牧业生产,它是制约畜牧业持续发展的重要致灾因子。

尽管气候变化会使得植物发育期热量增加,牧草返青期提前,无霜期延长,植物的生长期逐年增加,从而提高草原的净生产力,增加载畜量;但是高温极端气候事件的增多,使得干旱频率增加,导致畜牧业生产的不稳定性增加,水分制约更加明显,这也会加快土壤水分的散失速度,降低地表覆盖度,沙尘暴的强度也因此加大;与此同时,冬季温度的升高有利于昆虫卵和幼虫的安全越冬,扩大了病虫害出现的范围,且加剧了危害的强度(王明玖 等,2013;郭春生 等,2010)。

气温升高,降水量减少,致使草地蒸散量增加,草地生态系统变得更为脆弱,大风、沙尘暴、干旱等极端气候事件更加频繁,从而影响牧草的生长和发育,导致牧草产量下降;同时原优势牧草生长发育受到抑制,而毒杂草却滋生,草地植被呈现逆向演变而不断退化;气候变暖尤其是冷季平均气温升高,为草地鼠虫害过冬和繁殖创造了有利条件,导致鼠虫害的危害程度严重加剧,这不仅消耗大量的牧草,而且造成草地大面积退化。以我国内蒙古草地为例,其草地退化严重,已经到了惊人的程度,全区退化草地面积已达 3867 万 hm^2,占可利用草地面积的 60%;素以水草丰美著称的全国重点牧区呼伦贝尔草原和锡林郭勒草原,退化面积分别达 23% 和 41%;最为典型的草甸草原东乌珠穆沁旗,草场退化面积已占全旗可利用草场的 66% 以上(马瑞芳,2007)。

畜产品产量受气候要素变化影响明显,气温升高对主要畜产品产量的影响为负,降水量增加对主要畜产品产量的影响为正,但是很多地区的降水量呈减少趋势(严雪,2012),高温干旱的危害愈发显著;在 CO_2 浓度增加的前提下,尽管草地产草量会有所上升,但是草地牧草的质量却大幅度下降(Parton et al,2007),低质量的草场更容易遭受土壤干旱化、土地沙化的侵蚀,生态脆弱性大。

通过对草地气候生产力的研究发现,在气候变化背景下,草地生产力的年际变化主要受降水的影响(马文红 等,2010;Bai et al,2004);同时,温度与降水量的协同作用,对于草地生产力的影响变幅也有较大差异,特别是未来气候变化向"暖干型"发展,水分对于草地生产力的影响将更加明显,呈现出持续下降的趋势(孙森 等,2011);有研究表明,对于 300 mm 降水量的草甸草原,每减少 50mm 的水分供应,产草量就会减少 20%～25%,这种反应在典型草原和荒漠草原更为明显(李玉娥 等,

气候变化科学导论

1997)。

　　与此同时,气候变化对于该地区牲畜的影响上,使畜种结构向单一化的方向发展,而且数量变动很大,总体呈减少状态,协同发生的极端气候事件对牲畜的质量、繁殖等的影响更为显著(刘春晖,2013)。气候变暖对家畜疫病分布影响的分析表明,那些目前主要限于热带国家的牲畜疾病,如裂谷热病和非洲猪瘟可能扩展到美国,并引起严重的经济损失,而美国已有的主要疾病地理分布也有可能扩大,目前,角蝇的危害已经使肉牛和奶牛业损失达 7.3 亿美元,气候变暖会使牛肉和牛奶生产蒙受更大的损失;气候变化后扁虱对澳大利亚牛肉业将产生更严重的危害(李玉娥 等,1997)。

4.3　气候变化对社会经济的影响

　　气候作为人类赖以生存的自然环境的一个重要组成部分,它的任何变化都会对自然生态系统产生影响,从而影响到社会经济系统的变化发展。面对全球气候多层次、多尺度的变化,人类社会的生存与发展正在经受着前所未有的挑战。而对于气候变化的适应,其开支、转变经济发展方式等等,又需要得到人类社会更多更大的关注。目前,气候变化及其对经济和社会发展影响的问题,已引起各国政府、公众和科技界的高度关注,并已经成为一个国际政治热点问题,被提升到国家和国际安全的高度。

　　作为个体的人来说,会因为气候变化而产生不舒适的感觉,从而助长某些疾病的蔓延,加重病情,甚至导致死亡,因而相对贫困的地区会遭受更大的影响,限制了这些地区的发展(李志军 等,2010)。

　　气候变化的重要原因是温室气体排放,而温室气体的排放是因为化石能源的消费,经济增长与物质生活水平的保障又与化石能源消费密切相关。如何在节能减排的同时不阻碍经济的发展,如何在实现经济的高速增长、人类生活水平提高的同时减缓与适应气候变化、实现可持续发展等等,已经越来越成为全社会乃至全人类关注的焦点与亟待解决的问题(潘家华,2002)。

　　气候变化对于社会经济影响的研究内容,主要包括气候变化造成的经济损失、温室气体减排的经济成本、政策工具的分析与选择、国际气候公约关于国际合作以及适应气候变化的成本分析等等(沈月琴 等,2011)。

　　气候变化的预测存在着相当的不确定性,而正因为这种不确定性,对于社会经济的影响评价也不尽相同。应对气候变化已成为当今国际社会多边和双边交往中最为重要的议题。基于此,有学者提出了主要的 15 项评价指标,即农业、林业、海平面上升、能源需求、娱乐设施、人发病率、人死亡率、休闲活动、水源供应、建筑、城市基本建设、空气污染、移居、极端天气事件、自然生态等。而与之相应的海岸带保护、场所制冷与加热、污染防治、移居等则被作为初级的适应气候变化的开支举措(Tol *et al*，1998)。

气候变化对于社会经济的一个重要影响，就是加重了城市的热岛效应。在热岛效应的影响下，城市上空的云、雾会增加，有毒有害气体在城市上空积累，造成严重的大气污染；城市温度的升高，会对城市居民的身心健康造成非常不利的影响，包括环境温度升高使人烦躁、中暑、精神紊乱，甚至引发心脏病、呼吸道疾病等等；同时，温度的升高也能在一定程度上缓解冬季的取暖能耗，但这与夏季空调降温的能耗相比，可以说是微不足道的；热岛效应还会在很大程度上制约城市经济的发展，因为要缓解热岛效应，就需要将大量的土地资源用于生态建设，从而形成生产建设与生态建设用地之间的矛盾(刘宗发 等，2006)。

海岸带是人类经济最为发达的地区，海岸带拥有全世界约50%的人口，70%的大城市，以及60%以上的GDP，而气候变化造成的海平面升高，使得沿海经济发达地区遭受了重要的影响(秦大河，2007)，这些影响包括沿海城市面积的内缩、可开发用地面积的减少、沿海旅游业发展的限制，甚至在当前的发展态势下，未来一些沿海城市会被海水吞没等等。

气候变化带来的极端气候事件对于各个国家、公民的生命财产安全都造成了重大的损失，包括热浪、强降水、台风(飓风)、极端高温等等，都给财产安全和经济建设造成了很大的压力(秦大河，2007)。而国家投入在应对灾害预警、灾中抢险、灾后重建等上的成本也是逐年增加。

气候变化对于社会经济的发展，也提供了机遇，包括有利于推进可持续发展战略的实施，改善城市生态环境、增加生态系统碳储量等；有利于加快可再生能源对于化石燃料的替代，从而加快能源结构调整；也有利于改善城市空气质量，提高居民生活水平、幸福度指数等等。其中，要实现可持续发展，就是要促进人与自然的和谐，实现经济发展和人口、资源、环境相协调，坚持走生产发展、生活富裕、生态良好的文明发展之路，建设资源节约型、环境友好型社会，从而保证社会经济的永续发展。

一个重要的减缓气候变化的经济手段，就是要发展低碳经济。低碳经济是以三低，即低能耗、低排放、低污染，和三高，即高效率、高效能、高效益为基础，以节能减排作为发展方式，以碳中和技术为发展方法，以低碳发展作为发展方向的一种绿色经济发展模式，低碳经济的实质是高能源效率和清洁能源的结构问题(付允 等，2008)。低碳经济的核心是能源技术创新和制度创新，其中技术创新如可再生能源、碳捕获与埋存、热电联产、氢能等等，均有较大的减排潜力(庄贵阳，2007)。关于低碳经济与经济增长的关系，碳排放的影响是研究的重点，特别是研究碳的减排对行业造成的影响以及碳排放与经济增长的关系等；关于低碳经济的制度问题，碳税、碳交易的研究是该制度的重点。

另外一个重要的手段,就是要大力发展循环经济。环境资源逐渐成为稀缺元素,作为生产要素进入生产函数,成为循环经济和低碳经济研究的重点,成为发展必须解决的问题。循环经济是在人—自然资源—社会经济—科学技术的大系统内,在产品的生产、流通、分配、消费等经济活动的全过程中,引入节约的理念,以科学技术提高和制度管理创新为手段,依靠资源的循环利用,最大限度地减少新资源的使用量,尽可能地减少各种废弃物的排放数量,解决环境保护和可持续发展的问题(卢红兵,2013)。

循环经济和低碳经济都是人类面对资源危机、环境污染、生态破坏的自我反省,是对人与自然关系的重新认识和总结,都以生态经济和生态文明、可持续发展为目标。而转变经济发展方式的实质,在于提高经济发展的质量,即主要通过科技进步和创新,在优化结构、提高效益和降低能耗、保护环境的基础上,实现包括速度质量效益相协调、投资消费出口相协调、人口资源环境相协调、经济发展和社会发展相协调在内的全面协调,真正做到又好又快的发展。

4.4 气候变化对政治外交的影响

谈到气候变化对于政治外交的影响,有一个人的思想非常重要,他就是当今世界重要的思想家、社会学家、政治学家安东尼·吉登斯。他因为对世界贡献过"结构化理论""现代性""全球化""第三条道路""社会风险"等风靡全球的理论而世界闻名。而近几年,他的思想与现实更加接近,他在《气候变化的政治》一书中,将应对气候变化的行动融合在一个框架当中,体现出了高超的政治智慧。其中一个重要的思想,就是吉登斯悖论(Giddens Paradox),指尽管因温室气体排放所带来的气候变化的后果是灾难性的,但它目前不是有形的、直接的、可见的,这导致很多人都对这一问题视而不见;但当灾难降临时,在采取任何措施都为时已晚;简而言之,就是人类在尚可以应对气候变化的问题时无所作为,而当气候变化真正严重的时候已经没有了任何的行动余地(吉登斯,2009;袁巍,2011;刘冰,2009)。

气候变化与能源安全是不可分割的两个研究领域,大量传统能源的使用是造成气候变化的根源,同时事实表明,能源安全与国际政治、地缘政治是紧密联系在一起的。传统能源的过度集中使用造成温室气体大量排放,减少温室气体排放必然需要减少传统能源的使用,但是对传统能源的需求已经深深地渗入现代社会的每个角落。为此,气候变化的政治需要在减少排放和满足能源需求之间寻求平衡。甚至可以说,与能源安全有关的政策绝大部分与气候变化问题相关联,后者脱离前者只会造成自身空置的后果。

  针对气候变化,科学家从技术上进行了大量的讨论,生态主义者和绿色环保组织进行了大量的实践,但是纯粹的技术分析无法揭示气候变化的社会学与政治学意义,因为气候变化的行为总是在一定的社会语境与政治背景下发生的,因此没有政治学理论指导下的绿色环保行动往往只能获得短期性或者局部性的成果,难以系统地推进气候变化的总体方案(刘冰,2009)。

  气候变化如今已经不是一个简单的环境保护、减排发展的问题,上升到全球尺度上,更是大国之间、发展中国家与发达国家之间的博弈,是一个政治外交问题。应对气候变化已成为当今国际社会多边和双边交往中最为重要的议题。基于此,国家与国家之间的外交关系上,又有了一个环境外交的概念,广义的环境外交是指环境外交主体通过外交方式去调整国际环境关系的各种对外活动的总称,包括协调各国关系以寻求国际环境合作的方式,制定环境法规以履行国际环境公约和协定,处理国际环境纠纷和领土、领海争端等;狭义的环境外交是指国家外交部门、环境部门等代表国家的机关和个人,采用谈判等和平方式以调整国际环境保护关系的各种对外活动的总称(袁静,2006)。

  关于气候变化,一些国家的关注点已经从这一问题本身,转移到了国家影响力和威望的相互斗争上,气候变化谈判俨然演变成了国家博弈的政治斗争。在 IPCC 第30 次全会上,甚至有部分成员国主张成立 IPCC 执行委员会,试图借助这一机构加大各自对 IPCC 的支配力度,这一原本独立的国际机构,正面临沦为大国斗争的政治工具的危险(刘冰,2009)。

  在世界气候变化的政治博弈中,各国之间达成了伦理共识,它是一种自主认同、和而不同与最低限度的共识,具体体现为四个伦理共识,即正义原则、责任原则、合作优先于冲突原则、生存权与发展权统一原则(华启和,2012),其中前两个原则是基础,后两个原则是目标。

  从长远看,各国都希望保护气候,从而使自己免受气候变化带来的灾难;而从近期看,又不愿意因自行减少温室气体排放而限制或影响本国的经济和社会发展,都希望其他国家采取更多行动而本国受益。气候变化国际谈判的主要焦点体现在"公平"和"实质性减排"两大问题上,涉及温室气体的减排幅度、基准年、时间表、责任分担、配套机制等问题。公平问题主要是发达国家和发展中国家之间的分歧;实质性减排体现为美、日、加、澳、新等国与欧盟及发展中国家集团三大势力之间的矛盾(戴晓苏等,2004),具体表现就是:(1)欧美之争,欧盟学者认为需要尽早实施减排,而且是严格地在本国疆土内实质性的减排,而美国则强调不确定性,坚持弹性履约;(2)发展路径之争,欧盟倾向于环境友善、高技术含量的发展道路,而美国则希望突出高化石能源消费、高经济增长的未来方案;(3)南北之争,即发展中国家的参与,在某种意义上说,发达国家关心的是环境问题,而发展中国家关注的是发展问题,由于不同的国家处于不同的发展阶段,因而其对温室气体的排放情况和性质也存在差异,发达国家的排放是"奢侈性排放",而发展中国家则是"生存性排放",在承担环境保护责任和义务上,发展中国家和发达国家始终存在重大分歧。没有发展中国家的参与减排,大气中的温室气体浓度将不可能稳定,发展中国家参与减排,将会大大降低发达国家的减排成本,但没有来自发达国家的技术资金支持,发展中国家的减排也会困难重重(潘家华,2002)。

在发展中国家内部,又分成了主要的三个利益集团(袁静,2006):

一是以沙特阿拉伯和科威特领导的石油生产国。它们担心对温室气体的减排、限排措施会减少世界能源需求,会减少其石油生产与出口,进而影响其经济发展,因而反对二氧化碳排放的控制措施,它们试图减缓谈判的步伐,强烈抨击欧盟关于限制二氧化碳的动议,越来越成为气候变化谈判进程最强硬的反对者。

二是以小岛国家联盟为首的受气候变化不利影响较大的发展中国家,它们是来自太平洋、印度洋和大西洋的岛国,其中一些国家海拔最高只有 2 m,它们最易受气候变暖特别是海平面上升的不利影响,有些国家则面临生存危险,在谈判过程中,它们组织起来,积极表达它们的呼声,强烈要求尽早采取行动减少二氧化碳排放,并要求对它们进行援助,以适应气候变化带来的不利影响。

其余的发展中国家形成了第三个较为松散的利益集团,它们更强调公平问题,坚持经济发展是第一需要,认为发达国家应对全球气候变化承担历史和现实责任,应当率先采取减排行动,同时反对在目前情况下由发展中国家承担减排、限排温室气体义务,中国和印度等发展中大国还处于快速发展阶段,面临着可持续发展和能源问题的挑战。

而与此同时,发达国家内部可分为四个利益集团(克努成,2005):

第一个集团由那些已承诺稳定排放的国家组成,它们主要包括欧盟国家。欧盟各国经济发达,环境状况良好,政治上环保势力较强,力图主导气候变化国际谈判的走向,而且因其清洁能源在本国能源构成中比例较大,并拥有先进的环保技术和较充足的资金,极力要求立即采取较激进的减排、限排温室气体措施。

美国与这些国家的态度截然不同,由于担心减排行动对本国经济造成过大负担,美国拒绝确定二氧化碳排放的定量目标,也反对向南方国家进行资源转移。

日本的立场有些模棱两可,气候谈判开始时,日本附和美国的立场,但由于日本经济完全依赖化石燃料的进口,二氧化碳减排被认为给日本复兴能源保护和实施其他政策提供了一个机会,因此,日本在控制温室气体排放的立场上逐渐与欧盟接近。

最后一个是俄国等经济转型国家,俄国等国家工业经济中能源利用效率普遍不高,人均温室气体排放则较高,且俄国越来越靠出口能源获得收入,其立场更接近于石油生产国。

尽管在气候变化大会上,各个国家的谈判要求变得越来越务实,但是要达成实质性协议,还有很长的路要走。因为一旦达成约束性协议,将为今后的国际新秩序奠定基础,因此谈判中对抗多于合作,争吵多于倾听。

气候变化谈判,之所以屡屡陷入僵局,达不成突破性进展,主要还是因为全球经济的衰退迫使气候变化谈判陷于低潮;政治形势变化冲击着各国对于气候谈判的态度;气候变化谈判是整体外交战略的重要一环;在气候变化谈判中政治标准相互叠加;技术研发和应用发展仍然没有突破性进展;特别是在气候变化谈判中的经济衡量指标方面很难达成共识(杨富强,2012)。

4.5　气候变化脆弱性及其评估方法

在气候变化的影响评估方法研究方面,《IPCC 第三次评估报告》(IPCC,2001)明确了 8 个方面的研究重点,包括:

(1)定量评估自然生态系统和人类生态系统对气候变化的敏感性、适应能力及脆弱性,特别需要考虑气候变异的尺度及极端气候异常的发生频率和危害程度。

(2)估测各种自然生态和人类系统在不同气候变化情况下可能造成的强烈反应的临界度(极限/阈值)。

(3)了解生态系统在各种气候变化等不同环境压力情况下的动态反应,这些压力包括全球性的、区域的及小尺度的气候变化。

(4)开发气候变化适应对策评估的新技术,估测不同适应对策的有效性及经济成本,揭示各个地区、国家和人民之间气候变化影响适应能力的不同机会和障碍。

(5)全方位评估未来气候变化可能造成的各种影响,尤其要注意非市场性质的产品和服务,使用不同度量单位并用统一的方法处理不确定性,可以包括影响的人口数、土地面积、受威胁的生物种群数量、用货币计量的影响程度以及考虑未来其他一些政策和措施的实施。

(6)改善和提高综合评估工具、方法及其效能,加强对风险评价、对自然和人类社会系统之间相互作用以及其他一些政策和决策影响作用的研究。

(7)评估在风险管理及可持续发展决策过程中使用气候变化影响、脆弱性、适应对策等科学信息的机会。

(8)改善长期监测的系统和方法,增加关于气候变化及其他环境变化对自然生态系统和人类社会系统产生影响的知识。

其中,脆弱性研究是全球变化及可持续性科学领域关注的热点问题和重要的分析工具,随着脆弱性研究受到越来越多的关注,对脆弱性的概念和评价方法的研究日益深入(李鹤 等,2008)。脆弱性评价作为一种分析评估手段,可以将气候变化对于生态系统的影响进行定量化表达,为明确生态系统受影响的大小及提出相应的适应措施等,提供依据。脆弱性概念的引入,能够在很大程度上帮助人们评估气候变化过去已经以及未来可能带来的影响,并且分析不同适应措施的有效性与可达到的适应程度,从而为应对气候变化提供可靠依据。

4.5.1 脆弱性的概念

脆弱性的概念来源于对自然灾害的研究(Janssen *et al*,2006),后来逐渐引入气候变化领域,用于反映系统受气候变化影响的大小。随着研究的深入,学者们对于这一概念给出了更全面更深入的定义与理解。

30 多年之前,有学者指出,脆弱性表现为一种度,即系统在灾害事件发生时产生不利响应的程度(Timmerman,1981);有学者将脆弱性与人们熟知的多个概念联系起来,认为与脆弱性相联系或者等同的概念包括恢复力、边缘性、敏感性、适应性、易损性以及风险等等(Liverman,1990);在此基础上,有学者将暴露度、应对能力、临界值和稳健性等加入了该描述序列(Fussel,2007)。也有学者将脆弱性定义为一种能力,即个体和群体所具有的预测、处理、防御自然灾害的不利影响并恢复自我的能力(Wisner *et al*,1994)。目前,在气候变化研究中,脆弱性的概念被用于强调系统面对不利扰动(灾害事件)的结果(李鹤 等,2008),如脆弱性是指系统、子系统、系统组分由于暴露于灾害(扰动或压力)中而可能遭受损害的程度(Turner,2003),它综合反映了系统的一种属性,即脆弱性是由于系统(包括子系统和系统组分)对系统内外扰动的敏感性,以及缺乏应对能力从而使系统的结构和功能容易发生改变的属性(李鹤等,2008)。

在 IPCC 历次评估报告中,对于脆弱性给出了相应的定义与解释,如在第二次评估报告中,将脆弱性定义为气候变化对系统损害或危害的程度,其取决于系统对气候变化的敏感性与对新的气候条件的适应能力(IPCC,1995);在第三次评估报告中,脆弱性是指系统容易遭受或没有能力应付气候变化(包括气候变率和极端气候事件)不利影响的程度(IPCC,2001),表现为敏感性、适应能力以及暴露度的函数,其中敏感性是指系统受到与气候有关刺激因素的程度,适应能力是系统的活动、过程或结构对气候变化的适应,减少潜在损失或应对气候变化后果的能力。在第四次评估报告中,基本上沿用了第三次评估报告关于敏感性、适应能力等的定义,并加入了风险的概念,将脆弱性综合表现为风险、敏感性与适应能力的函数(IPCC,2007)。在《IPCC 第五次评估报告》中,将脆弱性定义为系统受到不利影响的倾向或趋势,包括对危害的敏感性或易感性以及缺乏应对和适应的能力,暴露度是指某系统暴露于显著的气候变化下的特征及程度,敏感性是指某系统受与气候有关的刺激因素影响的程度,适应能力是指自然和人为系统对于实际的或预期的气候刺激因素及其影响所做出的趋利避害的反应能力(IPCC,2014)。

从 IPCC 的历次评估报告中,我们可以看出,脆弱性与敏感性、适应能力和暴露度三个概念密不可分,在第四次评估报告中引入风险的概念,能够帮助预测系统未来受到伤害的可能性。根据 IPCC 评估报告,脆弱性是"敏感性—适应能力—暴露度"的框架,如何对敏感性、适应能力和暴露度进行定量评价,是研究的重点与难点,也是今后的发展方向。

4.5.2　脆弱性评估方法

传统的脆弱性评价方法可分为定性分析法和定量分析法两种。定性分析主要是根据区域自然条件、气候状况、经济水平、农业生产投入等评价区域的气候变化应对能力,划分脆弱性水平,并提出相应的适应措施(林而达 等,1994;Downing,1992;Ierland,*et al*,2001)。定量分析法则是对评估系统的历史变迁、脆弱性、稳定性及外部环境胁迫对系统可能造成的影响进行定量描述的一种方法(刘燕华 等,2001)。定量评价方法主要有:统计分析法、指标体系法、模型模拟法和综合评估法。回顾脆弱性的研究可以发现,目前多数采用定性和定量相结合的研究方法来进行评价(蔡运龙等,1996;林而达 等,1994;赵艳霞 等,2007)且多以定性分析为主,缺乏量化手段;在定性与定量相结合的方法中多以综合指数法为主,该方法在指标选取和权重确定时,主观影响大,不能很好地客观反映现实情况,且不同地区相同生态系统之间缺乏可比性(指标选取与权重划分的不同)。为此,如何避免主观因素的影响,定量化揭示脆弱性,以实现不同地区相同生态系统的可比性具有非常重要的科学意义。

目前,脆弱性评估在气候变化、自然灾害、生态环境等研究领域成果相对较多,根据脆弱评价的思路将脆弱性评价方法分为综合指数法、图层叠置法、脆弱性函数模型评价方法,以及模糊物元评价法等。

综合指数法从脆弱性表现特征、发生原因等方面建立评价指标体系,利用统计方法或其他数学方法综合成脆弱性指数,来表示评价单元脆弱性程度的相对大小,目前常用的数学统计方法包括加权平均方法、主成分分析法、层次分析法和模糊综合评价法等四种。在应用综合指数法时,一般遵循的思路是首先建立评价指标体系,再确定指标体系中各因子权重,最后利用数学原理分析计算。其中很重要的一点是指标的选取,一般需遵循以下原则(赵冰,2010):①科学性原则。指标体系必须建立在科学性指导的基础上才能够较为客观地反映区域生态环境的本质和它的复杂性,以及生态环境的质量状况。②综合性原则。在评价生态环境脆弱性时,既要考虑自然环境因素,同时也要考虑人为作用因素,必须要把影响生态环境的因素充分考虑和评估,坚持综合性和全面性的原则。③主导因素原则。由于在空间尺度条件下,影响生态环境脆弱的因素中有较为主要的因素,这些因素能综合、全面地表达评价问题,因此在全面考虑各影响因素的基础上,坚持主导因素原则是非常有必要的。④系统性原则。指标选择过程中,应确定相应的主要评价层次,将各个评价指标按系统论的观点进行评估,构成完整的评价指标体系。⑤区域完整性原则。对脆弱性评价的一个目的是为了把研究区的脆弱性按一定类型划分,并把各个脆弱状况加以区别分析,为政府或管理部门提供依据,以便合理而有效地进行区域开发和治理,因此,在分区时应注意区域完整以便于行政管理。⑥可操作性原则。即评价指标体系要完备简洁、计算方法简便,综合评估应有实际的意义,同时应立足于现有资料数据,使之在便于搜集、统计和加工的基础上,使理论与实践得到更好的结合。

图层叠置法是基于 GIS 技术发展起来的一种脆弱性评价方法,随着 GIS 技术的日益普及和完善,应用 GIS 技术评估自然和人文系统的脆弱性已呈上升趋势,GIS 具有强大的数据采集、编辑、存储和查询管理的功能,能够把属性数据和图形数据有机地结合起来,应用 GIS 和一些其他的辅助软件,可以实现对多元数据的空间立体集成和所需专题信息的快速准确提取,提高了数据的获取和处理效率。有学者运用图层叠置方法,对内蒙古雪灾区域孕灾环境敏感性以及区域畜牧业承灾体对雪灾的适应性两个方面进行了叠置分析,并对内蒙古雪灾脆弱性进行了评价(郝璐 等,2003)。

脆弱性函数模型评价方法,是首先对脆弱性的各构成要素进行定量评价,然后从脆弱性构成要素之间相互作用关系出发,建立脆弱性评价模型。如有学者认为系统的脆弱性是由系统内某些变量面对扰动的敏感性与这些变量临近伤害临界值程度构成的函数,脆弱性的度量可用二者比值的期望来表示(Luers *et al*,2003)。根据 IPCC 评估报告中关于脆弱性、敏感性、适应能力以及暴露度等概念,建立脆弱性=敏感性/适应能力×暴露度的函数框架,在将其中各个概念进行量化表达,实现定量化评价,也即是函数模型评价方法(Dong *et al*,2015),该方法能够用于相同区域不同系统脆弱性之间的比较,也可用于不同区域相同脆弱性之间的比较,适用水平较高。

模糊物元评价法是通过计算一个研究区域与一个选定参照状态(脆弱性最高或最低)的相似程度来判别各研究区域的相对脆弱程度。有学者运用该方法,结合模糊集合理论和欧式贴近度概念建立了基于欧式贴近度的模糊物元模型,利用各地区与最优参照状态的贴近度对区域水安全进行了评价(陈鸿起 等,2007)。该方法计算研究单元各变量现状矢量值与自然状态下各变量矢量值之间的欧氏距离,认为距离越大系统越脆弱,越容易使系统的结构和功能发生彻底的改变(Smith *et al*,2003)。

4.6 气候变化风险预估

"风险"一词,最早在金融与保险领域流传广泛,气候变化风险一般理解包括极端气候事件、未来不利气候事件发生的可能性、气候变化的可能损失、可能损失的概率等。国际上对于风险给出了多种定义,如联合国国际减灾战略(ISDR)针对自然灾害,将风险定义为自然或人为灾害与承灾体脆弱性之间相互作用而导致的一种有害结果或预料损失发生的可能性。国际标准组织(ISO)将风险定义为一个或多个事件发生的可能性及其后果的结合。在此基础上,国际风险管理理事会(IRGC)为提高风险管理的效率,提高气候变化风险管理的科学性,将风险分为简单风险、复杂风险、不确定风险和模糊风险四大类(Renn,2005)。国内很多专家学者都对气候变化风险进行了大量研究与定义,其中比较有代表性的是将其定义为由于气候变化影响超过某一阈值所引起的社会经济或资源环境的可能损失(吴绍洪 等,2011)。

《IPCC 第三次评估报告》首次将"风险"引入气候变化研究领域,将风险看作是全球平均温度的函数,用以评估不同升温情况下自然和人类系统受综合影响的五个风险水平(IPCC,2001)。在《IPCC 第四次评估报告》中,"风险"一词被纳入到评估关键脆弱性的概念框架中,与系统的敏感性、暴露度以及适应能力有关,用于反映气候变化下系统受损失的可能性大小(IPCC,2007)。而在《IPCC 第五次评估报告》中,"风险"被列为最核心的关键词之一,是指造成人类宝贵事物(包括人类本身)处于危境且结果不明等后果的可能性,通常表述为危害性事件和趋势发生概率乘以这些事件和趋势造成的后果,用以研究不断变化的气候系统与人类和社会生态系统的相互作用,以及人类主动适应行为方式下产生的新生风险(IPCC,2014)。从 IPCC 的历次评估报告中可以看出,对于气候变化风险认识,存在一个逐渐深入的过程(李莹 等,2014),从以上关于气候变化风险的定义,我们可以发现,气候变化风险包括两个基本的要素,气候变化对系统的损害程度即不利影响的程度,以及损失发生的可能性。对于农业生产来说,历次 IPCC 评估报告中的可能影响、危害事件等,指的就是农业遭受的灾害,亦即遭受不利影响的程度,而其趋势发生的概率,也即气候变化影响下灾害事件发生的概率,亦即损失发生的可能性大小。

在此基础上开展风险预估的相关工作,就是要对灾害发生的可能性与其造成损失的大小进行评估。灾害自人类产生以来就一直存在,即使人类将来能够将温室气体浓度降低到工业革命以前的水平,即《气候变化框架公约》所定义的主要由于人类活动导致的气候变化危机基本解除的情形下,各种各样的灾害依旧会持续发生。这就给灾害发生前的预防、预警以及应急响应,灾害发生之后的灾后重建等工作,提出了更多的挑战。

在《IPCC 第五次评估报告》中,对主要领域面临的气候变化风险进行了评估(IPCC,2014;姜彤 等,2014):①淡水资源,随着温室气体浓度的增加,气候变化对淡水资源造成的相关风险显著增加,根据 21 世纪的气候变化预估,许多干旱亚热带区域的可更新地表和地下水资源将显著减少,这将恶化水资源竞争;②陆地和淡水生态系统,21 世纪及之后,受气候变化及其他外力(栖息地改变、过度开发、污染和物种入侵)的共同作用,大部分陆地和淡水物种面临更高灭绝的风险,并随着气候变化强度和速度的增加而加剧;③海岸带和低洼地区,根据 21 世纪及之后的海平面上升的预估,海岸系统和低洼地区将经历越来越多的不利影响,包括淹没、海岸洪水和海岸侵蚀;④海洋系统,根据 21 世纪中叶及之后的气候变化预估,全球海洋物种的再分配和敏感地区海洋生物多样性的减少将对渔业生产力和其他生态系统服务造成挑战。⑤粮食安全和粮食生产系统,气候变化预估表明,如果缺乏适应措施,相比 20 世纪末期增温 2℃或更高,会对热带和温带地区主要作物(小麦、水稻和玉米)的产量产生负面影响(尽管个别地区可能会受益)。⑥城市地区,气候变化的许多全球风险集中体现在城市地区,建立恢复能力和促进可持续发展的步骤能够加快全球气候变化的适应,高温热浪、极端降水、内陆和沿海洪水、滑坡、空气污染、干旱和水资源短缺对城市地区的人口、资产、经济和生态系统等都将构成风险,特别是缺少基础设施和基本服务,以及居住在暴露区的人群面临的风险更高。⑦农村地区,近期及之后的农村地区面临的主要影响(包括世界范围内粮食和非粮食作物生产区的变化)是通过水资源可获取量和供应、粮食安全和农业收入的影响而体现出来的。

4.7　气候变化影响的综合评估

为了解决全球环境问题,特别是全球气候变化问题,必须综合从自然科学到社会人文科学广泛学科的科学见解,系统地阐明问题的基本结构和解决方法。如果仅从地球系统的某一个方面进行研究,就不能够完成综合评估。要全面了解气候变化对整个区域的总体影响,就必须进行多学科的全面研究,把环境、生态、经济、社会等各子系统以及它们之间的相互联系和作用结合起来综合考虑(殷永元 等,2004)。

面对气候变化领域的特点,需要从经济维度将碳排放空间作为全球公共产品进行"生态产权化"(缪旭明,1998;陈文颖,2005;潘家华,2008),还要从社会维度探讨正义伦理的主张,并从技术解决方案、经济发展模式、社会制度改革等视角去探讨更为宏大的应对气候变化战略(柴麒敏 等,2013)。

气候变化目前已经从一个有争议的科学问题,转化为一个政治问题、经济问题、环境问题,甚至是道德问题(IPCC,2007),为了解决全球环境问题,为此引进了称为"综合评估"的政策评价过程,开发了作为核心工具的跨多学科的大规模仿真模型,这种模型称为"综合评估模型(Integrated assessment models,IAM)",用作密切联系科学和政策相互关系的共同平台(森田恒幸 等,1997)。综合评估的目的是使政策制定和科学研究紧密联系起来,它所研究的问题就像地球环境问题那样十分捉摸不定。

这一模型起源于全球环境问题的研究,后被整合于经济系统与生态系统一个模型框架中,用于评估气候政策(Nordhaus,1991),之后综合评估取得了长远的发展。

综合评估应使用的方法,是有关研究领域与决策者之间的信息交流、支持政策制定等的系列过程。对气候变化的综合评估提出的具体目标包括,有关全球气候变化问题的社会费用和收益的明确化及以此为基础的政策实施评价;研究对全球气候变化问题贡献度的定量化。

近年来综合评估模型的开发研究发展很快,这是由于近年来在全球范围内相关数据的不断丰富,对各个自然现象、社会现象认识的逐年提高以及计算机技术在硬件、软件两方面快速发展的缘故。

这些模型在下列四个领域对能源生产和消费、温室气体排放、循环、气候变化、生态、社会经济影响等过程,进行了一定程度的综合分析。

(1)社会经济系统:能源消费、生产、农林业、畜牧、城市活动、其他。

(2)温室气体在全球的循环系统:碳循环、大气化学反应。

(3)气候系统:辐射对流、大气、海洋环流系统。

(4)水文、生态系统:自然生态系统、人类生态系统、水文系统等。

综合评估模型开发的目的,主要包括对地球环境这一复杂现象的机理,会出现何种问题,从而阐明问题本身;弄清楚各种政策的实施会有怎样的效果和推测将产生怎样的影响。

根据这两个不同的目的,目前综合模型主要包括以下四种类型(森田恒幸 等,1997):

第一类是从社会经济活动到气候变化及其对社会经济影响的全过程进行详细分析的大规模的综合评估模型。它处于综合评估的核心位置,适用问题分析和政策效果分析两个方面的研究方法。这种模型称作全范围综合评估模型。

第二类是较详细的模型,是以有关气候变化的自然现象、气候变化影响和损害机制为中心的综合评估模型。

第三类是在考虑气候变化损害时,特别注意分析未来对策的时间表和经济发展最佳途径的综合评估模型。由于结构简单,能在动态最优模型上研究经济发展与气候变化的相互作用。

第四类模型结构更加简单,重视与政策制定者的交流,因而是注重系统发展的综合评估模型。

目前,综合评估要在以下几个方面进行加强,包括从以气候变化为中心的模型扩大为包括各学科的全球环境变化模型,全球环境问题是综合、整体地出现的,所以这个方向的研究是必然的,并且要权衡模型大规模化的风险,包括成本的增加与减少用户的风险,另外要控制模型扩大的规模;从以能源、污染物的排放为中心的仿真,重点转移到农业、土地利用、陆地生态系统、生物多样性、水资源等领域;从以发达国家为中心的分析转到以发展中国家,如考虑到受全球环境变化影响最严重的是发展中国家,这种趋势是恰当的。

气候变化综合评估模型存在 5 个关键的科学问题,即,模型框架、不确定性、公平性、技术进步和减排机制。围绕这 5 个关键的科学问题,需要解决气候变化影响的概率分布,人类对气候变化的风险厌恶程度,人类对社会福利的时间偏好等问题(魏一鸣 等,2013)。

模型框架通常是建立在成本—效益分析的基础之上,通过引入气候变化的减排成本函数和损失函数,最大化贴现后的社会福利函数,从而得到最优的减排成本;通过预测未来的温室气体浓度,得出未来全球和区域的平均温度变化,评估升温后 GDP 和消费的损失,评价减排成本与减排效益,从而比较分析减排带来的损失与未来的效益增加。

气候变化面临着大量的不确定性,主要来源于以下五个方面(Van Asselt et al,2002):自然界的固有随机性,即非线性的、混沌的、不可预测的自然过程,比如海洋动力学和碳循环系统等;价值多元化,即人类的心理、世界观、价值观的差异,比如气候风险厌恶和经济风险厌恶的权衡,贴现率的选择等;人类行为的差异性,即人类的非理性行为,言行不一致性以及标准行为模式的偏差,比如消费模式,能源使用等;社会—经济—文化差异性,即非线性的、混沌的、不可预测的社会过程,比如政策协议的有效性,能源供应改变的体制条件等;技术进步不确定性,即技术的新发展和突破,以及技术的副作用,比如可再生能源的选择,大量人工林的生态影响等。

气候变化和温室气体减排的影响将会跨越几个世纪乃至上千年,因此这涉及当代人和后代人福利的权衡问题,即代际公平性。同时,应对气候变化具有很强的外部性,需要全世界所有国家的共同合作,这涉及各个国家之间应对气候变化责任分担的问题,即区域公平性。

技术进步是决定未来能源需求水平,CO_2 排放和气候变化影响的关键因素,衡量技术进步的方法会对气候政策的评估结果产生很大的影响(Nakicenovic et al,1998),因此合理地衡量技术进步是综合评估模型中一个非常重要的问题。

温室气体的减排机制主要包括:①行政管制,指政府采用行政手段进行强制减排,其能够有效降低温室气体排放,但会导致效率的损失;②数量机制,指不同参与者(国家、行业、企业和个体等)设定排放限额,并允许配额交易,其能够直接确定减排水平,但是无法确定碳价;③价格机制,指不同参与者(国家、行业、企业和个体等)需要对自己的碳排放支付一定的排放税,其可以控制碳价,间接控制减排水平(Pizer,2001)。

应用综合评估模型,可以对各种对策选择及其组合产生的效果进行评价。另一方面,还有许多研究是要回答在不实施对策情况下会产生多大危害。例如对于气候变化造成的农业减产以及因之产生的物价上涨进行预测,应用一般均衡模型推算消费的减少,对生命风险、环境资产等非市场影响进行评价,也在世界规模上逐步展开。

另外,在经济学界对于社会对气候变化的适应程度有多大,即适应行为的仿真研究,例如,对海平面上升,沿海居民采取行动能减少多大损失,国际市场能容纳多少农业影响风险等研究,这些研究有可能对气候变化造成的损失计算有很大影响。

现阶段,综合评估研究领域的工作目前开展得十分广泛。各个学科的研究人员走到一起,向知识综合化方向努力,特别是经济学家与气候学家之间坦率的意见对立,生态学家提出的新的观点及殷切期望,关注着这些研究的政策制定者与非政府机构,都促进了其发展。不同学科的综合化,使各学科间关系紧张起来,促使各个学科不断地拓展其研究领域。

4.8 其他一些气候变化影响的评估方法

除了上文介绍的脆弱性评估、综合评估等气候变化影响的评价方法外,科学工作者还根据科学的新发展和对全球气候系统及其变化特点认识的深化,开发出一些新的评估方法与研究途径,包括自然生态系统研究方法、社会影响评价方法、经济影响评价方法及系统分析方法等。

自然生态系统研究方法主要是注重生态系统各组成部门及其之间相互联系与作用过程的一类研究方法。这类研究方法主要被用来预测气候变化对生态区的迁移、基因多样性、生物保护区、生产率、生态系统的稳定性以及生态复原性等的影响方面(殷永元 等,2004)。在早期研究气候变化对全球生态区或植被带影响的项目中,一般多使用土地能力分类方法。土地能力分类方法是一种传统的地理学研究方法,主要用以将某一地区的土地划分成不同的能力级别或类型,它主要的依据和标准包括气候、土壤、地形及植被等对某一特定土地利用的一些制约因素。这一方法可以用来对全球增温后的作物区或森林区的迁移做预测研究。在气候发生变化的情况下,这种方法可以对新的土地等级的空间分布的变化进行估测,一般分为 7 级,第一级为最优土地,而第 7 级为最不适合某一用途(如耕作)的土地。在生态系统研究方法中,使用较多的分析工具是生态模拟模型。这一分析工具的主要特点是运用数学模型来表示生态系统的运行及相互作用过程,包括全球增温对作物、森林、湿地、鱼类以及其他生态系统的影响过程与作用途径。生态模拟模型还被用于进行适应对策的评估研究,包括改变模型中的参数或者模型机构以反映特定的适应对策(新的作物品种、新的耕作方式、新的技术等)的效果等等,从而评价这些对策能否有效地减少气候变化所产生的危害和损失。

社会影响评价方法的目的,主要是在于设法把社会价值及考虑因素也纳入到分析的过程之中。目前的分析方法手段包括社会调查、问卷、面谈、观测及社会统计等,还有建立未来社会情景方法、代尔斐法（Delphi）等也较为常用。其中代尔斐法主要是依据专家的意见及判断，调查的结果是通过反复归纳与总结许多被调查的专家的判断得出的，基本上代表了专家们的平均意见。

经济分析方法也被大量地应用于进行气候变化影响的评价研究当中（Riebsame，1988；Pearce et al. 1990；NAS，1991）。特别在近期的适应对策的研究中，经济分析方法更是得到广泛的应用。在诸多经济分析方法中，成本分析法和投入产出法，受到的关注更多。成本效益分析法（Cost－benefit analysis，CBA）在气候变化经济影响评价研究中已经得到较为广泛的应用，如被用于评价气候变化的经济影响及对气候变化影响的对策。CBA 方法是基于一种被称为"潜在的帕累托改善"的经济学理论，这种理论认为，由于执行某种经济政策而产生的影响和后果，只能是得益的部分大于损失的部分，那么在经济上就是有益的（Randall，1986）。但是 CBA 方法并没有考虑所产生的影响和后果在不同地区或者社会部门的分布差异。在 CBA 的分析中，所有的成本和效益（包括未来将可能产生的）都被转换成现在的货币价值。在这种转换中，运用到的一个重要工具就是折扣率，它是由目前的一代人所决定，未来的价值又都被目前的一代人按照自己的认识打了折扣，所以这种方法就会很容易造成目前的一代人与未来几代人之间利益分配方面的问题。同时，对一些非市场交换的环境或社会因素给予货币定价是不妥当的，如湿地的减少、景观的破坏、生物遗传多样性的损害、自然资源非逆转性的失去、人类健康甚至死亡的影响等等，就很难被给予一个确定的市场价值，并且存在很多不易解决的问题（殷永元 等，2004）。而且用货币单位去衡量人的生命价值、环境污染以及濒危生物种群时，会令人类社会深感不安（Smith et al，1989）。

另外一种被广泛应用的经济分析方法就是投入产出法（Input－output analysis，IOA）。这一方法可以用来研究和展示气候变化的情景对不同地区或部门的影响。它的优点在于，它提供了一个互相联系的框架结构，能把若干部门与地区用投入—产出的关系表达出来（殷永元 等，2004）。目前，几乎每一个国家都有一个 IOA，用于进行国民经济分析。这一方法也被越来越多的应用于区域气候变化影响的评价研究（Parry et al，1987；Riebsame，1988；Malone et al，1992；Cohen，1993）。IOA 方法十分清楚的展示了不同地区若干部门之间的供求关系，并用投入产出关系把各部门和各区域联系起来（Isard，1960）。

系统分析方法为决策者和研究人员提供了一个可以用来评估和选择的有效、合适对策，以及预测实施这些对策可能产生后果的分析研究框架。在这一框架中，一些分析技术，如数学方法、模拟模型及决策支持系统等，都可以用来反映系统中的某些部门及他们之间的联系和功能（殷永元 等，2004）。运筹学模型（Mathematical programming，MP），就是系统分析中的常用技术，用这种模型可以把系统中的各种复杂因素以及它们之间的相互联系和作用,通过数学联立方程组的形式表达出来。在面临众多可行性决策选择的情况下,MP 模型可以帮助决策者或研究人员从中挑选出相对理想的决策方案(Wagner,1969;Chiang,1984)。目前用来进行环境影响评价的线性方程模型,大部分都是单目标的,因此尚存在一定的局限性。

参考文献

白丽萍,林而达. 2007.CO_2浓度升高与气候变化对农业的影响研究进展.中国生态农业学报.**18**(3):659-664.

蔡蕾.2007.2007 年国际生物多样性日:生物多样性与气候变化.环境教育,(5):12-17.

蔡运龙,Barry Smit. 1996. 全球气候变化下中国农业的脆弱性与适应对策. 地理学报.**51**(3):202-212.

柴麒敏,何建坤.2013.气候公平的认知、政治和综合评估—如何全面看待"共区"原则在德班平台的适用问题.中国人口·资源与环境,(6):1-7.

陈宝红,周秋麟,杨圣云.2009.气候变化对海洋生物多样性的影响.台湾海峡.**8**(3):437-444.

陈鸿起,汪妮.2007.基于欧式贴近度的模糊物元模型在水安全评价中的应用.西安理工大学学报,(1):37-42.

陈灵芝,马克平.2001.生物多样性科学原理与实践.上海:上海科学技术出版社.

陈文颖,吴宗鑫,何建坤.2005.全球未来碳排放权"两个趋同"的分配方法.清华大学学报(自然科学版),**6**(45):850-853.

陈兆波,陈霞,董文,等.2012.农业应对气候变化现状与科技对策研究.中国人口·资源与环境,**22**:446-450.

戴晓苏,任国玉.2004.气候变化外交谈判的科技支持.中国软科学,(6):91-95.

邓慧萍,吴正方,唐来华.1996.气候变化对水文和水资源影响的研究综述.地理学报,**12**(s1):161-170.

《第二次气候变化国家评估报告》编委会.2011.第二次气候变化国家评估报告.北京:科学出版社.

丁一汇.2008.人类活动与全球气候变化及其对水资源的影响.中国水利,(2):20-27.

董世魁,朱晓霞,刘世梁,等.2013.气候变化背景下草原畜牧业的危机及其人文—自然系统耦合的解决途径.中国草地学报,**7**(4):1-6.

董智强,潘志华,安萍莉,等.2012.北方农牧交错带春小麦生育期对气候变化的响应:以内蒙古武川县为例.气候变化研究进展,**8**(4):265-271.

杜建国,Cheung W W L,陈彬,等.2012.气候变化与海洋生物多样性关系研究进展.生物多样性,**20**(6):745-754.

杜华明.2005.气候变化对农业的影响研究进展.四川气象,**25**(4):18-20.

付允,马永欢,刘怡君,等.2008.低碳经济的发展模式研究.中国人口·资源与环境,**18**(3):14-19.

吉登斯 A.2009.气候变化的政治.曹荣湘,译.北京:社会科学文献出版社.

郭春生,许豆艳,郭爱生,等.2010.气候变化对草地畜牧业及其生产力的影响.科技情报开发与经济,**4**(19):149-152.

郭建平,高素华,刘玲.2001.气象条件对作物品质和产量的影响的试验研究.气候与环境研究.**6**(1):361-367.

郭庆春,何振芳,李力.2001.全球气候变化对农业的影响.湖南农业科学,(19):61-64.

黄荣辉.1999.关于东南亚气候系统年际变化研究进展及其需要进一步研究的问题.中国基础研究,(2):66-75.

郝璐,王静爱.2003.草地畜牧业雪灾脆弱性评价——以内蒙古牧区为例.自然灾害学报,**2**(5):51-57.

郝璐,杨春燕.2006.草地畜牧业雪灾灾害系统及减灾对策研究.中国草业发展论文集:394-400.

华启和.2012.气候问题政治博弈的伦理共识研究.南京师范大学博士论文.

霍治国,李茂松,王丽,等.2012.气候变暖对中国农作物病虫害的影响.中国农业科学.**45**(10):1926-1934.

姜彤,李修仓,巢清尘,等.2014.《气候变化2014:影响、适应和脆弱性》的主要结论和新认知.气候变化研究进展,**3**(5):157-166.

李鹤,张平宇,程叶青.2008.脆弱性的概念及其评价方法.地理科学进展,**2**(3):18-25.

李峰平,章光新,董李勤.2013.气候变化对水循环与水资源的影响研究综述.地理科学,**4**(4):457-464.

李莹,高歌,宋连春.2014.《IPCC第五次评估报告》对气候变化风险及风险管理的新认知.气候变化研究进展,**10**(4):260-267.

李玉娥,董红敏,林而达.1997.气候变化对畜牧业生产的影响.农业工程学报,**9**(增刊):20-23.

李志军,魏莉,刘艺工.2010.北极气候变化对加拿大和中国社会与经济的影响.内蒙古大学学报(哲学社会科学版),**1**(1):128-133.

黎燕琼,郑绍伟,龚固堂,等.2011.生物多样性研究进展.四川林业科技,**8**(4):12-19.

林而达,吴绍洪,戴晓苏,等.2007.气候变化影响的最新认识.气候变化研究进展,**3**(3):125-131.

林而达,王京华.1994.我国农业对全球变暖的敏感性和脆弱性.农村生态环境学报,**10**(1):1-5.

科恩 SJ.2001.哥伦比亚流域气候变化和水资源管理(上).水利水电快报,**22**(5):1-4.

刘冰.2009.安东尼·吉登斯:《气候变化的政治》.公共管理评论,11:118-126.

刘昌明,成立.2000.黄河干流下游断流的径流序列分析.地理学报,**55**(2).

刘昌明,刘小莽,郑红星.2008.气候变化对水文水资源影响问题的探讨.科学对社会的影响,(2):21-27

刘春晖.2013.气候变化对阿拉善蒙古族传统畜牧业及其生计的影响研究.中央民族大学硕士论文.

刘红梅,蒋菊生.2001.生物多样性研究进展.热带农业科学,**94**(6):69-83.

刘宗发,邹进泰,余宏平.2006.气候变化对我国城市社会经济的影响及对策——以武汉市为例.科技进步与对策,**11**:89-92.

刘洋,张健,杨万勤.2009.高山生物多样性对气候变化响应的研究进展.生物多样性,**17**(1):88-96.

刘燕华,李秀彬.2001.脆弱生态环境与可持续发展.北京:商务印书馆.

吕晓英,吕胜利.2003.中国主要牧区草地畜牧业的可持续发展问题.经济研究,(2):115-123.

鲁安新,冯学智,曾群柱,等.1997.西藏那曲牧区雪灾因子主成分分析.冰川冻土,**19**(2):180-185.

卢红兵.2013.循环经济与低碳经济协调发展研究.中共中央党校博士论文.

马瑞芳.2007.内蒙古草原区近50年气候变化及其对草地生产力的影响.中国农业科学院硕士论文.

马文红,方精云,杨元合,等.2010.中国北方草地生物量动态及其与气候因子的关系.中国科学:生命科学,**40**(7):632-641.

缪旭明.1998.人均CO_2累积排放和按贡献值履行义务的研究.中国软科学,(9):18-23.

牛书丽,万师强,马克平.2009.陆地生态系统及生物多样性对气候变化的适应与减缓.学科发展,(4):421-427.

潘根兴,高民,胡国华,等.2011.气候变化对中国农业生产的影响.农业环境科学学报,**30**(9):1698-1706.

潘家华.2002.国家利益的科学争论与国际政治妥协——联合国政府间气候变化专门委员会《关于气候变化社会经济分析评估报告》评述.世界经济与政治,(2):55-59.

潘家华.2008.满足基本需求的碳预算及其国际公平与可持续含义.世界经济与政治,(1):35-42.

《气候变化国家评估报告》编委会.2007.气候变化国家评估报告.北京:科学出版社.

秦大河.2007.气候变化对我国经济、社会和可持续发展的挑战.外交评论,**8**(97):6-14.

沈大军,刘昌明.1998.水文水资源系统对气候变化的响应.地理研究,**12**(4):435-443.

森田恒幸,胡秀莲,姜克隽.1997.气候变化综合评价进展.中国能源,(12):9-14.

沈月琴,汪浙锋,朱臻,等.2011.基于经济社会视角的气候变化适应性研究现状与展望.浙江农林大学学报,**28**(2):299-304.

宋丁全.2004.物多样性基本概念及其数学方法.金陵科技学院学报,**20**(2):1-4.

孙森,徐柱,柳剑丽.2011.内蒙古农牧交错区草地气候生产力对气候变化的响应.草业科学,**6**(6):1085-1090.

唐国平,李秀彬,等.2000.气候变化对中国农业生产的影响.地理学报,**55**(2):129-138.

克努成 T.国际关系理论史导论.余万里,何宗强,译.天津:天津出版社.

王国庆,张建云,刘九夫,等.2008.气候变化对水文水资源影响研究综述.中国水利,(2):41-51.

王明玖,张存厚.2013.内蒙古草地气候变化及对畜牧业的影响分析.内蒙古草业,**3**(1):5-12.

魏一鸣,米志付,张皓.2013.气候变化综合评估模型研究新进展.系统工程理论与实践,**8**(8):1905-1915.

吴建国.2008.气候变化对陆地生物多样性影响研究的若干进展.中国工程科学,**10**(7):60-68.

吴绍洪,潘韬,贺山峰.2011.气候变化风险研究的初步探讨.气候变化研究进展,**7**(5):363-368.

肖国举,张强,王静.2007.全球气候变化对农业生态系统的研究进展.应用生态学报,**18**(8):1877-1885.

谢立勇,林而达.2007.二氧化碳浓度增高对稻、麦品质的影响研究进展.应用生态学报,**18**(3):659-664.

严雪.2012.基于气候变化的畜牧业发展影响因素分析——以西藏自治区为例.南京农业大学硕士论文.

杨富强.2012.气候变化谈判战略的新思维.气候变化,**34**(7):15-19.

杨尚英.2006.气候变化对我国农业影响的研究进展.安徽农业科学,**34**(2):303-304.

杨晓光,刘志娟,陈阜.2010.全球变暖对中国种植制度的可能影响 I.气候变化对中国种植制度北界和粮食产量可能影响的分析.中国农业科学,**43**(2):329-336.

叶笃正,黄荣辉.1996.长江黄河流域旱涝规律和成因研究.济南:山东科学技术出版社.

殷永元,王桂新.2004.全球气候变化评估方法及其应用.北京:高等教育出版社.

於凡,曹颖.2008.全球气候变化对区域水资源影响研究进展综述.水资源与水工程学报,**8**(4):92-97.

袁静.2006.全球气候变化问题的外交博弈.福建师范大学硕士论文.

袁巍.2011.气候变化的思想盛宴.绿叶,(1):107-111.

曾群,蔡述明,杜芸.2006.全球气候变化对水资源的潜在影响.资源环境与发展,(1):45-48.

赵冰.2010.基于 GIS 的大别山-桐柏山区生态脆弱性评价与对策研究.山东师范大学硕士论文.

赵艳霞,何磊,刘寿东,等.2007.农业生态系统脆弱性评价方法.生态学杂志,**26**(5):754-758.

张存厚.2013.内蒙古草原地上净生产力对气候变化的响应模拟.内蒙古农业大学博士论文.

张建云,王金星,李岩,等.2008.近 50 年我国主要江河径流变化.中国水利,(2):31-34.

张强,邓振镛,赵映东,等.2008.全球气候变化对我国西北地区农业的影响.生态学报,**28**(3):1210-1218.

张润杰,何新凤.1997.气候变化对农业虫害的潜在影响.生态学杂志,**16**(6):36-40.

张远辉,陈立奇.2006.南沙珊瑚礁对大气 CO_2 含量上升的响应.台湾海峡,**25**(1):68-76.

周曙东,周文魁,朱红根,等.2010.气候变化对农业的影响及应对措施.南京农业大学学报,**10**(1):34-39.

周义,覃志豪,包刚.2011.气候变化对农业的影响及应对.中国农学通报,**27**(32):299-303.

朱诚,谢志仁,申洪源,等.2006.全球变化科学导论(第二版).南京:南京大学出版社.

庄贵阳.2007.气候变化背景下的中国低碳经济发展之路.绿叶(生态文明理论专题),9:22-23.

Bai Y F, Han X G, Wu J G et al. 2004. Ecosystem stability and compensatory effects in the Inner mongolia grass land. *Nature*,**431**:181-184.

Briggs J C. 1994. Species diversity:land and sea compared. *Systematic Biology*,**43**:130-135. Cambridge University Press.

Chiang A C. 1984. Fundamental methods of mathematical economics. New York:McGraw—Hall.

Cohen S J. 1993. Mackenzie basin impact study interim report♯1. Edmonton,Canada:Environment Canada.

Dong Z Q, Pan Z H, An P L, *et al*. 2015. A novel method for quantitatively evaluating agricultural vulnerability to climate change. *Ecological Indicators*,**48**:49-54.

Downing T E. 1992. Climate change and vulnerable places:Global food security and country studies in Zimbabwe, Kenya, Senegal and Chile. Oxford:University of Oxford,Environmental Change Unit:1-5.

Enquist C A E. 2002. Predicted regional impacts of climate change on the geographical distribution and diversity of tropical forests in CostaRica. *Journal of Biogeography*,**29**:519-534.

Frich P, Alexander L V, Della—Marta P, *et al*. 2002. Observed coherent changes in climatic extremes during the second half of the twentieth century. *Climate Res*,**19**(3):193-212.

Fussel H M. 2007. Vulnerability: A generally applicable conceptual framework for climate change research. *Global Environmental Change*, (17):155-167.

He D,Liu Y L, Pan Z H. 2013. Climate change and its effect on reference crop evapotranspiration in central and western Inner Mongolia during 1961—2009. *Front. Earth Sci*, 7(4): 417-428.

Ierland E C,Van de Groot R S. 2001. Integrated assessment of vulnerability to climate change and adaptation options in the Netherlands. NRP-CC.

IPCC. 1995. Technical Summary. In: Climate Change 1995: Impacts, Adaptation, and Vulnerability. Contribution of Working Group II to the Second Assessment Report of the Intergovernmental Panel on Climate Change (eds: Robert T. Watson, marufu C. Zinyowera. Richard H. moss), Cambridge:Cambridge University Press.

IPCC. 2001. Technical Summary. In: Climate Change 2001: Impacts, Adaptation, and Vulnerability. Contribution of Working Group II to the Third Assessment Report of the Intergovernmental Panel on Climate Change (eds: K. S. White, Q. K. Ahmad, O. Anisimov *et al.*), Cambridge:Cambridge University Press.

IPCC. 2007. Technical Summary. In: Climate Change 2007: Impacts, Adaptation, and Vulnerability. Contribution of Working Group II to the Fourth Assessment Report of the Intergovernmental Panel on Climate Change (eds: m. L. Parry, O. F. Canziani, J. P. Palutikof *et al.*),Cambridge:Cambridge University Press.

IPCC. 2013. Approved Summary for Policymakers. In: Climate Change 2013: The Physical Science Basis Summary for Policymakers. Contribution of Working Group I to the Fifth Assessment Report of the Intergovernmental Panel on Climate Change (eds: Lisa Alexander, Simon Allen, Nathaniel L. Bindoff *et al.*), Cambridge:Cambridge University Press.

IPCC. 2014. Impacts, Adaptation, and Vulnerability. Part A: Global and Sectoral Aspects. Contribution of Working Group II to the Fifth Assessment Report of the Intergovernmental Panel on Climate Change (eds: Field, C. B., V. R. Barros, D. J. Dokken *et al.*), Cambridge:Cambridge University Press.

Isard W. 1960. Methods of regional analysis: An introduction to regional science. Boston: The MIT Press.

Janssen M A, *et al*. 2006. Scholarly networks on resilience, vulnerability and adaptation within the human dimensions of global environment change. *Global Environment Change*, **16**:240-252.

Karl T R, Knight R W. 1998. Secular trends of precipitation amount, frequency and intensity in the United States. *Bull. Amer. Meteor. Soc*, **79**(2):231-241.

Lee H, Thomas E L. 2003. Climate Change and Biodiversity: Synergistic Impacts. Advances in Applied Biodiversity Science. Washington: Center for Applied Biodiversity Science. *Conservation International*, 50-67.

Liu C M,Zheng H X. 2002. Hydrological cycle changes in China's large river basin: the Yellow River drained dry, in Climatic Change: Implication for the Hydrological Cycle and For Water management. Edited by martin Bension, Kluwer Academic Publishers,209-224.

Liverman D M. 1990. Vulnerability to global environmental change. Understanding Global Environmental Change: The Contributions of Risk Analysis and Management. Clark University, Worcester, MA, pp. 27-44.

Lobell D B, Field C B. 2007. Global scale climate—crop yield relationships and the impacts of recent warming. *Environ. Res. Lett*, 2: 1-7.

Lobell D B, *et al*. 2011. Climate Trends and Global Crop Production since 1980. *Science*. **333**:616.

Long S P, Ainsworth E A, Leakey A D B, *et al*. 2006. Food for thought: Lower—Than—Expected Crop Yield Stimulation with Rising CO_2 Concentrations. *Science*, **312**: 1918-1921.

Luers A L, Lobell D B, *et al*. 2003. A method for quantifying vulnerability, applied to the agricultural system of the Yaqui Valley, Mexico. *Global Environmental Change*, **13**(4):255-267.

Malone T, Yohe G. 1992. Towards a general method for analysis regional impacts of global change. *Global Environmental Change*. **2**(2):101-110.

Mccabe. 1990. Effects of climate change on the Thornthwaite moisture Index. *Water Resources Bull*,**26**(4).

Naidu R, Kookana R S, Baskaran S. 1998. Pesticide dynamics in the tropical soil—plant ecosystem: potential impacts on soil and crop quality. In: Seeking Agricultural Produce Free of Pesticide Residues. Yogyakarta, Indonesia. *ACIAR Proceedings Series*, (85):171-183.

Nakicenovic N,Grubler A,McDonald A. 1998. Global energy perspective. Cambridge: Cambridge University Press.

NAS. 1991. Policy implications of greenhouse warming. Washington D C: National Academy Press.

Niemela P, Chapin F S, Dabell K, *et al*. 2001. Herbivory—mediated responses of selected boreal forests to climate change. *Climate Change*, **48**:427-440.

Nilson A, Kiviste A, Korjus H, *et al*. 1999. Impact of recent forestry and adaptation tools. *Climate Research*, **12**:205-214.

Nordhans W D. 1991. To slow or not to slow: The economics of the greenhouse effect. *The Economic Journal*, **101**(407):920-937.

Parmesan C,Root T L,Willing M R. 2000. Impacts of extreme weather and climate on terrestrial biota. *Bulletin of the American Meteorological Society*, 81:443-450.

Parry M L, Carter T R,Konijn N T. 1987. An assessment of climatic variations on agriculture. Volume I. Assessment in cool temperate and cold regions. Volume II. Assessment in semi-arid regions. The Netherlands: Reidel, Dordrecht.

Parry M, Rosenzweig C, Livemore M. 2005. Climate change, global food supply and risk of hunger. *Phil. Trans. R. Soc.* **360**: 2125-2138.

Parton W J, Morgan J A, Wang G M, *et al*. 2007. Projected ecosystem impact of the Prarie heating and CO_2 enrichment experiment. *New Phytologist*, **174**:823-834.

Pearce D W, Tuener R K. 1990. Economics of natural resources and the environment. London: Harvester Wheatsheaf.

Pimm S L,Raven P. 2000. Biodiversity extinction by numbers. *Nature*. **403**:843-845.

Pizer W. 2001. Choosing price or quantity controls for greenhouse gases. Washington, DC: Resources for the Future.

Randall A. 1986. Valuation in a policy context. In: Bromley D W. (ed.) *Natural Resource Economics: Policy Problems and Contemporary Analysis*. Boston: Kluwer—Nifhoff Publishing.

Rapport D J, Whitford W G. 1999. How ecosystem respond to stress. *BioScience*. **49**: 193-202.

Renn O. 2005. Whitepaper on risk governance: Towards an integrative approach Whitepaper No. 1 of the International Risk Governance Council.

Riebsame W E. 1988. Assessing the social implication of climate fluctuations: A guide to climate impact studies. Nairobi: United Nations Environment Programme, 82.

Rosenzweig C, Parry M L. 1994. Potential impact of climate change on world food supply. *Nature*: **367**: 133-138.

Saelthun N R. 1990. Climate change impact on Norwegian water resources. Norwegian water resources and energy administration.

Sally J H, Russell J S, John S S J. 1997. Changes in an assemblage of temperate reef fishes associated with a climate shift. *Ecological Applications*, (7): 1299-1310.

Smith E R, Tran L T, *et al*. 2003. Regional Vulnerability Assessment for the mid—Atlantic Region: Evaluation of Integration methods and Assessments Results. EPA Regional Vulnerability Assessment program, 2003

Smith J B, Tirpak D. 1989. The potential effects of global climate change on the United States. EPA: Report to Congress

Sun Q M, Zhou R H, Gao L F, *et al*. 2009. The characterization and geographical distribution of the genes responsible for vernalization requirement in Chinese bread wheat. *J Integr Plant Biol*. **51**(4): 423-432.

Timmerman P. 1981. Vulnerability, resilience and the collapse of society. Environmental monograph1. Toonto: Institute for Environmental Studies.

Tol R S J, Fankhauser S and Smith J B. 1988. The scope for adaption to climate change: what can we learn from the impact literature? *Global Environment Change*, **8**(2): 109-123.

Turner B L. 2003. A framework for vulnerability analysis in sustainability science. *PNAS*, 100: 8074-8079.

Van Asselt M B A, Rotmans J. 2002. Uncertainty in integrated assessment modeling: From positivism to pluralism. *Climate Change*, **54**(1-2): 75-105.

Wagner H M. 1969. Principle of operations research. Englewood Cliffs N J: Prentice—Hall, Inc.

Wisner B, Blaikie P, Cannon T, *et al*. 1994. At risk of natural hazards: people's vulnerability and disasters. London: Routledge.

Wu D X, Wang G X, Bai Y F, *et al*. 2004. Effects of elevated CO_2 concentration on growth, water use, yield and grain quality of wheat under two soil water levels. *Agriculture, Ecosystems and Environment*, **104**: 493-507.

第5章

气候变化减缓

5.1 温室气体及其气候效应

温室效应现象最初由法国数学、物理学家 Fourier 在 1824 年发现,20 世纪初瑞典化学家 Arrhenius 对这一现象进行了分析后首次提出温室效应概念。他们的研究主要基于试验分析,通过设计阳光透过密封玻璃屋造成室内增温,模拟现实大气对地表的保温作用,即温室效应。20 世纪 70 年代,Fourier 的温室效应理论受到质疑,由于玻璃的光学特性与大气不完全一致,且玻璃屋内大气升温不能简单归结为玻璃的光学吸收作用,因此不能将玻璃屋模拟的增温作用引申类比为大气的温室效应。目前被广泛接受的认识是:太阳短波辐射可以透过大气射入地面,而地面增暖后放出的长波辐射被大气中的温室气体(Greenhouse Gas,GHG):如水汽、二氧化碳、臭氧、甲烷、氧化亚氮等吸收,这些温室气体在大气吸收地面长波辐射的同时,也向所有方向发送辐射,包括向地球表面的辐射,从而使地球表面变得更暖,类似于温室截留太阳辐射,并加热温室内空气的作用。这就是温室气体对地面温度的调节作用,即自然温室效应。

地球的大气中重要的温室气体包括下列数种:二氧化碳(CO_2)、臭氧(O_3)、氧化亚氮(N_2O)、甲烷(CH_4)、氢氟氯碳化物类(CFCs,HFCs,HCFCs)、全氟碳化物(PF-Cs)及六氟化硫(SF_6)等。在 1997 年于日本京都召开的联合国气候变化公约第三次缔约国大会中所通过的《京都议定书》,明确针对六种温室气体进行削减,包括上述所提及的二氧化碳(CO_2)、甲烷(CH_4)、氧化亚氮(N_2O)、氢氟碳化物(HFCs)、全氟碳化物(PFCs)及六氟化硫(SF_6)。其中以后三类气体造成温室效应的能力最强,但对全球升温的贡献百分比来说,二氧化碳由于含量较多,所占的比例也最大,约为 55%。

由于臭氧的时空分布变化较大,因此在进行减量措施规划时,一般都不将臭氧纳入考虑。而且虽然水蒸气是最主要的温室气体,但与二氧化碳不同,水蒸气可以凝结成水。因此大气中的水蒸气含量基本稳定,不会出现其他温室气体的累积现象。因此现在讨论温室气体时并不考虑水蒸气。

当前最关注的温室气体升高主要有二氧化碳(CO_2)、甲烷(CH_4)和氧化亚氮(N_2O),其在全球范围内的变化情况也是当前研究的重点。

如图 5.1 所示,全球碳循环是指碳素在地球的各个圈层(大气圈、水圈、生物圈、土壤圈、岩石圈)之间迁移转化和循环周转的过程。在漫长的地球历史进程中碳循环最初只是在大气圈、水圈和岩石圈中进行。随着生物的出现,有了生物圈和土壤圈,碳循环便在五个圈层中进行碳素的循环流动。就从简单的地球化学循环进入到复杂的生物地球化学循环,而生物圈和土壤圈在碳循环过程中扮演着越来越重要的角色。碳循环的主要途径是大气中的 CO_2 被陆地和海洋中的植物吸收,然后通过生物或地质过程以及人类活动干预又以 CO_2 的形式返回到大气中。

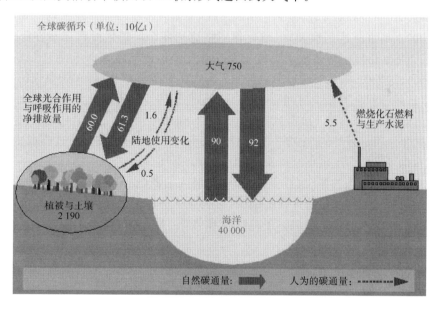

图 5.1　全球碳循环

目前全球碳循环研究已经确定的与人类活动有关的 3 个主要 CO_2 源是化石燃料燃烧、水泥生产和土地利用变化,向大气排放的碳(C)总量约为 7.5 Pg/a,其中约有一半(3.8 Pg/a)留在大气圈中增加大气 CO_2 体积分数,而另外一半被海洋和陆地生态系统这两个主要碳库所吸收,通过海洋环流生物地球化学模型以及测量大气—海洋 CO_2 分压差异估计的 20 世纪 80 年代全球海洋 C 吸收通量比较一致,在 $(2\pm0.8)Pg/a$ 左右,除去海洋汇的吸收尚有约 1.7 Pg/a 的不平衡,IPCC 称之为"遗漏的 CO_2 汇"(Missing sink),存在这个不平衡部分可能来自收支平衡估计的不确定性。

氧化亚氮(N_2O)是一种受人类活动影响的重要温室气体,热带土壤和农田土壤是大气中 N_2O 的最主要来源。N_2O 的产生过程主要是在微生物的作用下,通过硝化和反硝化作用完成的。Li(2000)的研究给出了硝化和反硝化作用的过程机理:

硝化作用:$NH_4^+ \rightarrow N_2NOH \rightarrow NOH \rightarrow NO_2^- \rightarrow NO_3^-$

$$\downarrow \qquad \downarrow$$

$$NO \rightarrow NO_2$$

反硝化作用:$NO_3^- \rightarrow NO_2^- \rightarrow NO \rightarrow N_2O \rightarrow N_2$

硝化过程是在通气条件下,亚硝化和硝化微生物将铵盐转化为硝酸盐的过程。其中,氨由土壤有机氮的矿化而获得,因此适量施用有机肥会促进硝化作用进行。土壤水势在 $-10\sim-33kPa$ 时,硝化作用最活跃,土壤含水量增加或减少均会影响微生物的活性;土壤水分达到饱和时,硝化作用接近于零。反硝化过程则是在厌氧条件下,由反硝化细菌将硝酸盐或硝态氮还原成氮气(N_2)或氧化氮 N_2O 和 NO 的过程。在异养硝化过程中,硝化过程产生的能量不是微生物的唯一能源,在强酸性的针叶林土壤中,这种过程占主导作用,但其速度进行得比较慢。异养硝化过程不受土壤氮矿化过程的限制;并且 NH_4^+ 或有机物质均可进行硝化作用。不过,硝化抑制剂不能抑制异养硝化作用。另外,在土壤中有 NO_2^- 积累的情况下(如铵浓度过高或土壤 pH 较高时),也可有化学反硝化过程发生,生成 NO 和 N_2O。

N_2O 的源包括天然源(海洋草原森林等)和人为源(硝酸己二酸生产、土壤耕作、生物体燃烧等),天然源的估计很不准确,可能是人为源的 2 倍,大气中 N_2O 的消除过程主要是平流层的化学反应。平流层中导致 N_2O 从大气层中消除的主要化学反应是:

$$N_2O + O \rightarrow 2NO$$

$$N_2O + h\upsilon \rightarrow N_2 + O$$

$$N_2O + O \rightarrow N_2 + O_2$$

对于大气 N_2O 源和汇的研究,目前都是以特殊典型生态系统为对象,无论是总排放量还是源排放量的精度都很差。尽管 N_2O 在大气中的含量很少,但它对大气的相对致暖潜力(指 1 kg 的某物质对辐射强迫的贡献与 1 kg 的参考物质如 CO_2 的贡献之比)却高达 290,在大气中浓度的年增长率也高达 0.25%(表 5.1)。

表 5.1 全球大气 N₂O 源汇估算量(Prather *et al*, 2001)

源与汇		N₂O 年排放量 (N₂O－NTg/a)	源与汇		N₂O 年排放量 (N₂O－NTg/a)
自然源	海洋	1.4~2.6	人为源	耕作土壤	0.03~3.0
	热带森林土壤	2.2~3.7		生物质燃烧	0.02~0.2
	温带森林土壤	0.7~1.5		化石燃料燃烧	0.1~0.3
	干旱草原	0.5~2.0	易变源	己二酸产物	0.4~0.6
	热带森林退化为草原	0.8~1.3		硝酸产物	0.1~0.3
	草地	—	汇	土壤吸收	—
	地下水	0.5~1.1		平流层化学反应	7~13
			大气增长		3~4.5

甲烷(CH_4)作为一种重要的温室气体,其增强温室效应的贡献仅次于二氧化碳,占温室气体对全球变暖贡献份额的 15%~25%(Rodhe,1990),每分子甲烷对温室效应的贡献是每分子二氧化碳的 21~30 倍(李俊 等,2005)。CH_4 全球总排放量依然存在很大的不确定性。就目前排放量而言,全球排放量为 5.35 亿 t/a,其中 70% 是人为源排放。厌氧环境的生态系统是大气中甲烷的主要来源,其排放的 CH_4 气体占大气总量的 80%。化石燃料等非生物过程也是大气中 CH_4 的一个来源。大气 CH_4 源按照是否为人类直接参与分为天然源和人为源。前者主要包括湿地、白蚁、海洋等,一般占总源的 30%~50%;后者主要包括能源利用、垃圾填埋、反刍动物、稻田和生物体燃烧等,大约占总源的 50%~70%。稻田生态系统甲烷的排放被认为是过去 100 多年里大气甲烷浓度增加的重要原因之一,由于稻田 CH_4 排放的影响因子之间相互作用的复杂性以及区域气候的差异性,使得稻田 CH_4 的排放时空变化很大,因而如何准确估算稻田 CH_4 的排放,是目前研究的重点。对稻田生态系统甲烷的研究,除现场观测外,更多的是借助数值模式估算甲烷排放量。

大气 CH_4 的汇主要是 CH_4 在大气对流层与 OH 自由基发生化学反应(占大气 CH_4 去除的 90%),其次是水分未饱和土壤的吸收和少量的向平流层输送。氧化 CH_4 的细菌广泛散布于土壤、沉积岩和水环境,对热带、温带以及北极地区的许多土壤的研究中证实了 CH_4 氧化的存在。IPCC(1995)公布的全球土壤吸收 CH_4 的估计值为 0.3 亿 t/a。在大气对流层与 OH 自由基发生化学反应,CH_4 的消耗速率为4.2 亿 t/a(表 5.2)。

土壤对甲烷的氧化是由甲烷氧化菌来完成的,甲烷氧化菌在好氧条件下利用甲烷作为唯一的碳源和能源,经过一系列的过程将甲烷氧化为二氧化碳和水。参与甲烷氧化的关键酶是甲烷单氧化酶(MMO),它是一种对底物选择性很低的酶,容易与很多化合物发生偶然的代谢作用。此外,甲烷氧化细菌氧化甲烷的过程与化能自养型的硝化菌氧化氨(氨单氧化酶 AMO)时的路径极为相似,且在两个过程中起催化作用的是极为相似的两个单氧化酶。其反应路径如下:

$$CH_4 + O_2 + NADH + H = CH_3\text{-}OH + H_2O + NAD \tag{5.1}$$

$$NH_3 + O_2 + XH_2 = NH_2\text{-}OH + H_2O + X \tag{5.2}$$

由于氨和甲烷都能竞争 MMO 上的活性结合点,高浓度的氨可以把甲烷从结合点上驱赶下来,此外,甲烷氧化菌是以甲烷为唯一的碳源,且氧化甲烷比氧化氨能获得更多的能量,所以,氨的竞争导致甲烷氧化菌的生长受到抑制,使甲烷的氧化量降低(Bender,1994)。

土壤温度、水分、施肥以及耕作措施都会对土壤甲烷氧化过程产生影响(谢立勇等,2011)。温度是影响土壤 CH_4 吸收通量季节变化的重要因素,随温度升高 CH_4 氧化菌活性增强,吸收通量变大。土壤氧化 CH_4 的最适合温度为 $25\sim35℃$,超过 $37℃$ 时大多数 CH_4 氧化菌停止生长(徐星凯 等,1999)。甲烷氧化菌是好氧性细菌,灌溉或淹水不仅导致甲烷和氧的运动速度减慢,而且使土壤甲烷氧化菌的活性受到抑制,从而增加甲烷的排放。而水分过低,甲烷氧化微生物的渗透压增加,活性降低,也影响其甲烷氧化能力(Nesbit,1992)。氮肥对土壤氧化甲烷的影响与长期施肥有关,而与土壤中的无机氮含量或近期施入氮肥的残留量无关,大量的研究仍表明铵态氮对土壤氧化甲烷有直接的影响。总的来讲,旱地土壤施肥也会使甲烷的吸收变小,施用铵态氮肥比硝态氮肥对旱地土壤甲烷吸收的抑制更强,施肥的旱地土壤比天然草地的甲烷吸收低(Hutsch,2001)。

表 5.2   甲烷不同源汇计算情况   单位:$TgCH_4/a$

天然来源		人类活动来源		汇	
湿地	115	能源	75	平流层	10
白蚁巢穴	20	填埋场	40	对流层	450
海洋	10	反刍动物	80	土壤	45
水合物	5	废水处理厂	25		
		水稻农业区	100		
		生物质燃烧	55		

引自:Fung *et al*(1991)、Olivier *et al*(1998)、Houwelling *et al*(1999)、Hutsch *et al*(2001)等文献

冰芯记录显示,大气 CO_2 和 CH_4 浓度在有人类历史的记录早期呈下降趋势,分别在约 8000a 和 5000 a 前由降低转为升高趋势(图 5.2)。对这种由下降转为上升趋势的现象,目前也有自然因素和人类活动驱动两种不同的解释。

主张自然因素的学者对大气 CO_2 浓度约 8 ka B.P. 趋势改变的解释主要有:①气候适宜期之后,由于气候变冷和干旱,北半球陆地生物量减少,碳的释放增加;②陆地碳的吸收引起海洋中碳酸根浓度的增加,导致碳酸盐的大量沉积,进而引起 8 ka B.

P. 后海表 CO_2 分压的增加,向大气中释放更多的 CO_2;③中后期海表 CO_2 分压增加的情况下,浅海地区珊瑚礁等碳酸盐大量沉积,向大气中释放 CO_2;④其他机制,如大洋环流影响、海洋生物循环等解释。而对 CH_4 在 5~6 ka B.P. 的趋势改变来讲,自然驱动的解释主要有:温度增加驱动冰盖融化导致环北极地区湿地面积的增加、相对稳定的海平面导致河口三角洲湿地面积的增加等。

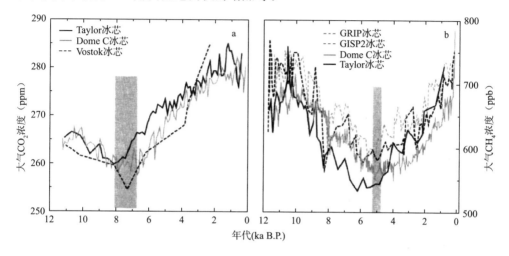

图 5.2　不同冰芯记录的大气 CO_2 浓度(ppm)和 CH_4 浓度(ppb)变化(IPCC,2007)

而人类活动驱动说则认为人类活动(特别是早期农业活动引起的森林砍伐和水稻种植等)是导致全新世温室气体变化"异常趋势"的主要原因。这就是温室气体演化的"早期人类活动假说"。

该假说的核心内容包括 4 个方面:①8000a B.P. 后,人类砍伐森林、用火等活动释放 CO_2 及相关的反馈效应,引起大气 CO_2 浓度由降低变为升高(图 5.3b);②5000a B.P. 左右,人类水稻种植、家畜饲养、生物燃烧等是导致大气 CH_4 浓度由降低变为升高的主要原因;③全新世后期北半球日照量逐渐减少,全球气候在自然状态下应逐渐变冷进入冰期(图 5.3c),但人类活动造成的温室气体浓度增加在一定程度上阻止了冰期气候的到来;④过去 2000a 来一些短尺度气候变化与瘟疫造成人类的大量死亡、森林的重新生长吸收大气 CO_2 有关。

冰芯及观测记录的 400a 来大气 CO_2 浓度记录(图 5.4)显示,工业革命前 CO_2 的体积分数约为 278 ppm,至 1860 年升高到约 286 ppm,1960 年约为 317 ppm,2008 年则上升到约 385 ppm,上升速率呈阶段性增加。工业革命后 CO_2 浓度的增加无疑是人类活动所致,一是矿物燃料的大量使用向大气排放了大量 CO_2;二是森林砍伐、植物燃烧及土壤碳损失减少了陆地生态系统的固碳量,增加大气 CO_2 浓度。无可否认,由于 CO_2 具有温室效应,其浓度增加的直接效应肯定有利于全球增温。

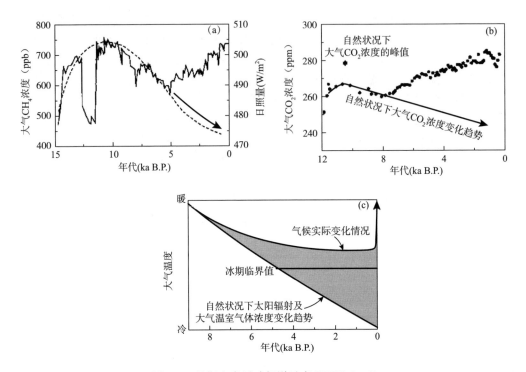

图 5.3　早期人类活动假说示意（IPCC,2007）

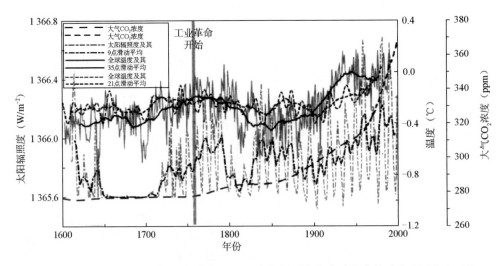

图 5.4　1600 年以来的大气 CO_2 浓度（ppm）、太阳辐照度与全球温度的对比（IPCC,2007）

由于自工业革命以来的温室气体浓度呈显著上升趋势,所以当前的观点主要认为温室气体因人类活动的影响发生变化,从而导致气候变暖。由于自 1750 年以来,全球大气 CO_2、CH_4 和 N_2O 浓度已明显增加,目前已经远远超出了根据冰芯记录得到的工业化前几千年中的浓度值(见图 5.5)。

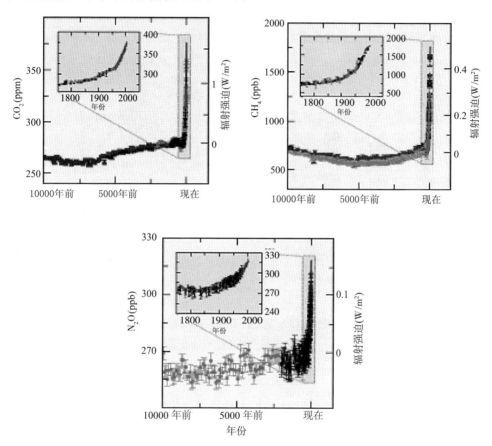

图 5.5　在过去 1 万年(大图)中和自 1750 年(嵌入图)以来,大气 CO_2、CH_4 和 N_2O 浓度的变化(IPCC,2007)。

图中所示测量值分别取自冰芯(不同颜色的符号表示不同的研究结果)和大气样本(红线)。相对于 1750 年的辐射强迫值见大图右侧的纵坐标。图中数据时间截至 2005 年。

(对应彩图见第 426 页彩图 5.5)

大气中的 CO_2 浓度已从工业化前的约 280 ppm,增加到 2011 年的 391 ppm;CH_4 浓度已从工业化前的约 715 ppb,增加到 2011 年的 1803 ppb;N_2O 浓度已从工业化前的约 270 ppb，增加到 2011 年的 324 ppb（IPCC，2013）。全球大气 CO_2 浓度的增加，主要是由于化石燃料的使用和土地利用变化，而 CH_4 和 N_2O 浓度的变化则主要是由于农业。

人类活动导致的温室气体排放的最大增幅来自能源供应、交通运输和工业，而住宅建筑和商业建筑、林业（包括毁林）以及农业等行业的温室气体排放则以较低的速率增加。关于温室气体的行业排放源及其大气、陆地和海洋中的分配，见图 5.6 和 5.7。

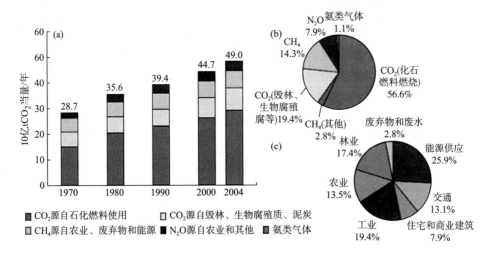

图 5.6 （a）1970 年至 2004 年期间全球人为温室气体年排放量；（b）按 CO_2 当量计算的不同温室气体占 2004 年总排放的份额；（c）按 CO_2 当量计算的不同行业排放量占 2004 年总人为温室气体排放的份额（林业包括毁林）（IPCC，2007）

（对应彩图见第 427 页彩图 5.6）

大气中温室气体和气溶胶含量的变化、太阳辐射变化以及地表特性的变化，都会改变气候系统的能量平衡。图 5.8 给出多年平均的地球-大气系统的辐射—热量平衡图。这些变化用"辐射强迫"来表述，它被用于比较各种人为和自然驱动因子对全球气候的变暖或变冷作用。自 1750 年以来，总辐射强迫为正值，是导致气候系统变暖的主要原因。其中人类活动产生的辐射强迫为 2.29（1.13～3.33）W/m^2（见图5.9）。这一值比 AR4（2007）的 1.6 W/m^2 要高 43%，比自然因素太阳辐照度变化产生的辐射强迫 0.05 W/m^2 要高 40 多倍（IPCC，2013），所以人类活动所排放的温室气体导致的气候变暖是显而易见的。

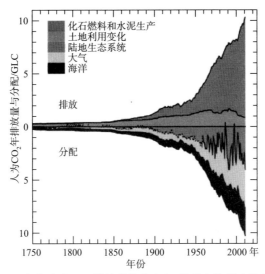

图 5.7　1750—2011 年间人为 CO_2 排放及其在大气、陆地和海洋中的分配(IPCC,2013)

（对应彩图见第 428 页彩图 5.7）

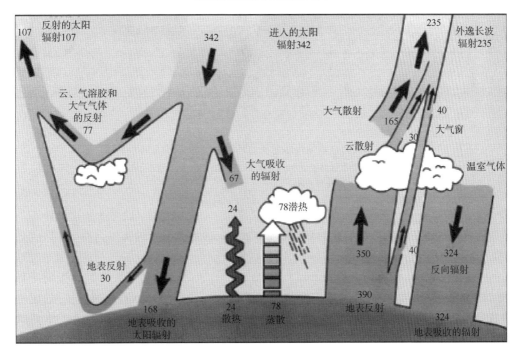

图 5.8　地球-大气系统辐射—热量平衡图(单位:W/m^2)

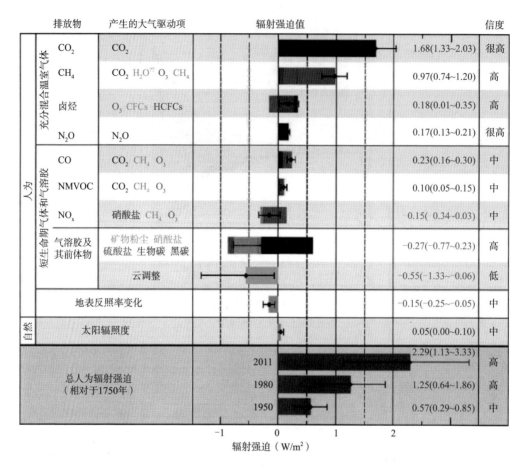

图 5.9　2011 年全球平均辐射强迫估算值及其范围(IPCC,2013)
包括人为 CO_2、CH_4、N_2O 和其他重要成分和机制,以及各种强迫的典型空间尺度和科学认识水平的评估结果,同时给出人为净辐射强迫及其范围。

（对应彩图见第 429 页彩图 5.9）

不同的温室气体具有不同的辐射特性,因此,即使是等量的温室气体,其排放后所造成的增温效应的强弱也不相同。目前衡量温室气体增温能力的一个指标是全球增温潜势(Global warming potential,GWP)。1990 年 IPCC 将 GWP 定义为瞬间释放 1 kg 温室气体在一定时间段产生的辐射强迫与对应于 1 kg CO_2 辐射强迫的比值(IPCC,1990)。这一概念的实质,就是将某种温室气体在一定时间范围内产生的增温效应折换成等效的 CO_2,应用 GWP 就可以让任何温室气体的气候效应相对大小一目了然。到目前为止,尽管研究的方法已经日趋成熟,GWP 的计算仍存在着许多不确定性。《IPCC 第二次评估报告》指出，GWP 计算的不确定性为 ±35%（Houghton et al，1996）。

目前普遍使用的 GWP 的概念是由 IPCC(1990)定义的，公式如下：

$$GWP_X = \frac{\int_0^{TH} RF_X(t)\,dt}{\int_0^{TH} RF_{CO_2}(t)\,dt} = \frac{\int_0^{TH} a_X[X(t)]\,dt}{\int_a^{TH} CO_2[\gamma(t)]\,dt} = \frac{AGWP_X}{AGWP_{CO_2}} \quad (5.3)$$

式中：TH 是选定的积分时间范围，一般取 20 年、100 年和 500 年；RF_X 和 RF_{CO_2} 分别表示温室气体 X 和参考气体 CO_2 的辐射强迫；a_X 和 a_{CO_2} 则表示温室气体 X 和参考气体 CO_2 的辐射效率（即气体的大气含量发生单位浓度变化产生的辐射强迫）；$X(t)$ 和 $\gamma(t)$ 分别表示温室气体 X 和 CO_2 的时间响应函数。该函数给出了气体脉冲排放后其浓度随时间的衰减形势，与气体 X 的大气寿命有关。公式(5.3)中分子和分母上的积分式分别表示温室气体 X 和参考气体 CO_2 的绝对全球增温潜能（Absolute global warming potential，AGWP），所以 GWP 也可以表示为这 2 个绝对度量的比值。

GWP 自提出以来，已被广泛地应用于科学研究和政策评估。然而，由于其不确定性等缺陷，这一评估方法也遭到了许多质疑（Wigley，1998；O'Neil，2000）。批评指出，相对于寿命较长的气体而言，GWP 不能很好地体现寿命较短的气体对气候的影响；GWP 只表示温室气体排放对辐射强迫的积分效应，而不能给出气体对地表温度变化的直接影响。而决策者以及公众最关心的是人类排放对气候变化的影响（温度的变化）、经济社会以及生态系统的影响、经济的损失（GDP）等，而对辐射强迫的变化并不关心。

鉴于上述考虑，科学家们考虑寻找新的度量标准，以弥补 GWP 方法的不足。Shine et al(2005)提出了一个新的概念全球温变潜能（Global temperature potential，GTP），定义为：化合物 X（瞬时或持续）排放到大气中，在给定的一段时间内造成的全球平均地表温度的变化与参考气体（CO_2）所造成的相应变化之比值。

$$GTP_X^{TH} = \frac{\Delta T_X^{TH}}{\Delta T_{CO_2}^{TH}} \quad (5.4)$$

式中：ΔT_X^{TH} 和 $\Delta T_{CO_2}^{TH}$ 分别表示全球平均地表温度在化合物 X 和 CO_2 释放 TH 年后造成的变化。由于 GTP 评估方案与地表温度变化联系更直接，所以在评估温室气体对全球地表温度变化的贡献时具有潜在的优势，并已被 IPCC(2007)第四次评估报告采用。但 GTP 也存在许多不确定因素，如辐射强迫的气候敏感度因子、气候系统海-气之间的热交换、目标时间点的选取等，都有可能对 GTP 的计算产生影响。表 5.3 为根据主要温室气体的年排放量计算出相应 GWP 值和 GTP 值（Zhang et al，2011）。

由温室效应导致的气候变化对农业、林业、地球生态系统、水文和水资源、人类居住环境和健康、世界海洋和海岸带、季节性雪盖、冰和永冻层等会产生一系列影响，其

中不少影响是剧烈的,甚至是灾难性的。

表 5.3　温室气体的 GWP 和 GTP

气体	大气寿命/(a)	GWP	GTP
CH_4	12	18	0.26
N_2O	114	298	250
HFC—125	29	4713	1113
HFC—134a	14	1966	55
HFC—152a	1.4	191	0
HFC—143a	52	7829	4288
CF_4	50000	7597	10052
C_2F_6	10000	17035	22468
SF_6	3200	31298	40935

　　由于气候发生变化,天气随之改变,发生病虫害的条件也随着变化,这样就可能导致农业、林业因不适应而减产,且需要调整技术和管理。在某些地区,如巴西、秘鲁、非洲萨赫勒、东南亚和俄罗斯的亚洲地区,因调整适应能力差而遭到严重影响。虽然在中高纬地区由于增温,生长季节延长,生产能力有可能提高,但由于某些谷物高产区如西欧、美国南部、西澳大利亚等可能减产,导致粮食贸易的新格局。

　　预测的温度和降水的变化表明,气候带在下一个 50 年内可能向南北极方向移动数百千米,但动植物区系将滞后于气候带的移动,这样就可能使某些物种增加,而另一些减少甚至灭绝,地球自然生态系统将呈现一种新结构。温室效应会导致降水分布的改变,有的地方降水增加,有的地方降水减少。若降水减少 10%,年径流量就可能减少40%～70 %(东南亚地区),这时对水的存贮、分配和水力发电都会造成严重后果。

　　关于人类居住环境(能量、运输和工业各部门)和人类健康(大气质量和紫外 β 辐射变化),最差的地方是那些特别易受自然灾害袭击的地方。某些沿海低地和小岛国,由于易受因海平面升高和风暴潮而造成洪水泛滥的影响,可能形成人类的大规模迁移。臭氧耗减,使地表紫外辐射强度增加,将会使眼睛和皮肤疾患增加,并且有可能使海洋食物链中断。全球增温使海平面上升加速,且改变海洋环流和海洋生态系统,增温使季节性雪盖、多年冻土层和某些冰盖大大减少其范围和体积,这对区域性水资源(如依赖于融雪的灌溉区)、交通运输、娱乐部门都会产生影响。冰川衰退和冰盖损耗将促使海平面上升。预计若海平面升高 1 m,将会使中国沿海近 1 亿人受到严重影响(涉及珠江三角洲、长江下游、渤海湾沿岸的海河和辽河地区)。据观测,1954 年到 1978 年珠江三角洲平原的相对海平面升高了 0.75 m,因此,由于温室效应加上地壳构造因素和地下水抽取,海平面升高 1 m 对我国沿海地区来说可能性是很大的。

5.2　大气气溶胶及其气候效应

5.2.1　气溶胶来源及分布

气溶胶是空气中悬浮的固态或液态颗粒的总称,大小为 $0.01\sim10~\mu m$,能在空气中滞留至少几个小时,主要有沙尘气溶胶、碳气溶胶、硫酸盐气溶胶、硝酸盐气溶胶、铵盐气溶胶和海盐气溶胶。

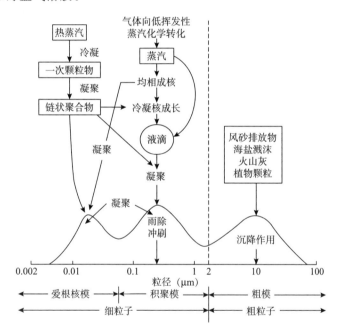

图 5.10　气溶胶来源(王明星,2002)

大气中的气溶胶主要源于自然和人类活动的排放。自然气溶胶的来源包括地表源、大气自身产生和外部空间注入。最首要的自然气溶胶来源是地表源,其中有一些质粒来自地层深处,通过火山喷发进入大气,并可直达平流层。人类活动排放的气体可以通过化学或光化学反应转化为气溶胶质粒(图 5.10)。

对流层中的自然气溶胶主要来源于海洋、土壤、生物圈以及火山灰等。平流层中的气溶胶除来自火山灰之外,还源于陨石和宇宙尘埃等。

空气中的总悬浮物(TSP)80%以上来源于自然环境中地面的排放。沙尘是对流层气溶胶的主要成分,在大气化学过程、生态过程以及地气系统能量平衡中起着非常重要的作用。沙尘既能吸收又能反射太阳短波和大气长波辐射,因而在不同条件下对气候产生加热或冷却作用。据统计,2000年全球向大气排放的矿物尘埃达10亿~15亿t,其中直径<1 μm 的粒子约占5%,直径在1~2 μm 的粒子占13.5%,而直径为2~20 μm 的占81.4%。不同大小的粒子在大气中起着散射或吸收太阳短波辐射或大气长波辐射的作用。全球沙尘主要来自撒哈拉沙漠、美国西南部沙漠和亚洲地区(王明星 等,2002)。中国西北地区被认为是大气中自然气溶胶的第二大源地(宣捷,2000)。

海洋源气溶胶包括海洋表面由于风浪作用使海水泡沫飞溅而生成的海盐粒子,以及海洋生物生理活动产生的有机物通过海气交换进入大气,并经一系列化学物理转化过程形成的液体或固体粒子等。IPCC指出,2000年全球向大气排放的海盐粒子达到10亿~60亿t,平均值为33亿t。显然,此估计值的不确定范围很大。在气溶胶自然源中,海盐气溶胶占首位。海盐源粒子中,直径小于1 μm 的粒子只占总量的1.6%左右,直径1~16 μm 的粒子占98.4%。尽管海洋气溶胶向陆地输送的距离相对来说不是太远,但全世界在距离海洋100 km范围内居住着全球1/3的人口。海洋气溶胶对沿海陆地环境有着不可忽视的影响(王珉 等,2000)。

火山大规模喷发后,进入平流层的大量气体形成气溶胶,这是平流层气溶胶的主要来源之一,同时在对流层也会产生气溶胶。火山气溶胶被认为是地气系统气候变化中一个重要的外因。

人为气溶胶是由人类生产和活动中产生的各种粒子,包括原生粒子和污染气体产生的二次气溶胶,主要来自化石燃料的燃烧、工农业生产活动等(董俊玲 等,2010)。工业革命以来,人类活动不仅直接向大气排放大量粒子,更重要的是向大气排放大量的 SO_2 和 NO_x。SO_2 和 NO_x 在大气中通过非均相化学反应逐渐转化成硫酸盐和硝酸盐粒子,形成二次气溶胶。污染气体形成的大气气溶胶自工业革命以来有大幅度增加。而污染源存在于人口最多的城市和工业发达地区。IPCC给出了各种主要人为气溶胶前体物的年排放强度。全球人为气溶胶前体物的排放总量为1.09亿t/a,其中北半球1.04亿t/a,南半球500万t/a。气溶胶的主要人为源是化石燃料燃烧、生物质燃烧(秸秆燃烧、烧荒)、硫酸生产以及铜、铅、锌的冶炼。硫酸盐是人为大气气溶胶细粒子的重要成分,全球年平均人为 SO_2 排放总量为0.70亿~0.90亿t S/a,东亚地区占全球排放总量的16.7%~21.5%,中国大陆的排放占东亚排放量的78.8%,且100°E以东的中国东部经济发达地区排放占中国大陆总排放量的97.7%(王喜红,2000)。导致大气中 NO_x 净增长的主要是人为排放源包括化石燃料燃烧、生物质燃烧、水泥生产、硝酸生产、农田施氮肥等。

黑碳和有机碳是大气气溶胶的重要组成部分,来源于燃料不完全燃烧排放的细颗粒物以及气态含碳化合物(沉积在固体颗粒物上)。黑碳气溶胶在从可见光到近红外的波长范围内对太阳辐射有强烈的吸收作用,其单位质量吸收系数要比沙尘气溶胶高两个量级,因而,尽管黑碳气溶胶在大气气溶胶所占的比例较小,但它对区域和全球的气候影响却很大。

大气气溶胶的气候效应以及它对辐射的影响取决于其浓度的时空分布、粒子尺度、谱分布、化学成分等物理化学性质以及光学性质,而这些因子都有极大的时间和空间变化,这给气溶胶的气候效应模式研究带来很大困难(石广玉 等,2008)。气溶胶的水平输送受不同尺度(小尺度、中尺度、大尺度或天气尺度和地球尺度)空气运动的影响。小尺度空气运动主要是旋涡扩散机制,在边界层中表现明显,受局部排放源的不均匀性和天气条件的影响,气溶胶的粒径分布差别较大。中尺度输送主要表现为两种现象,即城市烟雨和中尺度大气环流,后者包括海陆风、山谷风和城市热岛环流,风场和温度场共同作用,同时存在扩散和输送两种机制。许多观测事实都证明,污染气溶胶粒子可以通过大气尺度或天气尺度,甚至全球尺度过程输送到很远的地方。

大气中气溶胶的清除过程主要包含干沉降和湿沉降两种途径。气溶胶的干沉降包括扩散和沉降两个过程。气溶胶颗粒通过本身的热力扰动(布朗运动)或者空气湍流涡旋,可能超出一个可控制的体积范围,从而发生沉降。对于真实的颗粒物来说,其在大气中的湍流涡旋扩散率要远远大于布朗扩散率。扩散率的大小依赖于地表状况和局地大气的流体静力稳定度。随着颗粒物在空气中粒径的增长,重力将成为沉降的一个重要影响因子。气溶胶的干沉降取决于气溶胶颗粒的大小、形状、密度、边界层的垂直湍流扩散系数和气溶胶的注入高度等多种因素。

气溶胶的湿清除包括云内清除和云下清除。气溶胶的云内清除指的是大气中的气溶胶颗粒可以作为云凝结核或者冰核,通过云降水直接清除。气溶胶的云下清除指的是位于云下的气溶胶颗粒与雨滴发生碰撞冲刷被清除。湿清除的清除率取决于降水率的大小和云内的液态水含量的多少。气溶胶的湿清除系数一般随着气溶胶水溶性的增强而增大。气溶胶的形成、传输、移除和吸湿增长决定了其在大气中的生命期。气溶胶在大气中的生命期一般为几天,比温室气体的寿命要短得多,且空间分布极不均匀。

气溶胶源的分布:硫酸盐气溶胶的排放源主要有三种来源:SO_2氧化生成、DMS(二甲基硫)氧化生成和直接排放的硫酸盐气溶胶颗粒。SO_2、黑碳和有机碳的排放源来自三种途径:野外荒地燃烧排放、生物质燃烧排放和化石燃料燃烧排放。

图 5.11~图 5.14 分别给出了硫酸盐颗粒及其前体物年排放通量的全球分布(Marticorena et al,1995;Gong et al,2003)。由海洋浮游植物产生的DMS是大气硫化物最主要的天然来源之一。DMS的排放大值区主要位于 $30°\sim60°N$ 之间的北大西洋和北太平

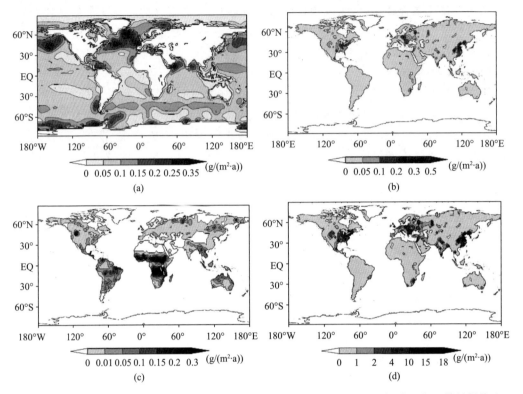

图 5.11 (a)DMS;(b)硫酸盐颗粒;(c)野外荒地燃烧生成的 SO_2;(d)生物质和化石燃料燃烧生成的 SO_2 年排放通量的全球分布(Marticorena et al,1995)

洋以及阿拉伯海和孟加拉湾,其最大值达到 $0.35\ g/(m^2\cdot a)$。其次,靠近南极洲附近的洋面上也有一定量 DMS 的分布(图 5.11a)。初始排放的硫酸盐颗粒的源强分布主要有三个大值区:中国、西欧和美国中东部,其中中国东部、华北和四川盆地等地区硫酸盐颗粒的排放强度最大,其值基本在 $0.2\sim0.5\ g/(m^2\cdot a)$(图5.11b),这主要来自于工业化石燃料燃烧排放。SO_2 的源强主要分布在非洲中南部、美国中东部、西欧、东亚、南亚和俄罗斯北部以及澳大利亚等地(图 5.11c 和 5.11d)。其中,非洲中部、美国西北部、东南亚、俄罗斯北部以及澳大利亚等地主要是以野外荒地燃烧生成的 SO_2 为主,排放强度最大区域位于非洲中部,最大值达到 $0.3g/(m^2\cdot a)$,这与非洲天气干燥,含硫物质易燃烧有关。生物质和化石燃料燃烧排放的 SO_2 主要位于西欧、北美以及中国的东部、华南、华北、东北南部和四川盆地等地区,排放强度最大的地区仍位于中国东部、华北和四川盆地,最大值超过了 $18g/(m^2\cdot a)$,这主要是与这些地区工业发达、人口密集有密切关系,其中汽车尾气的排放也是大气中 SO_2 重要的来源之一。

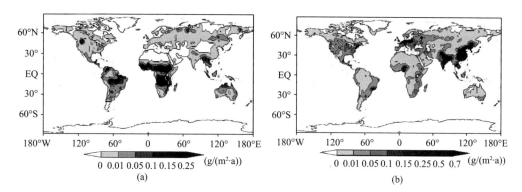

图 5.12 (a)野外荒地燃烧生成的黑碳和(b)生物质和化石燃料燃烧生成的黑碳年排放
通量的全球分布(Gong *et al*,2003)

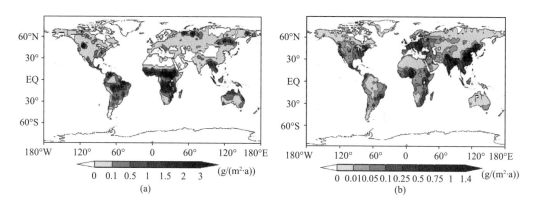

图 5.13 (a)野外荒地燃烧生成的有机碳和(b)生物质和化石燃料燃烧生成的有机碳年
排放通量的全球分布(Gong *et al*,2003)

　　黑碳气溶胶主要是含碳物质不完全燃烧产生的不定型碳质。自工业化以来,世界人口数量快速增长,人类大量使用煤、石油等化石燃料,另外加上农业目的的生物焚烧和汽车尾气的排放,使得大气中黑碳气溶胶的浓度迅速增加。图5.12给出了黑碳气溶胶年排放通量的全球分布。从图中可以看出,野外荒地燃烧产生的黑碳气溶胶排放主要位于非洲和南美洲,最大排放通量达到 0.25 g/(m² · a);其次,在东南亚、美国西北部、俄罗斯北部和澳大利亚也有一定量的野外荒地燃烧排放。中国和印度作为燃煤大国,原煤燃烧是黑碳气溶胶排放的最主要来源。此外,农作物秸秆的燃烧也是这些地区黑碳气溶胶源排放的主要来源之一。西欧和美国东部地区黑碳气溶胶的排放主要来自工业上化石燃料燃烧。有机碳气溶胶为含碳物质充分燃烧后产生,其排放源的分布与黑碳气溶胶排放源的分布范围基本相似,但是排放强度明显高于黑碳气溶胶(图5.13)

　　沙尘气溶胶主要源地位于沙漠和半沙漠地区,例如非洲撒哈拉沙漠地区、中亚和西亚的沙漠地区是全球比较显著的沙尘源地,因为这些地区常年天气干燥,植被稀少,容易造成扬沙或沙尘暴天气。其次,在美国西部、中国西北和内蒙古也有大量沙尘气溶胶的排放(图 5.14a)。工业化以来,由于人类活动加重了一些地区的荒漠化,使得人为造成的沙尘气溶胶的源地也有所增多。海盐气溶胶是由于海水飞溅扬入大气后被蒸发而产生的盐粒,其排放强度的大小明显依赖于表面风速的大小。在南北半球 30°～60°之间,常年存在一个高风带,使得这些区域海盐气溶胶的排放量比较大(图 5.14b)。

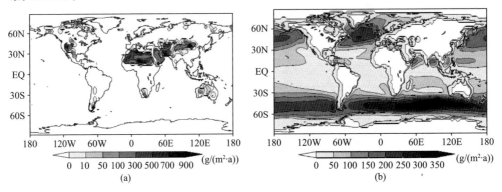

图 5.14　(a)沙尘和(b)海盐年排放通量的全球分布(Gong *et al*,2003)

5.2.2　气溶胶的气候效应

　　一般来说,地球从太阳吸收的辐射主要集中在地球表面,然后这种能量又通过大气和海洋环流重新分布,并且以长波方式向上辐射。如果把地球作为一个整体的角度来考察的话,进入的太阳辐射能量和出去的太阳辐射大致平衡。任何改变、接受、失去太阳辐射到太空的因子,或改变大气、陆地与海洋中能量重新分配的因子,都会影响气候。在一定温度范围内的地球-大气系统可获得的净辐射能量定义为辐射强迫。按照产生辐射强迫的物理机制,辐射强迫可划分为直接辐射强迫和间接辐射强迫。直接辐射强迫指的是 CO_2 等温室气体和大气气溶胶的浓度变化通过辐射效应直接产生的强迫;间接辐射强迫指的是 CO_2 等温室气体和大气气溶胶通过化学或物理过程影响其他辐射强迫因子所产生的间接效应(石广玉 等,2002)。气溶胶和气候的作用是相互的,人类活动引起大气气溶胶增加倾向,致使地球表面降温,工业化以来,气溶胶增加引起的地面变冷趋势可部分抵消温室气体增加引起的地表温度上升。气溶胶浓度变化会影响云的形成,而云的变化反过来对气候有巨大影响。

　　大气气溶胶的气候效应比温室气体复杂得多,因为气溶胶粒子浓度变化产生的直接效应是影响大气辐射平衡和水循环,这两种过程都会引起气候变化。一般来说,气溶胶粒子能吸收和散射太阳辐射和地-气长波辐射,其中对太阳辐射的影响较大。因而气溶胶粒子浓度增加主要表现为使地表降温。气溶胶粒子浓度增加对水循环的影响,一般表现为使云滴数量和云反照率增加,其气候效应也是使地表降温。一些模式研究表明,人类活动造成的气溶胶粒子浓度增加所致的气候变冷效应可以部分地抵消人类活动造成的温室气体增加所引起的气候变暖效应。

与大气温室气体的辐射强迫相比,大气气溶胶的辐射效应显得更为复杂。进入地球大气的太阳能量,可以在大气内部被吸收、散射,然后透射到地面,或者被反射回外空。由于大气气溶胶的存在,引起的这些过程的改变叫作气溶胶(辐射)强迫。虽然从1994年开始,IPCC一直建议并在其科学评估报告中使用对流层顶处的净辐射通量变化作为辐射强迫的定义,但有时仍然把大气吸收的太阳能的变化、到达地面的太阳能的变化与反射回外空的太阳能的变化分别叫作大气强迫、地面强迫和大气顶(TOA)强迫。对于像硫酸盐这样的非吸收气溶胶来说,其地面强迫与TOA强迫几乎相同;也就是说,被气溶胶反射回外空的入射太阳辐射(TOA强迫)就是地面上减少的入射太阳辐射(地面强迫)。但当存在吸收性气溶胶时,地面上所减少的太阳辐射将等于反射回外空的太阳辐射与大气吸收的太阳辐射之和;因此,地面强迫将大于TOA强迫。

大气气溶胶的辐射强迫可以分为以下几种类型,图5.15给出了目前已经辨识出并认为是重要的气溶胶粒子的各种辐射强迫机制。

直接辐射强迫:气溶胶粒子可以散射和吸收太阳辐射,从而直接造成大气吸收的太阳辐射能、到达地面的太阳辐射能以及大气顶反射回外空的太阳辐射能的变化。其中不涉及与任何其他过程的相互作用,所以被称为气溶胶的直接强迫。当然,大气气溶胶粒子也可以吸收和散射长波红外辐射,但相对而言,不太重要。

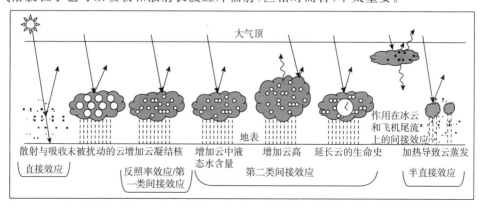

图 5.15　气溶胶粒子的各种辐射强迫机制(Forster *et al*,2007)

黑点:气溶胶颗粒;空心圆:云滴;直线:太阳短波辐射;波浪线:红外辐射

间接效应:气溶胶粒子的存在,可以改变云的物理和微物理特征并进而改变云的辐射特征,影响太阳能在地气系统中的分配。由于这种效应涉及气溶胶与大气其他辐射活性成分(例如云)的相互作用,因此叫作间接效应。实际上,气溶胶与云和降水之间具有多种相互作用方式,它既可以作为云凝结核或者冰核,也可以作为吸收性粒子将吸收的太阳能转换为热能,使其在云层内重新分配。总体上来说,气溶胶的间接效应,可以分为第一类间接效应和第二类间接效应(如图 5.15 所示)。

云反照率效应(又称第一类间接效应,或 Twomey 效应):是指在云内液态水含量不变的情况下,气溶胶粒子的增多会增加云滴数浓度,但使云滴粒子变小,从而导致云反照率变大,这是一个很单纯的辐射强迫过程。需要注意的是,无法将反照率效应与其他效应简单地分离开来。事实上,对于一个给定的液态水含量,云滴谱有效半径的减小将同时减少降水的形成,进而可能会延长云的生命期,而云生命期的增加又会导致时间平均或区域平均的云反照率增加(云生命期效应,第二类间接效应)。

间接效应还包括:①冰核化效应:它指的是由于冰面与水面上的水汽压不同,冰核的增多将导致过冷液态水云的迅速冰核化。与云滴不同的是,这些冰晶成长于一个高度过饱和环境中,可以很快地达到降水所需的尺度,从而将非降水性云转变为可降水云。②热力学效应:它指的是由于云滴变小,凝结滞后,致使过冷云扩展到更低的温度。此外,气溶胶除了会导致大气顶辐射收支的变化外,它还影响地面的能量收支,从而影响对流、蒸发和降水。③半直接效应:大气气溶胶的气候效应,除了它所产生的直接辐射强迫与间接效应之外,还有一种所谓半直接效应。它指的是:烟尘等对太阳辐射具有较强吸收作用的气溶胶,会将其吸收的太阳辐射能作为热辐射重新向外释放,从而加热气团、增加相对于地表的静力稳定性,也可能会导致云滴的蒸发,造成云量和云反照率的减小,并进而影响气候(Ackerman *et al*,2000)。

大气气溶胶除通过上述直接、半直接与间接效应,影响地气系统的辐射收支并进而影响地球气候外,气溶胶粒子的存在还将引起大气加热率和冷却率的变化,直接影响大气动力过程。沙尘等大气气溶胶还可能携带盐,当其沉降到海洋时会影响海洋初级生产力,影响辐射活性气体(例如 CO_2、CH_4 和 DMS 等)的海气交换通量,并进而影响全球碳循环,最终造成对地球气候系统的冲击。这些影响均可以归类于大气气溶胶的间接气候效应,它们可能是非常重要的,有关研究刚刚开始不久,难于给出任何定量描述。

不难看出,大气气溶胶直接辐射强迫的符号是可正可负的,取决于气溶胶粒子反射和吸收太阳辐射的相对能力以及地面反照率等其他因子。对于像硫酸盐这样的几乎不吸收太阳辐射的气溶胶来说,其直接辐射强迫是负的,会使地面和低层大气冷却。但是对像黑碳这样的强烈吸收太阳辐射的气溶胶而言,其直接辐射强迫将是正的,它会像 CO_2 等温室气体一样,使大气增暖。另一方面,大气气溶胶的间接效应,不管是第一类还是第二类,其符号总是负的;而所谓半直接效应,其辐射强迫的符号却是正的(这里所说的正或负系指气溶胶对气候系统的总体效应)。因此,虽然总体来说,由于硫酸盐等非吸收性气溶胶占了大气气溶胶的相当部分(Ramaswamy *et al*,2001),而黑碳和矿物(土壤或沙尘)气溶胶的吸收也不占统治地位,因此大气气溶胶的净辐射强迫应当是负的,不过,具体情景是十分复杂的。

如前所述,使情景变得更复杂的还有,大气气溶胶不但可以吸收和散射太阳辐射,而且也可以吸收和散射红外热辐射;而这两种效应所产生的辐射强迫以及对气候的影响是完全不同的。

从物理本质上来说,大气气溶胶的直接辐射强迫与间接气候效应均决定于气溶胶本身的物理特性(浓度、谱分布以及粒子形状等)、化学与光学特性(组成与复折射率等)以及它所处的大气环境(大气温度结构、大气相对湿度、气溶胶层所在的高度以及下垫面的反照率等等)。但是,根据气溶胶在大气中的含量,利用辐射传输模式计算其直接辐射强迫,就气溶胶本身而言,以下三个物理量是最重要的。①气溶胶光学厚度 $S(K)$,它表征气溶胶粒子对光的衰减作用;②单次散射比 $X(K,z)$(俗称单次散射反照率),它的取值范围当在 $0\sim1$ 之间:当气溶胶粒子无吸收时,$X(K,z)=1$;而当粒子为全吸收型时,$X(K,z)=0$;③不对称因子 $g(K,z)$,用来度量前向与后向散射的辐射量之比。

如果我们能够精确地知道上述气溶胶粒子的物理、化学和光学特性及其时空分布,那么就可以从理论上来计算上述三个物理量。但实际上,要精确得到所有这些信息是不可能的,故经常采取参数化的处理方法。在这三个参数中,大气气溶胶的光学厚度是可以通过野外测量获得的。最常用的仪器是太阳光度计;直接太阳辐射计和遮挡辐射计的测量结果也可以用来推算气溶胶光学厚度。在常规的气象台站的日射观测中,几乎所有的辐射观测仪器都是非分光的,所以无法得到不同波长的大气气溶胶光学厚度。在利用地面太阳辐射观测资料推算大气气溶胶的光学厚度中,一个值得注意的问题是:所有高度上具有不同物理、化学和光学性质的粒子以及云(特别是不太可见的卷云),都可能对总的光学厚度有贡献,这使得太阳光度计和辐射计的测量结果的解释变得复杂化,而随着高度而变的相对湿度和温度使问题变得更为复杂(毛节泰 等,2002)。

在确定气溶胶引起的行星辐射收支变化的符号上也存在困难,它取决于吸收散射比、地面反照率、气溶胶的总光学厚度以及太阳高度角等。最后是非球形散射问题,一般而言,大气中气溶胶粒子是非球形的,特别是沙尘粒子。在目前的辐射计算中通常采用球形假定只是为了便于处理。但是,采用非球形处理的代价和价值是一个有待研究的问题。

因此,虽然气溶胶粒子影响气候是毫无疑问的,但是与微量温室气体相比,要评估气溶胶的气候效应却困难得多。如上所述,这不但因为气溶胶是由具有不同谱分布、形状、化学组成和光学性的物质构成的,还由于它们浓度的时空变化可达几个数量级,而且缺乏其时空变化的观测资料。

IPCC 给出了模式估算 5 种人为气溶胶的直接辐射影响。对于全球年平均辐射,人为硫酸盐气溶胶使地面接受的太阳辐射损失为 $0.2\sim0.8$ W/m^2,生物质燃烧生成的气溶胶使地气系统能量损失为 $0.07\sim0.6$ W/m^2,矿物燃烧生成的有机碳气溶胶和黑碳气溶胶使得地气系统损失能量分别为 $0.03\sim0.30$ W/m^2 和 $0.1\sim0.4$ W/m^2,矿物尘埃气溶胶对地气系统能量收支的影响为 $-0.6\sim0.4$ W/m^2。

(1)硫酸盐气溶胶的影响

东亚地区年平均的人为硫酸盐直接辐射强迫约为 -0.7 W/m^2,中国地区硫酸盐气溶胶所产生的辐射强迫地区性差异比较大,最大值在长江中下游地区,达 -3 W/m^2(土薄红 等,2001)。中国区域硫酸盐气溶胶引起全球平均的直接辐射强迫为 $-0.25\sim3$ W/m^2,中国内陆约 25°N 以北普遍降温,而海表温度升高(胡荣明 等,1998)。硫酸盐气溶胶因其对气候有冷却作用,可以局部抵消温室气体的增温效应。

由于人为硫酸盐气溶胶在大气中寿命较短,并且源区地理分布高低不均匀,人为硫酸盐气溶胶的辐射强迫具有明显的时间变化特征和区域变化特征。全球年平均温度变化只取决于全球平均净辐射强迫的大小,对空间分布、季节变化以及辐射强迫类型并不十分敏感。因此,气溶胶的冷却效应在某种程度上抵消了温室气体的温室效应,但是,半球或区域尺度上,由于温度、云量和相对湿度等因素的影响。辐射强迫和气候效应并不具有简单的对应关系,仍需进一步研究。而且云对硫酸盐气溶胶的直接辐射强迫具有很强的减弱作用,云的光学厚度越大,云区域硫酸盐的直接辐射强迫越小。另外,较高的地表反照率也会减弱硫酸盐的直接辐射强迫,较低的地表反照率会增加硫酸盐的直接辐射强迫。

(2)黑碳气溶胶的影响

黑碳气溶胶主要是含碳物质不完全燃烧产生的不定型碳,在可见光到红外波段内对太阳辐射均有强烈的吸收。最近,国际上开始用三维气候模式来估算黑碳气溶胶的辐射强迫,早期的计算没有包括云的贡献,目前,云内黑碳的处理还很粗糙,但是却包括了云内和云上有黑碳区域的辐射强迫的总贡献。与硫酸盐气溶胶内部混合的黑碳会有较强的辐射强迫,当黑碳在云层内或云上时,黑碳气溶胶的辐射强迫会增加,当黑碳在云下时,黑碳气溶胶的辐射强迫会减少。

中国大气中的黑碳气溶胶主要分布在华南、华北和长江中下游地区,四川地区光学厚度最大。研究表明,黑碳气溶胶在大气顶层引起正辐射强迫,最大值为 4 W/m^2,出现在四川地区;在地面引起负强迫,最大值为 -4 W/m^2;北方最大强迫出现在夏季,南方出现在春季。研究黑碳气溶胶的气候效应具有重大意义(秦世广 等,2001),但目前的研究仍存在许多不确定因素。

(3)沙尘气溶胶的影响

沙尘是对流层气溶胶的主要成分。据估计,全球每年进入大气的沙尘达 10 亿~30 亿 t,约占对流层气溶胶总量的一半。沙尘既能吸收又能反射短波和红外辐射,因而在不同条件下对气候产生加热或冷却作用。

目前,有关沙尘气溶胶直接辐射强迫的估计存在较大的不确定性,从 -0.7 W/m² 到 0.5 W/m² 不等,间接效应的不确定性更大。由于沙尘粒子的单次散射反照率明显小于1,而且太阳辐射和红外辐射强迫部分明显抵消,以及不同地理区域的正负强迫相互抵消,所以,沙尘粒子的总辐射强迫数值较小。研究证实,沙尘暴天气对红外辐射具有显著的吸收和衰减效应。为了估计沙尘气溶胶的辐射效应,需要知道注入大气中的沙尘气溶胶含量,沙尘粒子的粒径、复折射指数,以及沙尘中矿物成分是混合的还是聚合体。中国缺乏相应的观测资料,这给研究沙尘气溶胶的气候效应带来了极大困难。

沙尘暴所携带的沙尘粒子具有明显的环境和生态效应(陈丽 等,2009)。中国北方的 SO_2 排放并不少于南方,但酸雨却少有发生,这可能和碱性沙尘粒子的中和作用有关。另外沉降的沙尘粒子会改变土壤的酸碱度及养分供给,对农作物及其他植物产生影响(邓学良 等,2009)。并且,沙尘粒子对海洋环境也带来影响。沙尘粒子主要通过干、湿沉降输入大洋,这些尘埃携带了来自工业活动和土壤风化的铁、铝等微量元素,直接影响海洋生物的营养供应,为浮游生物的生长提供养分,不但影响渔业生产,而且增加海洋上空地区的二甲基硫和云量,影响海洋对人为排放 CO_2 的吸收,从而间接地对气候产生影响。

5.3 减缓气候变化的主要途径与技术

目前世界对气候变化的认识日益增强,人类减缓气候变化的努力也越来越强,减缓是指通过减少排放和增加碳汇,降低大气中温室气体浓度,从而降低气候变化速度和频率。

跟任何制度安排一样,减缓气候变化一直以来都被公平和效率之争所困扰,发展中国家认为工业化国家对于目前气候变化的历史贡献远远大于其他国家,这些国家应该率先大幅度减排,而发展中国家也应在可持续发展框架下应对气候变化。这也是《联合国气候变化框架公约》所确定的共同但有区别的责任基本原则。目前全球经济社会的发展现状还不能接受超出承受范围的激进减排安排。成本有效是衡量和实施减缓气候变化政策与减缓技术的重要准则,因此,几乎所有的减缓相关研究都包括对经济和社会影响的分析,减缓气候变化政策与技术的分析的基本挑战是如何以最小成本或损失来避免气候变化。

从政策的角度看,国际上签署了一系列有关减缓气候变化的公约。1992 年 6 月签署,并于 1994 年 3 月正式生效的《联合国气候变化框架公约》(UNFCCC),是应对气候变化领域第一个具有法律约束力的国际协定,旨在控制温室气体的排放,将其浓度稳定在使气候系统免遭破坏的水平上,奠定了国际合作的法律基础。

1997 年在日本京都召开的第三次缔约方大会上达成了具有里程碑意义的京都议定书,是国际社会第一次在跨国范围内设定具有法律约束力的温室气体减排或限排额度。它与市场交易机制相结合,开启了用市场机制解决环境问题的新时代。

除此之外,国际社会还先后制定了《波恩协定》《布宜诺斯艾利斯行动计划》《马拉喀什协定》《德里宣言》《巴厘路线图》《哥本哈根协议》《坎昆协议》《多哈气候之门》等一系列重要文件,这些文件在加强全球共识和减缓全球气候变化的过程中发挥了关键作用。《联合国气候变化框架公约》和《京都议定书》的达成过程也是各国政治、经济谈判的博弈过程。

随着减缓气候变化行动不断深入,先进的科学技术发挥着越来越重要的作用。它既有助于实现气候变化目标,又不会对经济发展造成过大的损害,甚至可成为新的经济增长点。一些国际组织和国家政府相继制定气候变化技术发展规划,有步骤地实施技术研发与推广普及工作。

气候变化减缓技术是指有益于减缓全球气候变化的技术,包括减少温室气体排放技术、增加碳汇技术,以及碳捕获和封存技术。在全球范围内减少温室气体的排放量,从而降低全球的温室效应,是目前减缓气候变化最重要的工作之一。因此,致力于降低全球大气温室气体浓度的相关技术是气候变化减缓行动的关键技术。

美国普林斯顿大学的 Pacala *et al*(2004)提出了"稳定楔"理论,指出可以利用气候变化减缓技术,把 50a 后的全球大气 CO_2 浓度稳定在 500 ppm 的水平上(即在未来 50a 内全球 CO_2 的排放量平均为 70 亿 t/a)。"稳定楔"技术主要分为以下 5 类:

(1)提高能源效率,加强管理。包括:提升燃料的使用效能、减少车辆的使用、建造高效能的建筑物、提高发电厂效能。

(2)燃料使用的转换与 CO_2 的捕获及储存。包括:以天然气取代煤作为燃料、储存从发电厂捕获的 CO_2、储存从氢气电厂捕获的 CO_2、储存从综合燃料发电厂捕获的 CO_2。

(3)核能发电。用核能替代燃煤发电的技术。

(4)可再生能源及燃料。包括:风能、太阳能、可再生燃料——氢、生物质能。

(5)森林和耕地对 CO_2 的吸收作用。包括:森林管理和耕地管理。

其中,主要是围绕着减少碳的排放和增加碳的吸收,可以有以下三个方面的技术,即减少温室气体排放技术,增加碳汇技术以及碳捕获及封存技术。

（1）减少温室气体排放技术

全球气候变化与能源密切相关,在导致气候变化的各种温室气体中,CO_2 的贡献率占 50% 以上,而人类活动排放的 CO_2 有 70% 来自化石燃料的燃烧。因此,能源战略是抑制全球气候变化的重要战略之一。减少温室气体排放可从能源供应及能源需求进行,降低能源供应减少温室气体排放的技术,主要集中于燃料替代、清洁发电以及先进电网技术。新能源替代化石燃料技术在减少温室气体排放方面有着战略性的位置,特别是太阳能、风能、生物质能、水能等新能源的发展将在减缓技术中居主导地位。而由于中国正处于经济发展的成长期,对能源的需求量很大,且中国有丰富的煤炭资源,在很长时期内可再生能源还不可能完全替代化石燃料。所以在大力发展可再生能源的同时,还要注重清洁煤和高效燃煤技术的研究与发展,能源需求主要集中在工业、建筑、交通和农业等部门,这些部门的减缓技术主要以优化和调整用能结构,提高能源利用效率,有效利用能源资源等为主,包括提升燃料的使用效能、减少车辆的使用、建造高效能的建筑物、提高发电厂效能等。

我国的能源供应和消费结构均以煤炭为主,未来能源可持续发展的途径应是以煤为主的多元化的清洁能源发展,采取以合成燃料为中心的清洁煤战略,同时发展核能和可再生能源以填补国内常规能源资源供应不足,实现城市能源以清洁能源为主。

（2）增加碳汇技术

碳汇,一般是指从空气中清除 CO_2 的过程、活动和机制。碳汇是大自然自我清除 CO_2 的过程,相对于用工业的方式来减缓气候变化来说,碳汇成本较低,特别是森林碳汇,虽然森林面积只占陆地面积的 1/3,但是森林植被区的碳储存量几乎占陆地碳库存总量的一半,同时加强林业碳汇,不仅可以增加储碳空间,减缓气候变化,同时对人类生活的环境也是一种美化,为后代提供一个可供生存和持续发展的环境。

（3）碳捕获及封存技术（CCS 技术）

碳捕获及封存技术是指通过碳捕捉技术,将工业和有关能源产业所生产的 CO_2 分离出来,再通过碳储存手段,将其输送并封存到海底或地下等与大气隔绝的地方。碳捕获及封存技术的广泛应用取决于技术成熟性、成本、整体潜力、在发展中国家的技术普及和转让及其应用技术的能力、法规因素、环境问题和公众反应。

虽然碳捕获与碳封存技术（CCS）存在着经济成本高、技术难度大以及确定性较差等缺陷,但碳捕获及封存技术作为减少大气中 CO_2 浓度的根本措施,被很多人认为是全球碳减排的必然选择,同时也是中国乃至世界应对气候变化一项重要的战略选择,在应对气候变化能力和综合竞争力上具有重要的意义。

各部门的减排技术和措施也不尽相同（表 5.4）,以下是各个部门可采取的技术措施。

表 5.4   不同部门可提供的主要减缓技术和方法（IPCC，2007）

部门	市场上可提供的主要减缓技术和方法	
	现在	2030 年前
能源供应	改善能源供应及输送效率；煤改气的燃料转换；核能；可再生热能及电力（以水力、太阳能、风力、地热及生物能源发电）；热电联产；尽早运用碳捕获与封存技术，例如封存从天然气抽取出来的 CO_2 等	对燃气、生物质及燃煤发电设施采用碳捕获与封存技术；先进的核能；先进的可再生能源，包括潮汐和海浪能源、聚光太阳能及太阳能光伏发电系统
交通	燃料效益更佳的机动车；混合动力车；较洁净的柴油车辆；生物燃料；由公路运输模式转为铁路及公共运输系统模式；非机动交通（骑单车、步行等）；土地利用及交通规划	第二代生物燃料；效率更高的飞机；以更强更可靠的电池推动的先进电力及混合动力车辆
建筑	高效照明和日光照明技术；高效电器及暖气和冷却设备；改良炉灶；改良隔热设备；直接和间接利用太阳能供暖和降温；选择制冷剂替代产品；氟化气体的回收及循环使用	商业楼宇采用综合设计，例如安装智能仪，适时调控和监测能源消耗；安装太阳能光伏发电系统
工业	效能更佳的终端电力设备；热能和电力回收；材料回收利用和替代；控制非 CO_2 温室气体的排放；采用流程具体明确的技术	提高能源效率；对水泥、氨、化肥及钢铁生产采用碳捕获与封存技术；利用惰性电极制造铝产品
农业	改善农作物及放牧地的管理，以增加土壤的固碳量；恢复已耕作的泥炭土壤及退化的土地；改善水稻耕种技术及牲畜和粪便管理，以减少甲烷排放；改进氮肥施用技术，以减少氧化亚氮的排放；种植专用能源作物，代替化石燃料；改善能源效益	提高农作物产量的措施
林业	造林；再造林；林区管理；减少砍伐林木；林产品管理；利用林产品制造生物能源，代替化石燃料	改良树木品种，以增加所产生的生物质和碳汇量；改进用以分析植物/土壤固碳能力及土地利用变化制图的遥感技术
废弃物管理	回收垃圾填埋气；垃圾焚烧发电；为有机废弃物进行堆肥；监测污水处理；对废物进行回收及尽量减少废弃物	使用生物覆盖和过滤技术，维持甲烷的最佳氧化水平

　　具体各行业所采取的措施，2007 年 6 月 3 日，中国政府发布了《中国应对气候变化国家方案》，方案明确了中国应对气候变化的具体目标、基本原则、重点领域及其政策措施，现将其中有关减缓气候变化的内容简要介绍如下：

(1)能源供应部门:控制煤炭消费总量,加强煤炭清洁利用,提高煤炭集中高效发电比例,新建燃煤发电机组平均供电煤耗要降至每千瓦时 300 g 标准煤左右。扩大天然气利用规模,到 2020 年天然气占一次能源消费比重达到 10% 以上,煤层气产量力争达到 300 亿 m³。在做好生态环境保护和移民安置的前提下积极推进水电开发,安全高效发展核电,大力发展风电,加快发展太阳能发电,积极发展地热能、生物质能和海洋能。到 2020 年,风电装机达到 2 亿 kW,光伏装机达到 1 亿 kW 左右,地热能利用规模达到 5000 万 t 标准煤。加强放空天然气和油田伴生气回收利用。大力发展分布式能源,加强智能电网建设。加大先进适用技术开发和推广力度。大力提高常规能源、新能源和可再生能源开发和利用技术的自主创新能力,促进能源工业可持续发展,增强应对气候变化的能力。主要包括:煤的清洁高效开发和利用技术,油气资源勘探开发利用技术,核电技术,可再生能源技术,输配电和电网安全技术等。

(2)交通部门:研究鼓励发展节能环保型小排量汽车和加快淘汰高油耗车辆的财政税收政策,引导公众树立节约型汽车消费理念。构建绿色低碳交通运输体系,优化运输方式,合理配置城市交通资源,优先发展公共交通,鼓励开发使用新能源车船等低碳环保交通运输工具,提升燃油品质,推广新型替代燃料。到 2020 年,大中城市公共交通占机动化出行比例达到 30%。推进城市步行和自行车交通系统建设,倡导绿色出行。加快智慧交通建设,推动绿色货运发展。加速淘汰高耗能的老旧汽车,发展柴油车、大吨位车和专业车,推广厢式货车,发展集装箱等专业运输车辆;推动《乘用车燃料消耗量限值》国家标准的实施,从源头控制高耗油汽车的发展。

(3)建筑部门:研究制定发展节能省地型建筑和绿色建筑的经济激励政策;水泥行业发展新型干法窑外分解技术,积极推广节能粉磨设备和水泥窑余热发电技术,玻璃行业发展先进的浮法工艺,淘汰落后的垂直引上和平拉工艺,建筑陶瓷行业淘汰倒焰窑、推板窑、多孔窑等落后窑型,推广辊道窑技术,积极推广应用新型墙体材料以及优质环保节能的绝热隔音材料、防水材料和密封材料,提高高性能混凝土的应用比重,延长建筑物的寿命;建筑节能,重点研究开发绿色建筑设计技术,建筑节能技术与设备,供热系统和空调系统节能技术和设备,可再生能源装置与建筑一体化应用技术,加快城乡低碳社区建设,推广绿色建筑和可再生能源建筑应用,完善社区配套低碳生活设施,探索社区低碳化运营管理模式。到 2020 年,城镇新建建筑中绿色建筑占比达到 50%。

(4)工业部门:大力发展循环经济,走新型工业化道路。钢铁工业,焦炉同步配套干熄焦装置,新建高炉同步配套余压发电装置,积极采用精料入炉、富氧喷煤、铁水预处理、大型高炉、转炉和超高功率电炉、炉外精炼、连铸、连轧、控轧、控冷等先进工艺技术和装备;有色金属工业,矿山重点采用大型、高效节能设备,铜熔炼采用先进的富氧闪速及富氧熔池熔炼工艺,电解铝采用大型预焙电解槽,铅熔炼采用氧气底吹炼铅新工艺及其他氧气直接炼铅技术,锌冶炼发展新型湿法工艺;石油化工工业,油气开采应用采油系统优化配置、二氧化碳回注、油气密闭集输综合节能和放空天然气回收利用等技术,优化乙烯生产原料结构,采用先进技术改造乙烯裂解炉,大型合成氨装置采用先进节能工艺、新型催化剂和高效节能设备;进一步推动己二酸等生产企业开展清洁发展机制项目等国际合作,积极寻求控制氧化亚氮及氢氟碳化物(HFCs)、全氟碳化物(PFCs)和六氟化硫(SF_6)等温室气体排放所需的资金和技术援助,提高排放控制水平,以减少各种温室气体的排放。商业和民用节能,推广高效节能电冰箱、空调器、电视机、洗衣机、电脑等家用及办公电器,降低待机能耗,实施能效标准和标识,规范节能产品市场。

(5)农业部门:加强法律法规的制定和实施。主要措施包括:逐步建立健全以《中华人民共和国农业法》《中华人民共和国草原法》《中华人民共和国土地管理法》等若干法律为基础的、各种行政法规相配合的、能够改善农业生产力和增加农业生态系统碳储量的法律法规体系,加快制定农田、草原保护建设规划,严格控制在生态环境脆弱的地区开垦土地,不允许以任何借口毁坏草地和浪费土地。

强化高集约化程度地区的生态农业建设。主要措施包括:通过实施农业面源污染防治工程,推广化肥、农药合理使用技术,大力加强耕地质量建设,实施新一轮沃土工程,科学施用化肥,引导增施有机肥,全面提升地力,减少农田氧化亚氮排放。进一步加大技术开发和推广利用力度。主要措施包括:选育低排放的高产水稻品种,推广水稻半旱式栽培技术,采用科学灌溉技术,研究和发展微生物技术等,有效降低稻田甲烷排放强度;研究开发优良反刍动物品种技术,规模化饲养管理技术,降低畜产品的甲烷排放强度;进一步推广秸秆处理技术,促进户用沼气技术的发展;开发推广环保型肥料关键技术,减少农田氧化亚氮排放;大力推广秸秆还田和少(免)耕技术,增加农田土壤碳贮存。

(6)林业部门:改革和完善现有产业政策。主要措施包括:继续完善各级政府造林绿化目标管理责任制和部门绿化责任制,进一步探索市场经济条件下全民义务植树的多种形式,制定相关政策推动义务植树和部门绿化工作的深入发展。通过相关产业政策的调整,推动植树造林工作的进一步发展,增加森林资源和林业碳汇。抓好林业重点生态建设工程。主要措施包括:继续推进天然林资源保护、退耕还林还草、京津风沙源治理、防护林体系、野生动植物保护及自然保护区建设等林业重点生态建设工程,抓好生物质能源林基地建设,通过有效实施上述重点工程,进一步保护现有森林碳贮存,增加陆地碳贮存和吸收汇。

(7)废弃物处理:进一步完善行业标准。主要措施包括:根据新形势要求,制定强制性垃圾分类和回收标准,提高垃圾的资源综合利用率,从源头上减少垃圾产生量。严格执行并进一步修订现行的《城市生活垃圾分类及其评价标准》《生活垃圾卫生填埋技术规范》《生活垃圾填埋无害化评价标准》等行业标准,提高对填埋场产生的可燃气体的收集利用水平,减少垃圾填埋场的甲烷排放量。加大技术开发和利用的力度。主要措施包括:大力研究开发和推广利用先进的垃圾焚烧技术,提高国产化水平,有效降低成本,促进垃圾焚烧技术产业化发展。研究开发适合中国国情、规模适宜的垃圾填埋气体回收利用技术和堆肥技术,为中小城市和农村提供亟须的垃圾处理技术。加大对技术研发、示范和推广利用的支持力度,加快垃圾处理和综合利用技术的发展步伐。制定促进填埋气体回收利用的激励政策。主要措施包括:制定激励政策,鼓励企业建设和使用填埋气体收集利用系统。提高征收垃圾处置费的标准,对垃圾填埋气体发电和垃圾焚烧发电的上网电价给予优惠,对填埋气体收集利用项目实行优惠的增值税税率,并在一定时间内减免所得税。

5.4 清洁发展机制与碳排放交易

5.4.1 清洁发展机制

日益严重的气候问题,严重威胁到了人类赖以生存的环境,温室效应的不断恶化趋势,使得气候问题成为国际会议所关注的议程。在 20 世纪 90 年代初,联合国大会决议建立起一个专门负责制定国际气候公约的政府之间的谈判委员会组织(Intergovernmental Negotiating Committee,INC)。经过数次会议,数次艰苦卓绝的谈判,INC 终于在组织成立的两年后敲定了气候公约的最终文本。随后,1992 年在巴西里约热内卢召开的联合国关于环境和发展的大会上签署并最终通过了《联合国气候变化框架公约》(United Nations Framework Convention on Climate Change,UNFCCC)。UNFCCC 为全球共同迎接气候问题制定了总体发展任务,即"其最终减排任务就是将空气中温室气体的浓度值维持在阻止气候体系受到威胁的外界人为干扰的水平之上。这个水平值应维持在足以使生态体系能够顺利地适应气候变化,保证粮食作物生产免受危害并使经济社会发展能够协调可持续地进行的时间范围之内实现"。《公约》确立了发达国家与发展中国家在控制温室气体排放方面共同但有区别的责任原则和公平原则,规定了发达国家应采取政策与措施,率先减排,而发展中国家没有减排或限排义务。

1997 年 12 月 11 日,在《公约》基础上的《京都议定书》正式通过,为发达国家规定了有法律约束力的量化减排指标,即在 2008 年至 2012 年间,需将其温室气体排放量在 1990 年的基础上至少减少 5.2%,而没有为发展中国家规定减排或限排指标。2001 年 12 月《马拉喀什协议》通过,明确各国政府执行《京都议定书》的指南和全面的

可操作规则。2005年2月16日《京都议定书》正式生效。

为实现长期可测量且符合成本效益原则的温室气体减排目标,《京都议定书》确定了缔约方之间开展合作的3种机制,分别为联合履约(Joint implementation)、排放贸易(Emission trading)和清洁发展机制(Clean development mechanism, CDM),这些机制的主要目的是帮助发达国家以较低成本完成其减排义务。联合履约和排放贸易是在发达国家缔约方之间进行,而清洁发展机制是指"依据《京都议定书》规定,清洁发展机制是身为附件一国家的发达国家缔约方为履行其量化的温室气体减排目标和非附件一国家(发展中国家)缔约方开展项目级别合作的机制,其目的是协助发展中国家缔约方实现其可持续发展远景目标和进行提高国家应对全球气候变化的能力建设",据此得出,以上三个履约机制的目的都在于协助附件一国家缔约方在非附件一国家缔约方以优惠于本国成本的方式实现获得经核证的减排量。这样就大大地减轻了其国内减排的经济负担。前两个机制是附件一国家之间的减排合作,而CDM的核心是鼓励发展中国家与发达国家之间的合作。清洁发展机制的开始时间为2000年。

根据《京都议定书》的规定,清洁发展机制应该有双重目的:既帮助发展中国家实现可持续发展及公约的目标,又帮助发达国家实现其在议定书下的减限排承诺。清洁发展机制是一项"双赢"机制:一方面,发展中国家通过这种项目级的合作,可以获得技术和资金甚至更多的投资,从而促进国家的经济发展和环境保护,实现可持续发展的目标;另一方面,通过这种合作,发达国家将以远低于其国内的减排成本实现其在《京都议定书》规定下的减排指标,节约大量的资金,并通过这种方式将技术、产品甚至观念输入到发展中国家。

(1)对项目主体资格的要求

"清洁发展机制项目的参与者,不因为是发达国家和发展中国家而进行区别性的要求,只有该议定书的缔约方以及经缔约方批准的其私人实体和或者公共实体才有资格成为项目参与者"。但是发展中国家的参与资格标准要求要比发达国家简单得多。除了是缔约方之外发展中国家只需要自愿参加,并且在国内设置一个清洁发展机制的国家主管机构即可。而发达国家则需要先完成《京都议定书》中的义务,才能够参与到项目中来,要求更加的严格:①对《京都议定书》规定的标准排放量进行了记录,并且监控其是否符合了排放数量;②为清洁发展机制项目专门设立一个国家级别的登记点;③年度排放表均能够按时定期地提交;④为温室气体排放设置一个具有实际操作性的温室气体排放检测体系;⑤将相关的排放气体数值的分配量的补充值进行按时提交,并根据提交的信息及时对分配数值进行修改。

(2)对项目标准要求

虽然《京都议定书》以及《马拉喀什协定》均没有具体明确列出清洁发展机制的可

发展项目清单,但在理解范围内的是只要是有利于温室气体减排、循环利用或吸纳的项目,都可以被作为 CDM 项目。合格的 CDM 项目都要符合的基本条件为:①项目开发地限定在《京都议定书》成员组织国内;②开发的项目必须符合在 CDM 机制要求下的对项目进行注册审核登记的资格性条件;③项目必须能够协助东道国家实现其可持续性发展目标;④项目能够对气候环境产生持续性的、长远性的和可测量的好处,从而使得气候变化得以缓解;⑤项目所产生的温室气体减排量必须符合条约里规定的"额外性"标准要求;⑥不会因项目投资而使得附件一国家对发展中国家的国际援助有所减免。

广义上,任何有益于温室气体减排和温室气体回收或吸收的项目,都可以作为清洁发展机制项目。具体而言,在新能源和再生能源行业,包括风能、水能、生物质能、沼气发电等领域,以及有潜力在钢铁、水泥等大型工业建筑业进行节能的技术和项目,或者能够大量回收甲烷气的垃圾发电和煤层气回收领域,都可以寻求与发达国家进行合作。按照国际公认的 CDM 方法学计算,把减少了的温室气体排放量,经严格的核查和核证后与他们交换技术和资金。除此之外,项目评估的过程中,还必须把"泄露"列入考虑的因素之内。"泄露"简而言之就是指当进行中的一个清洁发展项目在降低温室气体排放值的同时,在这个项目之外有可能间接性的导致相同领域或是相关领域温室气体排放值的附带增加。"泄露"这个概念虽然对减排量的计算非常重要,但由于现实情况复杂难以估量,所以很难将其列入计量公式。

一个典型的 CDM 项目从开始准备到实施,并最终产生减排量,需要经历以下主要阶段(图 5.16):

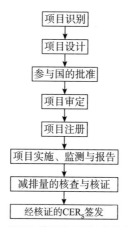

图 5.16　CDM 项目流程图(戴伟娣,2006)

项目识别:项目识别是 CDM 项目开发和实施的初始阶段,通过对项目进行分析和研究,探讨可能的 CDM 合作意向,并按照参与国政府的有关要求,在项目的技术选择、规模、资金安排等问题上达成一致。

项目设计:确定开发 CDM 项目后,需要完成 CDM 项目设计文件(PDD),以描述项目的减排效益、环境效益、经济效益及额外性要求等内容。CDM 执行理事会制定了项目设计文件的标准格式,其内容要求有:项目活动概述,基准线方法学的应用,项目活动的持续时间或计入期,监测方法学的应用和监测计划,温室气体排放量的计算,环境影响,利害相关方的意见等。项目设计文件和其附件,均需提供全英文的标准格式。

参与国的批准:CDM 项目均需经过参与国政府主管部门和发达国家购买方政府主管部门的批准,并出具相关的书面证明。

项目审定:审定是由审定机构按照 CDM 的有关要求,根据项目设计文件和国家批准证明对项目活动进行独立评估。一个项目只有通过审定程序,才能成为合法的 CDM 项目。

项目注册:项目审定合格后,审定机构就会向 CDM 执行理事会提出项目注册申请,CDM 执行理事会收到注册申请 8 周之内,如果没有疑义,则项目自动注册成功。否则由 CDM 执行理事会对该项目进行复审。

项目实施、监测与报告:CDM 项目注册以后,需要对项目的实际排放进行监测以确定减排量。项目业主按照监测计划对项目的实施活动进行监测,并向核查/核证机构报告监测结果。

核查与核证:核查/核证机构对 CDM 项目的减排量进行周期性的评估和核准,以书面报告形式,保证 CDM 项目活动实现了经核证的减排量。

经核证的温室气体减排量(CER_S)的签发:CDM 执行理事会在收到核查/核证机构关于签发 CER_S 的申请 15 天内,如果没有疑义,则 CER_S 将自动获得签发。CER_S 签发之后,除了扣除一定的管理费用外,其余部分将根据项目注册时项目参与各方的约定存入各自的账户中。

国内外 CDM 的发展情况:2001 年 11 月在马拉喀什召开的《联合国气候变化框架公约》第 7 次缔约方大会上,通过了有关京都议定书履约问题,形成马拉喀什协议文件。根据马拉喀什授权,CDM 执行理事会及其附属专家小组相继成立,而气候公约秘书处是 CDM 执行理事会秘书处所在地,是国际上管理 CDM 的中心机构。

欧盟已经通过了内部温室气体排放贸易条令,于 2005 年 1 月 1 日实施,对成员国不能完成议定书承诺的,将给予惩罚。欧盟已经同意,满足要求的部分 CDM 项目所产生的 CER_S 可以进入欧盟的排放贸易体系;意大利设立了援助发展中国家研究 CDM 的专门计划,建立了 CDM 基金及在世界银行设立了托管基金;加拿大建立了气候变化专门基金,支持发展中国家开展 CDM 实施能力建设活动,引导加拿大企业与发展中国家合作；德国制定了援助发展中国家研究 CDM 的专门计划，并建立 CDM 基金；其他发达国家也都制定了相应政策以完成温室气体减排义务，并建立 CDM 基金和管理机构，以促进 CDM 的合作。

1990 年 2 月，我国成立了"国家气候变化协调小组"，负责协调制订与气候变化有关的政策和措施。1998 年进行了调整，成立了由国家发改委牵头，科技部、气象局、环保总局、外交部、财政部、建设部、交通部、国土资源部、农业部、林业局、中科院等部门参加的"国家气候变化对策协调小组"。国家气候变化对策协调小组负责执行或批准气候变化领域的国际合作项目，审议并协调重要的 CDM 政策和措施。国家气候变化对策协调小组下设 CDM 项目审核理事会，负责评审 CDM 项目建议书，批准 CDM 项目；向协调小组汇报 CDM 项目活动的实施状况，并提出建议；提出 CDM 项目活动的运行规则和程序要求。

根据现有的 CDM 项目分布情况看，我国开展 CDM 项目还处于较为落后的阶段，项目总数仅占全球项目总数的 4.9%，而巴西和印度则处于前列，两国约占项目总数的 50% 以上。因此中国在 CDM 开发方面具有广阔的前景和发展空间。

中国经济正处于高速增长阶段，实施可持续发展战略已经成为中国实现社会经济发展目标的重要考虑。中国是温室气体减排潜力较大的发展中国家之一，加之具有良好的投资环境，开展 CDM 合作的市场前景广阔，为主要的发达国家所看好。如果 CDM 能够得到很好的利用，将有可能成为吸引技术含量高、结构更加合理的外商直接投资的新渠道，促进中国的可持续发展。因此，我们应最大限度地利用 CDM 项目所带来的商机和挑战，通过国际合作争取我国经济发展所需要的资金和技术，以实现我国环境、经济和社会效益的可持续发展。

在中国实施 CDM 项目将会带来以下积极的效果：

（1）有助于地方经济的发展——通过技术转让和额外的资金投入，开发出新的项目和新的就业机会，从而带动地方经济的发展，培养出地方的可持续发展能力。

（2）有助于提高资源和能源的利用效率，并充分利用和开发可再生资源，以实现可持续发展和循环型社会的目的。

（3）通过开发可再生能源，并提高能源利用效率，从而减少污染物的排放，保护环境，并提高经济效益。

（4）通过开发 CDM 项目，减少温室气体的排放，从而保护自然和森林植被。

（5）通过吸收额外的资金和技术转让，从而帮助中国发展经济。

5.4.2　碳排放交易

1997 年 12 月，在《联合国气候变化框架公约》缔约方会议上，通过了旨在限制发达国家温室气体排放量的具有法律约束力的国际公约《京都议定书》，规定了在

2008—2012年期间,主要发达国家温室气体排放量削减目标,并建立了三种灵活减排机制(上节中已阐述),为国家之间开展碳排放权贸易提供了一个全新的框架。根据联合履约机制,《联合国气候变化框架公约》附件一名单中的国家之间可以交易和转让减排单位(Emission Reduction Units,ERUs);国际排放权交易则是附件一国家之间针对配额排放单位(Assigned Amount Units,AAUs)的交易。各国根据公约分配到既定的AAUs指标,还可以根据实际情况买卖该指标,保证达到排放标准。清洁发展机制则涉及附件一国家和非附件一国家(主要是发展中国家)之间的交易,发达国家可以通过向发展中国家进行项目投资,或者直接购买的方式,获得核证减排单位(Certificated Emission Reductions,CERs)。

由于附件一国家可以通过三种灵活的机制,以交易转让或者境外合作的模式获得温室气体排放权。这样,就能够在不影响全球环境完整性的同时,降低温室气体减排活动对经济的负面影响,实现全球减排成本效益最优(骆华 等,2010)。京都"三机制"为国家之间就温室气体排放权展开贸易提供了一个全新的框架,且逐渐孕育出了一种崭新的温室气体排放交易市场(也被称为碳排放交易市场)。

通过产权界定将温室气体排放权变为商品,并进行市场化定价买卖,已成为欧美等国实现低成本减排的市场化手段之一。作为新兴的金融市场,碳交易市场在近几年发展迅猛。根据世界银行的数据,2005年基于项目的二氧化碳交易是1.07亿t,基于配额的交易大约是0.56亿t。2009年基于项目的二氧化碳交易量上升到87亿t,基于配额的二氧化碳交易量上升到73.62亿t,2009年全球碳交易量更是飚升到了1440亿美元。2010年受政策不明朗等因素的影响,市场总额为1420亿美元,比前一年减少20亿美元,出现2005年碳市场产生后的首次下滑(杨超 等,2011)。尽管如此,全球碳交易市场容量仍有望超过石油市场,成为世界第一大交易市场,而碳排放额度也将取代石油成为世界第一大商品。

碳排放交易的基本原理:排污权交易首先由美国经济学家戴尔斯(J. H. Dales)于20世纪70年代提出。排放权交易是运用市场机制削减污染物的重要手段。通过排放权交易,减排成本低的企业可以出售富余的指标获得收益,减排成本高的企业可以购买指标降低减排成本、达到合规要求,从而实现社会污染总成本最小化的目的。

温室气体排放权交易机制是由政府相关部门根据大气环境容量的容纳能力,确定某一地域或某一行业在一定时间内的排放总量控制目标;然后将温室气体排放总量目标通过一定的方式(免费或拍卖方式)分解为若干排放许可配额,分配给各区域,各行业;企业排放许可配额可像商品那样允许在市场上进行买卖,调剂余缺。通过运用减排措施或因减排成本低而超量减排的实体,可在交易市场出售剩余排放许可证,而获得经济回报;另一方面,无法通过减排措施或因减排成本高,使排放量超出政府分配的排放许可指标的实体,则须从排放权交易市场购买额外的许可额度。

温室气体排放权交易机制实质是通过政策法规界定大气容量资源的使用权并允许其交易,创建一种新的稀缺资源市场——温室气体排放权市场,并以市场机制为基础,通过合约激励机制鼓励企业或个人控制温室气体排放,实现在市场供求因素支配下有效地配置容量资源的一种政策工具。经过明晰产权后,非产权人想要使用大气环境容量资源,就必须通过特定的方式,如通过市场购买、有偿的拍卖或者无偿的分配等获得大气环境容量的使用权。排放权交易最先在美国创立并在较多领域应用,如在二氧化硫污染、水污染等领域;目前排放权交易在温室气体排放领域上的应用最成功的则是欧盟温室气体排放交易机制。

从上述温室气体排放权交易机制的内涵定义中可以看出,温室气体排放权交易机制有三大体系:总量控制、排放权初始分配和排放权交易(肖志明,2011),如图5.17:

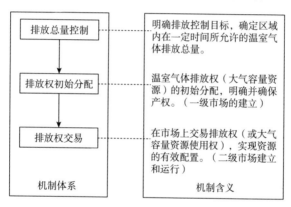

图 5.17 排放权交易的机制体系

第一阶段总量控制:总量控制是根据某一控制区域(例如行政区域、行业区域等)的大气环境质量目标,确定该区域所有排放源在一定时间内允许排放的总量,并采取措施将这一区域内的温室气体排放控制在允许排放的总量之内。总量控制目标确定面临众多困难,至今尚无公认的计算方法。因此,总量控制往往以一定时点的排放量为基础,按照逐年削减的办法确定区域排放总量。如《京都议定书》以 1990 年为基准年,规定了《京都议定书》附件一国家到 2012 年的削减目标;而我国政府也以 2005 年为基准年,规定了到 2020 年降低单位 GDP 碳排放强度 20% 的控制目标。

第二阶段排放权分配:为实施总量控制,政府或管理部门制定相关的规则,将区域设定的排放总量分解成排放权单位,并以排放许可证的形式按一定的分配规则分配到各个排放源企业中,作为各个企业排放源所允许排放的总量。排放许可证是实施总量控制的重要手段,它明晰了大气容量资源产权(使用权),实现了稀缺的大气容量资源的初始配置。对排放许可证进行配置这一阶段市场被称作碳排放权交易的一级市场,这级市场以政府主导为特征,因此排放权初始分配的一级市场只是完成大气容量资源在各排放源企业的初始配置,远未实现大气容量资源的最优配置和有效利用。

排放权初始分配方式目前较常用的有竞价拍卖和免费分配两种方式。(1)竞价拍卖是以出售的方式将排放许可证出售给出价最高者的做法。拍卖方式优点是符合市场经济"公平、公开、公正"的原则,资源流入到最高出价者手中,实现资源有效配置,并且政府还可以获得一定的拍卖收益;但对企业来说会加重成本负担,所以以拍卖方式进行排放权的初始分配在推行中会受到一定的阻力。(2)无偿分配是管制部门按一定的标准在各区域或企业之间免费分配排放许可证。其优点是企业不必为此付出成本,来自排放企业的阻力较小。其缺点是如果标准不合理,无偿分配会影响公平性,导致社会利益分配不公和企业的竞争地位不平等,并且相对比拍卖措施,政府会因此缺少一项温室气体排放治理费用的收入来源。

第三阶段排放权交易:为了实现大气容量资源的最优配置和有效利用,必须设计合法的温室气体排放权交易市场,这一层级市场也被称为二级市场。在这级市场中允许排放权像商品那样自由被买入和被卖出,以此实现温室气体的排放控制,并通过市场机制实现大气容量资源的优化配置的任务。

在排放权交易中,排放许可证在不同所有者的账户之间转移,企业根据自身的减排成本选择减排程度。低减排成本的企业利用减排技术优势增加削减温室气体排放,在市场中卖出多余的排放许可证;而减排成本较高的企业则在市场中买入其他企业剩余的排放许可证,以增加温室气体排放量;交易双方从中受益,理想状况下,当企业间减排的最后一单位边际成本相等时,交易停止。通过市场交易,排放许可证得到重新交易,使减排成本低的企业持有较少的排放许可证,完成更多的减排任务;而减排成本高的企业持有更多的排放许可证,可以排放更多的温室气体,减排任务减少,从而实现全社会温室气体减排总成本最小化。

目前,排放权交易主要有两种类型:一种是以项目为基础的减排量交易,通过清洁发展机制、联合履约以及其他减排义务获得的减排信用交易额;另一种是以配额为基础的交易,在欧盟、澳大利亚新南威尔士、芝加哥气候交易所等排放交易市场创造的碳排放许可权,如图 5.18。

(1)项目交易:与配额交易不同,即使缺乏相关管理机构和实体,只要买卖双方同意,通过项目的合作,买方向项目提供资金资助,以获得温室气体减排信用指标为调节,碳交易就能完成,这就是项目交易。在项目市场交易中主要有两种项目类型:一种是与《京都议定书》灵活机制中的联合履约(JI)和清洁发展机制(CDM)相一致的项目,其运作基础是由附件一国家企业购买具有额外减排效益项目所产生的减排量,再将此减排量作为温室气体排放权的等价物,用于抵销其温室气体的排放量,以避免高

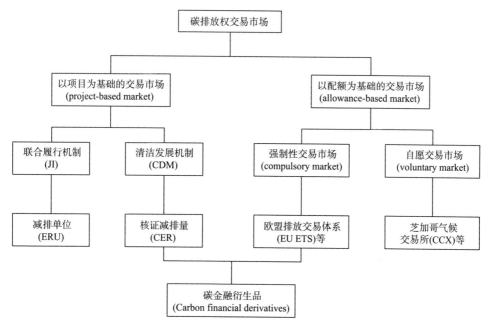

图 5.18　全球碳排放权交易市场结构

额处罚。联合履约(JI)项目产生的减排量称为减排单位(ERU),CDM 项目产生的减排量称为经核证的减排量(CER)。这两种机制的区别在于,联合履约是附件一国家之间的合作机制,而清洁发展机制是附件一国家与非附件一国家之间的合作机制。另一种是与《京都议定书》灵活机制不相一致的项目,被称为非京都项目。非京都项目的交易类型较广,交易数量较大,做这类项目的目的主要取决于买方自己的意愿和买方所在国或区域的相关要求。

　　(2)配额交易:这是一种以配额为基础的交易,受到有关机构控制和约束,如《京都议定书》下的指定数量单位(AAU)和欧盟排放贸易计划下的准许排放量等,这些排放指标都是由一个管理机构的相关规则约定的,属于准许市场的范畴。《京都议定书》下的国际排放贸易机制(IET)就是以配额交易为基础的。在该机制下,人们采用总量管制和排放交易的管理和交易模式。即环境管理者设置一个排放量的上限,受该体系管辖的每个企业将从环境管理者那里分配到相应数量的排放单位(AAU),每个分配数量单位等于 $1t\ CO_2$ 当量。在承诺期中,如果这些企业的温室气体排放量低于该分配数量,则剩余的排放单位(AAU)可以通过国际市场有偿转让给那些实际排放水平高于其承诺而面临违约风险的附件一国家企业,以获取利润;反之,则必须到市场上购买超额的排放(AAU),否则,将会受到重罚。

上述两种机制,实际上是同一种的碳减排实施思路,都强调了市场的作用机制,不论是强制性减排指标或承诺指标,还是通过发放(或拍卖)排放指标或是购买补偿项目的额外减排量,让交易双方从最优的成本利益角度实现减排总目标。欧盟和美国等发达国家凭借在金融、信息和法律领域的综合优势,积极发挥碳交易机制设计的领导作用,无论是强制性减排还是自愿性减排无不体现了对碳交易定价权的控制。

欧盟碳排放权交易机制:欧盟于 2003 年批准了 Directive2003/87/EC,建立了世界上第一个具有公法约束力的温室气体总量控制的排放权交易机制。该交易机制采用的是总量管制和排放权交易相结合的运行模式。欧盟每个成员国每年先预定 CO_2 的可能排放量(与京都议定书规定的减排标准相一致),然后政府根据总排放量向各企业分发 EUA 配额,每个配额允许企业排放 1 t 的 CO_2。如果企业在期限内没有使用完其配额,则可以出售多余配额获利。一旦企业的排放量超出分配的配额,就必须通过碳交易所购买配额。通过类似银行的记账方式,配额能通过电子账户在企业或国家之间自由转移。

欧洲气候交易所 ECX 是交易量最大的交易所。据估计,欧洲气候交易所吸引了欧洲碳市场上 85% 的场内交易量。从总交易量来看,2009 年该所总交易最达到了 32.4 亿 t,是 2005 年总成交量的近 36 倍;从日均交易量来看,2009 年的日均交易大约 1300 万 t,是 2005 年的 12.9 倍。欧盟碳金融衍生品的发展也处于领先地位,欧洲气候交易所在 2005 年 4 月就上市了欧盟排放配额 EUA 期货合约,在 2006 年、2008 年和 2009 年相继上市了 EUA 期权合约、CER 期货及期权合约、EUA 及 CER 现货合约。值得一提的是,欧盟允许碳排放交易权体系内的成员从 2005 年开始使用 JI 项目和 CDM 项目的减排量指标来折抵其排放量,这样就实现了"京都三机制"的有机结合。另外,欧盟排放权交易计划体系还积极同其他排放权交易体系建立连接,现在已经成功地与《京都议定书》附件一的其他国家,如加拿大、瑞士、日本等国建立联系,甚至其他非《京都议定书》框架内国家,如与美国州一级的排放交易制度建立起了交易连接,扩大了其交易范围,形成了流动性更好的市场,能以更小的成本实现资源的优化配置。

美国碳排放交易体系:美国虽然没有在《京都议定书》上签字,但是其碳排放权交易体系发展得比较完善。虽然目前美国并没有一部规制碳排放的联邦法案,但通过"马萨诸塞州诉美国环保署"的经典判例已将二氧化碳列入污染物而纳入了《清洁空气法》的调整范围,由此确立了碳排放权交易的法源基础。它们的经验为我国碳排放权交易市场的建立提供了很好的借鉴。美国共有四种交易体系,分别是西部气候倡议(WCI)、区域性温室气体倡议(RGGI)、气候储备行动(CAR)、芝加哥气候交易所(CCX)。

西部气候倡议(Western Climate Initiative)旨在通过州之间的联合来推动气候变

化政策的制定和实施。配额设置与排放额分配委员会负责为本区域设置排放上限以及在各成员间分配排放额,各成员州委派代表组成委员会和秘书执行其日常工作,西部州长协会则全面负责各项目管理。芝加哥气候交易所(Chicago Climate Exchange)是北美地区唯一一个交易6种温室气体的综合碳交易体系,其项目遍布欧美及亚洲地区。CCX也是根据配额和交易机制进行设计的,其减排额的分配是根据成员的排放基准额和减排时间表来确定的。加入CCX的会员必须做出减排承诺,该承诺出于自愿但具有法律约束力。如果会员减排量超过了本身的减排额,它可以将自己超出的量在CCX交易或存进账户,如果没有达到自己的承诺减排额就需要在市场上购买碳金融工具合约(CFI)。

区域性温室气体倡议(The Regional Green-house Gas Initiative)是美国第一个以市场为基础的强制性减排体系。RGGI和WCI一样也是以州为基础成立的区域性应对气候变化合作组织,试图推动清洁能源经济创新与创造绿色就业机会,但不同的是它仅将电力行业列为控制排放的部门。

气候储备行动(Climate Action Reserve)于2009年正式启动,是一个基于项目的碳排放交易机制。它制定一个可量化、可开发、可核查的温室气体减排标准,发布基于项目而产生的碳排放额,透明地监测全程的碳交易过程。

中国碳排放权交易市场情况:目前我国的碳排放权交易市场主要是以项目为基础的交易市场,即清洁发展机制(CDM)交易体系。同时,中国也积极创新,根据企业的实际情况,发展适合自己的碳交易项目,如自愿减排项目交易。中国政府以积极的态度,大力推进碳排放权交易市场的建设。

经过多年的不断尝试,我国在制定碳排放权的管理制度以及运行机制等方面取得了一些成功经验,但由于该体系存在自身不够合理、配套机制不够完善等方面的原因,在进一步的深化试点及推广过程中,遇到了法律法规、企业、环保观念、行政等诸多方面的阻力,暴露出很多问题。归纳起来主要表现为以下几个方面:①气体排放权初始分配制度的缺失;②交易体系的法律体系不健全;③政府监督管理的力度不够;④缺少规范性的碳排放交易所;⑤缺乏碳排放权交易的定价机制;⑥落后的技术条件。

所以中国应制定交易规则,并创造公平、透明的交易环境,整合各种资源信息,为碳排放配额的买卖提供公平、公正、公开的交易,加强市场监管,保证碳排放权交易市场的有效运行。其次,引入竞价机制充分发现价格,为买卖双方提供市场化的对话机制,从而有效地避免暗箱操作。同时,专业的交易市场还是一个更有利参与国际市场的途径。因为,建立碳交易市场,不仅有利于减少买卖双方寻找项目的搜寻成本和交易成本,还将增强中国在国际碳交易定价方面的话语权。再次,建立符合国内需求、对接国际规则的碳交易产品。以市场化的方式实现有效配制,实现低成本的减排工作。开发和提供与欧洲排放交易体系等成熟交易所相同的产品,并进行交易。培育期货和现货多层次的交易体系,丰富碳交易的金融产品品种,如与碳交易挂钩的期货、期权交易,增加碳市场的流动性和我国在国际碳交易市场的定价权和话语权,增强我国在国际低碳经济中的竞争力。

参考文献

21 世纪议程管理中心,清华大学. 2005.清洁发展机制方法学指南.北京:社会科学文献出版社.

21 世纪议程管理中心,清华大学.2005.清洁发展机制.北京:社会科学文献出版社.

陈丽,银燕.2009.沙尘气溶胶对大气冰相过程发展的敏感性试验.气象科学,**29**(2):208-213.

戴伟娣.2006.清洁发展机制简介.生物质化学工程,**40**(1):40-44.

邓学良,潘德炉,何冬艳,等.2009.卫星遥感中国海域人为和沙尘气溶胶时空分布的研究.海洋科学,**31**(4):58-68.

董俊玲,张仁建,符淙斌.2010.中国地区气溶胶气候效应研究进展.中国粉体技术,**16**(1):1-4.

国家发展与改革委员会能源研究所.2003.清洁发展机制.北京:气象出版社.

胡荣明,石广玉.1998.中国地区气溶胶的辐射强迫及其气候影响实验.大气科学,**22**:919-925.

李俊,同小娟,于强. 2005.不饱和土壤 CH_4 的吸收与氧化.生态学报,**25**(l):141-147.

吕学都,刘德顺. 2010.清洁发展机制在中国.北京:清华大学出版社.

骆华,费方域.2010.国际碳金融市场的发展特征及其对我国的启示.中国科技论坛,(12):142-147.

毛节泰,刘晓阳,李成才,等. 2002.MODIS 卫星遥感北京地区气溶胶光学厚度及与地面光度计遥感的对比. 应用气象学报,**13**(特刊):127-135.

秦世广,汤洁,温玉璞.2001.黑碳气溶胶及其在气候变化研究中的意义.气象,(11):3-7.

石广玉,王会军.2002.人类活动在西部地区气候与生态环境演变中的作用.中国西部环境演变评估报告.北京:气象出版社:171-216.

石广玉,赵思雄.2003.沙尘暴研究中的若干问题.大气科学,**27**(4):591-606.

石广玉,王标,张华,等.2008.大气气溶胶的辐射与气候效应.大气科学,**32**(4):826-840.

土薄红,石广玉.2001.东亚地区人为硫酸盐的直接辐射强迫.高原气象,**20**(3):259-263.

王珉,胡敏.2000.陆地与海洋气溶胶的相互输送及其对彼此环境的影响.海洋环境科学,**19**(2):69-73.

王明星,杨昕.2002.人类活动对气候影响的研究 1.温室气体和气溶胶.气候与环境研究,**7**(2):247-254.

王喜红.2000.东亚地区人为硫酸盐气溶胶气候效应的数值研究.中国科学院大气物理研究所博士论文.

肖志明. 2011.碳排放权交易机制研究.福建师范大学博士论文.

谢立勇,叶丹丹,张贺,等.2011.旱地土壤温室气体排放影响因子及减排增汇措施分析.中国农业气象，**32**(4)：481-487.

徐星凯，周礼恺. 1999. 土壤源 CH₄ 氧化的主要因子与减排措施. 生态农业研究，**7**(2)：18-22.

宣捷. 2000. 中国北方地面起尘总量分布. 环境科学学报，**7**(4)：426-430.

杨超，李国良，门明. 2011. 国际碳交易市场的风险度量及对我国的启示. 数量经济技术经济研究，(4)：94-123.

Ackerman A S，Toon O B，Stevens D E，*et al*. 2000. Reduction of tropical cloudiness by soot. *Science*，**288**：1042-1047.

Bender M，Conrad R. 1994. Microbial oxidation of methane，ammonium and carbon monoxide，and turnover of nitrous oxide and nitric oxide in soils. *Biogeochemistry*，**27**：97-112.

Dales J H. 1968. Pollution，Property and Prices. Toronto：University of Toronto Press：1-20.

Forster P，Ramaswamy V，Artaxo P，*et al*. 2007. Changes in atmospheric constituents and in radiative forcing. Chapter 2//Climate Change 2007. The Physical Science Basis：Contribution of Working Group I to the Fourth Assessment Report of the Intergovernmental Panel on Climate Change. (Solomon S，Qin D，Manning M，*et al*，Eds.). Cambridge；New York：Cambridge University Press：129-234.

Fuglestvedt J S，Berntsen T K，Godal O，*et al*. 2003. Metrics of climate change：assessing radiative forcing and emission indices. *Climatic Change*，**58**：267-331.

Fung I，*et al*. 1991. 3-Dimensional model systhesis of the global methane cycle. *Journal of Geophysical Research－Atmospheres*，**96**：124-129.

Gong S L and Coauthors. 2003. Canadian Aerosol Module：A size－segregated simulation of atmospheric aerosol processes for climate and air quality models 1. Module development. *J. Geophys. Res.*，**108**，4007，doi：10.1029/2001JD002002

Houghton J T，Ding Y，Griggs D J. 2001. Climate Change 2001：The Scientific Basis Contribution of Working Group I to the Third Assessment Report of Intergovernmental Panel of Climate Change(IPCC).

Houghton J T，Meirafiho L G，Callander B A，*et al*. 1995. The Science of Climate Change. IPCC. Contribution of working group I to the Second Assessment Report of IPCC. Cambridge：Cambridge University Press.

Houwelling S，*et al*. 1999. Inverse modeling of methane sources and sinks using the adjoint of a global transport model. *Journal of Geophysical Research － Atmospheres*，**104**：26137-26160.

Hutsch B W. 2001. Methan oxidation，nitrification and counts of methanotrophic bacteria in soils from a long-term fertilization experiment. *Journal of Plant Nutrition and Soil Science*，**164**：21-28.

IPCC. 1990. Climate change：the IPCC scientific assessment. Cambridge：Cambridge University Press：365.

IPCC. 2001. Climate change 2001: the scientific basis: contribution of working group I to the third assessment report of the Intergovernmental Panel on Climate Change. Cambridge: Cambridge University Press: 352.

IPCC. 2007. Climate change: the physical science basis: contribution of working group I to the fourth assessment report of the Intergovernmental Panel on Climate Change. Cambridge: Cambridge University Press: 210-216.

IPCC. 2007. Summary for Policymakers IPCC. Climate Change 2007: Mitigation of Climate Change. Working Group III Contribution to the Fourth Assessment Report of the IPCC. Cambridge, UK: Cambridge University Press.

IPCC. 2013. Climate change: the physical science basis: Cambridge: Cambridge University Press, in press. 2013-09-30. http://www.ipcc.ch/report/ar5/wg1/#Uq/tD7KBRR1.

Li C S. 2000. Modeling trace gas emissions from agricultural ecosystems. *Nutrient Cycling in Agro—ecosystems*. **58**:259-276.

Manne A S, Richels R G. 2001. An alternative approach to establishing trade—offs among greenhouse gases. *Nature*, **410**: 675-677.

Marticorena B and Bergametti G. 1995. Modeling the atmospheric dust cycle 1: Design of a soil—derived dust emission scheme. *J. Geophys. Res.*, **100**:16415-16430.

Nesbit S P, Breitenbeck G A. 1992. A laboratory study of factors influencing methane uptake by soils. *Agriculture Ecosystem & Environment*, **41**: 39-54.

O'Nell B C. 2000. The jury is still out on global warming potentials. *Climate Change*, **44**: 427-443.

Olivier J G J, Bouwman A F, et al. 1998. Global air emission inventories for anthropogenic sources of NO_x, NH_3 and N_2O in 1990. *Environmental Pollution*. **102**:135-148.

Pacala S, Socolow R. 2004. Stabilization wedges: solving the climate problem for the next 50 years with current technologies. *Science*, **305**:968-972.

Prather M, et al. 2001. Atmospheric Chemistry and Greenhouse Gases. Climate Change 2001. Cambridge University Press.

Ramaswamy V, Boucher O, Haigh J, et al. 2001. Radiative forcing of climate change. Climate Change Contribution of Working Group I to the Third Assessment Report of the Inter government al Panel on Climate Change, Houghton J T, et al, Eds. Cambridge University Press, New York, SA: 349-416.

Rodhe H. 1990. A comparison of the contribution of various gases to the greenhouse. *Science*, **248**: 1217-1219.

Shine K P, Fulestvedt J S, Hailemariam K, et al. 2005. Alternatives to the global warming potential for comparing climate impacts of emissions of greenhouse gases. *Climatic Change*, **68**(3): 281-302.

Wigley T M L. 1998. The Kyoto protocol:CO_2, CH_4 and climate implications. *Geophys Res Lett*, **25**: 2285-2288.

Zhang H, Wu J X, Shen Z P. 2011. Radiative forcing and global warming potential of perfluorocarbons and sulfur hexafluoride. *Science China : Earth Sciences*, **54** (5):764-772.

第6章
气候变化适应

6.1 气候变化适应的意义

6.1.1 气候变化适应的提出

6.1.1.1 应对全球气候变化必须采取适应措施

　　减缓和适应是国际社会应对气候变化相辅相成、缺一不可的两大基本对策。虽然减缓是遏制气候变化的根本对策,但气候变化已经对人类社会、经济发展造成了巨大影响,尤其是对发展中国家的负面影响更加突出,人们必须对已经发生的气候变化采取适应措施以减轻其负面影响。虽然国际社会在节能、减排和增汇方面都已做出巨大努力,但由于发达国家没有兑现在《京都议定书》中所做出的减排承诺,大多数发展中国家的现有排放水平还很低,又处于工业化和城镇化发展阶段,未来一段时期内耗能增加不可避免,全球温室气体排放仍然继续增加。由于地球的岩石圈和水圈吸收了大约温室效应产生辐射强迫能量的95%,由于全球气候系统的巨大惯性,即使在不太久的将来,人类社会能够将温室气体浓度降低到工业革命以前的水平,全球变暖还将延续相当长的时期,甚至几百年,人类必须对未来的气候变化采取适应措施。对于广大发展中国家,减排是长期、艰巨的任务,适应更具现实性和紧迫性。《联合国气候变化框架公约》(UNFCCC)预测发展中国家适应气候变化的成本在 2030 年将达到每年 280 亿～670 亿美元(联合国,1992)。

6.1.1.2 国际社会适应气候变化的努力

早在 1992 年联合国环境与发展世界大会通过的《气候变化框架公约》(UNFC-CC)第四条中就已经提出气候变化适应的任务,指出缔约方应"制定、执行、公布和经常更新国家的以及适当情况下区域的计划",其中包含能够"充分地适应气候变化的措施";发达国家应"帮助特别易受气候变化不利影响的发展中国家缔约方支付为适应这些不利影响的费用"(联合国,1992)。以后的历次缔约方大会都在适应领域通过了一系列决议。1997 年《京都议定书》通过后设立了 2.2 亿美元的适应基金。2001年在马拉喀什召开的《公约》第七次缔约方大会(COP7)决定成立与适应气候变化有关的基金。2007 年在印度尼西亚巴厘岛举行的《公约》第十三次缔约方会议(COP13)决定,通过加强国际合作促进适应气候变化的行动。2010 年在墨西哥坎昆《公约》第十六次缔约方会议(COP16)上建立了《坎昆适应框架》,通过增加资金和技术支持帮助发展中国家更好地规划和实施适应项目,并决定建立适应委员会。

鉴于适应的重要性,英、德、法、澳、芬兰等发达国家先后编制了适应气候变化的国家战略或行动框架(葛全胜 等,2009)。2010 年 10 月,美国机构间气候变化特别工作组向联邦政府提交了支持国家气候变化适应战略的行动建议。截至 2011 年底,UNFCCC 秘书处还帮助 47 个发展中国家制定了国家适应行动计划。

6.1.1.3 中国适应气候变化的行动

中国政府高度重视应对气候变化工作。早在 1994 年颁布的《中国 21 世纪议程》就已提出适应气候变化的任务(国家计划委员会,1994)。2007 年成立了由总理亲任组长的国家应对气候变化领导小组,办公室设在国家发展与改革委员会,并设立了应对气候变化司。2007 年和 2011 年先后两次发表了《气候变化国家评估报告》(《气候变化国家评估报告》编写委员会,2007;《第二次气候变化国家评估报告》编写委员会,2011),2007 年发布了《应对气候变化国家方案》(中华人民共和国国家发展与改革委员会,2007),2008 年发布了《中国应对气候变化的政策与行动》白皮书。上述文件都有专门的章节系统阐述了中国在适应气候变化领域开展的工作和面临的任务。科技部在"十一五"国家科技支撑计划"全球环境变化应对技术研究与示范"重大项目中,专门安排了"气候变化影响与适应的关键技术研究"课题,开展适应气候变化国家战略专题研究,并组织编写出版了《适应气候变化国家战略研究》一书,万钢部长亲自签署了序言(科技部社会发展科技司 等,2011)。2011 年全国人大审议通过的"十二五"规划纲要明确要求"制订国家适应气候变化战略",已于 2013 年 11 月正式发布。2014 年 9 月发布的《国家应对气候变化规划(2014—2020 年)》中专设了第四章"适应气候变化影响"。

气候变化对各业生产和人民生活产生了深刻影响,人们在实际工作已经采取了大量的适应措施,如调整农作物的品种与播种期,出行时间也有所改变,但绝大多数适应措施都是被动和盲目的,需要给予科学指导。为此,科技部从"十一五"开始设置了一批有关气候变化影响和适应对策研究的科研项目,国家发改委从中国清洁发展基金赠款项目中也安排了一批适应气候变化的研究与示范项目。2011—2013年中英瑞合作开展了中国适应气候变化国际合作项目(ACCC)一期,在内蒙古、宁夏、广东三省区开展了适应研究与示范。2014年二期项目扩大到吉林、内蒙古、宁夏、贵州、江西和青岛等六省(市、区)。

6.1.2　气候变化适应的定义

6.1.2.1　适应的传统概念

适应(Adaptation)概念最初来自生物学,是指生物在生存竞争中适合环境条件而形成一定性状的现象,是自然选择的结果(《辞海》编辑委员会,1980)。如随着秋季天气逐渐变冷,越冬乔木叶片中的养分转移到枝干后逐渐脱落以减少蒸腾与呼吸消耗,冬小麦细胞内积累能使冰点下降的保护性物质,动物积累皮下脂肪和长出厚密的毛绒,候鸟向南方迁飞,海鱼向温暖海洋洄游。干旱环境中的植物叶片退化为刺状,体表形成蜡质以最大限度减少水分蒸腾。

随着人类社会的发展,"适应"概念已扩展和应用到各种人类活动与环境条件的关系(方一平 等,2009)。按照系统工程的原理,我们也可以把适应定义为:通过对外界环境的扰动做出反馈和响应,使自组织系统在新的环境条件下能正常运转和发挥其功能。如航天器能够对宇宙环境中的各种干扰做出反应,及时调整姿态和运行轨道、规避各种风险。

6.1.2.2　IPCC 提出的适应概念

在应对气候变化领域中,适应被赋予了更加广泛的意义,涉及自然生态和人类社会的所有领域。人们对于气候变化适应的认识是逐步深化的。

《IPCC第一次评估报告》没有给出适应的定义,只是将生物学的适应概念移植过来。《IPCC第二次评估报告》中定义为"适应是对(气候)条件改变的一种自发的或有计划的响应"(IPCC,1995)。第三次评估报告定义为:"适应是自然和人类系统对于实际或预期发生的气候(变化)或影响的响应性的调整,这种调整减轻(气候变化)的危害或利用(气候变化带来的)机遇"(IPCC,2001)。第四次评估报告定义为:"通过调整自然和人类系统以应对实际发生的或预估的气候变化或影响"(IPCC,2007)。第五次评估报告进一步明确为:"(适应)是对于实际发生的或预期的气候(变化)及影响的调整过程;对于人类系统,适应寻求减轻或避免损害、或开发有利的机遇;对于自然系统,适应则是通过人类干预(措施)诱导(自然系统)朝向实际发生的或预期的气候(变化)及影响进行调整"(IPCC,2013)。

第四次和第五次评估报告给出了气候变化适应更加准确和完整的定义,明确了适应四个方面的主要内涵:

(1)明确了气候变化的作用对象,即自然或者人类系统。

(2)明确了适应气候变化的内容,即针对实际或者预期的气候变化及其影响,这是气候变化适应的前提,不搞清楚气候变化的影响,适应行动必然是盲目的。

(3)明确了适应行动的实质是调整,这是适应定义的关键词。并非所有的有序人类活动都是适应行动,必须是针对气候变化的影响,对自然系统或原有人类活动做出的调整部分才属于适应范畴。

(4)适应的目的是避害趋利。避害指最大限度地减轻气候变化对自然系统和人类社会的不利影响,趋利则指充分利用气候变化带来的有益机会。避害趋利也是气候变化适应工作的基本准则(方一平 等,2009;潘志华 等,2013)。气候变化虽然给人类社会带来了巨大挑战,但也孕育着许多发展机遇,无论是减轻气候变化的负面影响,还是开发可能的机遇,都需要通过采取适应行动来实现和转化。

6.1.3　气候变化适应的意义

6.1.3.1　适应是可持续发展战略的重要内容

适应体现了人与自然和谐相处的理念,适应意味着人类必须按照自然规律调整和规范自己的行为,而不是盲目地去改造和征服自然,否则就会受到大自然的惩罚。人类无限制地利用化石能源,大量排放温室气体,虽然极大提高了人类社会的物质消费水平,但所造成的气候恶化和灾害频发就是大自然对人类的一种惩罚。这表明单纯依靠消耗化石能源高速发展经济和提高消费水平是不可持续的。适应是人类与大自然和谐相处的一种态度,采取适应措施,使人类社会能够在变化了的气候环境中生存和使社会、经济继续向前发展,是可持续发展战略的重要内容之一。

6.1.3.2　人类社会在适应气候变化的过程中发展和进步

适应并非都是被动和消极的,生物是随着地质史上的气候变化而不断进化的,人类社会也是在对气候不适应—适应、新的不适应—新的再适应的循环反复过程中发展和进步的,适应是生物进化和人类社会进步的一种动力。

地球的原始大气以氢(H_2)和氦(He_2)为主,地表发热、造山运动与火山喷发的排气作用形成的次生大气以甲烷(CH_4)、氨(NH_3)、氢(H_2)、水汽(H_2O)为主。由于没有臭氧层的保护,原始的生命只存在于海洋中,这是因为水能强烈吸收短波紫外线。藻类植物的光合作用将大量氧气释放出来,逐步演变成以氮(N_2)和氧(O_2)为主的现代大气。平流层的部分氧气在紫外线作用下形成臭氧层,拦截和吸收了对生物有灭绝作用的短波紫外线,同时,海洋生物体内也产生了能消除氧气毒性的酶,生物才能从海洋向陆地进军。在气候湿热的白垩纪,恐龙在地球上居绝对统治地位。由于小行星撞击地球造成的尘埃蔽日和气温猛降,作为冷血动物的恐龙从此灭绝,哺乳动物和鸟类由于具有保持体温不变的机制幸存下来并大量繁衍,成为地球上占优势的动物。人类本身也是地质史上气候变化的产物。第四纪大冰期到来迫使类人猿从树上迁移到地面,在与恶劣气候的斗争中学会制造、使用工具并产生语言,形成原始的社会形态。几千年的文明史是人类对气候不断适应,科技与社会不断进步的过程。每一次大的气候变迁都给人类带来了巨大灾难,如史前的大洪水和中世纪的小冰期,但人类在与气候灾难的斗争中提高了生产技术与社会管理水平,促进了社会经济的发展。因此,适应并非都是消极和被动的,在一定的意义上,适应是生物进化和人类社会进步的一种动力。

现在地球已经进入"人类纪"时代,人类已经成为影响全球地质结构和地球进化的重要驱动力量,人为因素造成的当前的气候变化之剧烈程度远远超出了气候自身的波动,成为人类社会生存和发展面临的巨大挑战,原有的"气候系统—自然生态系统—人类经济社会系统"平衡被不断加剧的人类活动打破。这就要求我们必须直面由于气候变化导致的新情况和产生的新问题,积极调整经济社会结构,使之能够有序达到"气候系统—生态系统—人类经济社会系统"新的平衡,重构"天人合一"的和谐,促进人类经济社会在气候变化背景下的可持续发展。因此,适应气候变化也是人类社会可持续发展的一项重要内容。

6.1.3.3　适应与减缓的关系

适应与减缓相辅相成,缺一不可。虽然严格意义上的适应并不涉及减排与增汇,但采取恰当的适应措施能够在很大程度上减轻气候变化的负面效应,并充分利用气候变化带来的某些机遇,提高生产和生活水平,客观上起到了替代增加物质能量投入的间接减排和增汇效果。换言之,我们既不能以牺牲环境为代价来片面发展经济,也不能以牺牲经济发展和生活质量来保护地球环境,二者都达不到可持续发展的目的。对于既有减缓效果,又有适应效果的措施,应优先采取。但对于具有适应效果但明显增加温室气体排放的措施,或具有减排效果,但又加大了气候变化胁迫的措施,需要权衡利弊后再决定取舍,同时要尽可能减少其负面效应。

6.1.4　气候变化影响与适应研究存在的问题

虽然近十年开展了一系列气候变化影响与适应的研究,但与减缓相比仍相对薄弱,存在某些脱离实际的倾向和概念混淆。

6.1.4.1　混淆常规行动与适应行动

从最广泛的意义上,任何有序的人类活动都具有一定的适应效果。但即使不发生气候变化,人类也会面临各种环境挑战。不能把过去所从事的所有工作都说成是适应行动,只有针对气候变化的某种影响对原有行动做出的调整或增量才属于适应行动。把所有常规有序行动都说成是适应,由于没有气候变化时这些工作照样在做,很容易走到另一个极端,否定和抹杀所有的适应行动。

6.1.4.2　不考虑受体自身的适应

由于气候变化的影响有正负两个方面,不宜简单使用灾害学中的"承灾体"概念,我们可以把气候变化影响的作用对象称为"受体"。许多人在分析气候变化影响时只考虑外部环境条件的胁迫,不考虑受体自身的变化,包括自然物候、行为、生育特性、脆弱性、暴露度等的改变。有的人简单照搬国外模式,模拟计算结果严重脱离实际。如有的文章分析气候变暖将导致东北粮食大减产,全然不顾过去30多年东北粮食增产速度为全国的两倍,成为我国最大商品粮基地的事实,原因在于没有考虑农民会对品种和播期自发调整。2009年和2011年对于北方小麦冬旱的过分炒作,原因也在于只看到一百多天基本无雨雪,看不到当年夏秋雨水充足和北部冬麦区普浇冻水,土壤底墒良好,以及大多数麦田播种质量高,根系发育好,抗旱能力强,农业干旱并不严重的事实。不少麦田由于在隆冬盲目浇水,反而人为造成了死苗或冻伤(郑大玮,2010)。

6.1.4.3　混淆气候变化与人类活动影响

我国北方缺水日益严重,既有气候暖干化,降水减少的因素,也有社会经济发展,用水量剧增和流域的上中下游无序争水等人为因素,对于具体的空间和时间,哪种因素起主导作用,需要进行归因研究。对于局地的荒漠化加剧,也不能简单归结到气候变化。其实,近60年来我国北方风沙活动总体在减弱,局地荒漠化加剧主要是由于不合理的人类活动。

6.1.4.4　把适应工作混同于减灾

自地球大气圈形成以来,气象异常就不断发生。极端气象事件或气象灾害自古以来一直存在,不能一发生灾害就说是气候变化造成的,也不能把任何减灾活动都说成是适应行动。重要的是分析研究气候变化带来的气象灾害发生演变新特点和新趋势,气候变化导致承灾体发生了什么变化,脆弱性和暴露度有什么改变;针对这些变化,对原有的减灾工作与措施应作什么调整。

适应气候变化的内容也不只是应对极端气象事件,更应对气候变化的长期趋势对各类受体的直接影响和通过生态系统改变所带来的间接影响,采取相应的适应措施。

6.1.4.5 脱离实际的简单推断

很多作者在论文中断言"气候变暖导致蒸发加大"并应用经验公式计算潜在蒸散,实际情况是由于太阳辐射和风力减弱,全球绝大部分地区的气象与水文观测纪录都表明,实测水面蒸发量在下降,按照 Penman-Monteith 公式计算的理论蒸散潜力也是普遍下降的。"气温升高导致生育期缩短"也是常见的说法,实际情况并非都是如此。由于冬季变暖要比其他季节更加显著,实行早春顶凌播种的北方灌溉春小麦由于播期显著提前,而成熟期提前较少,整个生育期反而是延长的。同理,黄河以北的冬小麦虽然随着气候变暖,播种期明显推迟,收获期略有提前,全生育期有所缩短;但由于冬季显著变暖,越冬休眠期缩短得更多,有效生育期反而延长,有利于增产。"气候变化导致灾害加重"的说法也过于武断,实际情况是有些灾害加重,有些灾害减轻,对于不同地区需要具体分析。

6.1.4.6 静态分析的简单推论

如断言气候变暖"导致西部雪线上升,江河源枯竭""东北黑土有机质减少使肥力下降"。我国西部高山虽然融雪加快,雪线上升,但降雪量也在增加,大江大河的水源是否会枯竭取决于降雪量与融雪量之间的动态平衡。气候变暖无疑会加快土壤有机质的分解,但不等于土壤的供肥能力就一定下降。由于气候变暖后微生物活动加剧,土壤养分的循环周转会明显加快,生物质积累也在加快,土壤供肥能力是增强还是减弱,将取决于养分积累与消耗速度之间的动态平衡。

6.1.4.7 盲目或过度的适应

除上述研究领域的种种误区外,生产上还容易照搬上年或外地经验,采取盲目或过度的适应措施。如华南有些人只看到少数暖年引种成功,忽视气候的波动,将热带、亚热带作物种植界限过度北移,导致冬季寒害空前加重;在东北,有的农民因使用过于晚熟的品种,秋季早霜冻到来时仍不能成熟。

上述种种表明适应气候变化研究还十分薄弱,适应工作中还存在许多误区和大量盲目性,急需加强对于适应工作的指导,首先要制定适应气候变化的国家和区域性的战略。

6.1.5 气候变化适应的目标

2003 年英国能源白皮书《我们能源的未来:创建低碳经济》首次提出低碳经济的概念,此后,世界各国和国际组织都接受了这一提法,把发展低碳经济(Low carbon economy),建设低碳社会(Low carbon society)作为实施减缓对策的目标。虽然有些作者在"低碳经济"或"低碳社会"的内涵中也提到了适应,但"低碳"毕竟是从减缓的角度提出的,不宜作为气候变化适应的目标。

在适应领域,2007 年中国学者罗勇指出只提出建设资源节约型和环境友好型社会还不够,二者"都没有包含适应气候变化的内容""应进一步提出建设气候变化适应型社会的基本国策和现代化建设的长远目标"(江世亮,2007)。

在农业领域,联合国粮农组织 2010 年 10 月 28 日发表《"气候智能型"农业:有关粮食安全、适应和减缓问题的政策、规范和融资》的报告,首次提出发展气候智能型农业(Climate smart agriculture),其定义是:能够可持续地提高工作效率、增强适应性、减少温室气体排放,并可以更高目标地实现国家粮食生产和安全的农业生产和发展模式(联合国粮农组织,2010)。这一定义中也提到了减排,但主要内容还是从适应的角度提出的,可以看成是气候变化农业适应的目标。

除农业外,国民经济的其他产业也有很多是对气候变化十分敏感的,尤其是那些暴露度高和敏感性强的产业。在气候变化的背景下,整个经济结构、许多工艺和产销格局都需要针对气候变化的影响进行调整,因此,FAO 提出的气候智能型农业的概念,完全可以扩展到整个国民经济,提出构建气候智能型经济的目标。2010 年世界银行发布的《2010 年世界发展报告——发展与气候变化》进一步提出要建立"气候智能型世界"(Climate smart world)。

综上所述,相对于减缓对策的构建低碳经济和建设低碳社会的目标,在适应领域,我们可以相应提出构建气候智能型经济(Climate smart economy)和建设气候适应型社会(Climate adapted society)的目标。

减缓和适应的终极目标都是人类社会的可持续发展(图 6.1)。

6.1.6 国家适应气候变化战略的制定

我国应对气候变化工作一直坚持减缓与适应并重的原则,并已将适应气候变化纳入国家发展规划。《中华人民共和国国民经济和社会发展第十二个五年规划纲要》提出"制定国家适应气候变化总体战略,在生产力布局、基础设施、重大项目规划设计和建设中充分考虑气候变化因素,提高农业、林业、水资源等重点领域和沿海、生态脆

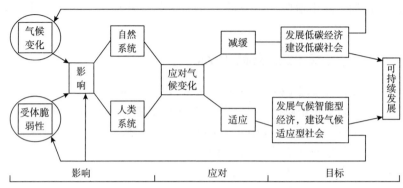

图 6.1　应对气候变化的两大对策及其目标

弱地区适应气候变化水平"。为贯彻落实上述要求,国家发改委在与有关部门充分沟通协调的基础上,组织多部门的专家和政府官员,共同编制了《国家适应气候变化战略》(以下简称《战略》),于 2013 年 11 月 18 日在华沙召开的世界气候大会(COP20)上正式发布。在国内《战略》以国家发改委等 9 部委局联合发布的方式,要求各地贯彻实施。

《战略》前言之后的正文共分五个部分:面临形势、总体要求、重点任务、区域格局、保障措施。

前言简要说明了编写任务的由来和背景,说明了发布《战略》的宗旨和目标期。

第一部分分析了我国受到的气候变化影响和发展趋势,介绍了我国适应工作的现状,指出存在的薄弱环节,为《战略》的编写和阐述做了必要的铺垫。

第二部分"总体要求"明确了我国适应气候变化工作的指导思想、原则和主要目标,是整个《战略》文件的核心所在,为我国适应气候变化工作的开展指明了方向。

第三部分"重点任务"和第四部分"区域格局"是《战略》的基本内容和主体。其中,第三部分按照对气候变化最为敏感的基础设施、农业、水资源、海岸带和相关海域、森林和其他生态系统、人体健康等重点领域,以及旅游业和其他领域,分别阐述了各个领域适应工作的重点任务,具有比较明确的指导价值。第四部分根据我国主体功能区的划分,分区阐述了城市化地区、农业发展地区和生态安全地区等三类不同功能类型区适应气候变化工作的重点任务,为不同区域的综合协调可持续发展提供了科学依据和政策指导。在这两个部分中还穿插设置了 14 个专栏,提出开展示范工程的初步设计。

第五部分从体制机制、能力建设、财政金融、技术支撑、国际合作等方面阐述了加强我国适应工作的保障措施,并对各部门、各地区如何实施本《战略》提出了明确的要求。

该文件是我国第一部国家级的气候变化适应战略文件,对于以后一个时期的气候变化适应工作具有重要的指导意义。目前,各地正在编制省级适应战略、规划或行动计划,住房与城乡建设部还与国家发改委联合编制了《城市适应气候变化行动计划》,组织了一系列适应气候变化的培训,示范试点正在逐步落实。

6.2 气候变化适应的内涵与分类

6.2.1 气候变化适应的内涵

目前在应对气候变化的两大对策中,对于减缓的内涵比较清楚,对各地政府和企业的减排都提出了明确的考核指标。但对于适应则比较模糊,很多人不清楚适应什么,既没有明确的指标体系,也缺乏效果检验方法。因此,有必要对适应的内涵进行梳理。

气候变化适应的内容要根据气候变化对自然系统和人类系统造成影响的主要因素确定。

6.2.1.1 气候变化的基本趋势

从全球来看,带有普遍性的是气候变暖和二氧化碳浓度增高,有些地区还有持续变干或变湿基本趋势。此外,世界大多数地区的太阳辐射强度和风速在下降,并由此导致蒸散量的下降;近地面的紫外辐射和臭氧浓度则有所增强。

6.2.1.2 极端天气气候事件的危害加大

极端天气、气候事件的发生,有些在增加,有些在减少,不同区域之间有很大差异,但基本趋势是气候变化导致气候的波动加剧,导致极端事件总体上的危害增大。极端事件的特征发生变化既与气候变化直接相关,也与受体的脆弱性改变有关,例如在全球气候总体变暖的情况下,许多中纬度地区的霜冻灾害反而有所加重。

6.2.1.3 气候变化引起的一系列生态后果

这属气候变化的间接影响。其中最严重的是海平面上升,其他还有水循环格局改变,冰雪融化和冻土层变薄,海洋酸化,土壤有机质含量降低,生态系统演替改变,生物多样性减少和有害生物入侵加剧等。

6.2.1.4 气候变化引起的社会经济变化

这是气候变化更加间接,但也是十分重要的影响。气候变化改变了不同区域的资源禀赋与环境容量,将导致不同区域的经济格局发生改变,气候变化引起的有利地区将更加发达,气候变化引起的不利地区将更加贫困,使得国际经济社会发展更加不平衡,并有可能导致对自然资源争夺或输出环境污染的国际冲突,生态脆弱地区的居民有可能发生气候致贫和出现气候难民,部分气候变化敏感产业的萎缩将导致失业人口增加。气候变化还将改变人们的食欲、出行规律与消费需求。

图 6.2 对气候变化减缓和适应的内涵做了归纳。

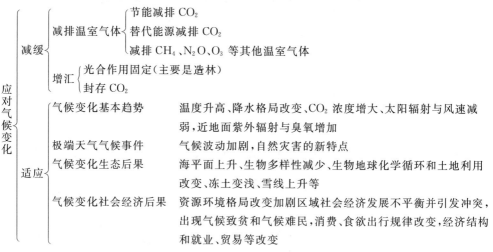

图 6.2　气候变化减缓与适应对策的内涵

对于上述几个方面的影响都需要采取适应措施,虽然有些影响目前还不很明朗,但随着时间的推移会越来越清晰,影响会越来越大。

上述几个方面的影响,负面效应是主要的,需要高度警惕并采取有效适应措施来应对,尤其是低纬度地区。有利因素主要在高纬度和高海拔地区,气候变暖导致气候资源及与气候相关的自然资源状况改善;适应气候变化的产业结构调整也会给某些产业的发展提供机遇;但这些有利因素都需要通过采取适应措施才能转化为现实的生产力和发展潜力。

6.2.2　气候变化适应研究的层次与基本框架

6.2.2.1　气候变化适应的层次

气候变化适应正在形成全球变化学的一个特殊分支,可划分为以下研究层次:

(1)理论层次

包括适应行为、适应机制、适应的技术途径、适应潜力评估等,属于基础性研究,为适应行动提供理论依据和指导。

（2）行动层次

是适应研究的主体，包括适应战略、适应对策、适应技术、示范推广等。其中战略研究为宏观层次，对策为中观层次，技术为微观层次，示范推广是转化为现实生产力的必要环节。

（3）保障层次

包括适应政策、适应规划、适应资金、适应能力建设、适应效果评估等，是适应研究的配套组成部分。

6.2.2.2　气候变化适应研究的基本框架

开展气候变化适应工作，首先要回答以下关键问题：气候发生了什么变化；受体系统发生了什么变化；气候变化对系统产生了什么影响及如何影响；系统对气候变化（不同变率、不同程度等）的适应机理是什么。回答好以上问题才能进一步提出适应气候变化的对策措施与行动方案。

图 6.3 和图 6.4 分别给出了气候变化适应的工作路线图和研究原理（潘志华 等，2013）。

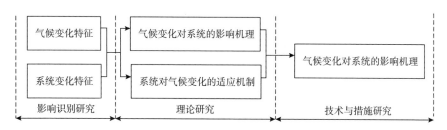

图 6.3　气候变化适应的工作路线

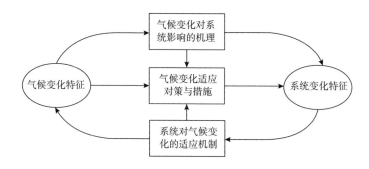

图 6.4　气候变化适应的研究原理

气候变化适应研究可分为影响识别、理论研究与技术措施研究3个方面：

（1）影响识别研究。是开展适应工作的前提，只有明确气候发生了变化（变率、程度等），受体系统发生了变化（结构、功能等），才能开展适应工作，否则会造成盲目适应。

（2）理论研究。针对气候变化及受体系统的变化，开展气候变化对系统（结构、功能等）的影响机制及气候变化下系统适应机理（适应机制、适应阈值等）的研究，为开展适应工作提供理论支撑。

（3）气候变化适应技术与措施研究。根据适应基本理论，研究提出气候变化适应的对策与措施，开展实验研究，评估适应对策与措施的效果，在此基础上提出具备可行性与可操作性的适应技术，并从中分解出关键技术与配套技术，逐步构建起不同产业或区域的适应技术体系。

6.2.3　适应行为的分类

气候变化的受体对于气候环境的改变或极端事件的发生可产生不同的适应行为，对这些适应行为进行科学的分类，目的是鼓励和促进科学和有序的适应行为，减少错误和盲目的适应行为，力求以较低的成本取得较好的适应效果。

6.2.3.1　按照对于适应的态度

分为主动适应（Initiative adaptation）和被动适应（Passive adaptation），应提倡前者。

6.2.3.2　按照适应行动的时间顺序

分为预先适应（Pre-adaptation）和补救（Remedial adaptation）适应，尽可能做到预先适应，事后的补救适应也不可缺少。

6.2.3.3　按照适应行动的时效

分为长期适应（Long-term adaptation）、中期适应（Mid-term adaptation）、近期适应（Short-term adaptation）、应急适应（Emergency adaptation）等；由于中长期适应存在若干不确定性，主要是制定规划和进行必要的工程建设和物质、技术、人才储备。大量的工作应放在近期适应和应急适应上。

6.2.3.4　按照适应行动的计划性

分为计划适应（Planning adaptation）和盲目适应（Blind adaptation），提倡前者，但需要对气候变化及其影响有明确的预见。后者应尽量避免，即使是对存在多重风险和后果不确定的气候变化影响，也要在分析评估的基础上做好多种准备。

6.2.3.5　按照对气候变化的适应程度

分为适应不足（Adaptation deficit）、适度适应（Appropriate adaptation）和过度适应（Over adaptation），提倡适度适应，尽量避免适应不足和适应过度。如随着东北地区气候变暖，在分析热量资源增加及其保证率的基础上，改用生育期更长的品种为适度适应，可获得显著的增产效果。如仍使用旧的品种，由于生育期缩短而导致减产，为适应不足。但如引进生育期过长的品种，到秋季霜冻到来是仍不能成熟，则属过度适应，也会导致减产甚至绝收。20世纪90年代华南地区在气候总体变暖的背景下，热带作物寒害的损失空前加重，就与过度北扩超过了气候变暖程度有关。

6.2.3.6　按照适应行动的后果确定程度

分为后果不确定性适应（Adaptation with uncertain result）和无悔适应（No regret adaptation）。由于气候变化存在一定的不确定性，尤其是气候波动和极端事件的发生。对于实际已经发生气候变化的影响，由于现有科学认识的局限，对其后果也不是都很明确，如我国西部高山雪线的上升是否会导致未来江河源的径流减少，目前尚无定论。在气候变化及其影响不确定的情况下，采取适应措施难免会带有一定的盲目性，属于后果不确定性适应。但也有一些适应措施，即使气候变化及其影响与最初的预测或评估有一定出入，也不会产生负面效果，属于无悔适应。如培肥土壤以应对气温升高加速有机质分解，加固加高海堤坝以应对海平面上升。

6.2.3.7　按照适应行动的主体

分为非生命系统物理意义上的弹性（Resilience）、生物自适应（Self-adaptation of living things）、人类支持适应（Human support adaptation）和人类系统适应（Human system adaptation）等。其中人类支持适应可分为加强受体适应能力和调节改善局部生境两类措施。四类适应行为的区别我们将在适应机制一节中具体说明。

6.2.3.8　按照适应的意识

分为自发适应（Spontaneous adaptation）和自觉适应（Adaptation based on own consciousness）。现有适应行为大多是自发的，农民和其他产业的职工在采取适应行动时不一定意识到是针对气候变化，但客观上具有适应气候变化的效果。对大量存在的自发适应行为要进行总结和提炼，找出其中的规律，再加以科学的引导，使之转变为自觉和有针对性的适应行动。

6.2.3.9　按照适应行动的主要效果

分为趋利适应（Adaptation to promote the favorable）和避害适应（Adaptation to avoid the unfavorable）。目前对避害适应比较重视，对于趋利适应研究和发掘较少，文献不多，需要加强。

6.2.3.10　按照适应行动的内涵宽窄

分为狭义适应（Adaptation in narrow sense）和广义适应（Adaptation in broad sense）。前者要求明确针对气候变化的特定影响，后者比较宽泛，绝大多数能促进可持续发展的人类活动都会具有一定的适应效果，如治理污染、水土保持、计划生育、扶贫工作等，开展适应工作要利用这些广义适应活动的基础，但不能以此凑数不去主动开展有针对性的适应工作。

6.2.3.11　按照适应效果的真实性

分为有效适应（Effective adaptation）和虚假适应（Mal adaptation）。有些适应行为表面上看起来有用，实际效果并不好，如有的地区种植冬小麦存在越冬冻害死苗的风险，种植春小麦又存在灌浆后期干热风或收获期遇雨的风险，于是有人提出改种夏播小麦的设想，然而这是违背小麦生物学规律的，根本不可行。又如2008年北方冬麦区出现多年罕见的冬季气象干旱，一百多天没有有效降水，有关部门组织农民浇水抗旱。殊不知由于土壤底墒充足和小麦根系发育良好，大多数麦田并不存在农业干旱。这样的虚假适应行为不仅起不到抗旱作用，劳民伤财，而且在隆冬浇水，很容易结冰而造成麦苗的伤害。

6.2.3.12　按照适应的策略

分为渐进适应（Incremental adaptation）和转型适应（Transformation adaptation）。前者适用于在气候变化影响下，受体系统只发生某种量变的情况；后者适用于在气候变化影响下，受体系统将要发生质变的情况，包括气候不利条件下采取时空规避、转移对策或对系统结构进行根本性的改造，也包括气候有利条件下向更加有利的时空转移或将系统改造为新的结构。

6.2.3.13　按照适应行动的内容

分为生态适应（Ecological adaptation）、经济适应（Economical adaptation）、社会适应（Social adaptation）。生态适应包括改善局部生境，调整生态系统结构，提高生物的适应能力，治理污染和保护生物多样性等。经济适应包括调整产业结构与布局，改进工艺,修订技术标准,调整贸易格局等。社会适应包括建立健全区域适应体制与机制,加强社区能力建设,引导绿色生活方式与消费模式,气候扶贫,国际合作等。

6.2.3.14 按照适应行动的领域

分为生态系统、水资源、海洋与海岸带、生态系统、人体健康等领域。

6.2.3.15 按照适应行动涉及的产业

分为农业、林业、渔业、牧业、工业、商业和服务业、重大工程、文化产业等等。

6.2.3.16 按照适应行动的区域

分为城市化地区、农业主产区、生态保护区等不同功能区,也可按照海岸带、岛屿、内陆平原、山地和高原等地形地貌来划分,还可按照自然区划或行政区划来划分,或者按照农村社区、城市社区、少数民族聚居区、气候敏感生态脆弱地区等划分。

按照领域、产业和区域的三类划分常常是交叉的,具体采取哪一种分类方法要根据需要来确定。

6.2.3.17 按照适应措施的性质

分为政策适应、技术适应、体制调整适应、机制调整适应、结构调整适应、工程性适应、非工程性适应等。

6.2.3.18 按照适应行动的优先序

分为最优先、次优先、优先、常态应用、备选应用等,优先序要根据适应行动的必要性、紧迫性、综合效益与成本等进行综合评判来确定。

在上述各种适应类型中,我们提倡主动适应、计划适应、适度适应、无悔适应和自觉适应。各类适应措施要有机结合,组装配套,以取得最佳适应效果。这些理念的综合可以概括为科学有序适应。

6.3 气候变化适应的机制与技术途径

6.3.1 气候变化适应机制的类型

不同的受体系统对于气候变化的环境干扰具有不同的适应机制。

6.3.1.1 简单的非生命系统

由于缺乏自组织性,对于外界环境的干扰做出反馈与响应的能力较差。在发生外界干扰时仍能表现出一定的弹性(Resilience)机制,即能够保持系统的结构不受破坏,功能不至丧失,当外界干扰减弱或消失时,系统能恢复原来的态势和功能。但这种弹性是有限的,如外界干扰超过一定阈值,系统将受到破坏。如塑料大棚对于风力和雪压都具有一定的抗力,当风力和雪压不超过大棚构架的弹性时,即使稍有变形,在外力消失之后仍能恢复原态及其正常功能。但当外力超过这种抗力,大棚就会倒塌甚至完全摧毁(目前弹性一词的内涵在国外已扩展到生态系统和社会经济领域,这里所说的弹性是其本义,即物理学意义上的含义)。

6.3.1.2 简单生命系统和复杂的非生命系统

复杂非生命系统和简单生命系统具有一定的自组织能力(Self-organization ability),能对外界环境干扰信息及时做出反馈(Feedback)和响应(Response),采取一定的适应措施以减轻环境胁迫。这种自适应机制(Self-adaptation mechanism)通常是被动的,不能做出有计划的预先适应。当外界干扰很强时,同样有可能超过一定的阈值,导致系统的破坏甚至崩溃。生物的自适应可分为基因、细胞、组织、器官、个体、群体、生态系统等不同层次,不同层次具有不同的自组织适应机制,层次越高,生物多样性越丰富,自组织和适应能力就越强。

人类研制的复杂非生命系统同样具有一定的自组织能力和反馈与响应机制,这是人为在系统中根据系统论与控制论的原理设置的,其自适应能力不可能超出人类设计的范畴。

广义的自适应概念包括物理学意义上的弹性。

6.3.1.3 人为干预适应

在气候变化迅速与波动剧烈的情况下,简单生命系统的自适应能力有限,往往需要施加人为干预措施于受体系统才能适应气候变化。人为干预措施可分为两类,一类是提高简单生命系统的抗逆或适应能力,抬高受体系统的阈值使之不易达到。另一类是改善受体系统的局部生境,使阈值不易出现。

6.3.1.4 人类系统的适应

人类系统具有很强的自组织能力,能够有计划地收集环境信息,正确评估气候变化的影响和风险,制定主动有序的适应措施。但人类系统的适应能力仍然受到社会组织管理能力、经济发展水平、科技水平,特别是对气候变化及其影响的认知水平等多种因素的局限,国际学术界有人认为。如果每百年升温速率超过 4℃,就有可能超出人类系统的适应能力,造成灾难性的后果。

人类系统适应可分为个人、家庭、社区、区域、国家、大区和全球等不同层次。系统越大,适应的难度越大,但适应能力也越强,适应机制更加复杂多样。

6.3.2　不同气候变化情景的适应策略与系统演化前景

按照利弊大小,可以把气候变化情景分为以有利因素为主,以胁迫为主但未超出受体弹性,胁迫超过受体弹性或自适应能力,气候变化胁迫超过受体自适应与人为适应能力之和四种情况,所导致的系统演化方向和适应策略如图 6.5。

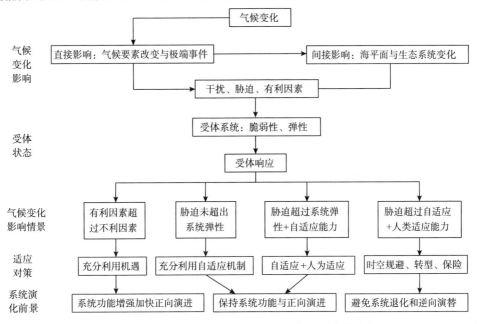

图 6.5　受体系统适应气候变化的机制与不同演替方向

6.3.2.1　气候变化有利因素大于不利因素

这是要充分利用机遇,改进受体的结构与功能,加快系统的正向演进。一般采取渐进适应策略,但在气候变化特别有利时,也可以采取转型策略,如引进新产业、新的作物类型与品种,改用全新的工艺和技术标准等。

6.3.2.2　气候变化影响以胁迫为主,但未超出系统弹性阈值

充分利用系统弹性或自适应机制,以较低成本适应气候变化,保持受体系统的正

向演进。以渐进适应策略为主。

6.3.2.3　气候变化胁迫超过受体系统的弹性与自适应能力

这时必须辅以人为适应措施,或增强受体的抗逆性或适应能力以抬高受体承受胁迫的阈值,或调节改善受体的局部生境以避免阈值的出现,以渐进适应策略为主,可包括局部的转型适应。

6.3.2.4　气候变化胁迫超过受体自适应能力与人为适应能力之和

这时只能采取转型适应策略,包括时空规避和转移、结构转型和保险,力争避免受体系统的退化和逆向演替。

6.3.3　基于系统反馈原理的适应技术途径

6.3.3.1　系统反馈原理与气候变化适应

反馈指在系统控制中,将系统输出量的一部分或全部经过一定的转换后反送到输入端,以增强或减弱系统的输入信号的效应过程。反馈是控制论的核心,任何有目的性的行为,都离不开有效的反馈。反馈对系统的控制盒稳定具有决定性的作用。其中,从输出端反馈到输入端的信号,如果是增强系统效应的,称为正反馈,可使系统发生震荡而不稳定;如果是减弱系统效应的,称为负反馈,对系统起到稳定和调节的作用。运用反馈控制原理分析和处理问题的方法,称为反馈方法。自 20 世纪中叶 N. Weiner 创立控制论以来,已成为适用于一切控制系统的科学方法,广泛应用于自然、社会和思维科学中(杨斌,1991)。

我们把气候变化看作对自然系统或人类系统的一种环境干扰信号,适应的目的是要保持自然系统或人类系统的稳定和可持续发展。运用负反馈原理,收集系统的输出信号,经分析、加工处理后做出适应措施的决策,再返送到受体系统的输入端,以减弱气候变化对自然系统或人类系统的干扰,保持系统的稳定和正常功能的发挥,这就是按照控制论原理所描述的气候变化适应过程。这种反馈可以是信息,也可以是载入反馈信息所调动的物质和能量。从返送信息和物质、能量的路线可以推出适应的基本技术途径(图 6.6)。

图 6.6 显示出两个反馈循环。第一个是受体系统的弹性或自适应,即受体系统接受到气候变化所带来的外界干扰后立即做出的响应。当气候变化胁迫不超过受体系统的弹性或自适应阈值时,不需要施加人为适应措施。另一个反馈循环是人为适应控制系统。当受体系统的弹性和自适应能力不足以充分抵抗气候变化所带来的环境胁迫时,需要一个人为适应控制系统,对气候变化信息和气候变化对受体影响的信

息进行收集、加工和分析,然后做出采取何种适应措施的决策,再责成有关部门和人员去实施。可以采取的应对措施中,节能、减排、增汇等属减缓对策(图中粗线),属于适应措施的虚线有 3 条。一条是受体系统的弹性或自适应,虽然是受体系统自身固有的,但如何巧妙利用也需要一定的技术。第二条是对受体系统的局部环境加以改良,以减轻气候变化对受体系统的影响。第三条是对受体系统施加影响以减小其脆弱性,增强其适应能力。

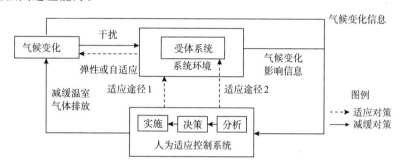

图 6.6　气候变化适应的反馈原理

对于不同类型的气候变化受体系统,还可以划分出许多具体的技术途径,以下我们分别以农业系统和区域系统为例来说明。

6.3.3.2　农业适应技术途径

农业系统是一种人工生态系统,生物是农业生态系统的主体,包括基因、个体、群体和农业生态系统四个层次,后者又可分为农田或畜舍、乡村、区域、国家、全球等不同的空间尺度。根据系统输出的信息对气候变化影响的利弊进行全面分析,一方面要充分利用农业生物的自适应机制,同时要针对农业生物的基因、个体、群体、整个农业生态系统分别采取有针对性的调整措施。各类适应措施要统筹安排,力求适应效果最大化和最优化。我们皆可以把农业系统适应气候变化的技术途径归纳为图 6.7。

(1)基因水平的适应

农业生物包括农作物、蔬菜、花卉、牧草、药用植物、果树、林木等栽培植物,畜禽、鱼类、虾蟹、贝类、蜜蜂、桑蚕等饲养动物,以及农用微生物。各类农业生物对于环境条件变化的适应能力归根到底主要是由其遗传特性决定的,通过选育抗逆品种可以获得对于不利气候条件更强的适应能力。与其他适应措施相比,品种遗传适应的成本最低,也比较巩固和持久。气候条件的利弊对于不同的农业生物具有一定的相对性。对此种生物有利的气候条件,对于彼种农业生物却可能是不利的,反之亦然。农业生物的多样性使得我们有可能通过选择能与变化了的气候环境相适应的物种或品

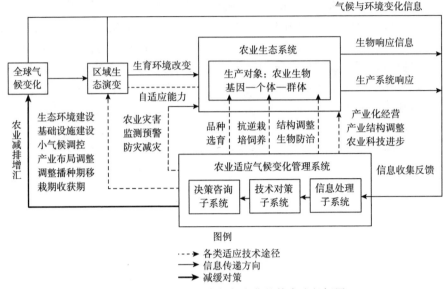

图 6.7　农业系统适应气候变化的技术途径框图

种来保持农业生产的持续发展。如根据气候的变热或变冷,变干或变湿,分别选用更加耐热、耐冷、耐旱或耐湿的作物或品种。

（2）个体水平的适应

适应性栽培与饲养措施包括增强农业生物抗逆性与调节改善农业生物的生境两个途径。许多农业生物抗逆遗传基因需要经过某种环境条件的诱导才能表现出来,如越冬作物冬前抗寒锻炼和许多作物苗期的蹲苗耐旱锻炼,人为创造这样的环境可以显著增强作物的适应能力,在动物生产上也有很多通过锻炼增强抗逆性的例子。某些化学制剂也有增强农业生物抗逆性的效果,如作物抗旱剂与抗寒剂。虽然大气候环境难以改变或改变成本过高,但我们可以通过调控农业小气候来减轻不利气候环境的影响,大多数农业栽培或饲养技术都具有改善小气候环境的功能,如作物栽培中的灌溉、排水、平整土地、耕作保墒、覆盖等措施与动物舍饲养殖中的通风、保温、供水、补光等。根系对于作物抗御干旱、倒伏、贫瘠等多种环境胁迫具有重要意义,通过增施磷肥和中耕等措施促进根系发育也是常用的适应技术。

（3）群体水平的适应

通过改变群体结构增强适应能力的例子,如调节作物的密度以改善田间通风透光,推广合理的间作、轮作、复种与套种方式可以提高热量、水分、养分等农业资源的利用效率。利用不同生物之间相生相克的关系,调整和构建合理的农业生态结构,可以促进农业生态系统的整体功能最大化,如河南推广小麦与泡桐间作可以减轻干热风对小麦的威胁,海南推广橡胶与茶树间作可以减轻风害,甜椒与玉米间作可以减轻热害与灼伤。利用天敌和微生物杀灭害虫已成为生物防治的重要手段。在草地畜牧业生产上,围栏轮牧和易地育肥都是通过调节农业生态系统结构减轻气候暖干化带来的草地退化的有效适应措施。

(4)农业生态系统的适应

即使采取人为措施增强农业生物的适应能力也还是有限的。在农业生产系统的水平上和从经营管理的角度,还需要采取一系列人为适应措施。加强水利、农机、交通、种子库、饲草库、畜舍、温室等农业基础设施的建设;提高农业的产业化水平,实现适度规模经营;推进农业科技进步,普及农业适应技术;推行农业灾害保险,转移和分散极端气象事件的风险等,都是有效的农业适应气候变化的措施。

(5)农业生态系统环境的改良或时空规避

虽然目前人类还不可能对整个气候系统进行大规模的改造,但通过实施抗旱排涝等水利工程和农田基本建设工程,以及水土保持、防沙治沙、退耕还林、退牧还草等农业生态工程,都能在一定程度上改良农业生态系统的环境条件和农业小气候环境,以减轻气候变化带来的不利影响。灌溉、耕作、覆盖、群体调控等农艺措施和畜舍通风、降湿、隔热等措施,也都能在一定程度上改良农业生物的生境。

对于难以抗御或减灾成本过高的气候胁迫,通常采取时空规避风险或转型的适应措施。时间规避主要是调整作物的播种或移栽期,在草原上则是调整放牧期,如随着气候变暖,北方各地普遍推迟了冬小麦的播种期以防止冬前过旺越冬受冻,春播期则普遍提前以充分利用增加了的热量资源。空间规避主要是调整作物布局,如我国棉花主产区由华北转移到新疆,使病虫害显著减轻。北京夏季蔬菜生产基地向张家口地区转移以避免高温多雨的不利影响。转型则指在本地区采用新的种植制度或种植与过去不同的作物。

(6)区域农业系统的适应对策

区域尺度的适应对策,主要是针对气候变化的影响,进行作物、品种布局和种植制度、产业结构、资源配置与贸易结构的调整。

从以上框图出发,可以进一步构建农业适应气候变化的技术体系。

6.3.3.3 区域系统适应技术途径

一个区域生态—社会—经济系统,由生态、社会、经济等三个子系统组成。区域系统及各子系统对气候变化及所引起的生态环境变化做出各种响应,并具有一定的弹性或自适应能力。这种弹性和自适应的成本较低,应充分利用,但其适应能力有限。对于强度更大的气候变化胁迫,还需要建立一个适应决策支持系统,该系统由三个子系统组成。信息处理子系统收集区域系统对气候变化胁迫响应的有关信息,并

进行处理、分析和评估。技术对策子系统针对气候变化的具体影响,提出可供选择的适应对策与技术。决策咨询子系统经过比较、论证和优选,针对三个子系统分别做出适应对策,并出台相应的适应政策和工程规划。上述适应行动决策,少数用于削弱灾害源或改善宏观生态环境,大多数措施作用于各子系统,用于提高受体的适应能力或调节改善局部环境。

区域生态—社会—经济系统的适应技术途径可用图 6.8 表示:

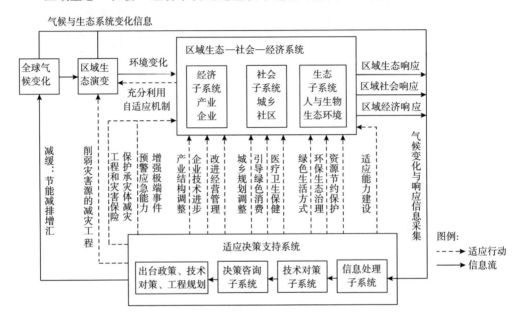

图 6.8　区域系统适应气候变化的技术途径框图

图 6.8 只是给出了一个区域系统适应气候变化采取措施需要考虑的各个方面,具体到每一个区域,需要结合该地区的自然条件和社会经济发展状况,针对气候变化影响生态、生产和生活的突出问题,制定具体的适应措施。图 6.8 中每一条适应行动线落实到产业、领域或社区都会包含许多具体的技术途径和行动方案。

6.3.4　气候变化适应技术体系的构建

6.3.4.1　适应技术的辨识

适应气候变化涉及生态、经济、社会的方方面面,绝大部分适应行动离不开现有的技术,但我们也不能把所有的常规技术都纳入适应技术的范畴。作为一种适应气候变化的技术,必须具备针对性和有效性的双重特征。针对性即该种技术是针对气候变化的影响而采取的;有效性即指该技术能够起到减轻气候变化的不利影响或利用气候变化有利影响的作用。针对性和有效性二者缺一都不能算作适应技术。

在正常的气候状态下,人们采用的是不同于气候变化情景下的常规技术。发生气候变化时,原有的常规技术变得不那么适用了,需要进行调整或补充,这些调整或补充的技术就属于适应技术。绝大多数适应技术是从常规技术中优选出来或稍加改变而形成的,但对于气候变化出现的新问题,也需要研发一些全新的适应技术。

如东北地区农业生产上讲究选用优良品种和适时播种,这都属于常规技术。但随着气候变暖,使用原有品种,生育期将缩短,卡脖旱将加重,产量会降低。各地普遍调整了品种类型,生育期比过去延长十多天,播种期也提早了 7 到 10 天,对品种选用和播种期的调整就属于适应技术。

气候变化带来了某些新问题,如 CO_2 浓度增高有利于提高光合速率和作物水分利用效率,怎样利用这些有利因素;气候变暖使植物病虫害和人畜传染病的病原的分布北扩,有害生物入侵的风险增大,需要采取哪些防范措施等。但对于气候变化的影响,大多数情况下还是主要运用已有的知识和技术来应对,事实上,各地农民和不同产业的职工都已经自发地采取了许多适应措施。忽视气候变化带来的新问题和新情况,不去研发新的适应技术,是一种短视行为,将来是要吃大亏的。另一方面,把适应看成都是全新的技术,不注意从现有的适应实践中提炼实用和可行的适应技术,适应技术体系就成为缺乏基础的空中楼阁。

6.3.4.2 适应技术的优选

虽然适应技术广泛存在于常规技术中,但并非所有的常规技术都可以自然纳入适应技术体系。优选适应技术需要掌握以下原则:①所针对气候变化影响问题的重要性;②趋利避害的有效性;③技术成熟度与可操作性;④成本效益分析的可行性;⑤有无负面生态效应或社会效应;⑥适用范围和时效等。

在优选过程中可赋予上述原则以不同权重,综合评分后排序。其中针对产业和经济领域的,可把成本效益分析的权重适当加重,针对生态和社会领域的,可把有无负面生态效应或社会效应的权重适当加重。但无论什么领域或产业,针对性和有效性是前提,这两条不具备,其他原则都无从谈起。对于经济不发达地区,技术的成熟度和可操作性应比经济发达地区的权重适当加大。

6.3.4.3 适应技术体系的构成

适应技术体系是一个技术系统,并非各项适应技术的简单堆积。仅有优先序还不够,还必须明确该体系的核心技术和配套技术,形成有序的结构。核心技术是针对某种气候变化影响的关键技术,配套技术指配合该关键技术的辅助性措施。如针对农业干旱缺水,河北省的核心技术是全面推广管灌,新疆是推广膜下滴灌,为此,在节水灌溉设施配套和维修、适用作物和品种、施肥和施药方法、土壤耕作、栽培管理等方面还需要一系列的技术调整与改进,才能构成完整的节水高产技术体系。

存在多种气候变化影响,或某种影响涉及多个方面时,适应技术体系还应包括若干子系统。如黄淮海平原农业适应气候变化技术体系既要如何高效利用针对气候变暖带来的热量资源增加,又要针对降水减少导致的农业水资源更加紧缺。城市适应气候变化技术体系所包含的内容就更加复杂多样,会有许多子系统和二级、三级甚至更多级别的适应技术子系统来组成。表6.1以华北冬小麦种植为例,给出一个最简单和高度简化了的例子。

表6.1 华北平原冬小麦生产适应气候变化技术体系的框架

气候变化	降水减少	气候变暖		CO$_2$浓度增高
主要影响	干旱加剧,水资源缺乏	发育加快,冬前过旺	病虫害提前向北蔓延	光合作用增强
适应对策	节水	调整播期	加强防控	改良品种
核心技术	管灌、喷灌	推迟播期	综合防治	高光效育种
配套技术	整地、施肥、施药、耕作	品种调整、前茬作物管理	加强预警、提早防治、生物防控、抗病虫育种	良种优育,良种繁育体系

在适应技术体系中还要区分战略性适应技术与战术性适应技术。前者指针对气候变化的基本趋势和长远影响制定的相对稳定的适应对策,如编制中长期适应规划,加强基础设施建设,调整产业、城镇和作物布局,通过教育和培训进行适应能力建设,农作物的适应性育种等。后者指针对当前发生的气候变化实际影响制定的应变栽培、饲养、工艺操作、工程作业等的调整与改进。战略型适应技术通常主要体现在规划中,在特定的具体适应技术体系中通常以战术性适应技术为主,战略性适应技术只是原则性提到。

6.3.4.4 适应技术体系的构建步骤

构建适应技术体系应包括以下的步骤:

(1)梳理气候变化影响问题,收集、鉴别和研发适应技术

针对过去几十年已经发生的气候变化,各地区、各领域和各产业已经制定和采取了一些适应气候变化的措施,如早在20世纪70年代末,四川盆地中部丘陵地区针对干旱缺水加剧,就提出"水路不通走旱路"的种植制度改革方案;90年代以来,东北针对气候显著变暖,普遍改用生育期更长的品种和提早播种,增产效果显著;河北省针对气候暖干化趋势,普遍推广了小麦节水管灌技术和推迟了小麦秋播期。青藏铁路

修建考虑到未来高原冻土层进一步变浅,提高了路基建筑标准。只要深入生产和工作实际,就不难找到大量已经采用的适应技术。但是这些技术在提出时大多尚未考虑气候变化因素或缺乏定量分析。我们在收集适应技术时还要进行鉴别,删除一些过时或针对性不强的技术。对于气候变化带来的一些新问题,还需要研发新的适应技术。

(2)优选适应技术

按照前述各项原则,针对不同区域、领域或产业分别赋予适当权重,综合评判确定所收集适应技术的优先序。

(3)明确核心技术,选择配套技术

(4)构建区域、领域、产业技术体系

通常对于生产上的个别气候变化影响问题,核心技术只有一两项,再选择几项配套技术。但对于整个区域、领域或产业,气候变化的主要影响有多种。首先要对气候变化影响问题进行梳理并将现有适应技术按问题和层次归类,针对某类气候变化影响问题的核心技术可能有几项到十多项,每项核心技术又有其配套技术,构成一个子系统。针对每种气候变化影响问题,对于特定区域、领域和产业的适应技术体系构成一个子系统,若干子系统的集成构成该区域、领域或产业的总体适应技术体系。

(5)适应技术的示范推广和跟踪评估

将优选的核心适应技术及其配套技术组织示范推广,并对其应用效果和存在问题进行跟踪评估。

(6)修订完善适应技术体系

根据示范推广中发现和应用部门反映的问题,结合当地气候变化的新情况,对适应技术体系进行适当的调整和修订,在广泛征求专家与公众意见后定稿和备案。

6.3.4.5 适应技术清单的编制

适应技术体系与适应技术清单的区别在于,前者必须有严密的结构,各部分之间逻辑关系清楚,也包括一些长远的战略性措施和软技术。适应技术清单则必须明确和实用,强调技术的成熟性、可操作性与可行性,按区域、领域和行业的气候变化影响问题分类,以生产和工作中实际应用的硬技术为主,一般不包括规划方法、监测、预报和评估方法等软技术。

编制适应技术清单,首先要按照上述标准对现有的适应技术进行筛选,然后分区域、分领域和分产业归类,在每个区域、领域或产业中,还要针对不同的气候变化影响问题分类,再按照适应技术的优先序排列。清单的编制必须广泛征求相关区域、领域和产业的专家和职工的意见,形成初稿后还要经过专家咨询、论证后再定稿。

在编制清单时要注意针对性,不要把现有的所有技术都纳入适应技术,必须是针对某种气候变化的影响,对原有技术进行调整的部分,或针对气候变化带来的新问题研发的技术。

随着气候变化和社会经济发展的进程,气候变化的影响会出现新的情况,技术研发也会有新的进展。适应技术清单每隔几年要进行修订和补充。

6.4 气候变化的风险管理

6.4.1 气候变化的风险和机遇

6.4.1.1 风险和机遇

风险(Risk)是指在某一特定环境下和某一特定时段内,某种损失发生的可能性,或人们所期望达到目标与实际出现结果之间产生的距离。风险由风险因素、风险事故和风险损失等要素组成。风险大小一方面取决于风险事件发生的概率,另一方面取决于风险事件一旦发生可能造成的损失程度。有些事件虽然一旦发生,其后果极其严重,如小行星撞击地球;但其发生概率极小,就不能看作是很大的风险。有些事件虽然后果不是非常严重,但发生的概率较高,风险仍然较大,如干旱与洪涝都是我国的主要灾害。

机遇(Opportunity)指有利的条件和环境,通常具有一定的时间限制或有效期,机遇往往与风险并存。西方广义的风险概念也包括机遇在内,但在汉语里风险通常是指不利事件及其可能的损失,而机遇是指有利事件及其可能的收益。在一定的意义上,可以把机遇看成风险的反函数。与风险类似,机遇的大小一方面取决于其发生的概率,另一方面取决于其可能的收益大小。

6.4.1.2 气候变化风险与机遇的评估

在灾害学领域,通常使用以下公式计算承灾体的灾害风险,对于气候变化负面影响带来的风险可以用同一公式测算(张继权 等,2007):

$$R = H \times V, \text{其中} H = P \times I, V = E \times S/A \tag{6.1}$$

式中:R 是气候变化风险(Risk);V 为受体的脆弱性(Vulnerability);H 为危险性(Hazard);P 为危险事件发生的概率(Probability);I 为危险因素的强度(Intensity);E 为受体的暴露度(Exposure);S 为受体的敏感度(Sensitivity);A 为受体对危险的应对能力(Ability)或弹性(Resilience)。

从上式可以看出,气候变化风险的大小,不仅取决于不利气候条件的发生概率及其强度,而且取决于受体的脆弱性。受体脆弱性的组成要素有三个,一是受体的暴露度,处在气候变化胁迫下的受体数量越多,分布越广,时间越长,暴露度就越大,风险也越大。二是受体对于气候变化胁迫的敏感度,敏感度越高越容易受害,风险越大。三是取决于受体的应对能力或弹性,对于气象灾害,防灾减灾能力越强的受体,脆弱性和风险就越小。

上述灾害风险评估的公式可以用来评估气候变化负面影响的风险大小。但是,气候变化的影响并非都是负面的,还有一些正面效应可称为机遇。只有把风险和机遇放到一起综合评估,才能全面和科学地评价气候变化的影响。

机遇评估可参照灾害风险评估方法建立以下计算公式:

$$O = U \times B \text{ 其中 } U = P \times I, B = E \times S/A \tag{6.2}$$

式中:O 指气候变化带来的机遇(Opportunity);U 为有利因素(Usefulness);B 为效益性(Benefit);P 为该因素的发生概率;I 为该因素的强度;E 为气候变化受体的暴露度;S 为受体对该因素的敏感度(Sensitivity);A 为受体利用该有利因素的能力(Ability)。

受体的暴露度、脆弱性、敏感性、应对能力或利用能力、效益性等响应参数由多种自身因素和环境因素决定,经识别、优选和无量纲化后分别确定。不同的风险事件或有利因素,其发生概率和强度,以及受体对该风险事件或有利因素的响应参数不同,需分别赋予一定的权重后综合评定。

6.4.2 气候变化风险和机遇的综合评估

在气候变化背景下,一个受体系统往往同时存在多种风险与机遇,如中国东北地区的农业生产系统在气候暖干化趋势下,既存在干旱频发、水资源日益紧缺,黑土地有机质加速分解,肥力下降,病虫害蔓延北扩等气候变化带来的风险,也存在二氧化碳浓度增加促进光合作用,热量条件改善使种植期延长和冷害减轻等有利因素。将各种风险和机遇分别以 R_1、R_2、$\cdots R_n$ 和 O_1、O_2、$\cdots O_n$ 表示,综合风险和综合机遇分别以 $\sum R$ 和 $\sum O$ 表示,二者之和即为对该系统气候变化影响的综合评估。由于不同风险因子和机遇因子所涉及的物理量或生物量的量纲不同,在实际评估时首先需要将不同因子进行无量纲化处理。

$$\sum_{i=1}^{m} R = R_1 + R_2 \cdots + R_m \tag{6.3}$$

$$\sum_{j=1}^{n} O = O_1 + O_2 \cdots + O_n \tag{6.4}$$

式中:$i = 1, 2, \cdots m$ 为受体系统面临的各种风险事件;$j = 1, 2, \cdots n$ 为受体系统面临的

各种机遇事件。

综合影响(Synthetic impact)可表示为

$$SI = \sum R + \sum O \tag{6.5}$$

总体上看,在较低纬度、沿海低地和小岛屿、降水量变化剧烈的地区,风险将明显大于机遇,但在高纬度、高海拔地区、极端事件减少的地区,有可能出现机遇大于风险的情况。从全球看,大多数地区的风险大于机遇,未来随着气候变化的进一步加剧,风险还将增大。但机遇仍将存在,在采取恰当的适应措施后,有可能产生更多的机遇,甚至某些风险也有可能转化为机遇。如高温可能对大多数作物产生危害,但改种某种耐高温作物或品种后还有可能增产。

6.4.3 气候变化适应的风险和机遇管理对策

在式(6.1)和(6.2)中,风险事件和机遇事件是外因,人们只能对受体系统的局部环境施加影响适度改良,以降低风险或提高机遇的利用机会。主要的适应措施还应放在降低受体系统的脆弱性或提高受体系统对机遇的利用潜力上。可从以上公式推论减轻气候变化风险和增大气候变化机遇的适应对策基本思路:

6.4.3.1 趋利措施

(1)增大受体系统的暴露度 E。如人口和产业向气候有利地区迁移,扩大能够适应变化了的气候条件的作物或品种的种植面积等。

(2)受体系统敏感性的利用 S。如 C_3 植物对 CO_2 浓度增高更加敏感,有可能适当扩大种植;随着气候变暖和无霜期延长,可以改种喜温作物和生育期更长的高产品种。

(3)提高受体系统的机遇利用能力 A。如培育和种植高光效和具有更长生育期的品种,随着气候变暖,改善高寒地区的交通设施等。

(4)改良受体系统的局部环境,增强气候变化有利因素的发生概率 P 和强度 I。

6.4.3.2 避害措施

(1)减小受体系统的暴露度 E。如人口和产业避开气候不利地区,调整作物种植布局,南方夏季蔬菜种植推广遮阳网,调整作物的播种期使其生长发育敏感期避开灾害高峰期。其中对于危害很大的风险要采取时空规避或转型策略,将暴露度降低到零。

(2)降低受体系统的敏感度 S。如培育和选用耐旱耐热的作物品种,改进建筑物的隔热和通风性能,增强农田排灌能力,加高加固海堤等。

(3)提高受体系统对不利气候条件或灾害的应对能力 A。如加强对极端天气事件的监测和预警,采取适当调控措施对农作物进行抗旱锻炼,普及防灾减灾技能等。

(4)改良受体系统所处局部气候环境,降低 P 和 I 以减轻不利气候条件的影响。如进行大棚和温室等保护地生产,营造农田防护林等。

(5)对于发生概率很大,但危害强度很小的气候变化风险,可采取接受策略。

(6)发展气象灾害保险,通过分散和转移风险以获得补偿来减轻投保者的损失,有利于整个产业或区域经济的稳定发展。

6.5 边缘适应及其应用

6.5.1 生态系统的边缘效应

边缘适应的理念源自生态学的边缘效应理论。在两个或多个不同生物地理群落交界处,往往结构复杂、出现不同生境的种类共生,种群密度变化较大,某些物种特别活跃,生产力亦相应较高,Beecher(1942)称这种现象为边缘效应。王如松等(1985)进一步定义为:在两个或多个不同性质的生态系统(或其他系统)交互作用处,由于某些生态因子(可能是物质、能量、信息、时机或地域)或系统属性的差异和协合作用而引起系统某些组分及行为(如种群密度、生产力、多样性等)的较大变化,称为边缘效应。并指出边缘效应带的以下特点:群落结构复杂,某些物种特别活跃;生产力相对较高;边缘效应以强烈竞争开始,以和谐的共生结束;具有相对稳定性。提出要充分利用边缘效应,开拓边缘、调控边缘为人类兴利除害。目前,边缘效应理论的应用已扩展到农业、生物防治、城市规划、生态工程等诸多领域。

6.5.2 边缘适应的提出

从气候变化影响的评估可以看出,一个区域生态系统的边缘部分受气候变化的影响最大,对气候变化最为敏感和脆弱。如沿海地区是海洋与陆地两大系统交界的边缘,是海洋灾害威胁最大的地区;青藏高原的东部边缘由于高差特大,是我国山地灾害最严重的地区;地处暖温带与亚热带过渡的淮河流域是水旱灾害频繁发生的地区;介于农区和牧区之间的农牧交错带饱受干旱和风沙侵扰,农牧业生产极不稳定。因此,研究系统边缘对气候变化的响应和适应机理,对于有针对性地制定有效适应措施与政策具有重要意义。为此,许吟隆等(2013a)提出了边缘适应的理念,定义为:由于气候变化引起的环境胁迫加剧了系统状态的不稳定性,两个或多个不同性质的系统边缘部分对气候变化的影响异常敏感和脆弱。在系统边缘的交互作用处优先采用

积极主动的调控措施,促使整个系统的结构与功能与变化了的气候条件相协调,从而达到稳定有序的新状态的过程。

6.5.3 边缘适应的特殊意义

系统的边缘一方面最容易受到外部环境的胁迫,具有较大的脆弱性,另一方面系统边缘与外界环境发生频繁的物质、能量和信息的交换,有可能通过引进负熵来促进系统的有序化。鉴于系统边缘的这种双重特性,在气候变化的背景下,系统边缘理应成为适应气候变化工作的重点和突破口。

"边缘适应"概念的提出对于适应气候变化工作具有重要的指导意义:

(1)把系统边缘部分看作一个子系统,研究气候变化对受体系统的影响,首先要考察边缘子系统,这里首先受到气候变化的影响,并逐渐扩大到系统内部。

(2)适应气候变化需要降低受体的脆弱性,首先要从降低边缘子系统的脆弱性入手,要充分利用系统边缘与外界物质、能量、信息交换活跃的有利条件,通过引进负熵即对受体系统有利的物质、能量和信息,力争率先适应变化了的气候环境;由此也揭示了适应不仅是我们人类系统面临的新挑战,也是一种新的机遇。与系统内部相比,系统边缘更加具有促进系统进化演替的机遇。系统边缘能否克服挑战,抓住机遇,加快发展,关键在于能否及时调整自身的结构与功能,主动适应环境的改变。

(3)随着气候环境的演变和系统自身的演替,系统边缘也在不断变化,因此边缘适应是一个永无止境的动态过程。

(4)系统边缘的工作做好了,整个系统的适应也就迎刃而解。

(5)由于系统边缘与其他系统以及本系统内部子系统存在密切的联系,因此适应气候变化工作的统筹协调也要从系统边缘做起。

(6)地球上的气候总是在不断变化中,无论是生物世界还是人类社会,总是随着气候变化由"不适应"到"适应",再到"新的不适应"和"新的适应";从这个意义上来说,适应是生物进化和社会进步的一种动力,在这个过程中边缘适应起到了先导性作用,有时甚至是决定性的作用。

许吟隆等(2013b)进一步指出,"边缘适应"的提出,明确了适应气候变化工作的重点,增强了针对性,为适应战略的制定提供了理论依据。系统边缘应成为适应气候变化工作的切入点和突破口。边缘适应的要旨在于因地制宜。

6.5.4 做好系统边缘适应应掌握的原则

做好系统边缘适应应掌握的原则如下(许吟隆 等,2013b):

(1)根据气候变化的影响及时调整和优化边缘子系统的结构,使之具有一定的过渡性,如气候暖干化使北方农牧交错带的边界向东南移动,农牧交错带的北界边缘应适当退耕还牧，增加饲料作物和人工草地的比例。气候变暖使得冬小麦种植北界进一步北移，在原有一年一熟制南缘地区应逐步增加冬小麦与春玉米套种的面积。

（2）边缘子系统要作为系统之间的桥梁与纽带，在保持自身稳定的前提下主动开放，从相邻系统引进有利的物质、能量和信息，实现资源优化配置和优势互补。如牧区与农牧交错带及附近农区实行易地育肥，山区地带促进山区与平原的经济合作等。但在引进负熵时也要掌握一定的度。如东北随着气候变暖，农民普遍改用生育期更长的品种以挖掘增产潜力。从相邻区域引进的品种由于生育期延长天数有限，在气候变暖的情况下仍能确保在秋季霜冻前正常成熟。但跨区域引进的品种由于生育期与原有品种相差太多，仍会发生冷害，不能正常成熟。采用过度适应措施的结果仍将导致不能适应变化了的新气候环境。

（3）由于系统边缘受到的气候变化胁迫或给予都要大于系统内部，加上边缘子系统的特殊脆弱性，在充分发挥适应机制的同时，与系统内部相比，要更多采取有针对性的人为适应措施，以增强边缘子系统克服外界胁迫和利用有利机遇的能力。

（4）系统边缘往往受到多种气候变化胁迫，涉及多个领域和部门，需要加强边缘子系统与相关部门及外系统的协调合作，同时也需要加强边缘子系统与系统内部的协调和统筹。

（5）由于边缘效应的演变和不确定性，适应气候变化对策也应不断调整和完善。在系统内部，适应的主要任务是在原有措施的基础上适当调整和加强。但对于系统边缘，适应工作往往是全新的，需要对子系统的结构与功能做出重大调整与改变。系统边缘部分的适应，不仅关系自身的稳定与功能发挥，而且关系到所处母系统及相邻系统的稳定与功能，有时还会影响到全局，成为整个系统适应性演化的先驱。"边缘适应"有望成为进行适应气候变化研究和开展适应气候变化工作的切入点和抓手。

6.6 气候变化适应的制约因素与阈值

6.6.1 气候变化适应的制约因素

能否采取适应行动和是否能够取得预期的适应效果，取决于多种因素。

6.6.1.1 科学认识

能否采取正确的适应措施很大程度上取决于对气候变化风险和机遇的认识。首先是辨识是否存在风险或机遇，是否值得采取适应措施和是否紧迫，还取决于该风险或机遇的大小程度。对风险和机遇的错误判断则将导致适应不足、适应过度、事与愿违反向适应等问题。如我国西部高山和高原随着气候变暖雪线不断上升,融雪径流增大。有的人认为只要降水量不减少,未来江河径流不会减少;有的人则担心目前的径流增加是暂时的,积雪大量减少后我国大江大河的径流量将明显减少。这个问题如不解决,适应对策的采取必然是盲目的。尤其是将抗旱与防洪的措施错用会人为加大灾害损失。

6.6.1.2 技术水平

现有技术能否应对气候变化风险和机遇,技术是否成熟,是否具有可操作性与可行性。未来技术需求和研发的难度等,都在很大程度上制约着适应技术的应用。目前对于浅层次和近期的适应需求,大多都能从现有技术中筛选和提炼出,并取得较好的应用效果。但对于一些深层次和中长期的适应需求,还需要进行深入和持久的研究和开发。如 CO_2 浓度继续增高,其施肥效应是否存在报酬递减与饱和现象,在作物育种和栽培实践中如何利用 CO_2 浓度的增高。气候变暖会导致人们心理、食欲和消费需求产生什么改变,需要对产业、产品结构和销售策略做哪些调整,现有的研究也几乎空白,适应技术更无从谈起。

6.6.1.3 经济发展水平

成本与收益比决定了适应措施是否经济上可行。随着气候变化与区域经济的发展,某些产业的优势产地有可能转移,人们的消费习惯也可能改变,这些都会影响到适应措施的可行性。低收入地区人们的消费首先是解决温饱,最为关注的是气候变化对农业和水资源的影响。中上等收入地区重视生活质量提高与事业发展机会,更为关注气候变化对生态系统、交通和新兴产业的影响。

6.6.1.4 社会发展

气候变化将导致区域资源禀赋和环境条件发生改变,有利于某些产业的发展,不利于另一些产业的发展,将导致不同产业之间就业率和收入的差距拉大,还将加剧区域间发展不平衡,影响到不同人群的利益和贫富分化,尤其是对气候变化敏感的生态脆弱区有可能加剧贫困,也会对采取适应措施的决策产生影响。

6.6.1.5 国际关系

适应对于发展中国家更为紧迫,但普遍缺乏必要的资金与技术。发达国家作为全球温室效应的主要责任人,理应承担向发展中国家应提供资金和技术帮助发展中国家提高防御和应对全球气候变化能力的责任。但多年来在这方面的国际谈判一直进展缓慢(李玉娥 等,2007)。

6.6.1.6 气候变化的速率和程度

气候变化的速率或程度较小时,自然系统和人类系统都能够适应;变化速率太快或变化程度过大时,有可能超出自然系统的自适应能力和人类的现有科技水平而难以适应。

6.6.2 受体系统适应气候变化的阈值

6.6.2.1 阈值概念

阈值(Threshold)又称临界值,是指触发某种行为或者反应产生所需要的最低值。在数学中,阈值指某个函数的定义域,在系统论中,阈值指某个领域或系统的边界值。阈值是事物由量变到质变的转折点所在。阈值概念已广泛应用于工程、生物学、生态学、经济学等众多领域。如植物体表温度下降到 0℃ 以下就有可能发生霜冻害,海拔超过 5000 m 时很多人难以承受,基尼系数大于 0.4 有可能引发社会的不稳定,经济增长速度低于 5% 有可能造成失业率猛升等。

6.6.2.2 气候变化影响的阈值问题

气候变化影响的阈值是一个尚待研究的问题。欧盟提出把全球升温 2℃ 作为气候变化的危险水平,认为有可能超出自然系统和人类系统的现有适应能力,产生灾难性的后果。《IPCC 第四次评估报告》估算,如果平均温度提高 1～3℃,全球粮食生产潜力会增加,但超过这一范围就会下降。如果变暖 4℃,全球平均损失可以达到国内生产总值的 1%～5%。熊伟等(2005)提出,在气候变化的 A2 和 B2 情景下,不考虑 CO_2 的肥效,气候变化对农业生产的温度阈值在 2.0～2.5℃;如考虑 CO_2 的肥效则不存在温度阈值。如果全球平均升温 1～1.5 ℃,缺水人口就增加 4 亿～11 亿;升温 3～4 ℃将增加 11 亿～32 亿;升温超过 3℃,目前所评估物种中约 30% 可能会灭绝(王奉安,2010)。但是这些阈值主要是根据经验判断得出的,有些阈值虽然使用作物模式估算,但都做了许多简化,没有考虑各种因素的相互作用,尤其是对适应措施的应用效果考虑不足。

6.6.2.3 影响气候变化阈值的因素

阈值在很大程度上关系到适应的决策。当气候变化胁迫超过受体系统的阈值时,渐进适应对策已不足以减轻或消除气候变化胁迫,只能采取时空规避和转型适应对策。由于气候变化对不同地区、不同领域、不同产业和不同物种的影响不尽相同,气候变化影响的阈值有很大的差异。在采取适当的适应措施后,这些阈值还会发生

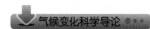
变化。需要通过一系列的实验研究来获取这些阈值。

受体系统对于气候变化胁迫的阈值不是一成不变的,而是由系统本身的结构与功能所决定的。系统的暴露度和敏感度越低,弹性或健在能力越强,在同样的气候变化阈值下,风险更小,换言之,能够承受更高的阈值。采取适当的适应措施,调整受体系统的结构,增强其功能,也能抬高受体的阈值。如随着气候变暖,增加喜温作物的比例,也就提高了农业系统承受高温危害的阈值。但过度适应也会降低受体的阈值,如随着冬季变暖,华北平原种植冬小麦普遍降低了对品种冬性的要求,有利于形成大穗。但如品种冬性下降过多,由于抗寒性阈值下降,仍然会发生冻害死苗。

6.6.2.4 气候变化影响阈值的确定

对于非生命系统和简单生命系统,可以采取人工控制气象要素条件下的模拟实验来得出。对于复杂大系统,特别是社会、经济系统,由于影响因素众多和复杂,难以人工模拟,需要作长期的观察和社会调查积累资料,或邀请有关专家座谈,提出经验性的指标,再到实践中检验和修正。

6.6.3 气候变化影响的不确定性及对策

6.6.3.1 气候变化影响不确定的来源

气候变化的不确定源于人们对气候系统演变规律的认识还不够深入和未来人类活动强度与规模的不确定。除人类大量排放温室气体引发的气候变化外,气候系统本身还有一定的周期变化。20世纪80和90年代的全球加速变暖和进入21世纪以后十多年的变暖趋缓,就是温室效应与全球气候波动叠加的结果。未来人类控制温室气体排放的力度有多大与何时到达峰值、何时下降到工业革命以前水平等,都会影响到未来的气候变化情景。不同的气候变化情景,对自然系统与人类系统产生的影响不同的。

气候变化影响也存在相当的不确定性,其原因除气候变化的不确定性以外,还受到对气候变化影响机制认识的限制。目前仍有一些气候变化影响的机制还没有搞清楚,如气温升高会促进蒸散,但风速与太阳辐射减弱又起到了抑制蒸散的作用;虽然目前实测的水面蒸发量在下降,与运用 Penman-Monteith 公式计算的结果相符,但由于气温升高和 CO_2 浓度增高促进光合作用和生物量的增加,并不能确定实际的植被或农田的水分消耗也在减少,这个"蒸发悖论"至今尚无明确的结论。气候变化将引起土壤微生物区系和群落组成的改变,其与作物根系的相互作用机制目前也尚不明确。即使是针对统一受体的同样气候变化胁迫,在不同的时空和环境条件下,气候变化的影响也往往很不相同(贺瑞敏 等,2008)。如有的暖冬年小麦冻害死苗仍然相当严重,有的冷冬年冻害却很轻;有时面临严重的气象干旱,作物受害并不明显;有时只是轻度的气象干旱,后果却很严重。这些反常表现通常是受体的脆弱性状态不同所造成的。

6.6.3.2 针对气候变化影响不确定性的适应对策

由于气候变化及其影响都还存在相当大的不确定性,有些人感到对于气候变化的适应措施无所适从,无从下手。对于气候变化的不确定性,首先,要深入研究气候系统各自系统之间的相互关系,改进现有的全球气候模式与区域气候模式;其次,要加强对社会经济发展和温室气体排放趋势的分析研究;第三,还要提高短期气候预测的水平,对气候自身的波动规律有更加深入的了解。由于地球系统和气候系统的复杂性,这些研究的难度极大,进展缓慢。例如,臭氧层空洞在近十几年明显缩小,单纯用破坏臭氧层物质排放的减少还不能圆满回答,似乎自然界还存在某种目前尚不清楚的反馈机制在起作用。

气候变化影响的不确定性要比气候变化本身的不确定性更多和更加复杂,需要针对相对确定的影响和相对不确定的影响,采取不同的适应策略。

6.6.3.3 针对相对确定的气候变化及其影响应采取较稳定的适应对策

相对确定的气候变化特征包括全球变暖的基本趋势,CO_2浓度的增高,风速与太阳辐射减弱,近地面臭氧浓度和紫外辐射增加,极端天气、气候事件的危害增大等。降水变化的区域性强,但对于特定区域和一个较长时段,暖干化或暖湿化的趋势总会延续相当长一段时期,也可以看成相对稳定的影响。

相当确定的气候变化影响如海平面与雪线上升,冻土变浅,高山冰雪消融加快,土壤有机质分解加快,多年生植物的春季物候提前,秋季延后;有害生物向更高纬度与海拔蔓延等。

针对上述相对确定的气候变化特征及其影响,应采取比较稳定的战略性适应措施,如调整产业结构与作物布局,培育耐热和高光效作物品种,加高加固海堤,修订高寒地区的地基工程建筑技术标准,培肥土壤,加强气象灾害与病虫害监测预警等。加强水利工程建设,在气候暖干化地区采取节水措施,在气候暖湿化地区加强排涝。由于这些影响比较确定,需要制定中长期的适应规划,修订相关技术标准,加强基础设施和相关工程的建设,开展适应能力建设。

6.6.3.4 针对相对不确定的气候变化及其影响要以战术性应变适应技术为主

相对不确定的气候变化及其影响,主要是气候波动、极端天气、气候事件和目前认识尚不清楚的某些影响机制,社会、经济发展和市场波动也会影响人的行为,从而导致相当部分的气候变化影响具有很大的不确定性且复杂多变。在局部的时空,短时间无序人类活动造成的后果更是难以预测。

对于这类问题也并非束手无策,相关领域、部门和产业都应建立一整套应变方案和技术体系。目前我国针对不同类型的突发事件已全面制定一系列应急预案,其中相当大部分与应对气候变化有关。存在问题是可操作性不足。为此,一方面要编制各类预案实施的细则,另一方面要求所有基层社区和企事业单位都要编制预案,实现"横向到边,纵向到底。"除应对突发气象灾害外,各业生产也需要制定一整套有别于常规技术规程的应变技术体系,如农业上自古以来就有"看天看地看苗管理"的说法,交通运输业总是根据天气情况不断调整方案。

在实际工作中,一方面要针对气候变化的基本趋势采取必要的适应措施,另一方面适应对策要留有余地,备有应变措施,对与基本趋势相反,可能发生的气候事件也要有所防范。如气候暖干化地区也不能放弃对洪涝和低温灾害的防御,在坚持长期抗旱的同时也要警惕旱涝急转的可能;改用生育期更长品种,挖掘增产潜力的同时,也要准备可能出现的阶段性低温,当热量不足时要立即采取促进作物早熟的措施。

应变技术体系有两个要点,一是利用事物的多样性应变,二是以储备应变。

在农业中存在品种、作物种类、种植制度等农业生物多样性,分别适应于不同的气候环境。气候条件改变了,就要选用适应新的气候环境的品种、作物或种植制度。又如建筑业中的水泥,公路铺设的沥青都有不同的标号,分别适用于不同的环境温度,随着气候变暖,相关的技术标准也需要调整。其他许多产业也都有针对不同气候条件采用的设备、材料、工艺等,根据气候的变化及时调整。

以储备应变包括食物、水、材料、设施、技术、人才等,根据不同的气候变化特征和不同受体系统的需要而选用。如水库蓄水以备干旱之需,牧区储备饲草以应对白灾,河边储备防汛物资和器材以防洪排涝,企业和社区储备一定数量的燃料和食物以备发生巨灾时的短期生存和生产自救所需。

6.6.4　气候智能型农业与气候智能型经济

6.6.4.1　气候智能型农业的提出

针对气候变化引起的农业生产不稳定性增加,联合国粮农组织在 2010 年提出要发展气候智能型农业(Climate-smart agriculture)。2011 年召开的第一届全球农业、粮食安全与气候变化大会通过了"农业、粮食安全与气候变化行动路线图",2013 年召开的第三届大会进一步探讨在全球推广这一理念(李秀香 等,2012)。目前我国已经开始进行气候智能型农业的试点。李秀香等(2011)认为,气候智能型农业与生态农业、有机农业、循环农业、低碳农业等的区别在于：

(1)不仅强调农业对生态环境的保护，更强调农业对生态环境，尤其是对气候的适应性，这种适应性必须是智能的。

(2)更强调发达国家对发展中国家的资金和技术援助。

(3)更强调粮食安全。

(4)更强调农业政策的高效性。

6.6.4.2 加快气候智能型农业的发展

李秀香等(2012)提出，"气候智能型"是未来农业发展之路，并为加快气候智能型农业的发展提出了一些建议。

(1)加强智能化农业气象服务

2010年中央1号文件明确提出要建立健全农业气象服务体系和农村气象灾害防御体系。为此，要加密自动气象站网建设，实现自动气象监测网覆盖到所有乡镇及重点部位。应用物联网和远程监控技术，加强农田小气候、作物生长发育和卫星遥感观测能力，提高农业气象灾害监测评估和预警水平。

(2)重视农业应对气候变化的法规建设

将农业智能化应对气候变化工作纳入社会经济发展总体战略框架，或制定专项规划明确"气候智能型"农业发展的主要目标、政策导向和重点任务，由综合管理部门负责相关的组织协调工作。加快制定《中华人民共和国应对气候变化法》，把适应气候变化纳入地方政府的社会经济发展规划，保证农业方面应对气候变化的政策和措施得以贯彻和实施。修改农业相关立法，增加应对气候变化的相关内容。建立"气候智能型"农业评估标准和评价体系。

(3)完善农业应对气候变化的应急机制

建立应对气候变化的农产品进出口稳定增长机制，确保在受到重大恶劣气候事件影响时能够维持国内粮食、肉类、蔬菜等食品价格的稳定。

建立农业应对气候灾难的预警与应急反应机制，提高农业应对气候变化的反应速度和预警能力。

(4)推动农业智能化减排发展

建立农业温室气体减量认证标志制度，鼓励农民及农业生产企业实施减排措施来提高产品的竞争能力。建立休耕补贴制度。推广秸秆综合利用，有效防止焚烧。降低农业化石能源消耗，大力发展可再生能源和生物质能。推广农林混作。开发应用生物农药，减少化学农药使用。开发农业固碳技术，通过生态系统管理技术，保护草地资源，保持农业生态系统的长期固碳能力。

（5）建立粮食安全保障体系

逐步推广天气指数农业保险，建立财政支持的巨灾风险分散机制。开展对国际粮食产量与市场的监测和预测，及时调整我国的粮食贸易对策。

6.6.4.3 发展气候智能型经济

除农业外，林业、畜牧业、水产业、建筑业、交通运输业、采矿业、旅游业等暴露度大的产业和对气候变化影响敏感的能源产业、城市生命线系统、食品加工业、纺织和服装业、商业贸易、灾害保险业及高耗水产业等，也都需要分别构建针对气候变化影响的应变技术体系，一旦发生极端天气、气候事件或未曾预料的气候变化影响，能够及时采取合理的应对措施，不至手足无措。以这样的应变技术体系支撑的经济系统，可称为"气候智能型经济"。应变技术体系的构建一方面要把握气候变化对受体系统影响和受体系统的适应机制，另一方面需要现代信息技术的支持，确保做到快速反馈和自组织适应。气候智能型经济的构建，将能使人类在存在相当不确定的气候变化及其影响的情况下，尽可能减轻气候变化的胁迫，充分利用气候变化带来的机遇，保持经济系统的稳定和可持续发展。

6.7 适应效果的综合评估

6.7.1 适应效果综合评估的思路

气候变化适应效果的综合评估包括成本与效益两个方面，效益又包括经济效益、生态效益和社会效益。气候变化适应由于涉及众多领域和不同层次，成本和效益的测算要比减排复杂得多，这也是目前适应工作还尚未像减排那样明确列入各级官员政绩考核指标的一个重要原因。

尽管如此，气候变化适应效果的综合评估还是有许多方法可以采用的。

气候变化适应效果包括趋利和避害两个方面，同时还要付出一定的成本，在存在多种效益和成本的情况下，适应措施的净效益 N 可表为：

$$N = \sum B - \sum C_i \tag{6.6}$$

式中：$\sum B = B_1 + B_2 + B_3$，B_1、B_2、B_3 分别是经济效益、社会效益和生态效益，各项适应成本之和表为：

$$\sum C_i = C_1 + C_2 + C_3 \cdots + C_n \tag{6.7}$$

各项效益和成本都需统一到同一量纲下才能相加。

6.7.2　气候变化适应的成本分析

《IPCC第四次评估报告》指出,适应成本包括适应措施的规划、筹备、推动和实施的成本,还包括各种过渡成本(IPCC,2007)。与减缓行动相比,适应行动的外延和内涵更加丰富,这也是适应成本难以估计的一个重要原因。不同作者对于适应成本的估计往往差异很大。如Sten估计发展中国家的适应成本为40亿~370亿美元,而UNDP估计为860亿~1090亿美元(陈敏鹏,2011)。Parry et al(2009)综合各种研究,认为为了适应未来20年中等程度的气候变化,全球适应成本的范围为每年40亿~1000亿美元。

影响适应成本估算的因素包括气候变化特征、适应的水平、适应的时机和成本分析的范围等。

关于不同领域和部门的适应成本,现有研究十分零散,见诸文献的有农业、水资源、海岸带、基础设施、人体健康、能源、旅游等。在国内只有个别案例的研究,如左军成等(2011)估计到2020年沿海地区为适应海平面上升,年均工程费用将达到沿海地区GDP总和的0.0081%到0.010%,但这一结果远低于国外的同类研究。

有的适应行动采用后会增加温室气体的排放,需要把增排的负面经济效益和生态效益列入成本项中。有的适应行动则同时兼有减排的效果,可先计算总的收益,然后区分适应的效果与减排的效果。黄焕平等通过调查江苏省全球环境基金项目区农户和专家的投入产出,使用成本效益分析方法和IPCC推荐的温室气体估算方法,评估比较了3种种植方式(人工插秧、机械插秧和直播)的水稻在麦稻轮作复种"两晚"模式(水稻晚收,小麦晚播)下的社会、经济和生态效益。结果表明水稻直播和机械插秧可以节省更多劳动力,但农业机械燃油、施用化肥、稻田淹水等农作措施导致了大量人为温室气体排放;水稻种植方式为人工插秧的麦稻轮作模式能取得最优的经济和生态效益;"两晚"模式实施的关键是适时地利用近年来增加的农业气候资源。认为水稻人工插秧与麦稻"两晚"相配合的种植模式是减缓和适应气候变化的较优选择(陈宏 等,1995)。但这一成本估算还会受到未来社会经济发展的影响,在人工费进一步上涨之后,也许农民采取机械插秧更实惠、更方便、更经济。

除上述直接的适应成本外,广义的适应成本还应包括对气候变化及其影响的检测、预估和预警,相关风险和机遇的辨识和分析,适应基础研究,适应技术的研发、应用、培训,适应行动组织、协调、管理,适应技术应用副作用的减轻和消除等。

气候变化主要是发达国家自工业革命以来累积大量排放CO_2等温室气体造成的后果,而发展中国家承受了气候变化更多的不利影响,不得不在社会经济发展过程中

支付额外的适应成本,发达国家理应为此做出一定的补偿。但目前大多数发达国家在建立适应资金和适应技术转让两方面承担的义务和做出的承诺都极其有限,绝大部分适应成本仍然不得不由发展中国家自己承担。

6.7.3 适应效果的综合评估

6.7.3.1 影响适应效果综合评估的因素

适应措施的综合效益包括减轻气候变化风险和机遇开发利用两方面的直接经济效益、间接经济效益、社会效益和生态环境效益。评估净效益还要减去采取适应措施的直接成本和间接成本。

由于气候变化的影响和气候波动具有一定的不确定性,适应措施的实施本身也具有一定的风险性。如某地区的气候呈暖干化趋势,但也会有少数年份气温偏低或降水偏多,针对干旱和高温的措施实施效果有可能适得其反。因此,适应措施效益评估的难度要大于一般事物的效益评估,通常要经过不同气候年型的实施效果检验才能确定。

由于不同地区的气候变化及其影响有很大差异,不同受体系统的脆弱性与弹性也有很大差别,同一适应措施在不同地区和不同对象的实施效果也不会相同。在进行抽样测定适应措施的效果时必须充分考虑样点的代表性和适用范围。

适应措施的综合效益中,直接经济效益比较容易测算,间接经济效益、社会效益和生态效益的测算难度要大得多,要考虑多种因素及其不同的权重。对于社会效益和生态效益,由于所涉及因素的度量单位不同,还需要进行无量纲化处理或转换成货币单位才能进行比较和计算。在缺乏新的评估方法时,可以采取专家研讨评分的办法。

6.7.3.2 适应措施间接经济效益的评估

适应措施的间接经济效益可以参考公司外部门的做法(陈宏 等,1995)。某个企业采取合理的适应措施后,除本企业获得直接经济效益外,还会拉动下游企业或相关企业取得经济效益,称为间接经济效益,需要通过该企业的经济利益与相关企业经济利益的相互关系来逐个评定。如随着气候变暖,某地春季桃花观赏季节提前,采取对花期调控和安排不同品种等适应措施可以将观赏期拉长。除特定旅游点的游客人数和门票收入明显增加外,附近城镇的旅馆、餐饮、交通和地方特产等的收入也大幅度增加。通常这些相关产业的经济效益与该旅游点的经济效益是成正比的,利用历年经济统计数据不难得出其数量关系。再如气候变暖有利于华南甘蔗生产,采取调整适应措施后,在农民增产增收的同时,榨糖厂的利润也大幅度增长,又进一步促进了以蔗糖为原料的食品加工业的发展。

适应措施的间接经济效益还可以体现在减轻极端天气、气候事件的灾害间接损失上。

灾害直接损失指自然突变过程作用于人类社会造成的人员死亡和社会财产损失。间接经济损失包括灾变过程对社会生产和居民生活所造成的破坏以及为修复被破坏的灾区正常社会秩序的投入。直接经济损失通常指灾害发生地直接蒙受的生命与财产损失,因产业链关系所造成的下游企业经济损失通常列入间接经济损失。

极端天气、气候事件作为一大类气象灾害,可以采用灾害经济损失的评估方法,逐项统计与核算直接和间接经济损失。其中生命损失可按照人寿保险赔付标准或按照死亡者年龄估算其余生应能获得的收入总额计算。有些气候变化的负面影响虽然算不上灾害,但也可以参照灾害直接和间接损失的计算方法来估算。

由于计算实物损失还要考虑物价的变化,在实地调查时需要了解受损物品的购买或生产年份,计算可比经济损失值:

$$可比经济损失值 = \sum 实际经济损失值 \times 年物价上升指数 \times 比较期间(年)$$

$$(6.8)$$

6.7.3.3 适应措施生态效益的评估

有很多适应措施是针对气候变化所带来的生态或环境问题的,实施效果主要是获得生态效益而不是经济效益。

生态效益指人类社会经济活动作用于生态系统,影响了生态系统的生命及整个生态系统的生态平衡,从而产生对人类生存和发展有益的效果。生态系统对于人类社会的服务功能主要包括承载功能、生产功能、调节功能、信息功能四个方面。

生态效益通常以环境价值来衡量,是指环境或资源满足人类享受物质性产品和舒适性服务的能力,包括有形的资源价值和无形的生态价值(李金昌 等,1999)。

生态效益中的资源价值主要指自然资源,由利用价值和非利用价值组成。利用价值中的直接利用价值可利用市场价格计算,间接利用价值常用估算方法有防护费用法、维护费用法或替代市场法,选择价值指为将来能够利用生态系统的某种服务功能而产生的支付意愿。非利用价值包括遗赠价值和存在价值,前者指为给子孙后代保留某种自然资源而产生的支付意愿,后者指为确保某种自然资源继续存在而产生的支付意愿。某些珍稀物种的直接或间接利用价值都很有限且很难测算,但一旦灭绝,无论是基因资源、知识和信息都会蒙受损失,而且还会通过食物链关系对其他物种的存在与发展产生影响,就可以用选择价值、遗赠价值或存在价值来度量。

关于产品的生态效益评估,国际标准化组织(ISO)发布了新的国际标准《产品系统的生态效益评估原则、要求和指南》(ISO14045:2012)(马茜,2012),提出了产品系统生态效益评估的原则、要求和指南,旨在指导用户将生态效益评估应用于产品系统。提出产品的生态效益要通过 3 个核心目标来实现,即增加产品或服务的价值、优化资源利用和减少环境影响。

生态系统的服务功能的估算要比产品复杂得多。Costanza *et al*(1999)1997 年最先从生态系统的产品和服务表示人类从生态系统的功能直接或间接获得的收益,将生态系统的服务功能归结为气体调节、气候调节、扰动调节、水调节、水供给、控制侵蚀和保持沉积物、土壤形成、养分循环、废物处理、授粉、生物控制、避难所、食物生产、原材料、基因资源、休闲、文化等 17 个类型,估算全球生态系统的服务价值为 33 万亿美元,约相当于当年世界 GNP 总量的 1.8 倍,其中一些难以市场化的服务功能是使用偿付意愿法估算的。自 Costanza 等人的文章发表后,国内外发表了许多各类生态系统服务价值估算的文章,都表明生态系统的服务价值要远高于人类生产系统所创造的经济价值。

6.7.3.4 适应措施社会效益的评估

社会效益是指最大限度地利用有限的资源满足社会上人们日益增长的物质文化需求。

社会效益包括人民生活质量、科学文化与道德水平的提高,社会安全与稳定,社会管理水平的提高,增加就业机会,缩小贫富差距等多个方面,通常难以直接用货币价值衡量。

适应措施社会效益评估方面的文献极少,李忠魁等(2010)以山东省为例对森林社会效益的价值评估可供参考。计算结果表明,山东省森林社会效益价值为4222.1095亿元,价值构成为:发展森林文化价值占 62.29%,改善投资环境价值占35.09%,创造就业机会价值占 1.89%,防灾减灾价值占 0.73%。

6.8 气候变化适应的案例

虽然国内外正式启动适应气候变化行动的时间还不长,但在实际工作中,随着气候变暖和其他气候要素的演变,人们已经自发采取了大量的适应措施,也有一些适应行动是具有科技支撑的。从中不难找到气候变化适应的若干范例。

6.8.1 农业

由于以生物为生产对象和主要在露天进行,农业是对环境条件,特别是对气候变化最为敏感的产业。农业适应气候变化的核心是生物自适应与人为适应措施的优化配置。气候变化对中国农业有利有弊,有利方面主要是气候变暖导致热量资源的增加,可以通过适度提高复种指数,改用生育期更长的品种和作物种植界限北扩进一步挖掘增产潜力;此外,二氧化碳浓度的增高也有利于提高光合速率和作物水分利用效率,使某些灾害造成的减产有所减轻。主要的不利影响是气候暖干化地区干旱和水资源短缺加剧,极端天气、气候事件的危害总体加重,有害生物向更高纬度与海拔蔓延,危害期延长,土壤有机质分解加快。不同区域的农业生产和气候变化特点不同,需要采取不同的适应措施。

东北是我国气候变暖最突出的地区之一,近三十多年来东北的春小麦种植面积下降,玉米和水稻种植面积扩大并向北扩展。为充分利用气候变暖所增加的热量资源,气象部门将原有的气候区划精细化,按照积温每 100℃·d 间隔划分积温带,提出随着气候变暖,可以向南跨一两个积温带引种,但跨三个积温带仍有遭受冷害和霜冻的危险。春季播种期也比过去提早了 10 天以上,注水播种、垄作、增施肥料、地膜等措施也起到了增加热量的作用(赵秀兰,2010;杜开阳 等,2009)。

新疆光照充足,热量丰富,适宜棉花生长,气候变暖、降水和融雪增加及节水技术推广都有利于棉花种植面积的扩大。我国东部地区在 20 世纪 90 年代随着气候变暖,棉铃虫大发生,促进了我国棉花主产区的西移。采取的适应技术包括膜下滴灌、矮密早栽培模式、机械化集约经营、病虫防治技术调整、按流域统一分配水资源等。新疆棉区在 20 世纪 70 年代只占全国棉花播种面积的 1.2%,2012 年已占到 35%,产量占全国棉花总产的 50%。成为中国生产条件最优越、潜力巨大的高产优质棉区,也是我国唯一的长绒棉产区(文启凯 等,2001)。

6.8.2 水资源

中国人均水资源占有量不及世界人均的四分之一,尤其是华北地区,2006 年中国水资源公报显示,该区人均水资源量为 234m³,不足全国人均的八分之一,是中国的严重缺水地区(于静洁 等,2009)。近 50 年来,华北气候明显暖干化,尤其是海河流域,1960—2010 年年平均气温以 0.34℃/10a 的速率提高,而年降水量以 18.9mm/10a 的速率减少(王永财,2014)。由于海河流域人口与经济密集分布,在长期干旱缺水的情况下大量超采水资源,已形成一个世界上最大的地下水漏斗,海河各大支流常年断流。为应对严重缺水局面,除组织实施南水北调工程外,更重要的是厉行节水,建设节水型社会。天津市作为中国最缺水的城市之一,通过统筹内外水源,努力节约用水,基本满足了经济社会发展对水的需求。国务院办公厅向全国推广了天津市七个方面的节水经验(宋序彤,2007)。

（1）生活节水。在示范社区建设 3 套管道供水系统,每家安装 3 个水表,分别计量直饮水、自来水和再生水,分别用于饮用、洗涤和冲厕。

（2）校园节水。天津财经大学在公共用水场所安装智能 IC 卡系统,学生持卡用水。其中每月 150 升开水为免费提供,超用按每升 0.30 元交费,剩余可顺延使用。在学生宿舍安装水表计量收费并由学生自主分摊。实行用水计量后节水率在 60% 以上。

（3）工业节水。三星电机有限公司采用活性污泥法处理全部生产废水,出水水质好于国家二级排放标准,实现工业废水零排放,年节约自来水 14.2 万 t。

（4）农业节水。宝坻区里自沽灌区 1998 年开始实施节水改造工程,灌溉水利用系数从 0.45 提高到 0.57,工程完成后每年可节水 6000 万 m³。天津市还依据水资源状况进行了种植结构调整,水稻种植面积从 1997 年的 6.64 万 hm² 历史峰值减少到 2010 年的 1.58 万 hm²,相对耐旱的棉花由 0.44 万 hm² 增加到 8.69 万 hm²,全市年节水 7 亿多 m³。

（5）科技节水。宁河县东淮沽村蔬菜基地 2004 年安装机井磁卡自动收费装置,村民灌溉前必须持卡缴费充值,节水 50%,每公顷每年节省灌溉费用 1500 元。

（6）海水利用。天津碱厂建成每小时处理 2500 t 的海水循环冷却示范工程,年节约淡水 56 万 t,直接经济效益 200 多万元。

（7）再生水利用。天津经济技术开发区新水源公司日产 6.5 万 t 高品质再生水,使泰达公司水资源重复利用率达到 90%,居国际领先。

6.8.3 旅游业

随着社会、经济的发展和生活水平的提高,旅游业迅速发展,据国家旅游局局长邵琪伟介绍,2013 年中国旅游收入可达 2.9 万亿元,旅游人数达到 32.5 亿人次,出境旅游达到 9730 万人次,已成为战略性支柱产业和新兴的现代服务业。

气候变化对旅游业的影响包括对气象景观与自然物候的影响、对生物资源的影响、对地方特色农产品的影响、对出行活动的影响、对人体健康的影响等。杨伶俐等（2006）分析了气候变化对西南地区旅游业的影响,提出了保护生态环境与旅游资源,合理开发利用旅游资源,加强旅游安全保障措施,建立大西南旅游协作区、优化能源结构以减轻对区域气候的干扰等适应对策建议。

北京的香山红叶虽然有名,但最佳观赏期只有十多天,每到 10 月下旬去往香山的道路拥堵不堪。北京市气象局利用山区不同海拔高度的物候差异,建议园林部门开辟多个红叶树种栽植区,目前红叶观赏期已延长到 2 个月。为确保游客安全,北京市建立了山区各旅游点的暴雨、雷电、大风、冰雹等危险性极端天气预警系统,北京市消防局建立了应急救援队伍,大大减少了旅游业的因灾伤亡。

6.8.4　基础设施与重大工程

气候变暖导致全球海平面上升,近年来珠江和长江经常发生枯水季节咸潮上溯,对广州、上海等大城市居民的饮用水安全构成重大威胁。为此,广东省在北江和东江上游修建了控制性拦蓄工程,利用雨季蓄水,一旦发生咸潮上溯,上游水库就放水以淡压咸,确保自来水取水源地的安全(刘德地 等,2007)。上海市由于长江下游水位落差小,长江枯水季节难以实施以淡压咸,加上黄浦江上游水质变差,必须寻找亏水季节新的安全饮用水源。经历时 15 年的勘察和分析,选定长兴岛西北的青草沙水域,从 2007 年起修建江心水库,并采取了一系列安全监管措施,于 2011 年全面运行。有效库容 4.35 亿 m³,蓄满后可在不注水情况下连续供水 68 天,确保咸潮期原水供应。目前供水占上海全市原水供应总规模的 50% 以上,受益人口超过一千万(丁育南 等,2012)。

由于气候变暖导致冬季南方暖湿空气仍很活跃,在北方强冷空气南下时,发生冻雨的风险增大,2008 年初西南多个省区就因冻雨造成交通、供电和通信三大系统瘫痪,造成了巨大的经济损失。尤其是输电线路覆冰块导致电线舞动、断线、杆塔倒塌、绝缘子闪络等事故,对人身安全和工农业生产造成巨大威胁。2008 年以来,我国输电线路除冰技术有了迅速发展,采取防冰与除冰相结合,运用计算机控制和人工智能技术研发除冰机器人已投入试运行并取得较好效果,可实现超远距离自动控制除冰,确保了操作人员的人身安全(刘建伟 等,2012)。

6.8.5　人体健康

气候变化对人体健康的最大威胁在于媒传疾病发生规律的改变。气温升高将加快有害生物繁殖,使媒传疾病向北扩展和蔓延。血吸虫病是我国南方严重的媒传疾病。周晓农等(1999)研究了血吸虫病发生与气象条件的关系,得出日本虫在钉螺体内完成一代发育需要的有效积温在 15℃ 以上时为 843℃•d,并以钉螺和日本虫都能完成至少一代发育为条件,绘制了中国 1951—2000 年的日本血吸虫流行图,并预测了 2030 年和 2050 年全国平均气温分别上升 1.7℃ 和 2.2℃ 的气候情景下,中国血吸虫病的分布,最北将扩展到山东省境内。这项研究为我国血吸虫病的未来防控规划提供了科学依据。

6.8.6　交通运输

气候变化对交通设施的建设施工与运行维护、交通工具运行安全、人流和物流数量与方向等都造成了很大影响,需要采取一系列的对策。以青藏铁路为例,沿线大多为含冰量高的冻土地带,气候变暖使得冻土层变浅且更不稳定,在这样的高海拔冻土带修建铁路在世界上没有先例。为此,在铁路沿线建立了多个冻土长期监测系统,确定了"主动降温、冷却地基、保护冻土"的设计思想,实现了冻土工程的一系列技术创新,形成了高原铁路多年冻土工程的理论体系,确保青藏铁路的长期稳定运行(吴克俭 等,2007)。

6.8.7　生态治理

内蒙古草原面积有 8000 多万 hm^2,是我国最大的天然草原和牧场。但由于长期以来的滥垦、超载过牧、乱挖和不合理的工程活动,导致草原植被不断退化,近几十年来的气候暖干化进一步加剧了草原生态系统的退化。其中乌兰察布地区为典型草原,年降水量只有 200~400mm,草地退化和沙化尤为突出。新中国成立以来,采取了控制垦荒规模和封山育林、保持水土等措施。进入 20 世纪 90 年代,鉴于气候进一步暖干化和草地退化加剧,乌兰察布从 1994 年起施行"进一退二还三"战略,即农户每建设一亩稳产高产田要退耕两亩,还林还草三亩。截至 2000 年,全地区累计退耕1200 万亩,林草覆盖率由 30% 提高到 40%,截至 2012 年完成重点林业生态建设工程1654 万亩,有效遏制了荒漠化蔓延的势头(何学慧 等,2013)。为弥补冬春饲草不足,自 20 世纪 80 年代以来,通辽市与北京市合作开展易地育肥,在秋季牧草枯黄后,将架子牛羊转移到农区,利用农区秋收后丰富的饲料资源快速育肥,供应元旦到春节的旺季市场,取得显著的经济效益,由于减少了越冬牲畜数量,有效保护了草地生态。目前,易地育肥模式已在许多地区推广(许吟隆 等,2013)。

参考文献

Costanza R,d'Arge R,de Groot R,et al. 1999. 全球生态系统服务与自然资本的价值估算. 生态学杂志,**18**(2):70-78.

陈宏,银路. 1995. 工业部门间接经济效益分析和间接贡献的评价. 工业技术经济,**14**(1):41-44.

陈敏鹏,林而达.2011. 适应气候变化的成本分析:回顾和展望. 中国人口·资源与环境,**21**(12):280-285.

《辞海》编辑委员会.1980. 辞海(1979 年版).上海:上海辞书出版社:1050.

丁育南,马尊亮,丁楠育.2012. 青草沙水库输水泵闸工程的安全监管. 建设管理,(6):69-71.

杜开阳,施生锦,郑大玮,等.2009. 气候变化适应性措施的综合效应——以吉林省玉米生产为例. 中国农业气象,(S1):6-9.

《第二次气候变化国家评估报告》编写委员会.2011. 第二次气候变化国家评估报告. 北京:科学出版社.

方一平,秦大河,丁永建.2009. 气候变化适应性研究综述——现状与趋向. 干旱区研究,**26**(3):

299-305.

葛全胜,曲建升,曾静静,等.2009.国际气候变化适应战略与态势分析.气候变化研究进展,**5**(6):
369-375.

国家计划委员会.1994.中国21世纪议程:中国21世纪人口、环境与发展白皮书.北京:中国环境
科学出版社.

何学慧,张利平.2013.新中国成立以来内蒙古草原荒漠化防治问题的历史考察——以乌兰察布地
区为例.集宁师范学院学报.**35**(3):100-105.

何妍,周青.2007.边缘效应原理及其在农业生产实践中的应用.中国生态农业学报,**15**(5):
212-214.

贺瑞敏,刘九夫,王国庆,等.2008.气候变化影响评价中的不确定性问题.中国水利,(2):86-
88,100.

姬玉玲.2013.道路工程的边缘效应与边坡植被恢复.广东化工,(10):114-115.

江世亮.2007.建设气候变化适应型社会——中国气象局国家气候中心副主任罗勇研究员访谈录.
世界科学,(7):23-24.

科技部社会发展科技司,中国21世纪议程管理中心.2011.适应气候变化国家战略研究.北京:科
学出版社.

李金昌,等.1999.生态价值论.重庆:重庆大学出版社.

李秀香,赵越,简如洁.2011.我国"气候智能型"农业及贸易发展研究.当代财经,(7):92-100.

李秀香,邓丽娜.2012.国际"气候智能型"农业的探索及其启示.江西社会科学,(9):192-196.

李玉娥,李高.2007.气候变化影响与适应问题的谈判进展.气候变化研究进展,**3**(5):59-63.

李忠魁,侯元兆,罗惠.2010.森林社会效益价值评估方法研究——以山东省为例.山东林业科技,
(5):98-103.

联合国.1992.联合国气候变化框架公约.FCCC/INFORMAL/84.GE.05-62220(E)200705

联合国粮农组织.2010.气候智能型农业――与粮食安全、适应和缓解相关的政策、措施及融资.联
合国粮农组织官方网站.

刘德地,陈晓宏.2007.咸潮影响区的水资源优化配置研究.水利学报,**38**(9):30-35,45.

马茜.2012.ISO发布生态效益评估新标准.中国标准导报.(10):51.

聂绍荃,杨国亭,张志强,等.1990.边缘效应理论在次生林改造中的应用.东北林业大学学报,
(S3):5-10.

潘志华,郑大玮.2013.适应气候变化的内涵、机制与理论研究框架初探.中国农业资源与区划,**34**
(6):1005-9121.

《气候变化国家评估报告》编写委员会.2007.气候变化国家评估报告.北京:科学出版社.

宋序彤.2007.创建"节水型城市"十周年.建设科技,(9):6-7.

孙江莉,俞涛.2009.利用边缘效应促进科技出版创新的探讨.出版科学,(3):64-66.

王奉安.2010.全球气候变化的影响及后果:阈值突变和极端天气气候事件——访中国工程院院
士、国家气候中心研究员丁一汇.环境保护与循环经济,(11):11-13.

王如松,马世骏.1985. 边缘效应及其在经济生态学中的应用. 生态学杂志,**16**(2):38-42.

王永财,孙艳玲,张静,等.2014. 近 51 年海河流域气候变化特征分析. 天津师范大学学报(自然科学版),**34**(4):58-63.

文启凯,蒋平安,等.2001.加强土地生态系统调控,促进新疆植棉业持续发展. 新疆农业科学,(1):4-6.

吴克俭,钱征宇.2007. 青藏铁路多年冻土工程科技创新与实践. 中国铁路,(6):29-33.

吴琳.2007. 城市人文边缘效应与宜居城市空间规划. 北京规划建设,(1):50-51.

熊伟,林而达,居辉,等.2005. 气候变化的影响的阈值和中国的粮食安全. 气候变化研究进展,**1**(2):84-87.

许吟隆,郑大玮,李阔,等.2013a. 边缘适应:一个适应气候变化新概念的提出. 气候变化研究进展,9(5):376-378.

许吟隆,吴绍洪,吴建国,等.2013b. 气候变化对中国生态和人体健康的影响与适应.北京:科学出版社.

颜俊.2006. 边缘效应在民族地区可持续发展中的应用. 甘肃农业,(10):118-119.

杨斌.1991. 软科学大辞典. 北京:中国社会科学出版社:218.

杨伶俐,李小娟,王磊,等.2006. 全球气候变化对我国西南地区气候及旅游业的影响. 首都师范大学学报(自然科学版),**27**(3):86-89,71.

于静洁,吴凯.2009. 华北地区农业用水的发展历程与展望. 资源科学,**31**(9):1493-1497.

张继权,李宁.2007. 主要气象灾害风险评价与管理的数量化方法及其应用. 北京:北京师范大学出版社:32-35.

郑大玮.2010. 论科学抗旱——以 2009 年的抗旱保麦为例. 灾害学,**25**(1):7-12.

郑大玮.2014. 适应与减缓并重,构建气候适应型社会. 中国改革报,02-27,02 版.

中华人民共和国国家发展与改革委员会. 2007. 中国应对气候变化国家方案. http://www.sdpc.gov.cn/xwfb/t20070604_139486.htm.

周晓农,胡晓抒.1999. 地理信息系统应用于血吸虫病的监测——Ⅱ.流行程度的预测. 中国血吸虫病防治杂志.**11**(2):66-70.

左军成,李国胜,蔡榕硕. 2011. 近海和海岸带环境. 第二次气候变化国家评估报告第二部分. 北京:科学出版社.

刘建伟,周娅,黄祖钦,2012. 等. 高压输电线路除冰技术综述. 机械设计与制造,(5):285-287.

赵秀兰.2010. 近 50 年中国东北地区气候变化对农业的影响. 东北农业大学学报,(9):144-149.

Beecher W J. 1942. Nesting Birds and the Vegetation Substrate. Chicago:Ornithological Society:58-59.

IPCC. 1995. Technical Summary. In:Climate Change 1995:Impacts,Adaptation,and Vulnerability. Contribution of Working Group II to the Second Assessment Report of the Intergovernmental Panel on Climate Change (eds:Robert T. Watson, marufu C. Zinyowera. Richard H. moss),Cambridge:Cambridge University Press.

IPCC. 2001. Technical Summary. In: Climate Change 2001: Impacts, Adaptation, and Vulnerability. Contribution of Working Group II to the Third Assessment Report of the Intergovernmental Panel on Climate Change (eds: K. S. White, Q. K. Ahmad, O. Anisimov *et al.*), Cambridge:Cambridge University Press.

IPCC. 2007. Technical Summary. In: Climate Change 2007: Impacts, Adaptation, and Vulnerability. Contribution of Working Group II to the Fourth Assessment Report of the Intergovernmental Panel on Climate Change (eds: m. L. Parry, O. F. Canziani, J. P. Palutikof *et al.*),Cambridge:Cambridge University Press.

IPCC. 2013. Approved Summary for Policymakers. In: Climate Change 2013: The Physical Science Basis Summary for Policymakers. Contribution of Working Group I to the Fifth Assessment Report of the Intergovernmental Panel on Climate Change (eds: Lisa Alexander, Simon Allen, Nathaniel L. Bindoff *et al.*), Cambridge:Cambridge University Press.

IPCC. 2014. Impacts, Adaptation, and Vulnerability. Part A: Global and Sectoral Aspects. Contribution of Working Group II to the Fifth Assessment Report of the Intergovernmental Panel on Climate Change (eds: Field, C. B., V. R. Barros, D. J. Dokken *et al.*), Cambridge:Cambridge University Press.

Parry M, Arnell N, Berry P, *et al.* 2009. Assessing the Costs of Adaptation to Climate Change: A Review of the UNFCCC and the Other Recent Estimates. London. International Institute for Environment and Development and Grantham Institute for Climate Change.

第7章
气候变化研究的主要方法

7.1 历史时期气候变化的重建

　　全球变化科学是 20 世纪 80 年代发展起来的科学领域(李爱贞,2003;叶笃正 等,2003),它研究人类赖以生存的整个地球系统维持和运转的机制、变化规律以及人类活动对地球环境的影响,从而提高人类对未来几十年至百年尺度地球环境变化的预测能力(叶笃正 等,1994)。而全球气候变化是全球变化研究的核心问题和重要内容,科学研究表明,近百年来,地球气候正经历一次以全球变暖为主要特征的显著变化,降水分布也发生了变化,有些地区极端天气气候事件的出现频率与强度增加(李爱贞,2003)。

　　国际地圈-生物圈计划(IGBP)的研究目标是描述和了解控制地球系统及其演化的相互作用的物理、化学和生物过程,以及人类活动在其中所起的作用,其中心目标是为定量地评估整个地球的生物地球化学循环和预报全球环境变化建立科学基础。其应用目标是增强人类对未来几十年至百年尺度上重大全球变化的预测能力,为国家级的资源管理、环境战略,即"环境与发展"问题提供决策服务(孙成权 等,1994)。IGBP 由许多核心计划组成,其中过去全球变化研究(PAGES)是核心计划之一。该计划通过对历史资料和自然记录(如保存在树木年轮、湖泊和海洋沉积物、珊瑚、冰芯中的自然信息)的研究,并借助于有效的现代物理、化学分析技术恢复过去环境的变化并区分自然因素和人为因素的影响,以此为依据,检验全球变化预测模型。PAGES 计划目前集中于研究两个时间阶段,一是最近 2000a 的地球历史;二是晚第四纪的最后几十万年的冰期、间冰期旋回。

7.1.1　获取古气候资料的方法

有关古气候、古环境变化代用资料的获取方法有多种(详见表7.1,●表示该代用资料可以提取或反映的信息)(ICSU,1992)。从表7.1可以看出,各种代用资料的分辨率有所不同,下面对重建各种代用资料的研究进展分别进行概述。

表 7.1　各种古气候变化代用资料(ICSU,1992)

资料类型	时间分辨率	范围(年)	反映信息									
			湿度	湿度和降水	空气化学成分	水化学成分	土壤化学成分	生物量信息	火山喷发	地磁场	海平面高度	太阳活动
历史记录	天或小时	2000	●	●				●	●		●	●
树木年轮	年或季节	10000	●	●	●			●	●		●	●
湖泊沉积	年	1000000	●					●				
极地冰芯	年	100000		●	●			●	●			●
中纬冰川	年	10000	●	●				●	●			●
珊瑚沉积	年	100000				●					●	
黄土	10 年	1000000		●			●	●				
孢粉	50 年	1000000						●				
海洋钻芯	100 年	10000000	●			●		●	●		●	
古土壤	100 年	100000	●	●			●		●			
沉积岩	年	10000000		●			●			●		

7.1.2　树轮资料

树轮年代学是一门研究树木木质部年生长层,以及利用年生长层来定年的科学(Fritts,1976),它是在 20 世纪初由天文学家 A. E. Douglass 创立的。由于定年准确、连续性好、分辨率高且分布范围广,在过去千年左右尺度的气候重建中,树轮资料的应用极为广泛。

树轮资料主要源自中高纬度陆地区域或高山地区的一些树种,由于不同地区气候状况与地理位置不同,树轮资料所指示环境的季节与适合重建的气候要素(温度或降水)也有所不同。一般来讲,生长在干旱、半干旱地区的树木,其轮宽生长主要受降水条件的制约,而生长在高纬度地区和高海拔的树轮宽度生长主要受到温度条件的制约(Fritts,1976)。早期树轮气候学主要是利用树木年轮的宽度来推测过去的气候变化。作为树轮气候学传统研究领域之一,科学家们以树轮宽度为指标,建立树轮宽度指数与气候因子的关系,并对气候要素的变化进行重建。

利用树轮资料进行气候重建,要遵循树轮气候学原理(Fritts,1976;吴祥定,1990):

(1)均一性原理。均一性原理是自然科学研究中普遍适用的一个原理,在古气候研究中经常被采用。即做出一个这样的假设:过去出现过的气候,今后必将还会出现,现在出现过的气候类型必定可以从历史气候中找到相似的类型。这种假设就是根据古今气候属同一性质的原理指出的。这个原理应用到树轮气候学中则意味着,根据现代气象资料找到的树木年轮与气候之间的关系以及有关的物理、生物过程,同样适用于过去。如果说,根据树木年轮推断出年轮与气候型的某种关系,用这种关系也可以推知以往的气候型变化,因为前提条件是限制树木生长的气候条件在过去和现在是一样的,这是限制条件按照同一种方式,对树木产生同样类型的影响,只是它的频率、强度有所不同。如果均一性遭到破坏,显然用现今年轮与气候的关系,无法推知过去的气候状况。

(2)限制因子原理。这一定律对一切生物学过程也有普遍适用性。简单地说,一切生物发展的速度,不能比主要限制因子允许的速度更快。如果一个因子发生变化,它不能成为这一生物过程的长期限制因子,那么生物过程的速度就会加快到总有另外一个或几个因子成为限制因子。也就是说,每个过程必定受到不是起因于生物内部,就是起因于生物外部的一个因子或一组因子的控制。在树轮气候学的研究中,主要的目的是根据树木年轮的变化,了解过去环境的状况,所以在采集树木标本时应尽可能寻找我们所需要研究的限制因子所影响的树木。

(3)生态幅原理。这一原理实际上是限制因子原理的延伸。从限制因子原理可以知道,并非所有的树木都可以用来做气候分析,而是选择出那些受某个气候因子制约的树木作为研究对象,对于能够起到限制作用的环境,可称为限制地点。例如研究温度变化时,常采用森林上限 100 m 范围内的树木,或森林北界的树木,这时森林上界和北界就是两类限制地点。在这种地方温度才能超越于其他因子而限制树木生长。从限制地点选择适当的样本,其年轮的逐年变化可以达到最大,而且不同树木之间年轮宽窄变化趋势也非常一致。这时,年轮序列中表征气候变化的信息就达到最大,其他因子的噪音对年轮宽窄变化的影响最小。在不特别受某个气候因子限制的地点,年轮可能长得很宽,不同树木之间的年轮宽度变化相关性很差,逐年变化相关较小,甚至一株树中沿着主干的不同高度上年轮宽窄变化关系也不一致。

(4)敏感性原理。年轮宽度的逐年变化是衡量气候对年轮限制的一项很好的指标。产生这种逐年变化的主要原因是气候变化引起的,在限制地点,作为对气候变化的反应,树木年轮就会出现逐年较大的变化。如果气候没有明显的逐年变化,年轮宽度也就不会出现大的变化。在树轮气候学研究中,把年轮宽度逐年变化状况作为树木对气候反映的敏感度。

(5)交叉定年原理。交叉定年原理是树木年轮分析中的一个重要原理。它的目的在于给每一个年轮定出其形成的正确年代,尽管有的年份年轮分辨不清,或者根本没有形成,但通过交叉定年仍然可以做到这一点。一般说来,交叉定年是通过相互对比样本而进行的,基本步骤大体包括以下几个方面:①对各个可见的和统计上的样本年轮特征,包括轮宽,早晚材颜色和厚度的逐个变化等进行判断;②检查上述这些特征的同步性;③确定出与众不同样本与总体不吻合的个例;④进一步判断造成这种不吻合的原因,确定可能为伪轮、丢轮等差异,并进行调整;⑤根据众多年轮序列的连贯性,对年轮的变异给出合理的解释;⑥最终建立起精确的树木年轮年表。

(6)复本原理。利用树木年轮分析气候变化时,如果仅用一棵树的样本建立年轮序列来推测气候,得到的结果往往是值得怀疑的。其中可能隐藏许多错误,以一对样本做交叉定年,没法与其他树做比较,因此很难正确地定出年代,其中存在的伪轮和丢轮,会给读数带来偏差,以至于整个序列面目全非,而且单个序列中某些年份或某个时段内,可能存在若干非气候因子的影响,只有通过大量样本的比较、鉴别才能剔除。因此,复本原理在树木年轮分析中也是很重要的。

基于树轮气候学的基本原理,国内外的研究学者开展了大量的研究工作,恢复了过去百年至千年尺度的高分辨率气候变化。

到 20 世纪末,世界范围内建立的千年以上的长年表大约有 200 条,80 多条分布在美国的西南部地区(Briffa,2000),主要用来重建降水变化。其中,20 世纪 50 年代中期美国建立了长达 7000 年的刺果松年表(Schulman,1958);20 世纪末,在澳大利亚 Tasmania 岛建立了 3000 多年反映温度的年表(Cook *et al*,1992;1996),21 世纪初在斯堪的纳维亚山脉重建了过去 3600 年来夏季温度变化(Linderholm *et al*,2005);在南美洲,较长的年表主要集中在阿根廷和智利,Villalba *et al*(1998)建立了对温度、降水敏感的树轮年表,给出区域大气循环动力学解释,成为过去近二十年树轮气候学研究最主要的进展之一。在北欧,Briffa *et al*(1995)利用落叶松对俄罗斯乌拉尔地区公元 914 年以来的温度进行重建。在欧洲南部,Serre-bachet(1994)利用树轮资料对意大利东北部过去千年温度变化进行了重建。在大洋洲,Cook *et al*(2000)等利用富兰克林氏泪柏(*Lagarostrobos franklinii* C. J. Quinn)的活树和亚化石样本对澳大利亚 Tasmania 岛进行了 3000 年温度的重建工作。在非洲,对摩洛哥降水的重建也接近了千年长度(Till *et al*,1990)。在中国青藏高原地区也建立了一些超过千年的树轮年表,重建长期气候要素的研究也取得了很多成果,Zhang *et al*(2003)建立了青藏高原东北部长达 2326 年的年表,并分析了公元前 326 年以来的春季降水量变化。邵雪梅等(2006)重建了柴达木东北部德令哈和乌兰地区过去 1437 年来的降水变化,朱海峰等(2008)重建了乌兰地区近千年的温度变化,刘禹等(2009)对青藏高原中东部过去2485年以来的温度变化进行了重建。

我国的树轮气候学研究起步较晚,到20世纪90年代才进入一个较好的发展时期,其研究地区主要集中在西部的干旱半干旱地区,其次在我国的东北地区、南部的天目山也有研究。西部研究区域主要包括新疆地区和青藏高原两个大的研究区域。其中新疆地区是我国树轮年代学研究开展较早的地区之一。新疆远离海洋而且高山环绕,属于干旱气候,该地区树木生长主要受到水分的限制,从20世纪60年代,袁玉江等在北疆、天山以及塔里木盆地等开展了大量的树轮气候学、水文学方面的研究工作,对新疆地区历史时期的降水变化进行了较好的恢复重建(袁玉江等,1991;1997;2000;2001)。袁玉江等(2000)依据伊犁地区的10个树轮年表重建了伊犁地区314年来上年6月到当年5月年降水量序列,分析显示降水序列存在4个偏湿和4个偏干期,在1757年、1778年、1892年和1927年发生过突变;朱海峰等(2004)利用伊犁地区雪岭云杉的6个树轮宽度年表分析了不同条件下雪岭云杉宽度对气候要素的响应,结果表明:在北天山南坡的森林下限,雪岭云杉生长与生长季7—8月份降水关系显著;在南天山北坡的森林下限,雪岭云杉生长对生长季前11月—次年1月温度存在显著正相关,地形对雪岭云杉与气候之间的关系影响很大。除了利用树轮宽度资料进行研究之外,树轮同位素研究在该地区也得到了开展,陈拓等(2000)利用树轮中提取的δ^{13}C同位素分析了其与昭苏地区降水之间的函数关系,恢复了该地区近300多年的降水变化。

青藏高原地区具有利用树木年轮重建上千年气候变化的巨大潜力,早在20世纪80年代,吴祥定等(1978;1981)就根据青藏高原上多处树轮资料重建了近2000年来的气候变迁,讨论了公元初年以来的温度变化,18世纪以来的降水变化和温湿状况等特征。在青藏高原东北部的柴达木盆地和祁连山山区,卓正大等(1978)、张先恭等(1984)、王玉熹等(1982)利用祁连圆柏树轮资料研究了上千年来的气候变化特征。20世纪90年代之后,利用青藏高原祁连圆柏重建气候的研究越来越多,如张志华等(1992)根据乌兰县祁连圆柏树轮宽度序列重建了茶卡站800多年来的4—6月份降水量;康兴成等(2003)重建了祁连山中部地区的公元904年以来的降水量序列,分析显示该地区经历了31次相对干期和30次相对湿润期,降水量共发生35次突变;秦宁生等(2003)重建了青海南部高原春季湿润指数序列;勾晓华等(2001)重建了祁连山东部地区近280年来的春季降水变化;邵雪梅等(2004)利用7条树轮年表重建了德令哈地区近千年上年7月到当年6月的年降水量,分析显示降水序列的多降水期主要在1520—1633年和1933—2001年,少降水期主要为1429—1519年和1634—1741年。此外,在内蒙古、陕西等地也有研究,如刘禹等(2003)重建了内蒙古锡林浩特白音敖包1838年以来4—7月降水量,重建序列表现为3个降水较多的时期和4

个降水较少的时期;刘洪滨等(2002)重建了陕西关中地区近 500 年来的初夏干燥指数,序列分析显示在公元 1502—1511 年、1570—1580 年、1807—1814 年初夏发生较为严重的干旱,1784 年前后发生了大幅度的方差突变。刘洪滨等(2002)重建了秦岭南坡佛坪 1789 年以来的平均温度序列。

除了采用树轮宽度指标外,树轮密度也是用来恢复过去气候变化的重要研究手段。树轮密度能够提取更准确的环境信息。生长在冷湿环境下的大多数针叶树的树轮最大晚材密度是夏季温度变化的良好指示器,多种针叶树晚材细胞壁的合成可能直接取决于夏季平均温度的变化(Parker *et al*,1971;Schweingruber *et al*,1996;Wimmer *et al*,2000)。基于树轮密度数据已重建了过去几百年至千年温度变化(D'Arrigo *et al*,1992;Wang *et al*,2001;Yin *et al*,2015)。

7.1.3 历史文献资料

历史文献资料的存在地区主要限于欧洲和亚洲。在我国历史文献的覆盖面主要是我国东部 100°E 以东的地区。最早的气候记录是公元前 3000 年前的殷墟甲骨文卜辞,以后的各种史籍中,则有大量的干旱、洪涝、雨、雪、霜、冰冻、风、降尘和大气物理现象如曙暮光、天空颜色,以及病虫害、饥荒、收成等的记录,往往载有明确的发生时间和地点(张德二,1998)。我国在 20 世纪前期,即有人开始利用史料研究气候变化,主要是统计全国受旱或受灾的县数或者用旱灾与涝灾次数的比值来反映干湿变化(竺可桢,1979)。汤仲鑫(1977)的工作对利用史料研究旱涝变化有一定的突破,他绘制了保定地区 500 年旱涝分布图,给出了旱涝空间分布特征。在此基础上,在 20 世纪 70 年代中期,由中央气象局气象科学研究院主持,广泛收集了史料,编绘出东北、华北十省市自治区的 500 年旱涝图,自公元 1470 年到 1974 年共 505 年(中央气象局气象科学研究所,1975)。最近出版的三千年气象记录总集系统地收集和勘校了中国历史上各种天气、大气物理现象,为气候变化的研究提供了宝贵财富(张德二,2004)。近 1000 年间,随着史料数量的增多使古气候学家有可能尝试建立分辨率为年的区域干湿指数序列,张德二等完成了东部五个区域近 1000 年分辨率为 1 年的干湿等级序列(张德二,1995)。近 500 年期间,大量的、详细的气候记载使得对较小的区域建立分辨率为 1 年的干湿气候序列成为可能,已完成的 500 年旱涝图集是采用 5 个旱涝级别表示当年的干湿程度,亦即主要降水时段的雨量偏多或偏少。

在我国干旱半干旱地区旱灾记载较多,利用旱灾等级资料也进行了一系列研究(李兆元 等,1995;1997;徐国昌 等,1997)。国外主要是欧洲历史文献记录丰富,许多学者利用这些记录进行了大量研究,但是大部分是温度方面的研究。Lamb(1965)利用直接和间接历史文献资料建立了英格兰中部近 1000 年的平均温度序列。利用历史文献记录重建干旱变化序列的研究还较少。Piervitali *et al*(2001)等利用教堂大

理石碑记载和图书馆文献记录重建了西西里西部地区1565—1915年干旱年表。历史文献记录更倾向于记录较为极端的事件,在某些情况下,不同作者不同时期所描述相似事件的语言是不一致的。

7.1.4　冰芯资料

冰盖和冰帽是研究古气候和古环境变化最可靠的天然档案馆。从冰川上的适当部位钻取冰芯加以分析,是目前重建高分辨率古气候、环境的重要手段。冰芯中的氧同位素与温度变化密切相关,对冰芯中的$\delta^{18}O$研究表明,在青藏高原北部地区,$\delta^{18}O$记录与气温存在显著正相关关系(田立德 等,2001;Yao *et al*,1996)。姚檀栋等(1996)基于青藏高原地区降水和温度的监测,实现了对氧同位素与温度关系的定量描述,大致为:降水中的$\delta^{18}O$每增加(或减少)1‰,温度上升(或下降)约1.6℃。冰芯资料反映降水变化是以冰川累积量来表示的,冰川累积量也即冰川累计区的降水量。冰川累积量的建立是通过计算冰芯中的污化层,再用校正模型以后获得的,其精度可达到1‰,姚檀栋(1997)根据古里雅冰芯累积量恢复了2000年来该地区降水变化序列,在百年尺度上划分出干湿期。通过对达索普冰川累积量的研究恢复了1600年以来印度夏季风降水量序列(姚檀栋 等,2000;段克勤 等,2001;2002)。大气气溶胶通过干、湿沉降累积在冰川表面,随着时间的推移,被保存在冰层之内。通过测试冰芯中的化学成分及微粒含量,可以揭示过去大气气溶胶的变化,还可以此推测周边地区沙漠演化过程及大气环流强度的变化(朱大运 等,2013)。也有一些学者根据古里雅冰芯的SO_4、pH值、电导率、Ca^{2+}含量推断出该地区小冰期以来的干湿变化(盛文坤等,1999)。冰芯中的钙、镁、钠、钾、氯、硝酸根、硫酸根等离子以及微粒含量可以用来研究过去环境的变化,是因为这些物质成分是大气气溶胶过去变化历史的指标。利用冰芯中的阴阳离子和微粒含量恢复过去环境变化的研究,在极地地区和中纬度山地冰川区均有很大进展。在青藏高原冰芯研究中,也进展显著(杨保 等,1999)。对达索普冰芯中NO_3^-浓度(段克勤 等,2010)和重金属元素汞(康世昌 等,2010)的研究证实,人类活动排放的污染物已影响到喜马拉雅山高山地带;研究者在对敦德冰芯和南美秘鲁安第斯山冰芯,利用阴阳离子和尘埃在冰芯中的变化来研究古环境的演变研究中发现,沿两个冰芯深度剖面粉尘和NO_3^-等离子均有所变化,但是从晚更新世末次冰期向全新世过渡中,粉尘和NO_3^-等离子均发生了急剧的变化。以敦德冰芯为例,NO_3^-等离子减少了一半之多,尘埃含量比全新世平均值增加了4~8倍,指标环境发生重大改变(Yao *et al*,1995;1996)。

国外有关冰芯的研究工作主要集中于对格陵兰地区冰芯的研究。主要是对过去的温度变化特征进行的研究。White *et al*(1996)研究发现过去700年的格陵兰冰芯δD记录与太阳黑子记录存在共有的11年周期。格陵兰冰芯的$\delta^{18}O$指示了过去温度变化(Stuiver et al,1997)。冰芯也记录了火山活动的痕迹,格陵兰冰芯 $\delta^{18}O$ 序列显示,从火山爆发到气溶胶沉积一般有两年或更长的时间滞后(Zielinski et al 1994)。

7.1.5 石笋记录

在各种环境信息载体中,石笋因分布广泛,可记录时间范围较宽,敏感地记录了全球环境的变迁,可以提供时间分辨率从年到十年的高精度环境信息,在全球变化研究中发挥了重要作用。石笋一般发育在洞穴中,风化侵蚀等外动力地质作用一般不会对其产生影响,保存了较完整的信息(袁道先 等,2003)。石笋的生长对外部环境反应敏感,石笋中的稳定同位素,微量元素等,都可以敏感地反映地表环境变化。

石笋洞穴碳酸盐的各 $\delta^{18}O$ 记录不仅可用来反映古温度的变化,也可用来反映古降水量的变化,洞穴碳酸盐的 $\delta^{13}C$ 记录在不同程度上可以反映气候和植被变化,人文对植被的影响,以及水动力条件的变化。通过分析美国内华达州 Devils 洞的沉积物中的 $\delta^{18}O$ 和 $\delta^{13}C$,Coplen et al(1994)成功重建了过去 50 万年以来的古气候和古植被变化。对洪都拉斯伯利兹(Belize)中部近 40 年来石笋的碳同位素分析发现,在该区 $\delta^{13}C$ 值与 SOI 有很好的相关关系(Frappier et al,2002)。通过对南阿曼 Qunf 洞穴全新世石笋的氧同位素曲线研究,Fleitmann et al(2003)发现该地区近 8000 年来的季风降水与夏季太阳辐射有密切的关系,指出太阳活动变化应是造成在 10～100 年尺度上季风降水变化的主要原因。在国内,也开展了一些有影响力的研究工作。朱洪山等(1992)利用铀系、电子自旋共振法定年技术对北京周口店两个石笋的氧同位素记录研究,得到了 44 万年以来北京地区古温度变化曲线。谭明等(1997)通过对北京石花洞石笋稳定同位素进行分析,认为石笋氧同位素主要反映了季风强弱的变化。黄俊华等(2000)通过对湖北清江和尚洞石笋的沉积特征及碳、氧同位素特征分析,获取了湖北地区 19.0—6.9ka 的古气候、古环境信息,得出了长江中游千年级和百年级的一些气候变化趋势,并发现了新仙女木事件(YD)在长江中游洞穴石笋中的记录。汪永进等(2005)通过对贵州董歌洞的全新世石笋的研究,恢复了过去 9000 年来亚洲季风的演变历史,指出了季风降雨气候的驱动因素来自于太阳辐射。

7.2 遥感与地理信息系统在气候变化研究中的应用

20 世纪后半叶,随着信息技术的发展,合称为"3S"技术的遥感(Remote Sensing)、地理信息系统(Geographical Information System)与全球定位系统(Global Positioning System)得到了快速发展,并被广泛应用于大气、陆地、海洋的各个领域。在全球气候变化研究中,毋庸置疑,遥感技术、地理信息技术、全球定位技术正在发挥

着越来越重要的作用。

7.2.1 遥感技术与全球气候变化研究

7.2.1.1 遥感的概念

遥感可以简单理解为遥远的感知,无须接触,利用传感器或探测器远距离探测物体的电磁波谱信息,并结合物体的性质、特征和状态进行分析的理论、方法和应用的科学技术。遥感的物理基础是物体的电磁波辐射传输原理。

遥感是一个统称的概念,根据电磁波波长的不同,遥感可分为光学遥感、热红外遥感及微波遥感。光学遥感主要是可见光、近红外遥感。根据遥感平台的不同,遥感又可分为航空遥感和卫星遥感,其中航空遥感是飞机搭载传感器对地球进行观测,卫星遥感是指传感器安装在卫星平台上,对地球进行观测。根据接收的电磁波信号来源,遥感又可分为主动式和被动式遥感。主动式遥感是信号由感应器发出,然后再接收。被动式遥感的传感器只接收信号,不发射信号。

7.2.1.2 遥感数据

遥感数据是遥感应用的基础。与遥感的分类对应,遥感数据有光学数据,也有微波和雷达数据。根据分辨率的不同,有高分辨率的数据,有些可在米级之内,还有低分辨率的遥感数据。在全球变化研究领域,目前可以免费共享的多是 20～30 m 的高分辨率遥感卫星数据,和分辨率在 1 km 和 250 m 左右的中、低分辨率卫星遥感数据。

LANDSAT TM 和 ETM＋是美国陆地卫星的数据,拥有 7 个光谱波段,空间分辨率为 15 至 60 m 不等,最早可追溯到 1972 年,在全球广泛应用于全球变化的相关研究。目前历史存档数据可以在网上免费下载获取,美国和中国的科学家正在进行全球制图研究。

NOAA/AVHRR 是美国国家海洋与大气管理局(NOAA)的卫星数据,是全球最早的低分辨率卫星数据,可追溯到 1980 年,是全球变化研究中经常使用的数据。AVHRR 传感器可探测地面约 2800 km 宽的带状区域,三条轨道可完全覆盖我国全部国土。AVHRR 的星下点分辨率为 1.1km。AVHRR 传感器包括 5 个波段,可见光红色波段、近红外波段、中红外波段和两个热红外波段。

MODIS 中分辨率成像光谱仪(Moderate－resolution Imaging Spectroradiometer)是美国宇航局研制的传感器。两台仪器分别搭载在 1999 年发射的 Terra 卫星和 2002 年发射的 Aqua 卫星上。数据的空间分辨率在 0.25～1 km 之间,有 36 个光谱波段,波长范围为 0.4～14.4μm,覆盖可见光到红外波段。目前通过网络共享大量的数据和反演产品,已用于了解全球气候的变化情况以及人类活动对气候的影响。

风云卫星是我国研制的气象卫星,有太阳同步的极轨卫星和地球同步的静止卫星两个系列。风云一号(FY-1)卫星是我国的第一代极轨卫星,其上搭载的遥感仪器为可见光红外扫描辐射计,FY-1A/B 星上有 5 个通道,波长分别为 $0.58\sim0.68\mu m$、$0.725\sim1.1\mu m$、$0.48\sim0.53\mu m$、$0.53\sim0.58\mu m$、$10.5\sim12.5\mu m$,FY-1C/D 星上有 10 个通道,波长分别为 $0.58\sim0.68\mu m$、$0.84\sim0.89\mu m$、$3.55\sim3.93\mu m$、$10.3\sim11.3\mu m$、$11.5\sim12.5\mu m$、$1.58\sim1.64\mu m$、$0.43\sim0.46\mu m$、$0.48\sim0.53\mu m$、$0.53\sim0.58\mu m$、$0.900\sim0.965\mu m$。星下点地面分辨率为 1.1 km。风云三号卫星是我国第二代极轨卫星,其上搭载了 11 台遥感仪器,其中包括上述的 10 通道可见光红外扫描辐射计和中国的中分辨率成像光谱仪 MERSI。中分辨率成像光谱仪有 20 个通道,其中 5 个通道为 250 m,其余 15 个通道为 1km。风云三号卫星 A、B、C 三颗星已成功发射并提供数据。风云二号卫星上搭载一台传感器,是静止轨道卫星,目前在轨工作的卫星为 FY-2D,FY-2E,FY-2F。第二代静止卫星 FY-4 也正在研制之中。风云卫星数据可在中国风云卫星遥感数据服务网 http://www.nsmc.cma.gov.cn 下载获取。

7.2.2 地理信息系统与全球变化研究

7.2.2.1 地理信息系统的概念

地理信息系统(Geographic Information System,GIS)是一门综合性学科,结合地理学与地图学,已经广泛地应用在不同的领域。地理信息系统是一种具有信息系统空间专业形式的数据管理系统,这是一个具有集中、存储、操作和显示地理参考信息的计算机系统。一般认为地理信息系统由以下 5 部分组成:

人员:是 GIS 中最重要的组成部分。安排 GIS 执行各种任务,甚至进一步开发处理程序,都是由人员完成的。

数据:地理信息系统操作的对象是数据,基础数据是不可或缺的。

硬件:硬件的性能影响到数据和信息的处理速度。

软件:不仅包含 GIS 软件,还包括各种数据库、绘图、统计、影像处理及其他程序。软件决定使用是否方便及可能的输出方式。

过程:GIS 要求明确定义,一致的方法来生成正确的可验证的结果。

7.2.2.2 地理信息系统的空间分析

空间分析能力是 GIS 的主要功能,也是 GIS 与计算机制图软件相区别的主要特征。空间分析是从空间物体的空间位置、联系等方面去研究空间事物,以及对空间事物做出定量的描述。空间分析需要复杂的数学工具,其中最主要的是空间统计学、图论、拓扑学、计算几何等,其主要任务是对空间构成进行描述和分析,以达到获取、描述和认知空间数据；理解和解释地理图案的背景过程；空间过程的模拟和预测；调控地理空间上发生的事件等目的。

地理信息系统技术作为一个扩展的地图科学，提高了工作效率和传统地图的分析能力。现在，当科学界识别影响气候变化的人为活动的环境后果时，地理信息系统技术正在成为一个理解环境随时间变化影响的基本工具。地理信息系统技术使各种来源的资料能够与现有地图和来自地球观测卫星的最新信息随气候变化模型的输出结合。这可以在复杂的自然系统帮助了解气候变化带来的影响。其中一个经典的例子就是对北极冰层融化的研究。地理信息系统结合卫星图像的地图形式输出让研究人员以前所未有的方式查看他们的研究对象。

7.2.3 遥感和地理信息技术在全球气候变化研究中的应用实例

7.2.3.1 研究区

北方农牧交错带的中部区域——阴山北麓地区，地跨 $107°12'\sim117°30'$E，$40°31'\sim43°28'$N，包括锡林郭勒盟、乌兰察布市、呼和浩特市、包头市和巴彦淖尔市农牧交错区的 12 个旗县。为考虑空间的连续性和完整性，此案例研究将研究区所选择的阴山北麓 15 个县市，分别是二连浩特、苏尼特右旗、四子王旗、镶黄旗、达茂旗、乌拉特中旗、化德、商都、察右后旗、察右中旗、固阳、武川、临河、五原、乌拉特前旗。图 7.1 为研究区空间分布图。

该区域属我国中温带北部和半干旱偏旱气候区，年均温 $1.5\sim3.7℃$，年降水量最南部可达 400 mm，大部分农区在 $250\sim300$mm。研究已经表明，研究区近 50 年来呈现出明显的增温趋势，年代际增温更加明显，年均增幅 $0.04℃$。四季中冬季增温幅度最大，年均增温 $0.06℃$，春季年均增温 $0.04℃$，夏季年均增温 $0.03℃$，而秋季年均增温幅度最小为 $0.02℃$。近 50 年来降水大致呈现出三个阶段，20 世纪 50—60 年代降水量出现减少的趋势，70—80 年代处于过渡期，90 年代以来降水量呈现出增加的趋势。夏季降水、春季降水与年降水类似，但是夏季降水对全年降水起决定性作用，秋季与冬季降水的趋势基本保持稳定，冬季的降水变化不大且总量最低。研究区的高温日数在 90 年代开始增加，暴雨发生的频次略有减少，干日的频次增加，而低温日数减少。气候变暖引起我国北方农牧交错带的高温、干旱等极端事件增多，研究区的湿度减少、极端温度和蒸发量增加且日照时数减小，容易发生干旱，不利于农业的发展。

7.2.3.2 数据及处理

遥感资料采用 8km NASA/GIMMS 半月合成的归一化植被指数（Normalized

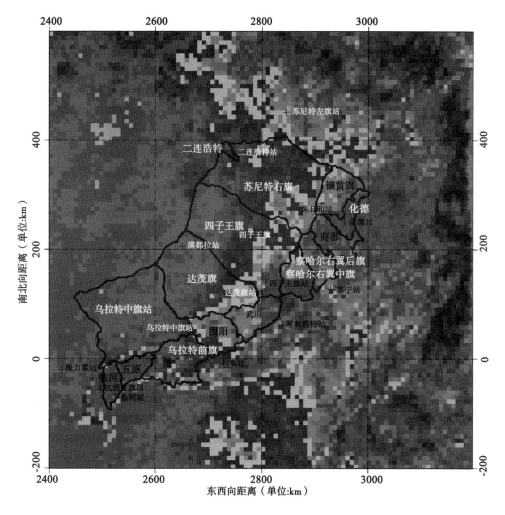

图 7.1 研究区空间分布图

difference vegetation index, NDVI)数据集, 时间范围为 1983—2003 年。该数据集是美国 NASA Godard 空间飞行中心制作的, 采用最大值合成法(Maximum value composite, MVC)合成半月植被指数, 考虑了辐射校正、交叉定标、卫星漂移校正等, 但未进行严格的大气纠正, 只对 2 次(1982 年 4 月至 1984 年 12 月和 1991 年 6 月至 1994 年 12 月)火山爆发期进行了气溶胶纠正。

　　研究区及周边建有 14 个气象基本站、基准站(图 7.1), 这些气象站点的覆盖范围较研究区稍大, 是为了充分利用周边气象站信息来弥补整个区域气象站点稀少的问题。气象数据来自国家气象信息中心。

我国北方地区多晴空天气,半月 MVC 合成的 NDVI 数据已能够去除云的影响,考虑到研究植被与降水之间的关系需要全面的 NDVI 变化信息,如果继续 MVC 合成月 NDVI 可能会屏蔽一些 NDVI 随气候变化而变化的信息,因而以月为单位,求该月上、下两个半月的 NDVI 的平均值作为该月的 NDVI,且只取植被生长季即 5—10 月的数据。

合成月 NDVI 影像后,用研究区矢量边界图切割出研究区的影像,生成研究所需的 NDVI 数据集。在 ENVI4.0 的支持下,以各气象站点所在像元为中心建立 3×3 像元的窗口,求取各窗口 NDVI 平均值作为该窗口中心站点的 NDVI 值,代表此站点周围的植被覆盖状况。据此,获得各站点 1983—2003 年 5—10 月逐月 NDVI 数据序列。

7.2.3.3 研究方法

在遥感和 GIS 软件的支持下,研究该区域近二十年来植被的动态变化情况。使用 ENVI 图像处理软件对收集到的 1981—2003 年 8km NASA/GIMMS 半月合成的植被指数(NDVI)数据进行处理,主要过程包括图像格式转换、投影、裁剪、波段叠合等,生成研究区的相应数据集,并提取出 21 年植被指数过程曲线,然后对结果进行分析。在地理信息系统软件 ARCGIS 的支持下,提取了研究区行政边界、土地利用图,并投影到与研究区遥感图像 NDVI 一致的坐标参数下。

采用统计分析法,研究气象因子与植被因子之间的统计关系,揭示气候变化对植被的影响以及植被对气候变化的影响关系。

7.2.3.4 研究结果

(1)研究区整体植被变化情况

研究区内 1982—2003 年 NDVI 年平均值时间序列显示(图 7.2),该地区 NDVI 呈增长趋势。NDVI 年累积值的距平(图 7.3)表明,除 1991 年、1992 年、1993 年、2001 年为负值外,20 世纪 90 年代以来 NDVI 年距平都为正值,80 年代除 1984、1988 年外距平多为负值,90 年代以来 NDVI 高于 22 年的均值,而 80 年代 NDVI 低于 22 年的均值,而且,20 世纪 90 年代来以来的 NDVI 年际波动(−0.3~0.3)小于 80 年代(−0.5~0.4),表明植被生长状况较 80 年代稳定。此外,在 1983 年、1989 年和 2001 年,NDVI 出现三个明显的低谷,年距平分别约为−0.4、−0.5 和−0.3 左右,表明这三年的植被生长状况较其他年份差。这些结果表明,该地区近 22 年来植被生长状况逐渐向好的方向发展。

(2)农业区、牧业区及农牧区的植被变化情况

本文的研究区,如果考虑土地利用方式的差异,仍然可以大致分为以牧业为主的区域(简称牧业区)、农牧并重的区域(简称农牧区)和以农业为主的区域(简称农业

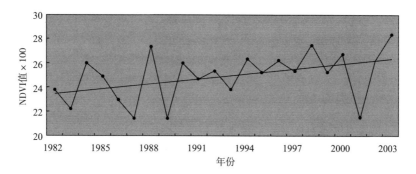

图 7.2 研究区年平均归一化植被指数动态过程

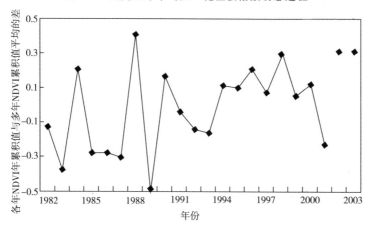

图 7.3 研究区 NDVI 年累积值的距平图

区)。本文的牧业区包括二连浩特、苏尼特右旗、四子王旗、达茂旗、乌拉特中旗;农牧区包括镶黄旗、固阳县、乌拉特前旗;农业区包括化德县、商都县、察右后旗、察右中旗、武川县、临河区、五原县。

图 7.4 显示了研究区域内 22 年间牧业区、农牧交错区及农业区年累积植被指数动态存在明显差别,不同的土地利用方式是 NDVI 差异的主要来源。牧业区 NDVI 年际变化幅度范围在 2.8~3.7 之间,农牧区 NDVI 年际变化幅度居中大多在 4.0~4.9 之间,农业区 NDVI 年际变化幅度范围在 4.9~5.8 之间。总体上,对于 NDVI 值域范围,牧业区<农牧区<农业区。此外,20 世纪 90 年代后的 NDVI 值域范围和均值水平整体高于 80 年代,一定程度上表明研究区域内,地表植被生长状况趋好。农业区 NDVI 增高趋势大于非农业区,表明农业生产措施对农业区农业植被的正面影响。

(3)气候变化与植被响应

1982-2003 年逐日温度和降水两个气象因子按常规方法进行了处理,首先检查

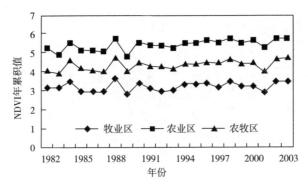

图 7.4 不同土地利用类型区 NDVI 年累积值

了 14 个气象站两个气象因子数据的可靠性和完整性,将一些记录值(如 32766)和缺测的进行了相应处理,然后按月度对每一个台站计算了温度和降水,生成每个站每个月的平均温度和降水总量。距平计算所需的气候平均值以 1961－1990 年的平均值为基准。各站的年平均温度是由当年 12 个月平均得到的,年降水量是由 12 个月降水量求和得到的。整个研究区的年平均温度是由 14 个气象站的年平均温度平均得到的,整个研究区的年降水量是由 14 个气象站的年降水量平均得到的。平均 1982－2003 年间每年半月 NDVI 数据得到该年 NDVI 平均值,并取整个研究区的平均值,与上述气象因子进行相关分析。

根据研究区全区年平均植被指数与年降水的相关分析(图 7.5)可知,该区降水对植被指数的影响非常大,降水与植被指数呈正相关的关系,降水的多寡决定了植被的生长状况。根据图 7.6,温度对植被指数的影响没有非常明确的规律性。说明这个区域降水对植被生长的影响是首要的,而温度对植被生长的影响不明显。

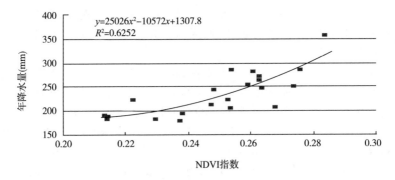

图 7.5 研究区植被指数动态与降水的关系

(4)植被变化对降水的响应关系

为进一步分析植被变化与降水之间的关系,利用标准化降水指标进行了深入分

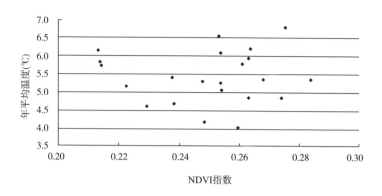

图 7.6 研究区归一化植被指数动态与温度的关系

析。标准化降水指标(Standard precipitation index,SPI)的计算原理是先根据降水量历史资料计算降水概率密度函数和累积概率,再将累积概率标准化。SPI 值表示某时期降雨量与历史同期平均降水状况的大小关系,消除了降水量变化时空差异。而且与一般的降水量相比,SPI 具有不同的时间尺度值,能够同时反映不同层面的干旱(如土壤湿度、径流等)。根据 SPI 的定义和计算公式,利用降水量数据计算得到各站 1983—2003 年与 NDVI 数据集对应月份(5—10 月)的 SPI 值,整理成各站 $1-SPI_j$ 数据集,其中 $j=5,6,7,8,9,10$。

由于空间位置和植被类型的差异,不同地区相同的 NDVI 值所代表的植被生长状态可能不同。同一地区不同月份,由于植被生长对环境因素响应的滞后性,NDVI 的高值时段也不一定都出现在最适宜的环境条件下。然而,在某一生长时间段内,NDVI 的变化幅度能够代表植被在此时段的生长量,反映该时段植被生长环境的适宜程度。因此,定义月植被生长率 VNDVI 如下:

$$\mathrm{VNDVI}_j = \left| \frac{\overline{\mathrm{NDVI}_j} - \overline{\mathrm{NDVI}_{j-1}}}{\overline{\mathrm{NDVI}_{j-1}}} \right| \qquad (j = 5,6,7,8,9,10)$$

式中:$\overline{\mathrm{NDVI}_j}$ 为站点在 j 月 21 年来的平均值。

计算得到站点生长季 5—10 月间各月植被生长变化率数据集 VNDVI_{ij},$i=1,2,\cdots 13$ 为站点编号,$j=5,6,7,8,9,10$ 为月份。

多数研究集中于 NDVI 的年际变化或某个完整季节(如春季、夏季)的变化上,而 NDVI 随植被生长变化可以在月甚至是旬的尺度上发生变化,因此,将研究细化到逐月尺度。标准化降水指数(SPI)可以在多个时间尺度上计算,得到不同尺度的指标,用于不同的研究目的。一个月尺度的 SPI 值 1-SPI 常用来监测与植被生长密切相关的土壤水分的变化状况。

在 SPSS 10.0 支持下,分站点对 1983—2003 年 21 年 5—10 月逐月 NDVI 序列

与同月 1－SPI 序列分别进行 Pearson 相关分析,得到各个站点逐月 NDVI 与 1－SPI 的相关系数。根据表 7.2 所示,除海力素、乌拉特后旗、呼和浩特和包头气象站外,其他气象站的植被指数与 5 月的标准化降水指数的相关系数为最大或第二高值,其中 6 个气象站(站点编号为 3、5、7、8、9、13:苏尼特左旗站、朱日和站、达茂旗站、四子王旗站、化德站和临河站)在 5 月份相关系数达到生长季中最高值,且均通过 0.05 的显著性水平检验,这充分说明 5 月份土壤水分(主要依赖降水)对研究区植被的生长具有非常重要的影响。站点 6 乌拉特后旗站和站点 11 呼和浩特站相关系数峰值出现在 6 月,站点 4 海力素站出现在 7 月,站点 1 二连浩特站出现在 8 月,而 9 月、10 月相关系数基本上比较小。个别站点相关系数出现正负波动,有的站点各月相关系数最大值与最小值之间差异可以达到 0.9 左右(站点 4 海力素站),说明不同月份之间,降水量对研究区植被生长的影响程度和作用方向都有所差异。总体看来,5 月、6 月、7 月份降水对植被的生长影响较大,且依次递减。

本研究区之所以出现植被 NDVI 与 1－SPI 相关系数随时间变化的这种特征,是由于 5 月份研究区内的主要植被类型草地处于返青期,往往这个时候要发生春旱,降水对植被的生长至关重要,所以大部分站点在 5 月份的降水指数 1－SPI 与同期 ND-VI 相关系数达到峰值。而到了 6 月,植被已生长到一定高度,具有一定的抗旱能力,另外也赶上了这个区域的雨季,也就是常说的"水热同季",相对而言植被对降水的敏感性要较 5 月份低,因此到 7 月、8 月 NDVI 达到生长季峰值而其与 1－SPI 的相关系数却并不是最高的。

表 7.2　各站点月 NDVI 与 1－SPI 的相关系数

站点编号	站点名称	5 月	6 月	7 月	8 月	9 月	10 月
1	二连浩特	0.404	0.401	0.256	0.518*	0.162	−0.115
2	满都拉	0.417	0.151	0.467	0.407	0.274	0.246
3	苏尼特左旗	0.506*	0.374	0.4	0.113	0.028	0.089
4	海力素	−0.091	0.323	0.639**	0.088	−0.277	−0.261
5	朱日和	0.519*	0.388	0.224	0.414	0.095	−0.213
6	乌拉特后旗	0.202	0.474*	0.056	0.1	0.036	0.351
7	达茂旗	0.571*	0.309	0.412	0.241	0.067	0.111
8	四子王旗	0.457*	0.203	0.178	0.06	0.228	−0.131
9	化德	0.508*	0.268	−0.054	0.071	−0.205	−0.053
10	包头	0.261	0.278	0.387	0.268	0.137	0.167
11	呼和浩特	0.423	0.551*	0.139	0.319	0.443*	0.236
12	集宁	0.396	0.299	0.046	0.32	0.09	−0.039
13	临河	0.467*	0.312	0.17	0.142	−0.207	0.2

注：* 为通过 0.05 的显著性水平检验；** 为通过 0.01 的显著性水平检验

图 7.7 说明，1－SPI 与月 NDVI 的相关系数随时间变化的曲线与 NDVI 的变化趋势不相一致，各站在 NDVI 出现峰值的月份均未同时出现相关系数的峰值。而且 NDVI 的变化方向与相关系数的变化方向也不完全一致，如：随着 NDVI 的增大，相关系数可能增大，如呼和浩特站的 5—6 月，以及苏尼特左旗站和包头站的 6—7 月的情况；也可能变小，如临河站的 6—7 月，苏尼特左旗站和达茂旗站的 7—8 月等。

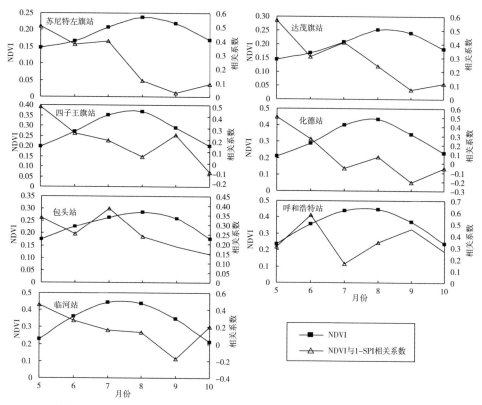

图 7.7　站点生长季平均 NDVI 变化和 NDVI 与 1－SPI 相关系数变化

由于 NDVI 具有累积性，某时刻的 NDVI 值并非完全代表该时刻的植被状况，而是植被前期生长状况和该时刻状况的综合表现，因此时段内 NDVI 的变化量更能反映植被生长条件的优劣。另外，为了消除空间和植被类型差异的影响，本文进一步用 NDVI 变化率进行研究。对 NDVI 变化率 $VNDVI_j$ 和当月 NDVI 与 1－SPI 的相关系数进行比较（图 7.8），结果表明植被覆盖对降水的响应随 NDVI 变化率的增减而变化。NDVI 变化率大的时段，植被生长迅速，对水分的需求量大，植被对水分的依赖程度增加,因此 NDVI 与 1－SPI 的相关性大,反之亦然。以苏尼特左旗站为例,图 7.8 显示 5 月份 NDVI 变化率最大,该月中 NDVI 与 1－SPI 的相关系数也最大;从 6—7 月 NDVI 变化率有增大趋势,相关系数也同时在增大;但 6、7 两月的 VNDVI 仍小于 5 月,所以此两月的相关系数也没有超过 5 月份的相关系数。7—8 月 NDVI 变化率有所下降,相关系数有变小趋势。其他站点的情况类似。说明植被对降水的响应程度,最终决定于植被生长变化的速率上。

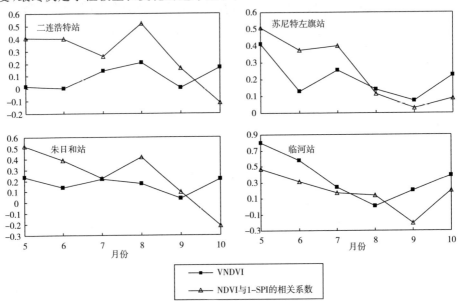

图 7.8　典型站点 VNDVI 曲线和 NDVI 与 1－SPI 的相关系数曲线

7.3　气候模式

7.3.1　大气环流模式简介

7.3.1.1　大气环流模式的建立

大气环流模式(Atmospheric general circulation model)简称 AGCM 或 GCM,是广泛应用于全球变化研究的重要模式之一。气候系统十分复杂,难以用简单的方程来描述其变化特征,模拟大气产生的计算量巨大,难以实现。随着科技不断进步尤其是计算机性能的不断提高,建立大气环流模型成为可能。美国的科研小组在 20 世纪

50 年代首先利用计算机来模拟大气环流,他们使用上万组数组来进行模拟,开启了大气环流模式的研究工作。

在 19 世纪前,科学家试图用简单的气体定律应用于大气的研究,由于没有考虑到能量交换以及地球自转等复杂的条件,因此没有得到好的结果。直到 20 世纪初期,挪威气象学家 Bjerkenes 提出了七组"原始方程"即三个方向上的静力平衡方程、热力学方程、连续方程、状态方程以及水汽方程,通过基本的数学物理方法对大气运动进行描述,进而预测天气,奠定了数值天气预报的基础。

Richardson 最早尝试模拟大气环流运动并预测天气,他的想法是把一个地域划分成数个小网格,每个网格内每小时给出描述这里温度、气压等气象要素的数字,根据相邻地区的不同值来计算风速风向以及温度变化(数学上称为微分方程的有限差解决方案)。他承认这个方案是复杂的,但他认为这是大气本身的复杂性导致的,而不是方法本身过于复杂。由于计算量太过庞大,当时的计算能力无法达到,这次尝试虽然没有成功,但这确是伟大的设想,也是现代数值天气预报的雏形。

随着流体动力学以及热力学等学科的完善和发展,加上计算机技术发展的突飞猛进,数学家 Neumann 开创性地提出使用计算机进行数值天气预报的想法,他邀请了气象学家 Charney 展开合作研究。大气模式最初的研究目的是为战争提供天气情况从而更好地指挥战斗,因此得到了政府的大气支持。最初预测 24 小时的天气需要计算机连续计算 24 个小时才能完成,也就是模拟仅仅能"追上"天气的发展发生。然而军事上需要预测具有时效性,考虑到计算机的计算速度,Charney 不得不对原始方程进行了简化,过滤掉噪声信号,同时又需要达到一定的精确度要求。要做到这一点需要大量的观测资料来支持,军方使用了大量的气球以及无线高空测量设备来收集数据,最终完成的预测系统最多能够提前三天进行预测。

然而这样的模拟预测仅能进行区域天气预报,科学家们推想全球大气环流应该也能进行预测。第一个真正意义上的环流模型(GCM)由 Phillips 在普林斯顿大学完成,这一时期成为第一环流模式期(1955—1965 年)。Phillips 受到在旋转的容器内水流运动形式的启发,构造了简化的两层大气模型,只提供简单的加热条件。通过计算机模拟,一个月的演化之后产生了急流和初具雏形的天气现象。受到 Charney 的启发,更多更深入的研究陆续展开,Smagorinsky 和 Manabe 等在此基础上考虑了大气中辐射以及水汽和二氧化碳等交换问题,也首次考虑了海洋、陆面、海冰等因素的综合影响,建成了较完整的理想化三维大气模型,创新性地提出了海气耦合模式。这一阶段,美国政府资金不断流入地球物理学的研究,旨在帮助冷战取得胜利,加利福尼亚大学气象系、加州大学洛杉矶分校等机构都有丰富的研究成果,极大地推动了大气环流模式的优化发展。

虽然自 1940 年已经开始进行系统的观测大气运动,但人们对整个大气环流的实际状况仍不够清楚,大型循环只能从风来推断。随着计算机技术的不断发展,计算性能不断提高,对观测资料的精度也要求更高、更综合的手段进行观测,以及模式中加入更多因素如下垫面、云物理、海气相互作用等公式的描述,使得模型更加完善,此时也有更多的模型被开发出来。

完成了基本的天气预报功能之后,科学家们开始思考对全球变化的预测,1965－1979 年这一时期,称为变暖预测时期。在第一个十年阶段,GCM 的建模者们着眼于静态的或是平均状态大气,而接下来大家开始关注全球气候变化的长期问题。Manabe 小组做出了杰出的工作,Manabe 首先考虑了 CO_2 浓度变化的长期影响,不仅是因为担忧未来的气候变化,更因为气体的浓度影响地球热量平衡。1967 年,Manabe 通过复杂的模式计算研究了 CO_2 浓度对全球变化的影响,当时的计算结果指出,在 21 世纪结束前,由于人类活动不断地排放,CO_2 浓度将会加倍,气温将会升高大约 2℃。这是第一次给出确切计算方法的温室效应研究,并得到了确切结论,尽管这个模式仍存在很多问题与不足。后续的研究使得模型越来越优化,考虑了冰雪、气溶胶、反射率等更加复杂的过程。然而越是复杂的模型,其影响因素越多,可能会带来更多方面的不确定性,此时的结论比较多样,可靠性相对较低。或许大气环流模型中有一些共性的缺陷并未被发现。

海洋环流被加入进气候模式,使得模拟结果更接近实际情况。(1969－1988 年)模式中对下垫面的处理更接近实际情况,将"湿润的地表"用海洋代替,但海洋的影响仍然十分不明确。早在 1979 年,Charney 小组曾表示,海洋巨大的热容量可能会使大气温度上升推迟几十年,全球变暖可能不会表现得十分明显,直到所有的地表水回暖,如果是这样人类将来不及采取预防措施。海洋学家都逐渐认识到大量的能量是通过海洋的各类旋涡进行,从微小的对流旋涡到万里高空的气旋、反气旋天气系统。要想完备的计算这些旋涡,将会超出了最快计算机的计算能力范围。

Manabe 敏锐地意识到,如果不构建大气－海洋系统,那么地球的未来气候永远也不能被准确预测,他与受过气象训练的海洋学家 Kirk Bryan 共同承担了构建海洋环流数值模式的工作。他们是第一个将大气和海洋封装进一个模式的,而且他们不仅考虑了大气和海洋,还考虑了海洋中的海冰、径流、蒸发等因素。他们遇到最大的问题是从静止状态开始积分计算需要几个世纪才能得到接近现实的模拟结果,这样的计算量是无法实现的。他们想到了一个巧妙的办法来匹配不同时间尺度,即通过耦合来解决这个问题。放弃对海洋的短时间步长积分,采取 12 天的时间步长来对海洋积分,仅对可以实现短时间步长积分的大气模式进行运算,用大气模式得出的结果对海洋模式进行驱动,可以得到海洋环流模式需要的能量参数,成功驱动了海洋模式得到较好的模拟效果。Manabe 自己也承认模型还有许多不足之处,但是对于当时只能勉强运行成功的大气模式来说,这样综合的海气模式是非常不容易的。

有怀疑者指出,模式是科学家们的自我蒙蔽,计算的不确定性会在不断的累加中不断放大,因此得到未来气候的预测结果是不可信的。检验模式是否可靠有很多种方法,其中之一就是检查模式是否能重现地球冰河时期的状态,因为那个时期的物理化学参数简直与现在是两个星球。这种检验工作也推动了古气候研究的发展,因为科学家们需要从海底、冰芯以及各种渠道搜集证据来重建古气候,同时由于时间跨度大,对计算机的计算性能也提出了更高的要求。

1988—2001 年是全球模式发展基本成熟的时期,海气耦合模式发展得比较稳定,超级计算机也可以用于处理巨大规模的计算,此时,模式可以模拟数百年的气候变化,并通过改变如 CO_2 浓度这样的因子来研究其对气候的影响。全球的合作研究也越来越广泛,美国的国家大气研究中心、欧洲数值预报中心、英国哈德莱气候中心、德国马普气象研究所、中国科学院大气物理研究所等科研机构在模式的发展和完善方面都有很好的成绩。

7.3.1.2 气候模式的现状

人们现在谈论 GCM 时已经不单单意味着由传统气象方程式建立的"环流模式",而是意味着"全球气候模式",甚至"全球耦合模式",现在它集成了除大气的环流之外的很多内容。越来越多的科学家参与建设"地球系统模式"。在当下的模式中,大气、水和冰以及相应的化学、生物和生态系统的许多功能都被囊括进来,有时也包含突出的其他因子——人类活动(例如农业活动)。这种模拟需要最新最大的超级计算机,早期模式使用几千行代码,而 21 世纪先进的模拟会超过百万行代码,越来越精细的网格和模拟对超级计算机的性能仍是巨大的挑战。

7.3.2 气候模式的发展

7.3.2.1 大气环流模式比较计划

国际大气环流模式比较计划(The advance of the atmospheric model inter-comparison project,AMIP)是由美国能源部资助的,世界气候研究计划(WCRP)数值试验工作组(WGNE)下的一个国际科学计划,开始于 1991 年。项目共分为两个阶段,第 1 阶段(AMIP—I)已于 1996 年基本结束,共有来自美国、英国、德国、法国、加拿大、澳大利亚、俄罗斯、中国、韩国、日本等 10 个国家的 30 家研究组织和单位的模式参加了该项计划第一阶段的工作,其中,以美国的研究单位和模式为最多,包括著名的地球流体动力学实验室(GFDL)、美国国家大气研究中心(NCAR)、美国国家气象中心(NMC)、戈达德空间科学研究院(GISS)以及一些著名的大学,欧洲中期数值预报中心(ECMWF)也参加了该计划。我国仅有中国科学院大气物理研究所参加了此计划。第 2 阶段的工作(AMIP-II)也继续展开,有更多的模式共 35 个模式组参加了 AMIP-Ⅱ 的工作,现在 AMIP 已经合并成为 CMIP 计划中的一部分,后文会继续介绍。

AMIP 的目的是比较不同模式模拟的结果,发现模式的系统性误差并改进模式。研究首先规定了模式的标准参数和标准输出,将 CO_2 含量、太阳常数取成统一值,输出结果也都要求标准化。第一阶段的模式积分时间是 1979—1988 年,下边界条件(SST、海冰)均采用统一的观测月平均资料。所有模式积分结果都要统一交到 AMIP 计划的执行总部美国劳伦斯国家实验室气候模式诊断和比较研究组(PCMDI),并向参加该计划的所有单位提供,并提供给专门设立的负责分析的子计划承担单位供分析之用。第一阶段的全部模式积分均已结束,各种分析比较都已经汇总,并取得了一些重要科学进展。AMIP 第二阶段的工作延续和深化了第一阶段的成果,研究表明,大气环流模式的性能在不断提升,模拟效果越来越好。

7.3.2.2 耦合模式比较计划

耦合模式比较计划(Coupled model inter－comparison project,CMIP),是世界气候研究计划(WCRP)的耦合模拟工作组(WGCM)建立的计划,作为一个标准化实验方案,以便更好地研究海气耦合环流模式的输出结果(AOGCMs)。CMIP 提供支持气候模式的诊断、验证、比对、文档以及数据访问。这种框架使科学家分析大气环流模式系统的方式变得多元化,这一过程有助于促进模型的改进。自 1995 年成立以来几乎整个国际气候模式都参与了这一项目,计划为气候模式诊断和比较(PCMDI)提供 CMIP 数据,并为气候与环境科学部的全球气候模型(RGCM)计划,能源办公室的美国能源部生物和环境研究(BER)计划等科学研究提供支持。

该计划 1995 年推出第一次国际耦合模式比较计划 CMIP1,随后又陆续推出了第 2 到 5 次比较计划,其结果大致被每隔五年出版一次的 IPCC 气候变化评估报告所引用,如最近出版的《IPCC 第五次评估报告》引用的了大量 CMIP5 的模拟研究结果。在 2008 年 9 月的会议有来自世界各地的 20 个气候模式模拟小组,对耦合模拟的 WCRP 的工作组工作进行研讨,同意推动一套新的耦合气候模式实验。这些实验组成了耦合模式比较计划的第五阶段(CMIP5),CMIP5 会提供多模式环境,以达成①评估模式的差异,尤其是知之甚少的与碳循环以及云相关的反馈机制;②审视气候的"可预见性"以及探索的模式在年代尺度的预测能力;③确定相似的模式强迫却得出一系列不同的反应的原因。

目前对耦合模式模拟的结果表明,现在模式的整体性能相较于 20 世纪 80 年代已经有了明显的提高,以 CMIP3 和 CMIP5 对比为例,相较于 CMIP3,CMIP5 在地表温度、向外长波辐射、降水、短波云辐射效应等方面的模拟都更接近观测值,尤其在温度方面的模拟能力非常强,十分接近于实测值。

耦合模式仍然存在着一定的不确定性,主要原因是其中地球系统的各个组成非常多,而模式中往往采取理想化状态进行计算,而且针对全球研究的分辨率通常较低,这导致了不确定性的产生,尤其是对于我们了解的仍然不够深入的反馈机制。气候敏感性的差异被认为主要是由于气候模式内部反馈机制的不确定性产生的,主要的反馈机制包括:云反馈、水汽反馈、温度垂直递减率反馈、表面反照率反馈、陆面反馈和海洋环流反馈。

结合越来越精细的观测网络以及不断提高的超级计算机运算能力,模式的模拟能力也越来越出色,现在很多模式之间耦合已经不需要进行人为的"通量调整",例如可以直接将大气模式的输出结果作为陆面模式的驱动场,这样的机制为全球变化科学中交叉学科间的研究提供了便利。从平均气候状态的模拟效果来看,耦合模式有成功之处,同时也存在很多问题,目前还很难说耦合模式效果足够好,可以完全准确地模拟以及预测未来的气候变化。可喜的是,目前各个模式的模拟结果之间的差异小于观测结果的不确定性,也就是说模拟结果是有一定可信度和说服力的,至少从全球范围内来看,模式模拟结果已经达到观测结果允许的误差范围。模式模拟的结果被《IPCC 第五次评估报告》大量引用,为温度、降水、径流等方方面面的预测以及应对提供了较为可靠的科学依据。

7.3.2.3 耦合模式示例——CESM 通用地球系统模式

CESM(Community earth system model)是一个完全耦合的,通用地球系统模式,它是美国国家大气研究中心(NCAR)推动建立的,由美国国家科学基金会(NSF)和美国能源署(DOE)资助。它是全球最先进的耦合模式之一,能够提供先进的设备和方法对全球过去、现在和将来的气候进行模拟。

在 1983 年,美国国家大气研究中心发布了一个通用气候模式(CCM),用于全球研究气候的科学家们模拟大气的运动,然而单纯的大气模式由于没有考虑全球海洋和海冰,因此模拟结果具有一定的局限性。1994 年,科学家们提交了一份计划,共同开发气候系统模式(CSM),其中包括大气模式、陆面模式、海洋模式以及海冰模式,系统模式的各个组成部分可以不经过"通量调整"而直接进行耦合,一个分量模式的结果可以直接作为驱动场输入另一个分量模式,极大地方便了各个模式的协同发展和全球变化科学的研究。

在 1996 年,第二代 CCM 气候模式发布,这一版本的研发受到美国能源部、航天局、科学基金会等多个组织的支持,模式体系更加完善,应用更加广泛,在 2010年,NCAR 正式推出了通用地球系统模式(CESM)。CESM 模式采用模块化框架,主体有大气、海洋、陆地、海冰、陆冰几大模块组成,通过耦合器管理模块间的数据交换,各个模块都采用比较成熟完备的独立模式,大气模式为 CAM(Community atmosphere model)、陆面模式为 CLM (The community land model)、海洋模块采用 POP (The parallel ocean program)、海冰模块采用 CICE (The los alamos national laboratory sea-ice model)、陆冰模块采用 CISM (Community ice sheet model)。不同的模块可以任意组合,以达到不同科学研究的不同目的,模块间的结果通用性强,使用灵活方便。地球系统模式已经成功运行过时间尺度为 300 年的数据,结果发表在 1998 年的气候杂志上。近年来,为了研究 CO_2 浓度变化对气候的影响,模式成功执行了模拟运算,时间尺度跨越自 1870 有观测记录以来直至现在,通过设置多种不同情景(如保持现在的排放、限制排放等)来预测未来 CO_2 浓度的变化,最远可以计算至 2100 年。

　　无论是人类活动或自然变率导致气候变化都是复杂的,涉及大气、海洋以及地表复杂的物理、化学和生物过程的作用。通用地球系统模式正是试图解释这些复杂的过程,时间尺度从年代变化到千年尺度都纷纷涉及。古气候记录一定程度揭示了大气、海洋循环和生物化学循环的关系,但气候模式的挑战还在于微量气体的变化、土地利用的改变、CO_2 浓度的增加等复杂的因素的相互作用,这需要完全耦合的气候模式系统。未来,模式还将致力于提高分辨率,改进部分模式过程,提高观测精度、提高计算能力等方面的工作。新兴的大气－海洋－陆面耦合系统,对于研究大气科学、海洋学、生态学、水文学以及全球变化科学都具有重大意义。

7.3.3　模式的应用

7.3.3.1　地球科学研究

　　大气环流模式数值模拟是研究大气环流和气候年代际变化的有效方法,过去、现在和将来的模拟分析对于地球科学以及全球气候变化科学的研究有着重要意义。古气候模拟研究不仅能验证当前气候模式再现过去气候的能力,也关系到模式对未来气候变化预测的可信度。推动古气候模拟的研究也可以与地质学、古生物学等交叉学科协同发展,促进地球科学以及全球变化科学的发展。目前气候模拟与重建资料整体趋势比较一致,研究表明,全新世中期和末期盛冰期(LMG)是两个典型时期,温度比目前低,气候类型与现代气候截然不同。参考古气候的低 CO_2 浓度,高的冰雪覆盖等气候因素的演变有助于揭示冰期、间冰期的演化周期以及气候变化的原理和规律,令人们更深入地了解气候变化从而更准确地预测未来气候变化。

　　对于当前的气候,利用模式可以更深入地研究环流的机理,以及产生某些现象的内在物理机制。如可以利用实际观测的海表水温(SST)资料引入模式进行多年的数值积分,得到长时间的大气环流模拟结果,可以分析得到大气环流系统的年代际变化特征，以及环流类型。通过 GCM 也可以进行季风的研究和预报，云辐射、海温异常等各方面的研究，有利于更深入地研究全球气候变化。

对于未来的预测也是 GCM 重要的应用，利用多模式合成结果可以减少模式误差，得到相对准确的预测结果，尤其是对气温和降水的模拟，对人类未来的决策制定十分重要。通过不同的排放、政策、适应等条件的情景，可以模拟出未来不同的气候变化结果，为人类制定政策以及采取应对气候变化的适应措施提供科学依据。

7.3.3.2 脆弱性影响评估

由于人类活动的范围和强度不断增大，自然环境与人类活动之间的相互作用关系变得越来越重要，在全球气候变化的背景下，情景模式为我们提供了未来世界发展方向的可能性分析。在分析复杂的驱动力对未来气候产生的影响时，情景方法是公认的很有价值的工具，气候模式为评估脆弱性的影响提供了战略性指导。近年来，运用情景分析的方法已经在评估未来气候变化对农业生产、水资源变化等方面的影响取得了一定的成绩。

脆弱性日益表现出一个多元化的概念，包括暴露度（Exposure）、敏感性（Sensitivity）和弹性（Resilience）。暴露度指人群或生态系统与特定胁迫的接触程度，敏感性指暴露单元受到胁迫的影响程度，可恢复性指暴露单元在受到胁迫条件下的抵抗力和恢复力。脆弱性分析能够体现由多种因素导致的结果，但在局地、国家、区域、全球尺度上存在着巨大的差别。为了制定政策，把脆弱性的概念转化成可以比较分析的数据是十分必要的，因此有效的评估方法、评估指数对于研究应对气候变化带来的风险具有重要的意义，模式的发展和应用对脆弱性的评估意义重大，为人类应对全球变化提供科学依据。

7.3.3.3 经济效益分析

全球变化是一个现实的问题，涉及人类社会的方方面面，气候变化如何影响农业生产、经济发展、全球贸易需要经济指标来评价。那种政策应对全球变暖更好？是否应该立刻退耕还林？投入多少资金来减少排放是有价值的？这些问题都需要通过成本效益分析来解答。

经济学家们通过气候－经济模型来计算气候变化对经济发展的影响，采取投入产出合理的方法来应对气候变化，大气模式便是作为一个基石来研究经济问题。全球变暖经济模型中的关键问题便是，我们应该付出多少代价来避免将来可能造成的损失？例如现在我们消耗资源获得了 100 元的利益，如果我们舍弃这 100 元利益保留这部分资源，在未来是否它能带来 1000 元的价值或者它阻止了 1000 元的损害，或者它的价值变小了只剩下 1 元呢？从经济的角度说，成本和效益的最大化是最佳方案,而气候变化的条件下,效益的产生受到了时间条件的限制,使得问题更加复杂。气候经济学模式研究人类社会经济活动的规律及其发展趋势,为发展区域内的农业活动、资源分配、人口增长等规划提供科学依据。

综上可以看到,随着数学、物理学、化学以及计算机科学等各个学科的快速发展,气候模式的模拟能力越来越强,气候模式也已经成为研究全球变化科学的重要工具。尽管仍存在一定的问题,但现有版本的气候模式模拟性能已经达到较高的水平,可以广泛地应用于大气、海洋、生态、社会经济学以及全球变化科学等各个学科的科学研究中。

参考文献

陈海,康慕谊,范一大. 2004. 北方农牧交错带植被覆盖的动态变化及其气候因子关系. 地理与地理信息科学,**20**(5):54-57.

陈拓,秦大河,李江风,等. 2000. 新疆昭苏云杉树轮纤维素 $\delta^{13}C$ 的气候意义. 冰川冻土,**22**(4):347-352.

陈正新,王学东,史世斌,等.2001.内蒙古阴山北麓农牧交错带生态建设中天然草地的利用.中国草地,(6):68-72.

陈正新,尉恩凤,史世斌,等.2002.内蒙古阴山北麓农牧交错带退化草地复壮对策.水土保持研究,(1):41-45.

丁一汇,戴晓苏. 1996.中国近百年来的温度变化. 气象,**20**(12):19-26.

丁一汇.2008.中国气候变化科学概论.北京:气象出版社.

段克勤,洪健喜. 2010. 喜马拉雅山达索普冰芯近 400a 来 NO_3^- 浓度的变化. 冰川冻土,**32**(2):231-234.

段克勤,姚檀栋,蒲健辰. 2001. 喜马拉雅山达索普冰川累积量变化及其对青藏高原温度的影响.冰川冻土,**23**(2):119-125.

段克勤,姚檀栋,蒲健辰.2002. 喜马拉雅山中部过去约 300 年季风降水变化.第四纪研究,**22**(3):236-242.

范锦龙,李贵才,张艳.2007a.阴山北麓农牧交错带植被变化及其对气候变化的响应. 生态学杂志,(10).

范锦龙,张艳,李贵才. 2007b.北方农牧交错带中部区域气候变化特征. 气候变化研究进展,(02).

冯娟,李建平. 2012.IPCC AMIP 模式对西南澳类季风环流的模拟. 气候与环境研究.**17**(4):409-421.

高启晨,姚云峰,吕一河,等.2005.阴山北麓地区景观格局变化研究. 干旱区资源与环境,(1):33-37.

龚道溢,韩晖.2004.华北农牧交错带夏季极端气候的趋势分析. 地理学报,**59**(2):230-238.

勾晓华,陈发虎,王亚军,等. 2001. 利用树轮宽度重建近 280a 来祁连山东部地区的春季降水. 冰川冻土,**23**(3):292-296.

辜智慧,陈晋,史培军,等. 2005.锡林郭勒草原 1983-1999 年 NDVI 逐旬变化量与气象因子的相关分析.植物生态学报,**29**(5):753-765.

郭准,等.2011. LASG/IAP 和 BCC 大气环流模式模拟的云辐射强迫之比较.大气科学,**35**(4):739-752.

海春兴,赵明,郝润梅,等.2005.阴山北麓不同用地方式下春季土壤表层水分变化分析.干旱区资源与环境,(5):150-154.

胡伟华.2005.阴山北麓农牧交错地带经济发展制约因素分析.前沿,(4):74-76.

黄俊华,胡超涌,周群峰. 2000. 湖北清江和尚洞石笋的高分辨率碳氧同位素及古气候意义. 中国地质大学学报,**25**(5):505-509.

康世昌,黄杰,张强弓. 2010.雪冰中汞的研究进展. 地球科学进展,**25**(8):783-792.

康兴成,程国栋,陈发虎,等. 2003.祁连山中部公元 904 年以来树木年轮记录的旱涝变化. 冰川冻土,(5):518-525.

李爱贞.2003. 气候系统变化与人类活动//秦大河. 全球变化热门话题丛书.北京:气象出版社.

李崇银,穆明权.2000.大气环流的年代际变化Ⅱ. GCM 数值模拟研究.大气科学,**24**(6):739-748.

李建,周天军,宇如聪.2007.利用大气环流模式模拟北大西洋海温异常强迫响应.大气科学,**31**(4):561-570.

李晓兵,王瑛,李克让. 2000. NDVI 对降水季节性和年际变化的敏感性.地理学报,**55**(增刊):82-89.

李晓娜,郑大玮,李忠辉.2005.阴山北麓缓坡丘陵不同植被类型下土壤水分空间分布特征——以武川县为例. 土壤通报,(1):23-25.

李兆元,吴素良,杨文峰,等. 1997. 西安地区近千年(公元 990-1989 年)旱涝气候变化//孙国武. 中国西北干旱气候研究.北京:气象出版社:16-19.

李兆元,杨文锋,郭剑侠. 1995. 西北地区 210 年旱涝特征变化.陕西气象,(1):13-14.

李震坤,朱伟军,武炳义.2011.大气环流模式 CAM 中土壤冻融过程改进对东亚气候模拟的影响.大气科学,(4).

刘洪滨,邵雪梅,黄磊. 2002. 中国陕西关中及周边地区近 500 年来初夏干燥指数序列的重建. 第四纪研究,**22**(3):220-229.

刘绿柳,肖风劲.2006.黄河流域植被 NDVI 与温度、降水关系的时空变化. 生态学杂志,**25**(5):477-481.

刘亚玲,潘志华,范锦龙,等. 阴山北麓地区植被覆盖动态时空分析. 资源科学,2005,(4):168-174.

刘禹,安芷生,Linderholm H W,等. 2009. 青藏高原中东部过去 2485 年以来温度变化的树轮记录. 中国科学 D 辑:地球科学,**39**(2):166-176.

刘禹,蔡秋芳,等. 2003. 内蒙古锡林浩特白音敖包 1938 年以来树轮降水序列.科学通报,**48**(9):952-957.

马柱国,黄刚,甘文强,等. 2005,近代中国北方干湿变化趋势的多时段特征. 大气科学,29(5):671-681.

潘志华,安萍莉,等. 2003.北方农牧交错带生态系统自然环境变化研究——以武川县为例. 中国农业资源与区划,24(5):37-41.

秦大河,丁一汇,王绍武,等. 2002.中国西部环境演变及其影响研究. 地学前缘,9(2);321-328.

秦大河,丁一汇,等. 2005.中国气候与环境演变评估(I):中国气候与环境变化及未来趋势[J]. 气候变化研究进展,1(1):4-9.

秦宁生,邵雪梅,时兴合,等. 2003.青南高原树轮年表的建立及与气候要素的关系. 高原气象,22(5):445-450.

秦尚云,高振林. 2000.阴山北麓地区生态环境问题及治理对策. 中国农业资源与区划,(2):15-18.

邵雪梅,黄磊,刘洪滨,等. 2004. 树轮记录的青海德令哈地区千年降水变化. 中国科学(D辑),34(2): 145-153.

邵雪梅,梁尔源,黄磊,等. 2006.柴达木盆地东北部过去1437a的降水变化重建. 气候变化研究进展,2(3): 1673-1719.

盛文坤,姚檀栋,李月芳. 1999.古里雅冰芯中钙离子含量及其与气候的关系.冰川冻土,21(1):19-21.

苏金华,刘福英,王龙,等. 2001.草地建设是农牧交错带生态农业建设的关键环节——内蒙古阴山北麓生态农业建设的实践与启示. 内蒙古环境保护,(4):20-22.

孙成权,张志强. 1994. 国际全球变化研究总览,地球科学进展,(9):53-70.

孙泓川,周广庆,曾庆存. 2012.IAP第四代大气环流模式的气候系统模式模拟性能评估. 大气科学,36(2): 215-233.

谭明,刘东生,秦小光,等. 1997. 北京石花洞全新世石笋微生长层与稳定同位素气候意义初步研究.中国岩溶,16(1):1-10.

汤仲鑫. 1977. 保定地区近五百年旱涝相对集中期//中央气象局研究所.气候变迁与超长期预报文集.北京:科学出版社:45-49.

唐海萍,陈玉福.2003.中国东北样带NDVI的季节变化及其与气候因子的关系. 第四纪研究,23(3):318-325.

田立德,姚檀栋,孙维贞,等.2001. 青藏高原南北降水中 δD 和 $\delta^{18}O$ 关系及水汽循环. 中国科学(D辑),31(3): 215-220.

万修全,刘泽栋,沈飙,等.2014. 地球系统模式CESM及其在高性能计算机上的配置应用实例.地球科学进展,29(4): 482-491.

王会军. 1997.国际大气环流模式比较计划(AMIP)进展. 大气科学,21(5): 633-637.

王绍武,董光荣.2002.中国西部环境特征及其演变. 北京:科学出版社.

王玉玺,刘光远,张先恭,等. 1982. 祁连山圆柏年轮与我国近千年气候变化和冰川进展的关系.科学通报,21:1316-1319.

吴祥定,林振耀. 1978. 西藏近代气候变化及其趋势的探讨. 科学通报,23:746-750.

吴祥定,林振耀. 1981. 青藏高原近二千年来气候变迁的初步探讨//中央气象局气象科学研究院天气气候研究所. 全国气候变化讨论会文集. 北京:科学出版社:18-25.

吴祥定. 1990. 树木年轮与气候变化. 北京:气象出版社.

夏虹,范锦龙,武建军. 2007. 阴山北麓农牧交错带植被变化对降水的响应. 生态学杂志,(05):639-644.

徐国昌,等. 1997. 中国干旱半干旱区气候变化. 北京:气象出版社.

杨保,施雅风. 1999. 青藏高原冰芯研究进展. 地球科学进展,(4):83-88.

姚檀栋,Thompson L G,秦大河,等. 1996. 青藏高原2 ka来温度与降水变化:古里雅冰芯记录. 中国科学(D辑),**26**(4):348-353.

姚檀栋,段克勤,田立德,等. 2000. 达索普冰川累积量记录和过去400年来印度夏季风降水变化. 中国科学(D辑),**30**(6):619-628.

姚檀栋. 1997. 古里雅冰芯近2000年来气候环境变化研究. 第四纪研究,**17**(1):52-60.

叶笃正,符淙斌,董文杰,等. 2003. 全球变化科学领域的若干研究进展. 大气科学,**27**:435-450.

叶笃正,符淙斌. 1994. 全球变化的主要科学问题. 大气科学,**18**(4):498-512.

袁道先,刘再华,等. 2003. 碳循环与岩溶地质环境. 北京:科学出版社.

袁文平,周广胜. 2004. 标准化降水指标与Z指数在我国应用的对比分析. 植物生态学报,**28**(4):523-529.

袁玉江,韩淑媞. 1991. 北疆500年干湿变化特征. 冰川冻土,**13**(4):315-322.

袁玉江,胡列群,李江风. 1997. 新疆北疆地表水资源时空分布及变化特征初探. 冰川冻土,**19**(3):223-229.

袁玉江,李江风,胡汝骥. 2001. 用树木年轮重建天山中部近350a降水量. 冰川冻土,**23**(1):34-40.

袁玉江,叶玮,董光荣. 2000. 天山西部伊犁地区314a降水的重建与分析. 冰川冻土,**22**(2):121-127.

张德二,刘传志,谷湘潜. 1995. 近1千年中国东部6区域干湿序列的复原研究.气候变化规律及数值模拟研究文集(一).北京:气象出版社:69-74.

张德二. 1998. 中国历史文献档案中的古环境记录. 地球科学进展,**13**(3):273-277.

张德二. 2004.中国三千年气象记录总集. 南京:凤凰出版社.

张先恭,赵溱,徐瑞珍. 1984. 祁连山圆柏年轮与我国气候变化趋势//中央气象局气象科学研究院天气气候研究所. 全国气候变化会议文集. 北京:科学出版社:26-35.

张志华,吴祥定. 1992. 采用青海两个树木年轮年表重建局地过去降水的初步分析.应用气象学报,**2**(1):61-69.

赵文武,吕一河,郭雯雯,等. 2006. 陕北黄土丘陵沟壑区NDVI与气象因子的相关分析. 水土保持研究,**13**(2):112-114.

郑大玮,妥德宝. 2000.内蒙古阴山北麓旱农区综合治理与增产配套技术. 呼和浩特:内蒙古人民出版社.

中央气象局气象科学研究所. 1975. 我国华北及东北地区近五百年旱涝演变的研究//气候变迁与

超长期预报文集.北京:科学出版社:164-170..

周天军,等.2014.中国地球气候系统模式研究进展:CMIP 计划实施近 20 年回顾.气象学报,(5):
892-907.

朱诚.2012. 全球变化科学导论.南京:南京大学出版社.

朱大运,王建力. 2013. 青藏高原冰芯重建古气候研究进展分析. 地理科学进展,32(10):
1535-1544.

朱海峰,王丽丽,邵雪梅,等. 2004. 雪岭云杉树轮宽度对气候变化的响应. 地理学报,159(6):
863-870.

朱海峰,郑永宏,邵雪梅,等. 2008. 树木年轮记录的青海乌兰地区近千年的温度变化.科学通报,53
(15):1835-1841.

朱洪山,张巽. 1992. 44 万年以来北京地区石笋古温度记录.科学通报,20:1880-1883.

竺可桢. 1979. 中国历史上气候之变迁//竺可桢文集.北京:科学出版社:58-68.

卓正大,胡双熙,张先恭,等. 1978. 祁连山地区树木年轮与我国近千年(1059—1975)的气候变化.
兰州大学学报,2:141-157.

Briffa K R,Jones P D,Schweigrube F H, *et al*. 1995. Unusual twentieth century summer warmth in
a 1000-year temperature record from Siberia. *Nature*,**376**:156-159.

Briffa K R. 2000. Annual climate variability in the Holocene: interpreting the message of ancient
trees. *Quaternary Science Reviews*,**19**:87-105.

Charney J. 1979. Carbon Dioxide and Climate:A Scientific Assessment. Washington,DC:National-
al Academy of Sciences.

Claussen M,*et al*.2002. Earth system models of intermediate complexity:closing the gap in the
spectrum of climate system models. *Climate Dynamics*,**18**(7):579-586.

Cook E R,Bird T,Peterson M,*et al*. 1992. Climatic change over the last millennium in Tasmania
reconstructed from tree rings. *The Holocene*,**2**(3):205-217.

Cook E R,Buckley B M,D'Arrigo R. 1996. Inter decadal climate variability in the Southern Hemi-
sphere:Evidence from Tasmanian tree rings over the past three millennia. In:Jones PD,Bradley
RS, Jouzel J(eds) Climate Variations and Forcing Mechanisms of the Last 2000 Years. NATO
ASI Series,Vol. 141,Springer-Verlag,Berlin,141-160.

Cook E R,Buckley B M,D'Arrigo R D,*et al*. 2000. Warm-season temperature since 1600 BC recon-
structed from Tasmanian tree rings and their relationship to large-scale sea surface temperature
anomalies. *Climate Dynamics*,**16**:79-91.

Coplen T B,Winograd I J,Landwehr J M,*et al*. 1994. 500000-year stable carbon isotopic record
from devils hole,Nevada. *Science*,**263**:361-365.

D'Arrigo R D,Jacoby G C,Free R M. 1992. Treering width and maximum latewood density at the
North American tree line:parameters of climatic change. *Canadian Journal of Forest Re-
search*,**22**(9):1290-1296.

Edwards P N. 2010. A Vast Machine: Computer Models, Climate Data, and the Politics of Global Warming. Cambridge, MA: MIT Press.

Fleitmann D, Burns S J, Mudelsee M, *et al*. 2003. Holocene Forcing of the Indian Monsoon Recorded in a Stalagmite from Southern Oman. *Science*, **300**(5626):1737-1739.

Frappier A, Sahagian D, González L A, *et al*. 2002. EI Niño Events Recorded by Stalagmite Carbon Isotopes. *Science*, **298**(5593):565.

Fritts H C. 1976. Tree rings and climate. London: Academic Press.

Gates W L. 1992. AMIP: The atmospheric model intercomparison project. *Bulletin of the American Meteorological Society*, **73**(12): 1962-1970.

Gramelsberger G. 2010. Conceiving Processes in Atmospheric Models—General Equations, Subscale Parameterizations, and Super parameterizations. *Studies in History and Philosophy of Modern Physics*. **41**: 233-241.

Gullett D W, Skinner W R. 1992. The state of Canada's Climate: temperature change in Canada 1895—1991. A State of Environment Report. Ottawa: Supply and Services Canada. SOE Report No. 2:36

Guttman N B. 1998. Comparing the palmer drought index and the standardized precipitation index. *Journal of the American Water Resources Association*, **34**(1):113-121.

Guttman N B. 1999. Accepting the standardized precipitation index: A calculation algorithm. *Journal of the American Water Resources Association*, **35**(2): 311-322.

Hertel T W, Lobell D B. 2014. Agricultural adaptation to climate change in rich and poor countries: current modeling practice and potential for empirical contributions. *Energy Economics*, **46**: 562-575.

ICSU,1992. IGBP Global Changes Report, No. 19.

Ji L, Peters A J. 2003. Assessing vegetation response to drought in the northern great plains using vegetation and drought indices. *Remote sensing of Environment*, **87**(1):85-89.

Johnson D R, and Arakawa A. 1996. On the Scientific Contributions and Insight of Professor Yale Mintz. *Journal of Climate*, **9**:3211-3224.

Lamb H H. 1965. The early medieval warm epoch and its sequel. *Palaeogeography, Palaeoclimatology*, **1**:13-37.

Linderholm H W, Gunnarson B E. 2005. Summer climate variability in west central Fennoscandia during the last 3600 years. *Geografiska Annaler*, **87**(A1): 231-241.

Lobell D B, Naylor R L. , and Field C B. 2014. Food, Energy, and Climate Connections in a Global Economy. *The Evolving Sphere of Food Security*: 239.

Manabe S, and Kirk B. 1969. Climate Calculations with a Combined Ocean—Atmosphere Model. *J. Atmospheric Sciences*, **26**: 786-789.

Manabe S, *et al*. 1979. A Global Ocean—Atmosphere Climate Model with Seasonal Variation for

Future Studies of Climate Sensitivity. *Dynamics of Atmospheres and Oceans*, **3**: 393-426.

Manabe S, and Wetherald R T. 1967. Thermal Equilibrium of the Atmosphere with a Given Distribution of Relative Humidity. *J. Atmospheric Sciences*, **24**: 241-259.

Mintz Y. 1965. Very Long－Term Global Integration of the Primitive Equations of Atmospheric Motion. //WMO－IUGG Symposium on Research and Development Aspects of Long－Range Forecasting, Boulder, Colo. , 1964. (WMO Technical Note No. 66), edited by World Meteorological Organization [also published in American Meteorological Society Monographs **8** (1968): 20-36], pp. 141-55. Geneva: World Meteorological Organization.

Mitchell J, Murray J. 1968. Causes of Climatic Change. (Proceedings, VII Congress, International Union for Quaternary Research, Vol. 5, 1965). *Meteorological Monographs*, **8**(30).

Parker M L, Henoch W E S. 1971. The use of Engelmann spruce late wood density for dendrochronological purposes. *Canadian Journal of Forest Research*, **1**(2): 90-98.

Piervitali E, Colacino M. 2001. Evidence of Drought in Western Sicily During the period 1565－1915 from Liturgical Offices. *Climate change*, **49**(1/2):225-238.

Schulman E. 1958. Dendroclimatic changes in semiarid America. Tucson: University of Arizona Press.

Schweingruber F II, Briffa K R. 1996. Tree-ring density networks for climate reconstruction//In: Jones P D, Bradley R S, Jouzel J (eds). Climatic Variations and Forcing Mechanisms of the Last 2000 Years. NATO ASI Series, Series I: Global Environmental Change. Berlin: Springer-Verlag: 43-66.

Serre-Bachet F. 1994. Middle ages temperature reconstructions in Europe. A focus on northeastern Italy. *Climatic Change*, **26**:213-224.

Slingo J M, *et al.* 1996. Intraseasonal oscillations in 15 atmospheric general circulation models: results from an AMIP diagnostic subproject. *Climate Dynamics*, **12**(5): 325-357.

Smagorinsky J. 1970. Numerical Simulation of the Global Circulation//In Global Circulation of the Atmosphere, edited by G. A. Corby, pp. 24-41. London: Royal Meteorological Society.

Smagorinsky J. 1983. The Beginnings of Numerical Weather Prediction and General Circulation Modeling: Early Recollections. *Advances in Geophysics*, **25**: 3-37.

Solomon S, *et al.* 2007. IPCC, 2007: summary for policy makers. Climate change: 93-129.

Steffen W, *et al.* 2006. Global change and the earth system: a planet under pressure. Springer Science & Business Media.

Stocker T F, *et al.* 2013. IPCC, 2013: climate change 2013: the physical science basis. Contribution of working group I to the fifth assessment report of the intergovernmental panel on climate change.

Stuiver M, Braziunas T F, Grootes P M. 1997. Is there evidence for solar forcing of climate in the GISP oxygen isotope record? *Quaternary Research*, **48**:259-266.

Till C, Guiot J. 1990. Reconstruction of precipitation in Morocco since 1100 A. D. Based on Cedrus atlantica tree-ring widths. *Quaternary Research*, **33**:337-351.

Villalba R, Grau H R, Boninsegna J A, *et al*. 1998. Tree-ring evidence for long term precipitation changes in subtropical South America. *International Journal of Climatology*, **18**:1463-1478.

Wang L, Payette S, Begin Y. 2001. Tree-ring width and density characteristics of living, dead and subfossil black spruce at treeline in arctic Québec. *The Holocene*, **11**(3): 333-341.

Wang Y J, Cheng H, Edwards R L, *et al*. 2005. The Holocene Asian Monsoon: Links to solar changes and North Atlantic climate. *Science*, **308**: 854-857.

White J W C, Gorodetzky D, Cook E R, *et al*. 1996. Frequency analysis of an annually resolved, 700 year paleoclimate record from the GISP2 ice core//Jones P D, Bradley R S, eds. Climatic Variations and Forcing Mechanisms of the Last 2000 Years. Berlin, Heidelberg: Springer Verlag: 501-517.

Wimmer R, Grabner M. 2000. A comparison of tree-ring features in Picea abies as correlated with climate. *International Association of Wood Anatomists*, **21**(4): 403-416.

Yao T D, Thompson L G, Jiao K, *et al*. 1995. Recent warming as recorded in the Qinghai Tibetan cryosphere. International of Glaciological Society. Cambridge UK, *Annals of Glaciology*, **21**: 196- 200.

Yao T D, Thompson L G, Thompson E M, *et al*. 1996. Climate logical significance of δ^{18}O in the north Tibetan ice cores. *Journal of Geophysical Research*, **101**(29): 531-537.

Yin H, Liu H B, Linderholm H W, *et al*. 2015. Tree ring density-based warm-season temperature reconstruction since A. D. 1610 in the eastern Tibetan Plateau. *Palaeogeography, Palaeoclimatology, Palaeoecology*, **426**: 112-120.

Zhang Q, Cheng G, Yao T, *et al*. 2003. A 2326-year tree-ring record of climate variability on the northeastern Qinghai-Tibetan Plateau. *Geophys. Res. Let.*, **30**(14):1739-1741.

Zielinski G A, Mayewski P A, Meeker L D, *et al*. 1994. Record of Volcanism Since 7000 B. C. from the GISP2 Greenland Ice Core and Implications for the Volcano-Climate System. *Science*, **264**:948-952.

第8章
中国气候变化及其影响、减缓与适应

8.1　中国气候变化的事实与特征

《IPCC 第五次评估报告》指出，全球气候变化程度要比以往认识的更加严重：1880—2012年，全球陆地表面平均温度呈线性上升趋势，升幅高达 0.85℃，其中1983—2012年是北半球自 1400 年以来最热的时段。随着气温的上升，全球气候系统表现出了明显的变化，如雪盖和冰川退缩、海平面升高、海水热容量增加、大气和海洋环流系统发生变化以及极端天气气候事件增多等(Stocker,2013)。中国地处欧亚大陆东部，东临太平洋，西北深入亚洲内陆，受海陆分布的热力影响极为明显，各种气候要素均表现出明显的季节变化和复杂的空间分布。近百年来，各气候要素均表现出了明显的变化特征。

8.1.1　中国气候总体变化特征

8.1.1.1　地表气温变化特征

(1)近 100 年变化特征

近 100 年来我国地表气温呈明显上升趋势，升幅高达 0.99 ℃，增温速率略高于20 世纪全球平均增温速率(丛爱丽 等,2012)，见图 8.1，并伴随着明显的年代际波动。20 世纪 10—20 年代和 50—80 年代气温偏低，其中前一段偏冷明显；20 世纪 30—40年代和 80 年代中期后气温偏高。1901—2011 年间气温最高值和次高值分别出现在2007 年和 1998 年，最低值和次低值分别出现在 1910 年和 1912 年。

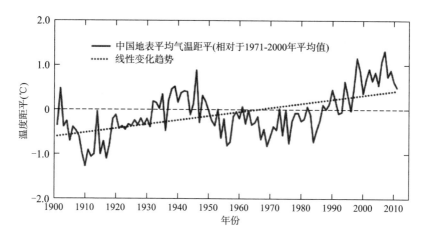

图 8.1　1901—2011 年中国地表平均气温距平变化(中国气象局气候变化中心,2011)

(2)近 50 年变化特征

近 50 年来,中国地表年平均气温呈显著上升趋势(图 8.2),升高速率为
0.29 ℃/10a;20 世纪 80 年代中期之前中国年平均气温大都低于多年平均值,且在较
小范围内波动,随后出现明显上升趋势,尤其是 1997 年后,中国年平均气温持续高于
常年值。中国地表年平均最低气温呈显著上升趋势,升高速率为 0.4 ℃/10a,高于年
平均气温的上升速率;80 年代中期之前上升较慢,随后升温明显加快。中国地表年
平均最高气温呈缓慢上升趋势,速率为 0.2 ℃/10a,低于年平均最低气温和年平均气
温的上升速率,90 年代之前变化相对稳定,随后呈明显上升趋势。

从图 8.2 中的气温距平变化曲线可以看出近 50 年来中国四季平均气温整体呈
上升趋势,但增温幅度不同。全国冬季气温上升趋势最为明显,春季次之,秋季增温
趋势较小,而夏季增温最不明显。同时,春季、夏季、秋季的波动均较平稳,冬季波动
幅度较大。

(3)近 50 年的区域分布特征

1961—2011 年中国七大区域年平均气温变化如图 8.3 所示。东北地区地表平均
气温上升趋势高于全国平均,平均每 10 年升高 0.30 ℃,1987—2009 年的平均气温持
续高于常年值。华北地区地表平均气温变化特征与东北类似,平均每 10 年升高
0.30 ℃。西北地区地表平均气温上升趋势与全国平均相当,平均每 10 年升高
0.22 ℃,20 世纪 90 年代以前变化较缓慢,之后升温速率明显提高。华中地区地表平
均气温呈缓慢上升趋势,每 10 年升高 0.15 ℃,年代际变化特征与华东类似。华南地
区平均气温变化趋势与华东地区相似,20 世纪 90 年代前变化较稳定,之后上升趋势
明显,每 10 年升高 0.15 ℃。西南地区平均气温变化较缓,每 10 年增温 0.14 ℃。

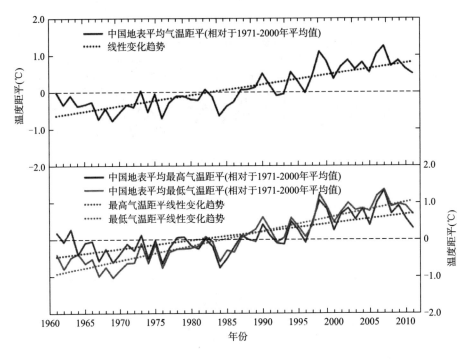

图 8.2 1961—2011 年中国平均地表气温距平变化(中国气象局气候变化中心,2011)

(对应彩图见第 430 页彩图 8.2)

同时,在全国范围内,1951—2002 年间除局部地区有较小的气温下降趋势外,其他地区均呈上升趋势。北方(秦岭、淮河一线以北地区)和青藏高原的部分地区年平均气温呈明显上升趋势,但西南地区北部,包括四川盆地东部和云贵高原北部年平均气温呈下降趋势。从季节性看,北方和青藏高原,除了塔里木盆地,其他地区一年四季气温都普遍上升;东北地区,除秋季外,其他季节增温都较明显;西北地区的内蒙古全年性增温都较明显,新疆冬季增温明显;青藏高原秋、冬季的增温显著(任国玉 等,2005)。

8.1.1.2 降水量变化特征

(1)近 50 年变化特征

1961—2011 年,中国平均年降水量稍有增加趋势(图 8.4),年际变化明显。年降水量最高的年份分别是 1973 年、2010 年、1990 年和 1998 年,年降水量最低年份分别是 2011 年、2004 年、1986 年和 1968 年。

(2)近 50 年的区域分布特征

1961—2011 年中国七大区域年降水量变化如图 8.5 所示。东北地区平均年降水量无明显增减趋势,但年际变化明显。华北、华东、华中、华南和西北地区平均年降水

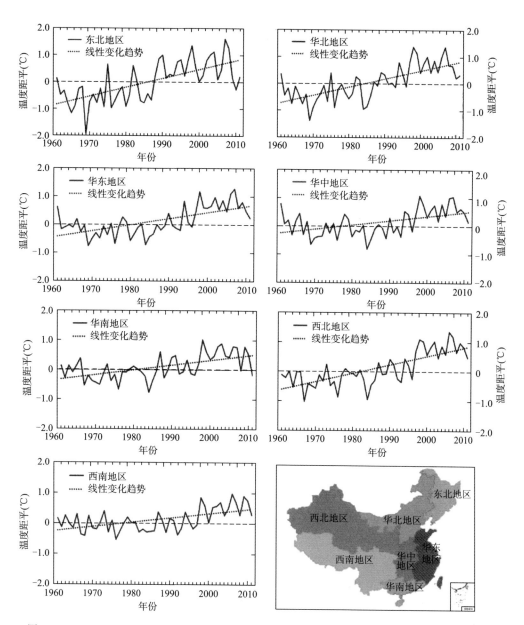

图 8.3 1961—2011 年中国各区域地表年平均气温距平变化(中国气象局气候变化中心,2011)

(对应彩图见第 431 页彩图 8.3)

量变化相对稳定,无明显趋势,也表现出较大的年际变化。西南地区平均年降水量呈明显下降趋势,2001 年后下降趋势更加显著。

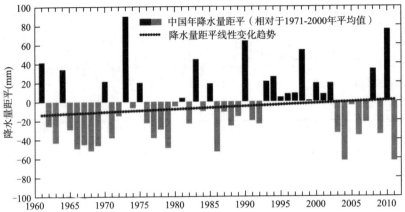

图 8.4　1961—2011 年中国平均年降水量距平变化(中国气象局气候变化中心，2011)

（对应彩图见第 432 页彩图 8.4）

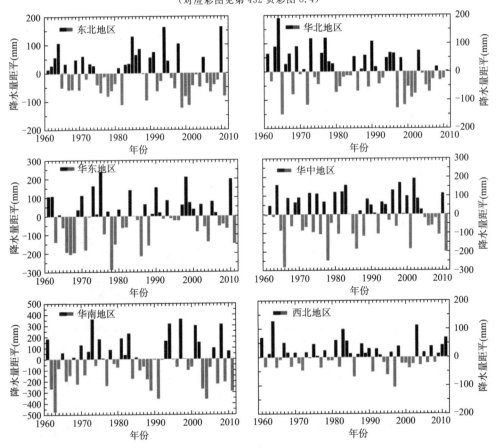

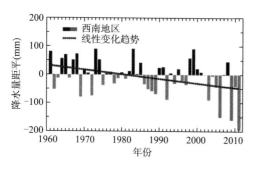
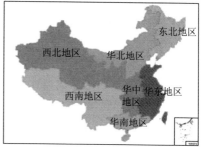

图 8.5　1961—2011 年各区域年降水量距平变化(中国气象局气候变化中心,2011)

(对应彩图见第 433 页彩图 8.5)

　　七大区域整体的年平均降水量无明显增减趋势,但具体地区呈现着不同的变化趋势。如图 8.6 所示,全国范围内,山西、陕西交界地区、东北部分地区、内蒙古东部地区、四川中部地区和兰州及云南东部地区的降水呈较明显下降趋势;西部大部分地区、西南西部、长江中下游和东部沿海地区,年降水量均呈现不同程度的增加,其他地区降水呈微弱的下降趋势或变化不明显。

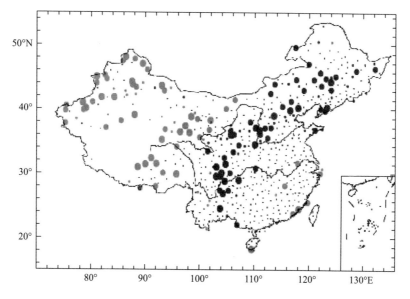

图 8.6　1951—2010 年中国年降水量的变化趋势(陆龙骅 等,2013)

(红色圆点为降水有减少趋势,绿色圆点为降水有增加趋势,圆点的大小分别对应于显著性水平达 0.01,0.05 和 0.10;小黑点表示该站的年降水量无显著的时间变化趋势)

(对应彩图见第 434 页彩图 8.6)

从季节性上看,冬季降水趋于减少的区域包括内蒙古、华北、东北南部和新疆东部。其他地区降水趋于略微增加趋势或变化不明显;春季降水趋于增多的区域包括西南地区、青藏高原东部、东北南部,但华中和华东大部分地区降水呈减少趋势;夏季降水变化趋势空间分布与年降水量变化相似,但西南西部降水趋于减少,青藏高原高值区向西迁移,长江中下游降水增多趋势更加明显;秋季东部大多地区降水趋于减少或变化不明显,但西部降水呈一定的增加趋势(任国玉 等,2005)。

8.1.1.3 其他要素变化

(1)日照时数

1951—2009 年中国日照时数总体上呈明显减小趋势,变化速率为−33.3 h/10a,且年际变化明显。日照时数从 20 世纪 50 年代初期开始上升,分别在 50 年代中期和 60 年代中期形成两个波峰,日照距平值在最高年份(1963 年)和次高年份(1965)年分别为 218 h 和 205 h,60 年代中期后,日照时数距平开始下降,90 年代中期略有回升,但到 21 世纪初又呈下降趋势。1963—1993 年间日照距平下降最为剧烈,变化速率为−80.2 h/10a(图 8.7)。

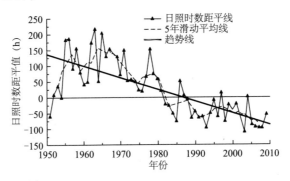

图 8.7 1951—2009 年中国平均年日照时数距平变化(虞海燕 等,2011)

1961—2009 年各季日照时数均呈下降趋势,但存在明显的年际变化。春季日照总体变化幅度为−4.5 h/10a,20 世纪 50 年代初到 70 年代中期呈上升趋势,70 年代中期到 90 年代初期明显减少,90 年代初期到 2009 年呈小幅度回升趋势(图 8.8a)。夏季日照总体变化幅度为−14.2 h/10a,对全国年日照变化的贡献最大,变化曲线呈开口向下的抛物线形,60 年代中期为最高峰(图 8.8b)。秋季日照总体变化幅度为−9.2 h/10a,80 年代初期之前,日照年际间波动剧烈,80 年代中期到 2009 年日照距平以负值为主,年际间波动小(图 8.8c)。冬季日照总体变化幅度为−12.5 h/10a,仅次于夏季变化,60 年代初到 90 年代初呈下降趋势,90 年代初到 90 年代中后期呈增加趋势,但整体距平以负值为主,之后到 2009 年又呈明显下降趋势(图8.8d)。

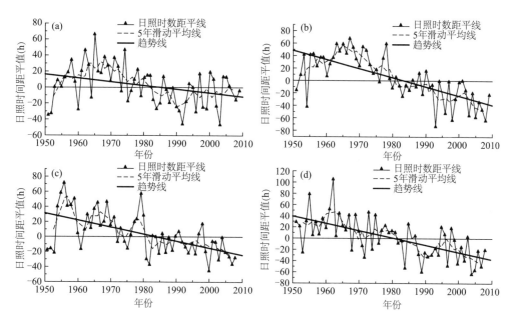

图 8.8 全国四季日照时数距平变化:(a)春季,(b)夏季,(c)秋季,(d)冬季(虞海燕 等,2011)

(2)相对湿度

1961—2011 年,中国年平均相对湿度无明显上升或下降趋势,1989—2006 年为高值年份,2006 年后偏低(图 8.9)。区域上,年平均相对湿度在南方地区没有显著变化,在北方大部分地区呈减小趋势,特别是东北和华北地区,而在南疆和青藏高原地

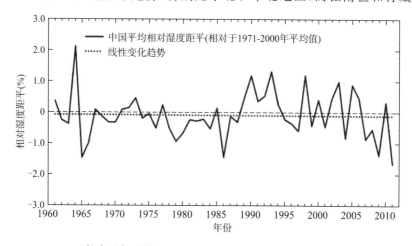

图 8.9 1961—2011 年中国年平均相对湿度距平变化(中国气象局气候变化中心,2011)

区则呈上升趋势。季节上,冬季,青藏高原、南疆地区以及河南、陕西、湖南、江西大部地区相对湿度明显增大,四川盆地稍有减小,东北地区稍有增大;春季,中国东部相对湿度减小,青藏高原与南疆地区显著增大,东北地区变化不明显;夏季,河北北部、山西北部和内蒙古东部相对湿度减小,其余地区变化不明显;秋季,东北东南部、天津、河北、山西、四川东部、重庆、新疆西北部、青海、内蒙古西部相对湿度减小,其余地区变化不明显(卢爱刚,2013)。

(3)近地表风速

1961—2011年中国平均风速总体呈显著的下降趋势,平均每10年下降0.17 m/s。但在20世纪90年代中期之后,下降趋于缓和。2011年我国平均风速为近50年来的最低值(图8.10)。

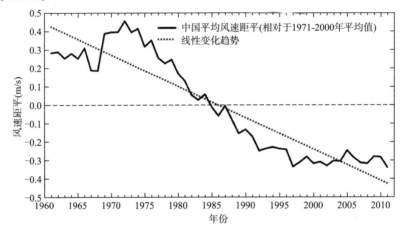

图8.10　1961—2011年中国年平均风速距平变化(段春峰,2009)

1956—2005年,从全国年平均风速变化趋势的分布来看,西部、北部和东部风速呈递减趋势,只有中部地区呈递增趋势(图8.11)。

(4)云量

1961—2011年中国年平均总云量呈明显下降趋势,平均每10年下降0.06成,但20世纪90年代中期后,出现缓慢上升趋势(图8.12)。空间分布上,1960—2009年间,中国绝大部分总云量呈减少趋势,20世纪70年代末期之后趋势最为明显,长江以南、华南沿海地区、新疆西部、内蒙古最西部地区云量变化较平稳,无显著变化趋势(徐兴奎,2012)。低云是大气中云底高度最低,最易受地表和大气热量影响的云体,也是产生地表降水的主要云体之一。低云量减少的区域主要集中分布于长江流域以北、东北北部和青藏高原地区,且20世纪70年代中期之后减小趋势最为显著;增多的区域集中分布于长江以南、新疆和东北中部地区;变化稳定的区域较小且分布零散(图8.13)。

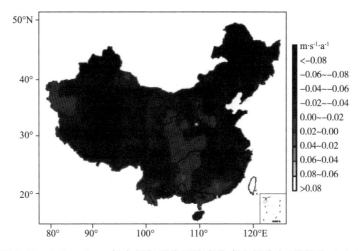

图 8.11 1980—2009 年中国年平均风速变化率空间分布(熊敏栓,2015)

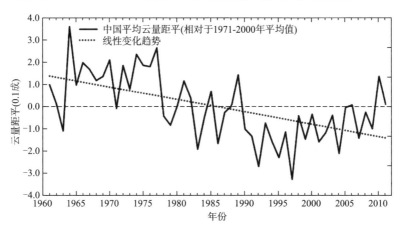

图 8.12 1961—2011 年中国平均总云量距平变化(中国气象局气候变化中心,2011)

(5)雾和霾

雾是指大量微小水滴浮游空中,使水平能见度小于 1.0 km 的天气现象;霾是大量极细微的干尘粒等均匀地浮游在空中,使水平能见度小于 10.0 km,造成空气普遍混浊的天气现象。雾霾天气的频繁出现,不仅使公路、水路和机场的能见度降低,还会加重城市空气污染,而霾还会威胁人体健康,降低农作物产量和品质(史军 等,2010)。中国雾日数的地域性分布非常明显。年平均雾日数高值区包括四川盆地、湖南和福建(40~60 d),云南西南部、重庆、长三角地区、陕西中部和晋北与河北交界处(20~50 d)。年平均霾日数高值区包括广东西部、广西东北部、河南北部、陕西中部

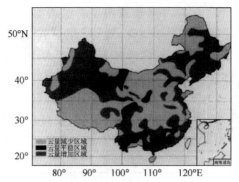

图 8.13　中国低云量变化趋势空间分布(徐兴奎,2012)

和华北地区(25～40 d)。

1971—2010 年,中国年均雾日数总体呈减少趋势,变化速率为−2.2 d/10a,具有明显的年代际波动:20 世纪 70 年代初至 80 年代末,年均雾日数较常年值偏高,虽年际间波动剧烈,但无明显趋势;90 年代之后,年均雾日数明显偏少并呈显著减少趋势(图 8.14a)。中国年均霾日数总体呈增加趋势,变化速率为 1.4 d/10a,也具有明显的年代际波动:20 世纪 70 年代至 90 年代,年均霾日数较常年值稍低,21 世纪以来霾日数呈显著增加趋势(图 8.14b)。

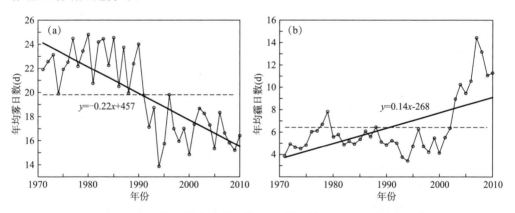

图 8.14　1971—2010 年平均中国雾日数(a)和霾日数(b)年际变化(孙彧 等,2013)

8.1.1.4　极端气候事件变化

(1)高温和低温事件及气温极端值

1961—2011 年,我国共发生 188 次区域性高温事件,其中极端高温事件 21 次、严重高温事件 39 次、中度高温事件 70 次和轻度高温事件 58 次。1961 年以来,区域性高温事件频次增多,年代际和年际变化明显,20 世纪 90 年代末以来为高温事件频发期,极端高温事件频次最高值出现在 1963 年(8 次),但 1993 年以来发生区域性高温事件频繁(图 8.15)。

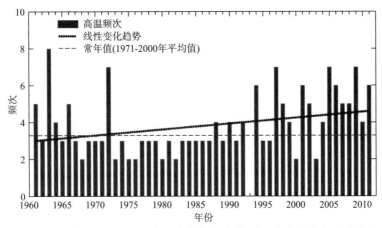

图 8.15　1961—2011 年中国区域性高温事件频次变化(中国气象局气候变化中心,2011)

1961—2011 年间,我国共发生 184 次区域性低温事件,其中极端低温事件 19 次,严重低温事件 34 次,中度低温事件 73 次,轻度低温事件 58 次。1961 年以来,区域性低温事件频次显著减少,1987 年之前为低温事件频发期,之后为低发期。低温事件频次最高值出现在 1969 年和 1985 年(均为 8 次),频次最低出现在 1973 年、1975 年、1990 年、1992 年、1998 年、2002 年、2003 年和 2011 年(均为 1 次)(图 8.16)。

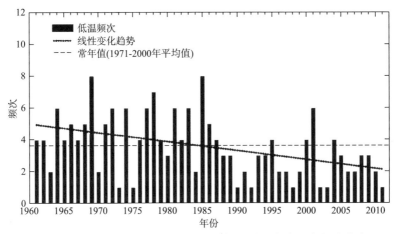

图 8.16　1961—2011 年区域极端低温事件频次变化(中国气象局气候变化中心,2011)

1956—2008 年,最高和最低气温的极大值与极小值都以波动形式上升(图 8.17)。最低气温极小值上升最明显,速率高达 0.6 ℃/10a,其次是最高气温极小值,速率为 0.4 ℃/10a,趋势较缓慢的最低与最高气温极大值上升速率分别为 0.2 ℃/10a 和 0.1 ℃/10a。同时,最高(低)气温极小值在 20 世纪 80 年代中期后变化开始明显,而极大值在 90 年代中期后才迅速升高;最低气温和最高气温极小值自 21 世纪以来常处于平稳甚至下降势态,而最低气温和最高气温极大值在 21 世纪以后仍保持在较高水平上。

气温极端值也具有明显的季节性。1955—2005 年间,极端高温在春、夏、秋和冬季的增温幅度分别为 0.12、0.13、0.23 和 0.26 ℃/10a;极端低温在春、夏、秋和冬季的增温幅度分别为 0.53、0.35、0.55 和 0.74 ℃/10a(张宁 等,2008)。

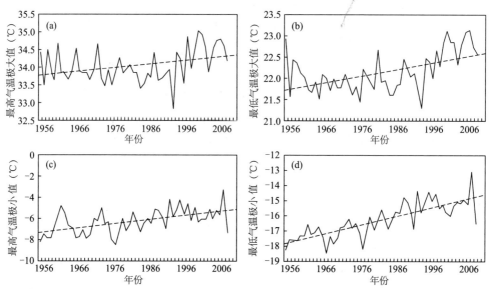

图 8.17 1956—2008 年中国气候极值指数的时间演变:(a)极端最高气温,即最高气温极大值(TXx);(b)最低气温极大值(TNx);(c)最高气温极小值(TXn);(d)极端最低气温,即最低气温极小值(TNn)(周雅清 等 2010)

极端最高气温在大部分地区为上升趋势,华北北部和新疆北部上升趋势较明显,高于 0.4 ℃/10a,东北南部、华北平原、长江中上游和西南地区为下降区域(图 8.18a)。最低气温极大值呈下降趋势的区域与极端最高气温的相一致,但范围有所缩小,呈上升趋势的区域范围有所扩大(图 8.18b)。极端最低气温上升趋势更强烈,范围也更大,全国大部分地区都呈上升趋势,且速率都在 0.5 ℃/10a 以上,东北、华北和西北地区中北部以及新疆北部上升速率更是高于 1.0 ℃/10a(图 8.18d)。最高气温极小值在全国绝大部分地区都呈上升趋势,尤其是北方、长江中下游和西南地区西部,上升速率都高于 0.4 ℃/10a,只有极少数站点下降(图 8.18c)。总之,北方地区极端气温极大值都有较明显上升趋势,而长江中下游和西南地区有下降趋势;极小值则在全国范围内都有明显升高趋势,极端最低气温上升尤其显著。

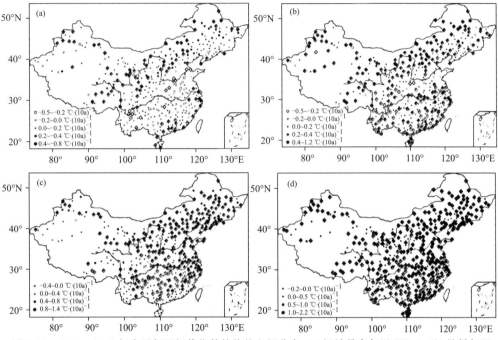

图 8.18 1956—2008 年中国气温极值指数趋势的空间分布:(a)极端最高气温(TXx);(b)最低气温极大值(TNx);(c)最高气温极小值(TXn);(d)极端最低气温(TNn)(周雅清 等,2010)

(2)强降水和暴雨事件及降水极端值

1961—2011 年,我国共发生 367 次区域性强降水事件,其中极端强降水事件 36次,严重强降水事件 73 次,中度强降水事件 147 次,轻度强降水事件 111 次。1961 年以来,我国区域性强降水事件频次呈微弱的增加趋势,并伴有明显的年代际变化,1995 年发生频次最高(14 次),1988 年发生频次最少(2 次),20 世纪 80 年代后期至90 年代区域性强降水事件频次较高(图 8.19)。

暴雨是我国主要天气灾害,具有突发性、频发性和持续性的特点。1956—2008年间,全国平均暴雨日数变化整体呈较弱的上升趋势,变化速率为 0.02 d/10a,最高值与最低值分别出现在 1998 年和 1978 年。1956—1978 年,全国暴雨日数有减小趋势,之后直到 1998 年,呈增多趋势,1998—2004 年后又有下降,之后又转为上升趋势。空间上,1956—2008 年北方多数站点年暴雨日数呈减少趋势,而南方多呈增加趋势,全国范围内暴雨日数增加的站点占 56.9%,呈减少趋势的占 40.1%。

局地持续性暴雨是指单站逐日降水量连续三天或三天以上均大于等于 50 mm,

或单站逐日降水量连续五天中有四天均大于 50 mm(鲍名,2007)。我国持续性暴雨多发于夏季(6—8月),其中6月高达221站次居于首位;秋季(9—10月)发生次数比春季(4—5月)较多;冬季(12—翌年2月)发生次数极少(图8.20)。全年我国持续性暴雨主要集中在江南的湖北东部、安徽中南部、江西中北部、福建北部、浙江西南部地区和华南的广东、广西、海南地区(图8.21a)。针对降水集中的夏季,6月,我国局地持续性暴雨多发在江南地区,华南较少,北方不发生;7月,持续性暴雨多发于长江流域和华南地区,其中长江流域暴雨次数和范围要小于6月的江南地区暴雨,华南地区以广西南部居多,广东南部暴雨则主要发生在6月;8月,持续性暴雨多发于华南沿海地区,北方地区也有发生(图8.21b~d)。

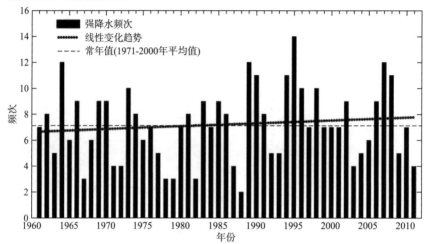

图 8.19 1961—2011 年中国区域性强降水事件频次变化(中国气象局气候变化中心,2011)

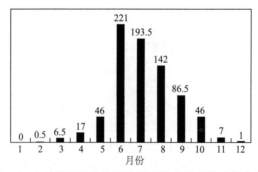

图 8.20 1951—2005 年我国局地持续性暴雨发生总次数季节分布(鲍名,2007)

(3)干旱事件

干旱是对人类社会影响最严重的气候灾害之一,具有频率高、时间长、范围广的

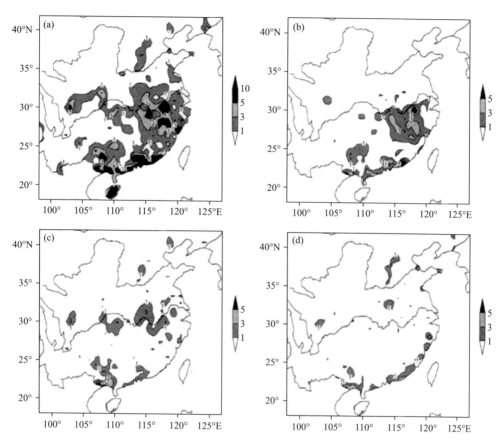

图 8.21 1951—2005 年我国局地持续性暴雨发生总次数地理分布:(a)全年;(b)6 月;(c)7 月;(d)8 月(鲍名,2007)

特点。干旱高频和高强度的发生,不仅会给国民经济尤其是农业生产带来巨大损失,还会引发水资源短缺、荒漠化加剧以及沙尘暴频发等问题。1961—2011 年,我国共发生 157 次区域性气象干旱事件,其中极端干旱事件 16 次,严重干旱事件 31 次,中度干旱事件 63 次,轻度干旱 47 次。1961 年以来区域性干旱事件频次呈上升趋势,并具有明显的年际变化,20 世纪 90 年代干旱事件偏少,21 世纪后明显偏多(图 8.22)。近 60 年,我国四季均有变干趋势,其中春、秋季变干的趋势最明显:20 世纪 60 年代以来,全国春季有变干趋势,2000 年后更为明显;夏季在 2004 年后开始出现变干趋势;秋季从 80 年代开始有变干趋势,1996 年后显著;20 世纪 60 年代以来,冬季开始变干,但不显著(李伟光 等,2012)。

我国干旱发生程度具有明显的空间差异。综合气象干旱指数 I_c 可以表示干旱强度,取值越小表明干旱程度越严重,从 1951—2006 年的全国 I_c 变化趋势来看,全国绝大部分地区都出现变干现象,其中东北和华北地区趋势明显(图 8.23)。东北地区干旱面积变化趋势为 2.31 ％/10a,华北地区为 2.50 ％/10a,干旱趋势十分明显,2001年东北和华北地区干旱面积为历年最大值,分别为 58.9％ 和 62.7％;西北地区东部干旱面积没有明显增减,但 90 年代中后期至 21 世纪初期出现过大范围的干旱现象;西北地区西部、长江中下游、华南和西南地区的干旱面积也没有显著变化趋势,但存在着明显的年代际变化;青藏高原地区的干旱面积呈减少趋势,速率为−2.4 ％/10a,90 年代至 21 世纪初减少趋势明显(邹旭恺 等,2008)。

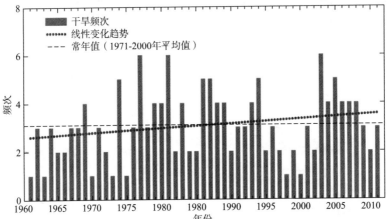

图 8.22　1961—2011 年中国区域性气象干旱事件频次变化(中国气象局气候变化中心,2011)

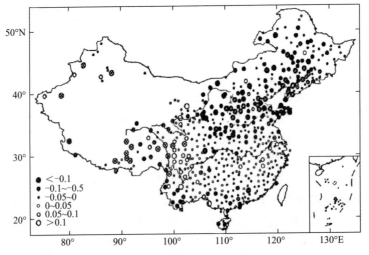

图 8.23　1951—2006 年干旱指数 I_c 变化趋势空间分布(单位:1/10a)

("×"号表示通过 95％信度检验)(邹旭恺 等,2008)

（4）台风

台风是形成于热带或副热带海面温度高于26 ℃的广阔海面上的热带气旋,在给内陆地区带来降水与热量的同时,也会造成暴风雨等严重灾害事件。我国南起东南沿海、北至辽宁半岛的沿海地带常受台风袭击,且大多内陆省份也会受到直接或间接的影响。登陆我国的台风具有年际变化大、登陆月份集中、影响范围广（登陆广东最多）和极端风雨强（台湾影响最重）的特点（薛建军 等,2012）。

1951—2011年,西北太平洋和南海产生的台风呈减少趋势,年际变化明显,生成最多的年份为1967年,次多年份有1965、1971、1974和1994年,发生最少的年份为1998年,次低年份为2010年;1995年以来处于台风活动频次偏少的年代际背景（图8.24）。登陆我国的台风频次变化趋势不明显,但年际变化大,最高值年份为1971年（12个）,最低值年份为1951年（3个）,高低值年份基本与生成台风的一致。台风登陆中国比例（生成台风/登陆台风）呈明显上升趋势。

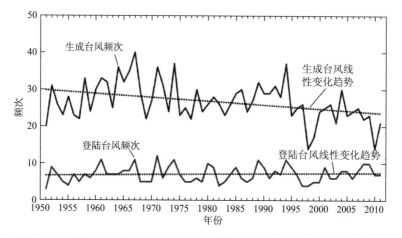

图8.24 1951—2011年西北太平洋和南海产生台风频次变化（中国气象局气候变化中心,2011）

（5）沙尘暴

沙尘暴是指强风把地面大量沙尘物质吹起卷入空中使空气混浊到水平能见度小于1 km的天气现象,与扬沙和浮尘共称为沙尘。我国沙尘暴绝大多数在北方地区,北方又以西北地区最多,多发区主要分布在两大区域:以和田和民丰为中心的南疆盆地及其附近地区,以甘肃河西走廊（民勤）为中心的河西走廊、阿拉善高地至腾格里沙漠地区;另外华北地区和青海柴达木盆地也是两个较多发区域（黎耀辉,2004）。

从全国平均沙尘年际变化看,我国沙尘天气的年际发生日数总体呈波动减少趋势（图8.25）。20世纪50年代沙尘暴天气发生日数最多,1954年高达4.34天,60年代前期略有降低,之后增加,80年代开始又呈减少趋势,90年代最少。从区域上看,青藏区沙尘暴日数减少速率最大,1954—2000年间变化速率为−0.53 d/a,其次是南疆变化速率为−0.42 d/a(王式功 等,2003)。

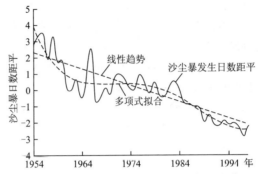

图8.25 1954—1998年我国沙尘暴年发生日数距平年际变化(丁瑞强 等,2003)

8.1.2 不同区域气候变化特征

8.1.2.1 东北地区气候变化特征

东北地区位于我国大陆东北部,地处欧亚大陆东缘,西、北、东三面环临大兴安岭、小兴安岭和长白山山地,中间向南为广阔的东北平原,属温带季风气候,冬季寒冷漫长,盛行西北风,夏季暖湿短促,盛行夏季风。1961—2005年东北地区年平均气温变化在2.45～5.72℃之间,年平均气温在波动中显著上升,增温率为0.38℃/10a,明显高于全国平均气温的增温率(0.22℃/10a)(贺伟 等,2013)。年降水量变化在430.4～678.7 mm之间,年降水量在波动中呈不显著下降趋势,速率为−5.71 mm/10a,与全国平均年降水量变化趋势相同(贺伟 等,2013)。1961—2009年,日照时数呈波动减少趋势,速率为40.5 h/10a,年日照时数最大值出现在1967年(2785.0 h),最小值出现在2003年(2344.2 h)。20世纪60—70年代为日照时数偏多时段,80年代至21世纪初期为偏少时段(周晓宇 等,2013)。

东北地区气温上升幅度较大的地区位于大兴安岭、小兴安岭及松嫩平原大部分地区,升温中心位于黑龙江省中部(幅度为0.66 ℃/10a);增温幅度较小的地区为辽河平原、长白山南部及辽东平原(贺伟 等,2013)。年降水量大多地区呈减少趋势,减少较明显的地区主要为辽东半岛及长白山南段,呈增加趋势的地区主要有呼伦贝尔高原、大兴安岭北部、松嫩平原和长白山中段。东北地区年日照时数呈自西向东逐渐减少的经向分布。年日照时数除在黑龙江北部地区及吉林中部偏南地区呈增加趋势外,其余大部分地区均呈减少趋势,尤其是吉林北部地区减少趋势最为明显,变化幅度在100 h/10a以上(周晓宇 等,2013)。

8.1.2.2 华北地区气候变化特征

华北地区地处北半球中纬度,北靠内蒙古高原、东临渤海、西面和南面以黄河为界,区域大、地形复杂,属暖温带半干旱半湿润大陆性季风气候。1957—2006 年,华北地区年均气温整体呈显著上升趋势,速率为 0.3 ℃/10a,并存在较大的年际波动。前 20 多年,年均气温上升趋势并不明显,后 20 多年上升加剧,与全球气候变暖特征一致。华北地区各地增温幅度不一致:南部增温偏小,只有 0.1～0.2 ℃/10a 左右,低于全区平均水平;中部增温在 0.3～0.4 ℃/10a 间,接近并超过了全区平均水平;北部增温超过了 0.4 ℃/10a,最大值高达 0.71 ℃/10a(荣艳淑 等,2008b)。

1957—2006 年,华北地区平均年降水量呈非常显著的下降趋势,速率为 −16.7 mm/10a,并伴有显著的年际波动特征。20 世纪 50 和 60 年代降水较多,2000 年之后,降水量逐渐出现负向波动,而后逐渐趋于平均水平(张皓 等,2010)。季节间的降水量年际变化趋势差异很大,春季总体略呈上升趋势,而夏季总体呈明显的下降趋势,并具有较大的年际间波动,秋季降水量总体变化相对平稳;冬季平均降水量变化与春季相似,但总体呈更明显的上升趋势(张皓 等,2010)。华北地区降水变化空间分布的总体特征是北部减少程度最小,中南部偏大,在半湿润区和湿润区的减少幅度要大于在干旱和半干旱区的幅度(荣艳淑 等,2008b)。

1961—2010 年,华北平原年日照时数总体呈明显减少趋势,速率为 −93.4 h/10a,为同期全国平均减少速率的两倍多。在季节上,日照时数在夏季减少的最明显(−39.9 h/10a),其次是冬季(−12.7 h/10a)、秋季(−18.3 h/10a)和春季(−12.7 h/10a)(陈红梅 等,2012)。可能蒸散量具有东北部偏少、西部偏大、中南部居中的特征,但其变化趋势是东北部增大,西部变化不明显,中南部减少。华北地区年相对湿度由东南向西北逐渐减小,大部分台站湿润度显著下降,有全区性干旱特征(荣艳淑 等,2008b)。1957—2006 年,华北地区全区风速均呈减少趋势,50 年代平均值为 3.03 m/s,21 世纪降低到 2.42 mm/s(荣艳淑 等,2008a)。

8.1.2.3 西北地区气候变化特征

西北地区深居中国内陆腹地,地形地貌极其复杂,属温带暖温带干旱和半干旱气候,日照长、风速大、气候资源丰富(黄小燕 等,2011)。1961—2011 年,西北地区平均气温上升趋势与全国平均相当,每 10 年增温 0.29 ℃,1998 年以后平均气温持续高于常年平均值。1951—2000 年间,年降水量距平百分率在波动中上升,1986 年前以负距平为主,之后以正距平为主,1986 年跃变前降水量距平百分率平均为 −1.8%,之后为 3.4%(于淑秋 等,2003)。

1960—2009 年,西北地区年日照时数呈显著的减少趋势,速率为 −13.6 h/10a,

2000 年以来减少趋势更为明显,速率高达 -72.4 h/10a(黄小燕 等,2011)。西北大部分地区年日照时数呈减少趋势,主要包括新疆大部分地区、柴达木盆地周围、河西走廊、关中平原及秦巴山地,且以新疆中部、关中平原和秦巴山地最为突出。

1960—2009 年西北地区年平均风速为 2.41 m/s,呈明显下降趋势,速率为 -0.09 m/s/10a,并呈现出阶段性变化,1981 年前以正距平为主,之后以负距平为主(黄小燕 等,2011)。西北地区绝大部分风速变化呈减少趋势,且西部地区的减小率大致高于东部,以新疆大部地区、青海大部地区及河西走廊等最为明显,甘肃定西大部地区、甘南藏族自治州少部分地区及新疆的最西端乌恰附近近 50 年的风速呈增加趋势。

8.1.2.4 华东地区气候变化特征

华东地区位于长江下游三角洲的东亚季风区,是我国的重要经济区(周伟东等,2009)。1961—2005 年,华东地区多年平均气温为 16.2 ℃,最高值和最低值分别出现在 1998 年(17.4 ℃)和 1969 年(15.4 ℃)。该区近 50 年的温度呈显著上升趋势,速率为 0.21 ℃/10a,近 20 年的升温趋势更加显著,速率高达 0.57 ℃/10a(周伟东 等,2009)。1961—2005 年,平均气温在四季均有不同程度的上升,其中冬季最显著,趋势倾向率为 0.40 ℃/10a,春季次之,趋势倾向率为 0.25 ℃/10a,夏季最不明显,趋势倾向率仅为 0.027 ℃/10a。

华东地区靠近我国东部海岸,受季风和登陆台风的影响,夏季降水丰沛,年降水量远大于北方大部分和其他内陆省份。1957—2006 年,华东年降水量有增加趋势,且存在明显的年代际变化特征:1970 年前年降水量持续偏低,70 年代开始增多,年际差异也随之增大,80 年代之后,平均年降水量开始高于历年平均值,年际变化也随之减小,尤其是 90 年代以后,年降水量持续高于历年平均值;2000 年开始又有减少趋势(白爱娟 等,2010)。空间上,华东全区年降水量主要表现为增加趋势,尤其是中部的江西和安徽,趋势系数大于 0.2(通过 90% 以上的信度检验)。

华东地区近年来,随着城市化和工业化的迅速发展,雾霾已成为影响该区经济发展和城市环境的重要因素。1961—2007 年间,雾日数呈先增加后减少的变化特征,其中 1961—1980 年期间,雾日数以 4.6 d/10a 的趋势显著增加,1981—2007 年期间,以 5.2 d/10a 的趋势显著减少(史军 等,2010)。华东霾日数以 2003 年最多(32.5 d),1964 年最少(1.0 d)。过去 47 年霾日数呈现出逐渐增多的变化特征,1961—2000 年以 3.5 d/10a 的趋势较平稳增加,2001—2007 年急剧增加(史军 等,2010)。季节上,华东霾日数在四季都表现为增加趋势,春季和秋季,霾日数增加较为明显。

8.1.2.5 华南地区气候变化特征

华南地区处于我国南端最低纬度处,北部为山区丘陵,南部为沿海平原和三角洲,地理位置优越。该区属热带和中南亚热带气候,气候温暖、热量丰富、降水充沛(李勇 等,2010)。1961—2011 年间,华南地区年均气温增温率在 0.05～0.41 ℃/10a 间,平均速率为 0.15 ℃/10a,20 世纪 90 年代前变化较稳定,之后上升趋势明显(中国气象局气候变化中心,2011)。从空间上看,华南地区年均温气候倾向率由东南向西北递减,广西大部、广东北部、福建北部西北地区增温不显著,海南、广东大部和福建中部地区增温显著。

1961—2011 年华南年降水量变化相对稳定,无明显趋势,但年际间变化较大。空间上,年降水量气候倾向率整体表现为略微增加趋势,广东中部和东部、福建大部、海南西部和南部的年降水呈增加趋势,其中广东惠来、广州和汕尾一带及福建上杭、东山和福鼎一带最明显;广西大部、广东台山、高要和信宜一带及海南海口、琼中一带年降水呈减少趋势(中国气象局气候变化中心,2011)。华南地区近 48 年来的暴雨降水频数在波动中上升,速率为 0.18 次/10a,趋势并不明显(张维 等,2011)。空间上,年暴雨降水频数在两广地区的东南和西部呈增加趋势,其中广西西部较明显,增加速率在 0.20 次/10a 以上。同期的暴雨降水量也呈波动上升趋势,速率为 16.57 mm/10a。

1981—2007 年,华南地区日照时数在 1220～2553 h,平均值为 1719 h,比 1961—1980 年平均值下降了 162 h。1981—2007 年,华南地区日照时数气候倾向率只在琼中、琼海、三亚和陵水为正,其余地区均为负,福建长汀、平潭、崇武、上杭一带,广东增城、高要、台山一带,海南海口,广西玉林、来宾、台山一带的年日照时数减少趋势最明显(李勇 等,2010)。

8.1.2.6 西南地区气候变化特征

西南地区是世界上地形最复杂的区域之一,世界上海拔最高、地形最复杂的青藏高原、云贵高原、横断山脉和四川盆地等构成了该区地貌的主要特征。1961—2005 年,西南地区年平均气温呈上升趋势,变化趋势为 0.156 ℃/10a,低于同期全国的增温速率。秋冬季平均气温上升趋势较明显,速率分别为 0.172 ℃/10a 和 0.279 ℃/10a,春季和夏季的增温较为缓慢(尹文友,2009)。西南地区年平均气温上升最明显的地区在西藏、四川西南部、滇西北、滇中及以南地区;而四川东北部及云南北部与四川的交界处存在气温下降的趋势,并有明显的降温中心(尹文友,2009)。

1961—2005 年西南地区年平均降水量呈弱的下降趋势,速率为 −1.15 mm/10a。四季中,秋季降水量下降趋势较明显,速率为 −9.06 mm/10a,是对年降水量减少的最主要贡献,其他季节表现为弱的上升趋势(尹文友,2009)。近45年来西南地区东部降水量基本表现为下降的趋势,而西部基本为上升趋势,基本表现为西高东低的形势,特征是西部高海拔地区不同季节均表现为增加趋势,而四川东部、云南东部、重庆、贵州及广西东南大部季节均表现为减少趋势。

1961—2009年,西南地区年均日照时数呈显著降低趋势,速率为—31.9 h/10a,年际变化经历了20世纪60年代的增加,1970—1990年的持续降低及之后的上升。整体上,西南地区年和季节日照时数1990年前呈降低趋势,此后转为增加趋势,并且夏季的降低幅度最为显著(杨小梅 等,2012)。空间上,西南地区80%的区域年均日照时数在1961—2009年均表现为降低趋势,降低区主要位于四川盆地、横断山脉和云贵高原,而西藏高原的少数地区表现为降低或增加不显著趋势。

8.1.2.7 华中地区气候变化特征

华中地区北起秦岭、淮河,南至南岭,全区位于中亚热带和北亚热带,绝大部分属于长江流域。1961—2005年间,华中地区年平均气温上升了0.54 ℃,速率为0.12 ℃/10a,除夏季气温有微弱下降趋势外,冬、春、秋季的气温均呈不同程度的升高,其中冬季升温速率最大,高达0.286 ℃/10a。年际上,年平均气温、冬季气温的上升主要出现在20世纪80年代中期以后;空间上,年平均气温在区域中部地区的升温速率最为明显,南北次之,西部不明显甚至略有下降趋势。总体看,年平均气温在湖北的上升速率最高,高达0.15 ℃/10a。近50年来,华中地区年降水量呈微弱的增加趋势,速率为18.6 mm/10a。同期的日照时数呈显著下降趋势,速率为—68.6 h/10a;夏季和冬季下降最为明显,速率分别为—41.4和—19.3 h/10a(中国气象局气候变化中心,2011)。

8.2 气候变化对中国的影响

气候变化对中国的影响正日渐显著地表现在自然、社会、经济、政治和生活各个方面。根据中国的实际情况,分析气候变化对自然生态系统和社会经济系统的可能影响,正确理解气候变化影响的深度和广度,对提出相应的适应及减缓对策具有重要意义。

8.2.1 气候变化对陆地生态系统的影响

以气候变暖为标志的全球环境变化已经发生并将继续影响人类赖以生存的生态环境,如森林面积减小、土地退化与荒漠化、水土流失、自然灾害加剧等。气候变化对中国的陆地生态系统如农业生态系统、森林生态系统、草原生态系统都已经产生了重要影响。

8.2.1.1 气候变化对农业的影响

气候变化给中国农业带来的影响表现为正反两个方面(刘晓冉 等,2008)。在北方地区,全球变暖对小麦的生长有益,但是在已经处于小麦生长最佳温度的区域,小麦产量将受到负面影响(马建国 等,2006)。未来气候变化将对我国农田生态系统产生显著的影响。气候变化对农田生态系统的影响不仅是单向的,农田生态系统对气候变化同样具有调节作用,如水稻田对地球大气层中甲烷的增加贡献达 10%～15%(田红 等,2006)。气候变化对农业种植制度、农田管理、粮食产量等都产生了重要影响。

(1)气候变化对农作物生长发育和产量的影响

当年平均温度增加 1℃时,全国≥10℃的积温的持续日数可以延长 15 d(杨尚英,2006),但在品种不变的情况下,气温升高将导致作物发育期缩短(Wang et al,2013),气候变化对农业的影响最终会表现在对农作物产量的影响上。气候变化对农作物产量的影响,在一些地区是正效应,在另一些地区是负效应,且气候变化导致作物产量波动幅度加大(刘颖杰 等,2007)。未来气候变化情景下,我国南方部分地区双季稻(早稻、晚稻)的生长期会有所缩短,产量可能会有所下降,但幅度不是很大,早稻受气候变化的影响较大(张建平 等,2005),华北地区的冬小麦受气候变化的影响较大,估计未来 100 年内华北地区冬小麦的生长期平均缩短 8.4 d,平均减产 10.1%(张建平 等,2007)。但是,气候变化对黑龙江地区的大豆生产却产生一定的积极影响,已有的研究结果表明,该地区大豆随着气候变暖,生育期有所提前,且单产随着生长季平均气温的升高而增加(姜丽霞 等,2011)。

(2)气候变化对农业种植制度的影响

一个地区多年所形成的种植制度是当地的气候、土壤等自然条件和经济文化、种植习惯等一系列社会经济条件综合平衡的结果,其中气候条件的影响最为明显,而气候条件中又以温度影响最为显著。未来气候变化对中国种植制度的界限将会产生一定影响。当 CO_2 浓度倍增,温度升高时,中国的一年一熟制界限大约可以向北推移 200～300 km。一年两熟制和一年三熟制界限将向北推移 500 km 左右(李淑华,1992)。在品种和生产水平不变的前提下,我国的一熟制种植面积由当前的 63% 下降为 34%,二熟制种植面积由 24.2% 变为 24.9%,三熟制种植面积由当前的 13.5% 提高到 35.9%(张厚瑄,2000)。在全球气候变化背景下,我国北方地区≥0℃积温增加,年降水量呈减少的趋势,种植北界明显北移西扩,种植界限变化敏感区域内因种植模式改变带来单位土地面积周年作物产量增加(李克南 等,2010)。到 2011—2040 年和 2041—2050 年,气候变化将会造成全国种植制度界限不同程度北移,冬小麦种植北界北移西扩、热带作物种植北界北移(杨晓光 等,2011)。

（3）气候变化对农田管理、土壤质量、病虫害等的影响

气候变暖后，农药的施用量将增大。随着气候变暖，作物生长季延长，昆虫在春、夏、秋三季繁衍的代数将增加，而冬温较高也有利于幼虫安全越冬，温度高还为各种杂草的生长提供了优越的条件。因此，气候变暖将会加剧病虫害的流行和杂草蔓延（杜华明，2005），这些对农田的管理和病虫害治理都会带来不利的影响。气候变暖后，土壤有机质的微生物分解将加快，化肥释放周期缩短，这意味着需要施用更多的肥料来满足作物的生长条件，而肥料的增加施用，将会降低土壤的质量。

8.2.1.2　气候变化对森林生态系统的影响

人类活动所引起的温室效应及由此造成的全球气候变化和对全球生态环境的影响正越来越引起人们的关注。作为全球陆地生态系统一个重要组分的森林对未来气候变化的响应更是人们关注的重点。森林生态系统是地球陆地生态系统的主体，它具有很高的生物生产力和生物量以及丰富的生物多样性（刘国华 等，2001）。

气候变化对我国森林生态系统生产力、树种物候期、土壤碳氮循环过程都会产生一定的影响。中国森林生产力的分布主要取决于气候环境中的水热条件，气候变化后中国森林生产力变化率的地理分布格局与森林第一性生产力的地理分布格局相反，呈现从东南向西北递增的趋势（刘世荣 等，1994）。

物候是反映气候变化对植物发育阶段影响的综合性指标。冬季和早春的温度升高使春季提前到来，会对需要在早春完成其生活史的林下植物产生不利影响，甚至会无法完成其生命周期，这都可能会导致森林生态系统结构和物种的改变（王叶 等，2006）。温度上升会使我国的木本植物春季物候期提前（郑景云 等，2003）。

森林生态系统维持着丰富的生物多样性，然而在全球气候条件不断改变的情况下，物种的有效生境及其种群数量都将会受到严重影响，甚至造成森林生态系统物种的大规模灭绝（李伟 等，2014）。特别是温带的高纬度和北温带森林所受影响最大，许多物种60％以上的栖息地将受到严重的影响（刘国华 等，2001）。对于许多珍稀濒危物种来说，其一旦发生灭绝，整个过程就无法发生逆转。此外，气候变化不但会引起物种多样性的改变，也会造成生态系统和基因水平的多样性的损失（时明芝，2011；於琍 等，2008）。另一方面，外来有害入侵种往往具有较强的适应能力，它们更能适应强烈变化的环境条件而处于有利地位。因此，气候变化的结果可能促使这些外来物种更加容易侵入到森林生态系统中并竞争排斥本土物种，从而导致森林生态系统生物多样性水平的整体降低（李伟 等，2014）。

8.2.1.3　气候变化对草地生态系统的影响

内蒙古草原是中国重要的草地生态系统，处于欧亚大陆草原带的中部，是西北干旱区向东北湿润区和华北旱作农区的过渡地带,受降水量递减、气温和太阳辐射量递增的影响,从东至西依次分布温带草甸草原、温带典型草原和温带荒漠草原。气候变化已经给内蒙古草原带来了巨大的影响,加之该地区自然条件严酷、社会和经济条件复杂,使得该地区已经成为对全球气候变化相应的敏感带。

在全球变暖的大背景下,内蒙古地区的年均气温呈普遍升高的趋势,其中以冬季升温幅度最大(尤莉 等,2002;陈辰,2012),导致牧区干旱化加剧,草原旱灾的出现概率增大,持续时间变长,草地土壤侵蚀危害严重,土地肥力降低,在干旱气候与荒漠化、盐化的作用下,草地初级生产力下降,草地景观呈荒漠化趋势,退化草地面积已占全区可利用草地面积的 45% 左右(刘兴汉 等,2003)。此外,气候变化也会引起土地利用类型的变化,但是土地利用类型变化而引起的草地面积增加并不意味着可利用草地面积的增加。

研究表明,内蒙古近 20 年蒸发量和土壤水分的变化趋势基本相反,蒸发量从 1985 年左右开始迅速增加,到 20 世纪 80 年代末达到最大,而土壤水分在此期间大幅度减少;90 年代初蒸发量减少,土壤水分增加,1992 年左右蒸发量降到最低值,土壤水分达到次高值;之后,蒸发量呈增加趋势,而土壤水分基本呈减少趋势(侯琼 等,2006)。水分是内蒙古大部分草地植被生长的限制因素,温性草地植被以中、旱生植物为主,在生长季节可以得到比较充分的水分供应,但水分分配节律变异较大,有时需经过自身的争取,才能保证植物正常的生长发育(任继周,2006)。

气候变化对草原土壤的有机质含量也会产生直接的影响,对土壤有机质的影响主要是通过以下两个方面:第一,通过影响植物生长,改变每年回归土壤的植物碎屑量;第二,改变植物碎屑的分解速率。在前一过程中,大气中 CO_2 浓度增加,其施肥效应和抗蒸腾效应将提高植物生产力,植物碎屑量相应增加,使土壤集聚更多的碳,若大气中 CO_2 浓度加倍,这两种效应可提高 30% 甚至更多,温度升高也会加强这两种效应;后一过程中,则因气温升高,降水增加,而提高植物碎屑分解速率(于贵瑞,2003)。

根据在内蒙古锡林郭勒草原区锡林河流域的研究表明(程迁 等,2010),受气候变化影响,锡林河流域未来的土壤碳储量会减少,固碳潜力呈下降趋势。土壤中的氮素的含量对草原的植被组成和植物群落的生产力有着重要的影响,当前的气候变化对草原土壤氮素含量也产生了重要的影响,气候变化通过对草原土壤氮素含量产生影响,进而对草原的植物群落和植被组成产生一定的影响。

受气候变化和人类活动的影响,内蒙古草原退化十分明显,20 世纪 80 年代和 50 年代相比,草原的植被组成已经发生了重要的变化,主要变化为草原 50%～70% 的高草群落和密草群落变成了低矮和稀疏的草原群落。人类的生产活动如过度开垦、放牧等活动已经对草原产生了重要的影响,主要改变着草地的覆盖状况,干扰植物的生

长和土壤养分流动,进而影响着草地生态系统的结构和功能。

模拟研究表明,未来气候变化情景下,内蒙古西部大部分地区及东部小部分地区各时段草地生产力呈降低趋势,东北部大部分地区则呈上升趋势;草甸及典型草原草地生产力呈增加趋势,但其变率随时段的推移呈增加趋势。荒漠草原和草原化荒漠草地生产力呈减少趋势,其中荒漠草原草地生产力的变率随时段推移呈现降低的趋势(陈辰 等,2013)。

草原是牧区畜牧业得以存在和发展的基础,草地植被的生产力直接决定着草地的牧草生产,是草地载畜能力的基础;而气候变化作为草原畜牧业可持续发展的重要环境因素,对草原畜牧业的影响是多方面的,主要表现在影响牧草生产力、载畜量及幼畜成活率等方面。气候作为重要的外部环境因素,对草原生态系统的变化起着重要的作用,而草原正是牧区畜牧业得以存在和发展的基础。因此,气温、降水、极端天气事件等方面的气候变化势必影响到牧区畜牧业的发展,进而影响整个牧区社会经济的可持续发展(尹燕亭 等,2011)。

8.2.2 气候变化对海岸带生态系统的影响

气候变化所引起的海温升高、海平面上升和大面积冰川融化等现象将会对海岸带形成巨大影响。这些影响因素包括海平面上升、海水表层温度上升、海水入侵、海岸带侵蚀和风暴潮等。海岸带作为全球变化的敏感地区,全球气候变化对其影响是多方面的,从不同的尺度上看来,这些影响有着不同的体现。

我国是海洋大国,拥有 18000 km 的大陆岸线和 14000 km 的岛屿岸线。我国海岸带区域人口密集,经济发达,占陆域国土面积 13% 的沿海经济带,承载着全国 42% 的人口,创造全国 60% 以上的国民生产总值。海岸带在我国经济战略布局中占有极为重要的地位,维持海岸带资源与环境的可持续发展是国家未来发展的重大战略需求。受气候变化和人类活动的双重胁迫,我国海岸带脆弱性更加凸显。海水入侵、海岸侵蚀和生态系统服务功能下降等直接威胁着海岸防护、社会经济发展和生态安全。气候变化已成为海岸带可持续发展所面临的严峻挑战之一。

气候变化对海岸带造成的影响是巨大的,主要有海平面上升、海温升高、风暴潮、冰川融化等一系列不利影响(图 8.26)。

8.2.2.1 气候变化对珊瑚礁系统的影响

全球气候变化造成了海水表面温度(SST)的升高,这一变化会使珊瑚更为接近其耐热极限。如果在这一进程中出现极端气候,气温升高超过均值,那么珊瑚就会超过其耐热极限,产生白化。全球变暖和海水温度上升是导致世界范围内珊瑚礁大量

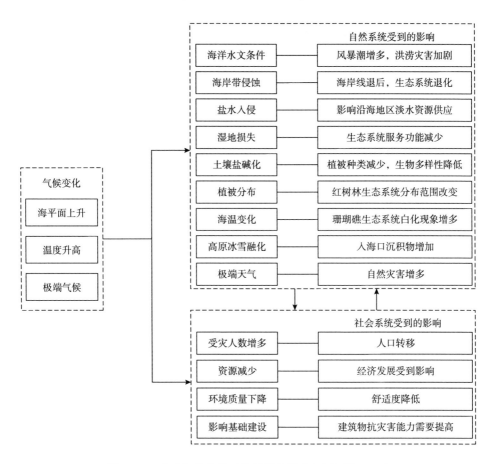

图 8.26　全球气候变化对海岸带的影响(王宁 等,2012)

死亡的主要原因。气候变化对我国不同地区的珊瑚礁生态系统都产生了不同的影响,近 42 年来广西涠洲岛海面温度(SST)与全球气候变暖呈准同步变化趋势,月平均最高 SST 平均值为 30.4 ℃,变化于 29.5～31.1 ℃之间,基本上处于珊瑚生长能适应的温度范围之内,20 世纪 80 年代后期以来,涠洲岛 SST 上升比较明显,5 次≥31 ℃的高温中,有 4 次出现于 1980 年以后。这种持续高温可能会使珊瑚生长处于一种非常敏感的边缘,若再加上其他环境压力则可能导致本区珊瑚礁的退化(余克服等,2004)。全球变暖对珊瑚礁生态系统也有其积极的一面,1962—1993 年,全球变暖、SST 上升对大亚湾滨珊瑚生长有缓解冬季低温胁迫、促进骨骼钙化的作用(陈天然 等,2011)。

8.2.2.2　气候变化对红树林生态系统的影响

红树林是嗜热的植物类群,主要分布在热带和亚热带海岸地区,全球气温的上升可能对红树林有积极影响的一面,如气温升高的影响可能改变其大规模的分布、林分结构与提高原有红树林区的多样性,以及促使红树林分布范围扩展到较高纬度盐湿地区,这会使原先没有红树林的地区变为适宜红树林生长,而原有红树林地区的种类变得更丰富。据报道在我国如果气温升高 2 ℃,则白骨壤的分布最北界将从福建莆田移到浙江温州(陈小勇 等,1999)。在 1981 年以后,浙江省平均气温逐渐升高,变化明显,并有持续升高的趋势,温度的升高,使浙江地区红树林的种植边界北移进而为浙江省引种新的红树品种提供了可能(龚婕 等,2009)。

随着海平面的上升,红树林分布区会朝陆地一方迁移。但此朝陆迁移情况仅仅可能发生在海滩朝陆一方且没有障碍物阻挡的海滩上,然而在我国的大部分红树林区陆岸都筑有海堤,这必将阻挡红树林分布区的迁移。我国红树林沉积速率介于41~57 mm/a,通过红树林沉积速率与当地相对海平面上升速率的比较,认为海平面上升对我国大部分地区红树林不会构成严重威胁,但对当地泥沙来源少、红树林潮滩沉积速率较低的地区会造成严重的影响(谭晓林 等,1997)。

8.2.3　气候变化对湿地生态系统的影响

气候变化常伴随着区域气温及降雨条件等发生变化,对湿地水文、生物地球化学过程、水质与水循环、湿地能量平衡与湿地生态功能等产生较大的影响。湿地水文条件是决定湿地生态过程的关键因子,气候变化引起的地表积水水位变化直接影响湿地植物优势种群结构的演替及氧化和还原环境条件的变化,导致湿地生态过程的变化及温室气体排放强度和时空分布特征等的变化。气候变化对湿地结构和功能的影响还包括营养物质和矿物质的循环及食物链的动态变化等(宋长春,2003)。

湿地水文状况与降雨、气温等气候要素之间是一种非线性的关系,相对较小的降雨和气温变化也会导致水文状况的较大变化(傅国斌 等,2001)。20 世纪 60 年代以来,白洋淀湿地降水量减少了 13.1 %,湿地最高水位下降了 4.76 m,最大水面面积和水量不断减小,干淀频次也越来越高(刘春兰 等,2006)。90 年代以来气温升高、降水量减少、蒸发量增大是黄河源区湖泊湿地水位下降、河流径流量减少以及沼泽湿地退化的主要原因(李林 等,2009)。

气候变化引起湿地退化,将导致湿地动植物生长环境的改变和破坏,使越来越多的生物物种,特别是珍稀生物失去生存空间而濒危和灭绝,物种灭绝使生物多样性降低。在气候变化和人类活动的共同影响之下,洪湖湿地迁徙水鸟的栖息地环境面临威胁。由于极端天气频繁出现,湿地环境和演变经常发生,使洪湖湿地区域内适宜的栖息地越来越少,现在保护区内越冬水禽的种群数量逐年减少(王慧亮 等,2010)。

总之,当前气候变化已对我国湿地生态系统产生了不同程度的影响,而且会随着气候变化程度的加剧,影响也会更加复杂。

8.2.4 气候变化对水资源的影响

水循环是联系地球系统"地圈—生物圈—大气圈"的纽带,是全球变化的核心问题之一。水循环受自然变化和人类活动的双重影响,并决定着水资源形成及与水土相关的环境演变。过去 30 多年,在全球气候变暖背景下,我国北方地区旱情加重,水生态环境恶化,南方地区极端洪涝灾害增多,严重制约了社会经济的可持续发展。未来气候变化将极有可能对我国"南涝北旱"的格局和未来水资源分布产生更为显著的影响,对我国华北和东北粮食增产工程、南水北调水资源配置工程、南方江河防洪体系规划等国家重大工程的预期效果产生不利的影响。

(1)气候变化对径流的影响

中国多年平均年降水总量 61889 亿 m³,其中有 45％转化为地表和地下水资源,55％耗于蒸发量,多年平均年径流总量 27115 亿 m³,地下水资源量 8288 亿 m³。扣除重复计算量,多年平均年水资源总量为 28124 亿 m³,其中河川径流为主要部分,约占 94.4％。气候变暖可能使北方江河径流量减少,南方径流量增大,其中黄河及内陆地区的蒸发量将可能增大 15％左右,会导致旱涝灾害出现频率增加,并加剧水资源的不稳定性与供需矛盾(宁金花 等,2008)。

(2)气候变暖对供需水的影响

气候变暖所导致的流量的改变、暴雨的增加以及水温的升高都会最终给水的供需带来重大影响。在干旱和半干旱地区的西北部,即使是微弱的降水量变化也可能给供水带来巨大影响。在多山流域,高温将降低雨水转化为雪的比率,加快春雪融化的速度,缩短降雪的时间,使春季的径流来得更快、更早,径流量也更大。气候的变化同样对需水产生影响,它可影响大范围水系统的组成,包括水库的运作、水质、水力发电等。

(3)气候变化对冰川消融的影响

气候的变化使我国冰雪覆盖面积减少,冰川退化,明显体现在西北山区的冰川面积不断减少,直接导致我国以冰川为主要补给的河川径流也在不断减少。以气候变化对青海高原冰川影响为例来说明气候变化对冰川的影响。青海高原位于青藏高原的东北部,区内有现代冰川 2965 条,冰川面积 3675 km²,冰储量 2650 亿 m³。冰川面积占全国冰川总面积的 6.19％,占西北冰川总面积的 6.31％,是我国中低纬度地带山岳冰川较多的地区。青海高原山岳冰川具有稳定河川径流和调节作用,是青海高原水资源的重要组成部分。青海高原气候自 20 世纪 80 年代中后期出现由暖干向暖

湿变化,对冰川生存和发展,提供了物质基础和环境条件。据预测到2050年青海高原温度上升2.2~2.6 ℃,降水量增加6%~15%,青海高原现代冰川虽有退缩,但未来冰川不一定消失(樊启顺 等,2005)。

8.2.5 气候变化对其他领域的影响

8.2.5.1 气候变化对三峡大坝的影响

气候变化将导致流域降雨径流关系、水文极端事件的大小和频率发生改变,影响大型水利工程的建设标准、规模和运行规程(贺瑞敏 等,2008)。

三峡工程位于宜昌以上40 km,控制长江流域面积100万km^2,三峡工程建筑由大坝、水电站厂房和通航建筑物三大部分组成,兼有防洪、发电、航运等功能。水库总库容达393亿m^3,可调节防洪库容221.5亿m^3,能有效拦截宜昌以上来的洪水,大大削减洪峰流量,使荆江河段防洪标准从"十年一遇"提高到"百年一遇"。三峡枢纽是目前世界上最大的水电站,装机1820万kW,年均发电846.8亿kWh。

CO_2浓度加倍后,三峡水库以上春季和冬季月降水量增加明显,夏季和秋季略有增加,但各月存在一定差异。在此情景下,三峡地区5—7月洪涝风险增加,对汛期大坝安全、水库管理以及防洪等不利;而枯水期虽然干旱风险指数普遍减小,但个别月份(如1月和2月)降水的不稳定性加大,极端干旱等风险事件发生的可能性会增加,水库调度以及蓄水和发电等效益的发挥将受到不利影响。未来气候情景下,极端干旱或洪涝事件的可能性增加。1—4月由于降水量增加,干旱风险指数基本持平或减小,8月和9月份降水量减少使得洪涝指数略有减小,降水变异系数增大意味着降水的不稳定性加大;5—7月的洪涝风险指数和降水量变异系数均有增加。

气候变化将使长江上游地区年来水量增加,汛期发生洪涝以及枯水期发生干旱的频率可能加大。强降水增加,库区突发的泥石流、滑坡等地质灾害发生概率可能增大,对水库管理、大坝安全以及防洪和抗洪等产生不利影响;枯水期的干旱,将影响水库的蓄水、发电、航运以及水环境。这给三峡水库的调度运行和蓄水发电等效益的发挥带来严峻考验。

8.2.5.2 气候变化对人体健康的影响

以气候变暖为主要特征和趋势的全球气候变化正在加剧人类生存环境的恶化。气候事件本身可直接危害人类的健康和生命安全,而由气候变化引起的生态环境变化可能产生更为广泛的适合媒介生物及病原体滋生的环境,引起疾病分布范围的扩大和流行强度的增强,加剧传染病的传播,引起重大公共卫生和安全问题(周晓农,2006)。

　　未来气候变化及其引起的极端天气气候事件增多对人体健康具有多重影响,但以负面影响为主,包括以下方面:气候变化改变了生态系统,影响自然疫源性疾病的分布和传播。由于自然疫源性疾病的传播媒介和中间宿主的地区分布和数量取决于各种气象因素(温度、湿度、雨量、地表水及风等)和生物因素(宿主种类及病原体变异和人类干预),气候变暖可以增强这些疾病的传播(周启星,2006;杨坤 等,2006)。

　　气候变化加快大气中化学污染物之间的光化学反应速度,造成光化氧化剂的增加并诱发某些疾病。如眼睛炎症、急性上呼吸道疾病、慢性支气管炎、慢性呼吸阻塞疾病、肺气肿和支气管炎哮喘等。此外,暑热天数延长及高温、高湿天气可直接威胁人们的健康,如气温升高使城市热岛效应加剧,空气污染更为严重等,则更加影响人类健康(彭少麟 等,2005)。气候变化可增强紫外线辐射强度,并引起如白内障、雪盲、皮肤病等疾病;气候变化引起水质恶化或洪水泛滥,进而导致一些疾病的流行,如腹泻、霍乱和痢疾等;气候变化引起海平面的升高而发生洪水和风暴潮,会使各种水传播性疾病的发病增加,如钩端螺旋体病、血吸虫病等;同时,食物及营养供给、人口数量增加及经济衰退等也是影响人类健康的重要因素。

8.2.6　气候变化对不同区域的影响

8.2.6.1　气候变化对东北地区的影响

(1)气候变化给东北农业带来新的机遇

　　低温冷害曾是东北农业生产的主要限制因素之一,尤其在该区的东北部,是低温冷害的高发区,一般每隔 3～5 年出现 1 次,常造成农作物大幅度减产(刘玲 等,2003)。由于气候变暖带来了新生的农业气候资源,为作物种植制度的调整提供了可能。目前,吉林省的玉米品种熟期较以前延长了 7～10 d,玉米杂交种北移现象十分突出,生育期长、成熟期晚的玉米种植面积增长迅速(潘铁夫,1998)。又如,黑龙江省水稻种植面积近 20 年来扩展迅速,以前是水稻禁区的伊春、黑河如今也可以种植水稻,至 2000 年黑龙江省水稻种植面积达到 160 多万 hm^2,是 1980 年的 7.6 倍(潘华盛 等,2002)。水稻种植面积的快速发展,一是由于技术进步对粮食生产的促进作用,同时也是人们充分利用了气候变化带来的有利机遇。

(2)气候变化使东北地区湿地和冻土遭到威胁

　　湿地是地球上重要的生态系统之一。中国东北地区的湿地,不仅动植物资源丰富,含有许多的珍稀濒危物种,同时在涵养水源、调节气候、蓄洪防旱等方面也起着重要作用,湿地的存在对中国生物多样性的保护以及维系生态平衡意义重大。近几十年来,由于气候变暖,东北地区的湿地正面临着巨大的威胁。如从 1955—1999 年,三江平原大部分地区的降水平均以每年 20～25 mm 的速度减少,致使许多湿地干涸,湿地生态系统严重退化,而且其中许多退化过程是不可逆的;再如位于松嫩平原的莫莫格湿地,由于1999—2001年3年的连续干旱,加上上游水库的修建和不合理抽取地下水,湿地地表已经完全干涸,2003年地下水水位从3~5 m下降到了12 m左右,大片的芦苇、苔草湿地退化为碱蓬地甚至盐碱光板地(潘响亮 等,2003)。

(3)气候变化使东北地区降水变率增大,极端天气事件增加

黑龙江省是全国主要的变暖省份之一,其近年来所发生的极端天气事件日渐增多,尤其是20世纪90年代以来,洪涝频发。诸如1991年、1994年发生了严重的洪涝,1998年在嫩江、松花江发生了超百年一遇的特大洪水。再如东北的大兴安岭地区,据水文资料记载,仅1987—1991年的5年就发生了3次灾害性较大的洪水,造成土壤流失,河道淤堵,加重了当地应对自然灾害的经济负担(居辉 等,2007)。

8.2.6.2 气候变化对华北地区的影响

(1)水资源紧缺,地下水超采严重

华北地区是我国严重缺水地区之一,人均水资源和单位国内生产总值水资源两者都只有全国平均值的15%左右。目前,淮河水资源利用率有60%左右,黄河为62%,海河高达90%。近50年来,年及各季的水分亏缺量总体呈增加趋势,除春季外,其他季节及年的亏缺量以20世纪90年代为最大。春季,90年代的降水量虽较80年代略有增加,但气温增高导致的蒸发增加量比降水的增加量大,致使春季亏缺量仍呈增加趋势,因此,干旱更为严重、频繁,不利于农作物的生长发育。夏季的水分盈余量逐年代减少,特别是90年代,由于降水偏少、气温高,水分亏缺量显著增大,导致黄河流域河川径流衰减严重。由于地下水的开采严重,华北地区已经形成了较大的漏斗区。天津、塘沽等地都出现了不同程度的地面沉降。地下水过度开采的另一个重要后果就是土壤的盐渍化。大量的开采地下水造成地下水位下降,形成了地下水位的漏斗区,周围的地下水向灌区补给,其后果是不仅灌溉用水带来的盐分无法外排,而且灌区周围侧向补给的地下水中的盐分也在灌区聚集。这样的恶性循环造成了土壤盐渍化的面积不断增大。水资源紧缺还造成河道断流等一系列严重后果(秦大河 等,2005)。

(2)旱、涝、沙尘暴等自然灾害发生频繁

华北地区的春旱较严重,一般春旱高于秋旱,干旱的成灾率高达25%~40%。根据近500年的统计资料,全区发生洪涝的概率可达32%~36%。近30年来,波及整个平原的洪涝灾害就有4次。在全球气候变化的影响下,华北地区干暖化现象日益严重,加之不合理的人为活动,造成了大面积的植被被破坏,加剧了沙化、水土流失、土壤次生盐渍化和土壤物理性质恶化趋势。1990年以来,沙尘暴发生频率和强度呈增多和加强的趋势,严重影响了华北地区特别是城市居民的生活(秦大河 等,2005)。

(3)气候变化对华北地区农作物产生重要影响

气候变化对华北地区农作物产生了重要影响,气候干暖化对作物的生育期、产量构成、需水量等都有一定的影响。以作物需水量为例,气候变暖对不同作物需水量的影响程度不同。其中对冬小麦需水量的影响最大,对棉花的影响次之,对夏玉米的影响最小。当生长期内温度上升 $1\sim4$ ℃时,冬小麦需水量将增加 $2.6\%\sim28.2\%$,相当于 $11.8\sim153.0$ mm;夏玉米需水量将增加 $1.7\%\sim18.1\%$,相当于 $7.2\sim84.1$ mm;棉花需水量将增加 $1.7\%\sim18.3\%$,相当于 $7.9\sim96.2$ mm(刘晓英 等,2004)。

8.2.6.3 气候变化对华东地区的影响

(1)气候变化对居民建筑能源消耗产生影响

全区气温上升对华东地区居民建筑能源消耗产生重要影响,1961—2007 年期间,华东采暖度日呈先增加后减少的变化趋势,制冷度日则呈先减少后增加的变化趋势。预计在 2010—2039 年期间,华东采暖度日将继续减少,制冷度日将继续增加。空间上,整个华东采暖度日在过去 47 年间和未来 30 年间基本都减少,并且北部减少多于南部。制冷度日在过去 47 年间以长江三角洲、浙江东部和福建增加最为明显,在未来 30 年间则以华东中西部增加较多。华东采暖和制冷度日的变化与气温变化密切相关。在过去 47 年间,由于气温升高华东采暖度日减少了 7%,制冷度日增加了 17%。未来 30 年间,华东气温将继续显著升高,采暖度日将减少 8%,制冷度日将增加 30%(史军 等,2011)。

(2)全区自然灾害发生频率增加,环境日益恶劣

华东地区处于海陆交汇处及南北气候过渡地带,生态系统较为脆弱,自然灾害种类较多、频率高、强度大、破坏性严重,是我国 11 个巨灾高风险区之一。主要的自然灾害有热带气旋、风暴潮、洪涝、旱灾、寒潮等。随着全球气候变暖,这些灾害在华东地区发生频率增大且强度和危害性也在增大。华东地区内的河流除钱塘江、甬江、闽江等河流受到相对轻度污染外,其他河流普遍受到不同程度的相对较重污染,尤其以城区河道区和城郊河流污染最为严重,大多数城市市区河道水质下降。华东沿海地区特别是长江三角洲的经济高速增长常常以牺牲环境质量为代价。近年来,虽然局部地区的环境得到改善,但是从总体来说,本区的环境污染的严峻局面没有得到根本的改善,有的地区甚至出现更加恶化的局面(秦大河 等,2005)。

(3)气候变化对该区工业、能源产生不利影响

轻纺工业由于车间需要保持一定的温度,气候变化对该区轻纺工业的车间温度保持带来一定的不利影响,纺织工业由于纺织车间需要保持一定的温度、湿度。温度升高后,需要为此增大成本,温度升高 1 ℃,使纺织工业利润减少 $3\%\sim4\%$,当温度升高 2.5 ℃时,利润将减少 $9\%\sim11\%$。气温升高将使冬季取暖能耗减少,而使夏季降

温能耗增大,在长江三角洲地区,后者大于前者。温度升高 1 ℃,取暖能耗减少 7.1%,降温能耗增加 8.4%。由于人民生活水平提高,本地区冬季取暖、夏季降温日益普及,气候变暖必将使生活耗能明显增大(缪启龙 等,1999)。

8.2.6.4 气候变化对华中地区的影响

(1)气候变化对该地区农业影响复杂

气候变暖,尤其冬季变暖,对华中地区来说低温冷害将有所减轻,同时无霜期将随温度升高而延长,冬麦区冻害大幅度减轻。冬麦区在 20 世纪 50 年代、60 年代和 70 年代初,几乎年年都有不同程度的冻害发生。80 年代以来,由于冬季温度升高明显,冻害次数减少,强度减轻。但霜冻是一种时间尺度很短的农业气象灾害,具体年份的发生可以与时间尺度很长的气候变化趋势相反。事实上,随着生育期长的高产品种的使用,作物本身抗冻性的降低,尽管低温强度有所减弱,但霜冻的危害程度有可能加剧(陆琴琴,2012)。

(2)气候变化对该地区人体健康具有一定影响

未来很长一段时间内,心脑血管疾病在华中地区的多发月份一般为 10 月—翌年 4 月,高峰在 12 月—翌年 2 月,当冷空气或寒潮入侵,特别是入秋首次寒潮到来,冷锋过境、剧烈降温、大风时心血管病患者会增多,同时在酷热天气下也会有高的发病率和死亡率。脑血管病包括脑溢血、脑血栓形成、脑梗死、蛛网膜下腔出血等在春季高温低压时、夏季暑热低压期间都有可能发生,在气温骤降、风力过大,或气候剧烈升温、气压过低时,均有可能出现高峰期。总体而言,暖冬在一定程度上降低了冬季心脑血管疾病的发病率,对心脑血管疾病患者较有利;而夏季高温热浪的增多提高了人们体内的血液黏稠度,致使心脑血管疾病高发期出现向夏季转变的趋势;春秋季节冷暖交替时期依然是心脑血管疾病的多发期(翟红楠 等,2012)。

8.2.6.5 气候变化对华南地区的影响

(1)气候变化对华南地区水资源的影响

华南区域未来地表水资源量将呈增加趋势,与 1961—1990 年平均值相比,2011—2040 年将增加 5.7 %,2041 年至 2070 年将增加 5.0%~7.0%,2071—2100 年将增加 7.0%~9.0%。但流域洪峰流量增大、出现时间提前、重现期缩短;枯水期延长,咸潮影响加重。综合考虑水资源变化、人口和社会经济发展等因素,未来华南区域季节性缺水频率增加,对水资源配置和管理提出了新的挑战(华南区域气候变化评估报告编写委员会,2013)。

(2)气候变化对华南地区社会经济的影响

由于持续高温酷热,水电供应异常紧张,2005 年 7 月 18 日广州市 10 区 2 市主要供水企业供水量达 588 万 t,创下历史新高。广州用电负荷在同日下午 2:00 创下 2005 年的新纪录 728 万 kWh,远超出 2004 年 637 万 kWh 的最高纪录。2006 年 8 月中旬长时间的高温天气使得广东用电形势又趋紧张,其中 8 月 17、18 日两天,广东电网统调负荷连创新高,供电缺口达 200 万 kWh。2009 年广东省高温天气日数创历史新高。受副高和热带气旋外围环流影响,年内广东省共出现 8 次高温天气过程,广州市年高温日数为 35 d,打破了 2007 年 34 d 的历史记录。长时间的高温天气使广州市用电负荷屡创新高,自来水供水量明显上升,火灾频发,汽车自燃、爆胎等事故大增,给全市工农业生产和市民生活带来了严重影响(蔡洁云 等,2011)。

(3)气候变化引发华南地区气象灾害频发

受全球变暖的影响,华南地区气候也明显变暖,引发极端气象事件频繁发生,经济社会受气象灾害的影响也明显加重。20 世纪 90 年代起,气象灾害给广东带来人员伤亡和经济损失呈现上升趋势。气象灾害不仅造成工农业产品减少和直接经济损失,还带来一系列社会问题和生态环境问题。例如,台风、暴雨和长时间降水可引发风、涝灾害,水土流失、山体滑坡和泥石流等灾害。气象灾害破坏自然生态环境将直接或间接影响人类的生产和生活,使经济和社会遭受损失(蔡洁云 等,2011)。

8.2.6.6 气候变化对西南地区的影响

(1)气候变化对西南地区农业的影响

气候变化对西南地区农业的影响是多方面的,主要表现为种植制度、产量、生育期等方面的影响。在未来气候变化的情境下,保持现有品种和生产条件下,重庆地区冬小麦的产量会下降 2 %~5 %,平均为 3 %(张建平 等,2007)。四川盆地日照时数和降水量在减少,气温在升高,日照时数和降水量的减少使生产潜力降低,而气温升高具有增加作用;各类生产潜力在 20 世纪 70 年代都属于高值时期,光温生产潜力在 2006 年达到另一个高值;近十年各类生产潜力平均值均较 20 世纪 70 年代有所减少,盆地平均气温升高 1℃,光温生产潜力增加 6 %,降水量减少 10 %,气候生产潜力减少 1.6 %(王素艳 等,2009)。气温的升高为云南多熟种植制度的增加和冬季农业开发带来了机遇,目前全省冬季农业开发区域和范围扩大,逐步形成南部热区、滇中地区、滇东北和西北地区 4 个冬季农业开发的优势产业带(程建刚 等,2010)。

(2)气候变化对该地区旅游业影响弊大于利

气候变化对西南旅游资源的影响有利也有弊,但弊大于利。对该区的气候资源而言,这种变化是有利的。夏季气温无明显变化,而冬季气温呈明显升高趋势,气温舒适度提高,适宜旅游时间的延长,意味着旅游旺盛期的延长,可能成为该区旅游业经济的增长点。然而,作为我国的"天然植物基因库"和"动物王国",气候变化对西南地区生物物种多样性的威胁是致命的。一方面是经济上的损失,物种多样性的损失

会使该区自然景观黯然失色,使该区旅游环境质量下降,对该区旅游形象造成负面影响,从而影响旅游收入;另一方面,西南地区有很多珍稀物种,它们是弱势群体,对环境变化的适应能力差,气候变化很可能导致珍稀物种的灭绝,这种损失是无可挽回的(杨伶俐 等,2006)。

8.2.6.7　气候变化对西北地区的影响

(1)气候变化对西北地区农业的主要影响

受气候变化影响,西北地区土壤水分和气候生产力发生了较大的变化。20世纪50年代以来,气候变化使黄土高原0~200 cm土壤总贮水量呈减少趋势,土壤干旱趋于加重。而且,0~100 cm土壤贮水量减少更加明显,其占0~200 cm水分含量的比例下降了6~8个百分点。土壤水分以春、秋季节减少最多,夏、冬季节减少较少。与雨养旱作农业区不同,绿洲灌溉农业区除20 cm以上浅层土壤水分呈较明显的下降趋势外,其余各层变化趋势均不明显。20世纪90年代以来,由于气温升高,降水偏少,地表蒸散能力有所加强,黄土高原地区各地土壤水分亏缺值普遍趋于增加。并且,由于地表蒸发能力的季节差异,使夏季土壤失墒较多,水分亏缺值最大(张强 等,2008)。

黄土高原气候生产力1961—2000年平均为7762.1 kg/hm²。但由于气候变暖使西北地区土壤干旱普遍有加重趋势,气候生产力总体呈下降趋势,下降率为10.45 kg/(hm² · a)。其中,20世纪60年代气候生产力最高,90年代最低,70年代和80年代介于两者之间(姚玉璧 等,2005)。

气候变化对西北地区农作物的发育、种植面积、产量等都产生了重要影响。对冬小麦而言,由于秋季增温,其播种期20世纪90年代比20世纪80年代推迟了4~8d。并且,由于受春季温度升高作用,冬小麦春初提前返青,生殖生长阶段提早,全生育期缩短了6~9 d。20世纪90年代与80年代相比,由于温度升高,冬小麦种植北界向北扩展了50~100 km,西伸也比较明显,且从海拔高度1800~1900 m向2000~2100 m扩展,种植面积扩大了10 %~20 %。气候变化对农作物产量和品质也产生一定的影响,1996—2000年相比1986—1990年,甘肃河西各地春小麦的气候产量增加了10%以上。气候变化尤其是气温升高使农作物病虫害如条锈病、白粉病、蚜虫等有发展趋势(张强 等,2008)。

(2)气候变化使该地区沙尘暴趋势减弱

据中国气象局兰州干旱气象研究所分析表明,沙尘暴发生的日数具有显著的年际变化特征,20世纪60—70年代,每年春季中国的平均沙尘日数较多;80年代中期以后,沙尘暴发生日数减少的趋势更加明显,自1985年以后,一直处于平均线以下。即使在沙尘天气过程最为频繁的2001年和2006年,其总体强度依然不超过多年平均值。结合以上西北地区气候变化特征的分析,我们不难看出,随着西北地区温度的升高,且部分区域处于暖干型向暖湿型转变,降水量的增多等,这些气候变化对沙尘暴的发生都具有一定的弱化作用(沈洁 等,2010)。

(3)气候变化对西北地区水资源的影响

气候变化对西北地区水资源的影响虽有明显的地区差异,但总体来讲正面影响大于负面影响;而该地区的需水情况因为近年来人文因素的破坏较大,气候变化对水资源的正面效果仍不能使该地区摆脱需水紧张的情况。针对这种情况,应该继续关注气候变化对该地区水资源的影响,提高人们节水意识,逐步开展水利工程,运用适宜的农业技术,建立更健全的法律法规制度,加快西北生态环境的改善,促进西部大开发(邸少华 等,2011)。

8.3 中国减缓气候变化行动

中国作为《联合国气候变化框架公约》的缔约方和世界最大的发展中国家之一,在可持续发展的框架下,已经制定并实施减缓气候变化的国家战略,开展了一系列相关的规划、研究和引进工作,积极发展我国的减缓气候变化的应对技术,正在为实现《联合国气候变化框架公约》及《京都议定书》中提出的减排目标而努力。

中国减缓温室气体排放目标的实现必须以可持续发展为基本原则,以技术创新为核心手段。减缓应对气候变化的行动也将成为未来推动能源等领域技术创新的主要驱动力。中国应将减缓气候变化的核心技术作为优先领域,加大研发投入,提高自主创新能力。同时加强法律法规建设,通过科学普及和大众媒体,提高公众企业意识。以政府导向、市场驱动、公众参与机制,促进新能源建设,在可持续发展的基础上实现减排计划。建立务实的国际合作体系也是发展技术创新的重要出路之一,通过加强国际间的技术支持,依托经济科研实力强大的发达国家,会更加顺利地实现减缓气候变化的目标。当前,国际合作还有赖于各国尤其是发达国家的政治意愿和诚意,如何建立关于推动合作机会的实施机构,仍然是国际社会面对的重大挑战。在全球应对气候变化的形势下,中国要以可持续发展为原则,将应对气候变化作为长期的重要战略任务,并将其贯穿到经济、贸易、技术和外交等领域,促进国家和平发展,推动中国气候生态环境的改善(《气候变化国家评估报告》编写委员会,2007)。

8.3.1 中国减缓气候变化的战略框架

8.3.1.1 基本原则

中国现在正处于经济快速发展阶段,在经济发展的同时,要将应对气候变化作为中国长期的重要战略任务,在全球应对气候变化目标与义务分担机制的斗争中坚持原则、践行义务、维护权益。中国政府一直奉行坚持《联合国气候变化框架公约》中确立的各项原则,特别是发达国家和发展中国家在应对气候变化问题中承担着共同但有区别的责任,应根据自身的能力,为人类当代和后代的利益保护气候系统。在可持续发展框架下应对气候变化,在采取措施应对气候变化的同时考虑经济发展是至关重要的。

"共同但有区别的责任"的理念萌芽于 1972 年在斯德哥尔摩召开的第一次国际环保大会上,会议呼吁发达国家为环境保护做出主要贡献,同意在国际环境法体制内给予发展中国家特别的、有差别的待遇。1992 联合签署的《联合国气候变化框架公约》中,进一步明确了这一原则。1997 年的《京都议定书》则是以"共同但有区别的责任"原则为基础制定的。目前,该原则已经被认为是国际环境法的基本原则之一。"共同但有区别的责任"具体内容指,由于全球生态系统的整体性,以及考虑到全球环境退化的各种不同因素,国际环境法各主体均应共同承担起保护和改善全球环境并最终解决环境问题的责任,但在承担责任的领域、大小、方式、手段以及时间等方面应当结合各主体的基本情况区别对待(姚天冲 等,2011)。相关研究表明,工业革命以来的人为化石燃料排放已经对大气温度、海洋热容量、海冰覆盖率等气候系统重要因子带来了显著影响,其中历史时期发达国家对气候变化负有 2/3 的责任。仅在 1990—2005 年,发达国家通过国际贸易又将 9.4% 的责任转移到了发展中国家(Wei et al,2011)。减缓全球变化的过程中,必须考虑发达国家对全球环境变化所应承担的历史责任,贸易转移排放及相对于发展中国家绝对的经济和技术优势。发展中国家已经成为全球气候变化带来后果的主要承担者和受害者,而现阶段其排放主要是生存排放和国际转移排放而非发达国家的消费排放,此外还肩负着经济和社会发展及消除贫困的重任。"共同但有区别的责任"原则维护了国际秩序中的公平与正义,有利于发展中国家建设,明确了各国应尽的职责和义务,对减缓全球气候变化意义重大。

可持续发展思想的提出,摒弃了传统的仅基于经济效率原则的发展模式,而探求在经济、社会和环境诸因素间的均衡协调和发展。作为世界上最大的发展中国家,中国政府高度重视可持续发展,已经将可持续发展战略确定为国家的重大发展战略,并以此为基本原则开展减缓气候变化的应对措施。可持续发展思想的逐步建立始于 20 世纪 80 年代,但其既蕴含了古代文明的哲理精华,又加入了现代人类活动的实践总结。1980 年 3 月 5 日,联合国向全世界发出呼吁:"必须研究自然的、社会的、生态的、经济的及利用自然资源过程中的基本关系,确保全球持续发展。"1983 年 11 月,联合国成立了世界环境和发展委员会,委员会成员有来自科学、教育、经济、社会及政治方面的 22 位代表。1987 年,该委员会通过多年研究,经过充分的论证,向联合国大会正式提交了著名的报告——《我们共同的未来》。文中将可持续发展定义为:"既满足当代人的需要,又不危及后代人满足其需要的发展",全面地阐述了人与自然的平衡和人与人的和谐两大主线的内在统一,标志着可持续发展的理论和实践进入到一个全新的历史时期。1992 年,联合国环境和发展大会通过的《21 世纪议程》更是高度凝聚了当代人对可持续发展理论深入认识的结晶。可持续发展必须是发展度、协调度、持续度的综合反映和内在统一,三者缺一不可,并成为衡量和诊断可持续发展健康程度的标识。只有当人类向自然的索取能够同人类向自然的回馈相平衡时;只有当人类为当代的努力,能够同人类为后代的努力平衡时;只有当人类为本地区发展的努力,能够同为其他地区共建共享的努力平衡时,全球的可持续发展才能真正实现(牛文元,2004)。

近年来,中国在保持经济快速稳步增长的同时,为保护生态、环境和促进社会发展与资源相互协调做出了巨大的努力。中国共产党第十八次全国代表大会提出了要大力推进生态文明建设,扭转生态环境恶化趋势。当前和今后的一个时期,中国要加大自然生态系统和环境保护力度,加强生态文明制度建设。面对资源约束趋紧、环境污染严重、生态系统退化的严峻形势,把生态文明建设放在突出地位,融入经济建设、政治建设、文化建设、社会建设各方面和全过程,努力建设美丽中国,实现中华民族永续发展。

8.3.1.2 总体思路和目标

中国政府一直坚信,气候变化问题关系到人类现在的生存环境和未来的发展,应发挥人类的智慧和力量,在可持续发展的框架下,积极制定并实施减缓气候变化的国家战略,将减缓气候变化战略列为各项环境战略之首。中国减缓气候变化的总体思路是:坚持"共同但有区别的责任"及可持续发展原则,坚持科学发展观,在保证中国到 2020 年全面建设小康社会、基本实现工业化以及到 21 世纪中叶基本实现现代化的社会经济目标的前提下,走新型工业化道路,以能源利用效率和改善能源结构为核心,以技术创新为核心手段,发展高效、清洁的化石能源技术、先进核能技术和可再生能源技术,并建立完善的相应供应体系(何建坤 等,2006)。

减缓气候变化是一项长期的战略任务,当前气候变化的主要问题是人类活动过度排放造成的,那么减缓气候变化问题的根本途径就是减少人为碳排放和增加碳吸收,实现排放量的零增长甚至负增长。到 2012 年,中国政府通过调整产业结构、优化能源结构、节能提高能效、增加碳汇等工作,完成了 GDP 能源消耗和二氧化碳排放降低的目标,控制温室气体排放工作取得积极成效。2014 年中国政府工作报告中明确将努力建设生态文明的美好家园作为主要工作目标之一。报告中强调要推动能源生产和消费方式变革,加大节能减排力度,控制能源消耗总量,2014 年能源消耗强度要降低 3.9% 以上,二氧化硫、化学需氧量排放量都要减少 2%。除了短期的减排目标,在政治经济"三步走"的发展战略基础上,中国政府也提出了相应的 2020 年和 2050年的分阶段的减缓气候变化的中长期战略目标(丁一汇 等,2009)。

2020 年的战略目标是:坚持走新型工业化的道路,以提高能源利用效率和改善能源结构为核心,发展高效、清洁化石能源技术,先进核能技术和可再生能源技术,并相应建立完善的工业体系,在减缓国内资源供应紧缺和区域环境压力的同时,保证 GDP 碳排放强度的年下降率超过 3‰,2020 年的 GDP 碳排放强度比 2000 年降低 40%以上。通过加强林业的保护、管理和造林,以及加强农田和草场管理,使农林业碳吸收汇以 1990 年为基年,争取年增长达到 1.2 亿 t C。

2050 年的战略目标:建立与中国基本实现现代化相适应的资源节约、环境友好、结构多元、与经济和社会发展相协调的可持续能源体系框架,在可再生能源技术、清洁燃料技术和氢能技术等先进能源技术方面达到世界先进水平,届时非化石能源在一次能源构中占 30%以上,GDP 的碳排放强度比 2000 年降低 80%左右。在 21 世纪下半叶,基本依靠可再生能源满足因经济和社会发展新增的能源要求,农林业的碳吸收汇,争取年增加 2.5 亿 t C 以上。

8.3.1.3 面临的挑战和问题

中国是一个气候条件复杂、生态环境脆弱、易受到气候变化不利影响的国家。应对和减缓气候变化对中国当前和未来的发展十分重要。改革开放以来,中国的经济建设和社会文化等各项事业都取得了很大的成就,但由于人口众多、经济基础薄弱,而自然资源又相对短缺,社会经济发展仍处于较低水平。如何平衡经济发展,提高国民生活水平与节能减排之间的矛盾,是中国减缓气候变化面对的主要挑战和问题。当前中国与气候变化相关的基本国情有:

(1)人口众多。中国是世界上人口最多的国家,2005 年底中国大陆总人口为 13.08 亿,2011 年达到 13.44 亿,约占世界人口总数的 20%;中国城镇化水平较低,2010 年中国城镇化水平为 49.95%,低于世界平均水平;庞大的人口基数,使得中国面临巨大的劳动力就业压力,每年约有上千万以上新增城镇劳动力需要就业。中国的人均能源消费水平仍处于较低水平,2005 年中国人均商品能源消费量约 1.7 t 标准煤,仅达到世界平均水平的 2/3,远低于发达国家(丁一汇 等,2009)。

(2)经济发展水平低。中国经济虽然处于高速平稳发展的状态,但是目前的经济水平仍较低。2012 年中国人均 GDP 刚刚超过 6000 美元,位居世界第 87 位(国家发展改革委员会,2013)。中国经济发展水平的区域差异很大,东部地区人均收入水平显著高于西部地区,据 2010 年人口普查数据,上海市人均 GDP 高达 10828 美元,而排名最低的贵州省仅为人均 1953 美元。城乡居民之间的收入差距也很大,中国尚有 1.28 亿人人均年纯收入低于 2300 元的贫困线,占农村总人口的 13.4%,占全国总人口的近 1/10,中国的脱贫问题尚未解决。

(3)能源结构以煤炭为主,产业结构多为高耗能产业。据中国政府 2012 年发布的《中国的能源政策》白皮书指出,煤炭是中国主要的一次能源,2011年中国一次能源生产总量达到31.8亿t标准煤,居世界第一。其中,原煤产量35.2亿t,原油产量稳定在2亿t,成品油产量2.7亿t。2011年中国一次能源消耗量中,原煤所占比重高达70.4%,原油为17.6%,天然气仅为4.5%,而同年全球一次能源消费结构中,煤炭仅占30.3%,原油占33.1%,天然气占23.7%。煤炭的消耗比重大也是造成中国能源消费的二氧化碳排放强度高的主要原因。中国处于工业化过程中,高耗能的第二产业占GDP的50%,而其中能耗强度最高的制造业占第二产业近80%,高于大多数发达国家,这种能耗强度高的产业结构也是高排放的原因之一。

(4)气候条件复杂,生态环境脆弱。2012年以来,中国极端天气气候事件频发,南方多地持续出现极端高温事件,城市内涝、局部洪涝、山洪、滑坡、泥石流等灾害大幅增加;台风登陆时间集中、影响广泛,风暴潮增多,灾害损失严重;云南中部和西北部连续四年出现中度以上干旱,局部达到重度,农业生产和群众生活受到极大影响(国家发展改革委员会,2013)。

8.3.2 中国减缓气候变化的主要对策

8.3.2.1 中国温室气体排放的现状与特点

(1)排放总量。根据2013年最新发布的《中国气候变化第二次国家信息通报》显示,2005年中国温室气体排放总量为74.67亿t二氧化碳当量(表8.1),其中二氧化碳、甲烷、氧化亚氮和含氟气体所占比例分别为80.03%、12.49%、5.27%和2.21%,土地利用变化和林业部门的温室气体吸收汇约为4.21亿t二氧化碳当量。

表 8.1 2005年中国温室气体排放总量 单位:万t二氧化碳当量

	二氧化碳	甲烷	氧化亚氮	氢氟碳化物	全氟化碳	六氟化硫	合计
温室气体排放总量	577557	93282	39370	14890	570	1040	746709
能源活动	540431	32403	4030				576864
工业生产过程	56860		3410	14890	570	1040	76770
农业活动		52857	29140				81997
废弃物处理	266	8022	2790				11078
温室气体净排放总量(扣除土地利用变化与林业吸收汇)	555404	93348	39377	14890	570	1040	704629

中华人民共和国气候变化第二次国家信息通报,2013

因此,2005年中国温室气体的净排放总量约为70.46亿t二氧化碳当量。能源活动和工业生产过程是中国温室气体的主要来源,2005年能源活动排放温室气体57.69亿t二氧化碳当量,占77.26%,工业生产活动排放7.68亿t二氧化碳当量,占10.29%。

随着经济的发展和人民生活水平的提高,中国二氧化碳等温室气体排放总量呈现了较快增长的态势。从1994年到2005年,中国二氧化碳、甲烷、氧化亚氮的排放量从36.5亿t二氧化碳当量增加到68.81亿t,增长了0.89倍;其中,二氧化碳排放增长最快,增长了1.09倍,而甲烷与氧化亚氮分别增长了0.3和0.5倍(图8.27)。从1994到2005年,能源活动的二氧化碳排放增长了0.93倍,工业生产过程的二氧化碳排放增长了1.05倍。

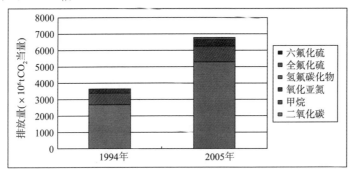

图8.27　1994年和2005年中国温室气体排放量比较(中华人民共和国气候变化第二次国家信息通报,2013)

(对应彩图见第434页彩图8.27)

根据世界能源组织(IEA)2013年的估算结果,2011年中国二氧化碳排放总量为80.00亿t,占世界二氧化碳排放总量的25.5%,超过美国的52.87亿t,居世界第一位。其中煤炭燃烧所产生的二氧化碳排放量高达66.24亿t,占二氧化碳排放总量的82.80%,燃烧石油和天然气所产生的二氧化碳排放量分别占13.89%和3.04%。IEA估算的近40年来中国二氧化碳排放量的变化趋势见图8.28。

(2)人均二氧化碳排放。中国的二氧化碳总排放量较大,但由于中国人口众多,人均排放水平还很低。据IEA估算,2011年中国人均二氧化碳排放为5.91t,已超过世界平均水平的4.50t,但仍远低于大部分的发达国家和地区,如美国的人均二氧化碳排放量高达16.94t,欧洲地区的人均排放量为7.10t。人均排放水平低,进一步说明了目前由于中国人民生活水平进步和基本能源需求的限制,人均能源等资源消耗水平仍处于较低水平。根据IEA发布的《CO_2 Emissions from Fuel Combustion 2013》资料整理的近40年中国、经济合作与发展组织成员国(OECD)、世界人均碳排

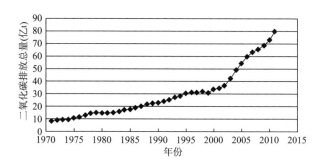

图 8.28 1971—2011 年中国二氧化碳排放趋势(IEA,2013)

放的变化趋势见图 8.29。如图 8.29 所示,OCED 国家二氧化碳人均排放量始终明显高于中国及世界平均水平,由于经济社会发展已经趋于稳定,排放量也一直趋于稳定。由于中国仍有大量的贫困人口需要解决基本的生存问题,随着人民生活水平的提高和基本能源需求的增加,人均排放量不可避免地将进一步增长。

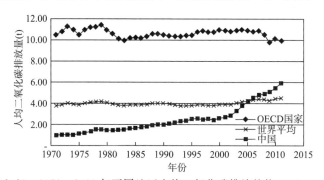

图 8.29 1971—2011 年不同地区人均二氧化碳排放趋势(IEA,2013)

(3)GDP 二氧化碳排放强度。GDP 二氧化碳排放强度是体现一个国家经济结构、能源结构和能源效率的重要指标。图 8.30 为 IEA 公布的近 40 年中国 GDP 二氧化碳排放强度数据。以 2005 年美元不变价及汇率计算,2011 年中国 GDP 二氧化碳排放强度为 1.81 kg,高于世界平均水平 0.60 kg,但是如图 8.30 所示,中国的 GDP 二氧化碳排放强度一直呈下降趋势,1971—2011 年下降了 67.32%。

总的来看,尽管中国目前温室气体排放总量位居世界第一,但是人均排放量与发达国家相比仍很低;GDP 二氧化碳强度虽然较高,这与中国的能源结构有重要关系,但近 30 年其下降速度是非常快的,而且在今后仍呈继续下降的趋势。从影响未来温室气体排放的因素看,中国的人口在未来二三十年里还将继续增长,城市化、工业化进程仍将继续,人民的生活质量仍需要进一步提高。未来的能源需求将有显著增长,

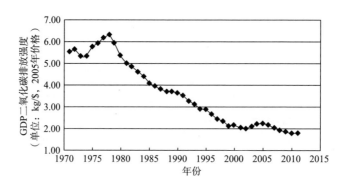

图 8.30   1971—2011 年中国 GDP 二氧化碳排放强度趋势(IEA,2013)

由此产生的温室气体排放也不可避免的增加。

8.3.2.2　中国已采取的政策、措施及功效

气候变化既是环境问题,也是发展问题,但归根结底是发展问题。应对气候变化只能在可持续发展进程中加以推进,要靠各国共同发展来解决。中国政府正一如既往地履行自己在《联合国气候变化框架公约》下承诺的义务,坚持共同但有区别的责任原则,采取了一系列有效的政策措施和专项行动,落实控制温室气体排放行动目标。《中国应对气候变化的政策与行动报告(2013 年)》指出,2012 年以来中国政府通过调整产业结构、优化能源结构、节能提高能效、增加碳汇等工作,完成了全国单位国内生产总值能源消耗降低及单位国内生产总值二氧化碳排放降低年度目标,控制温室气体排放工作已经取得了积极成效。

(1)调整产业结构。中国各级政府部门采取了不同的措施进行产业结构调整,通过不同手段和途径调整高耗能产业,实现真正的可持续发展,同时完成减排目标,减缓气候变化。首先,要推动传统产业改造升级,传统的优势产业需要继续保持,但要在提升传统优势的基础上,充分利用新技术,加大减排的调整力度。2013年,国家发展改革委印发了《全国老工业基地调整改造规划(2013—2022 年)》,调整了《产业结构调整指导目录(2011 年本)》有关条目,强化通过结构优化升级实现节能减排的战略导向。在"十二五"期间,国家发展改革委启动了"国家低碳技术创新及产业化示范工程",其中,2012 年在煤炭、电力、建筑、建材等 4 个行业实施了34 个示范工程。

其次,提高传统产业准入门槛,扶持战略性新兴产业发展也是中国政府采取的重要措施之一。国家发展改革委、环境保护部、国土资源部等部门通过加强节能评估审查、环境影响评价和建设用地预审,进一步提高行业准入门槛,严控高耗能、高排放和

产能过剩行业新上项目。2012 年 7 月,国务院印发了《"十二五"国家战略性新兴产业发展规划》,明确中国节能环保、新一代信息技术、生物、高端装备制造、新能源、新材料、新能源汽车等 7 个战略性新兴产业重点领域。国务院有关部门陆续制定并发布了 7 个重点产业专项规划以及现代生物制造等 20 多个专项科技发展规划,制定并发布了《战略性新兴产业重点产品和服务指导目录》、《战略性新兴产业分类(2012)》、《关于加强战略性新兴产业知识产权工作的若干意见》等相关政策措施。北京、上海等 26 个省市相继发布战略性新兴产业发展的规划或指导意见。新兴产业创投计划支持设立创业投资基金已达 138 只,资金规模达 380 亿元,其中主要投资于节能环保和新能源领域的基金有 38 只,规模近 110 亿元。

第三,大力发展低排放的服务业。2012 年 12 月,国务院印发了《服务业发展"十二五"规划》,明确"十二五"时期是推动服务业大发展的重要时期,努力实现提高服务业比重、提升服务业水平、推进服务业改革开放、提高服务业吸纳就业能力等发展目标,构建结构优化、水平先进、开放共赢、优势互补的服务业发展格局。2012 年 5 月,国家发展改革委会同有关部门制定了《关于加快培育国际合作和竞争新优势的指导意见》,提出大力发展服务贸易的目标任务,建立健全服务贸易体系,提高服务业国际化发展水平。2012 年,全国服务业比重较 2010 年提升了 1.5 个百分点。

第四,加快淘汰落后产能。从 20 世纪 80 年代后期开始,中国政府更加注重经济增长方式的转变和经济结构的调整,将降低资源和能源消耗、推进清洁生产、防治工业污染作为中国产业政策的主要组成部分。2013 年 10 月,国务院印发《关于化解产能严重过剩矛盾的指导意见》,提出了尊重规律、分业施策、多管齐下、标本兼治的总原则,并根据行业特点,分别提出了钢铁、水泥、电解铝、平板玻璃、船舶等行业分业施策意见,确定了当前化解产能过剩矛盾的 8 项主要任务。2012 年 6 月,工业和信息化部下达了关于 19 个工业行业淘汰落后产能目标任务,并公布了第一批淘汰落后产能的企业名单,要求各地及时将目标任务分解到市、县,落实到企业。经考核,2012 年共淘汰炼铁落后产能 1078 万 t、炼钢 937 万 t、焦炭 2493 万 t、水泥(熟料及磨机)25829 万 t、平板玻璃 5856 万重量箱、造纸 1057 万 t、印染 32.6 亿 m、铅蓄电池 2971 万 kVAh。

(2)优化能源结构。通过国家政策引导和资金投入,结合技术创新,在推动化石能源清洁利用的基础上,加强了水能、核能、石油、天然气和煤层气的开发和利用,支持在农村、边远地区和条件适宜地区开发利用生物质能、太阳能、地热、风能等新型可再生能源,使优质清洁能源比重有所提高(中华人民共和国气候变化第二次国家信息通报,2013)。

首先,在推动化石能源清洁化利用方面,中国有关部门一直在积极有效地采取相应措施。2013 年 9 月,国务院下发《大气污染防治行动计划》,进一步强化控制煤炭消费总量、加快清洁能源替代利用的目标和要求,大幅提升控制化石燃料消耗、发展清洁能源的工作力度。截至 2012 年底,全国 30 万 kW 及以上火电机组比例达到 75.6%,比上年增加近 1.2 个百分点;在运百万千瓦超临界燃煤机组达到 54 台,数量居世界第一;中国自主研发、自主设计、自主制造、自主建设、自主运营的华能天津 IGCC 电站示范工程于 2012 年 12 月投产,标志着中国洁净煤发电技术取得了重大突破。中国政府也相应加大了对天然气和煤层气的开发利用的规划和投资,2012 年 10 月,国家发展改革委印发《天然气发展“十二五”规划》,提出到 2015 年中国天然气供应能力达到 1760 亿 m^3 左右,其中常规天然气约 1385 亿 m^3、煤制天然气 150 亿~180 亿 m^3、煤层气地面开发生产约 160 亿 m^3,城市和县城天然气用气人口数量约占总人口的 18%。2012 年,国家发展改革委、能源局等部门联合发布《中国应对气候变化的政策与行动发展规划(2011—2015 年)》,财政部、能源局联合发布《关于出台页岩气开发利用补贴政策的通知》,安排专项财政资金支持页岩气开发。

其次,在大力发展非化石能源方面,中国政府也做出了大量的努力。在光伏产业、太阳能发电、生物质能源等领域明确了政策措施,加大了投资力度。2013 年 7 月,国务院印发了《国务院关于促进光伏产业健康发展的若干意见》,明确了开拓光伏应用市场、加快产业结构调整和技术进步、规范产业发展秩序、完善并网管理和服务等政策措施。能源局先后印发了《太阳能发电发展“十二五”规划》《生物质能发展“十二五”规划》《关于促进地热能开发利用的指导意见》,明确了“十二五”时期中国太阳能、生物质能、地热能发展的指导思想、基本原则、发展目标、规划布局和建设重点,提出了保障措施和实施机制。2012 年完成水电投资 1277 亿元,核电投资 778 亿元,风电投资 615 亿元。截至 2012 年底,全国全口径发电装机容量 11.47 亿 kW,同比增长 7.9%。其中,水电 2.49 亿 kW,同比增长 7.1%,居世界第一;核电 1257 万 kW,与上年持平,在建规模居世界首位;并网风电容量 6142 万 kW,同比增长 32.9%,居世界第一;并网太阳能发电 341 万 kW,同比增长 60.6%。全国水电、核电、风电和太阳能发电等非化石能源发电装机占全部发电装机的 28.5%,比 2005 年提高 4.2 个百分点,发电量占全部上网电量的 21.4%。

经过各方努力,截至 2012 年底,中国一次能源消费总量为 36.2 亿 t 标准煤,其中,煤炭占一次能源消费总量比重为 67.1%,比 2011 年下降了 1.3 个百分点;石油和天然气占一次能源消费总量的比重分别为 18.9% 和 5.5%,比 2011 年分别提高 0.3 和 0.5 个百分点;非化石能源占一次能源消费总量的比重为 9.1%,比 2011 年提高 1.1 个百分点。

(3)节能提高能效。2012 年以来,国务院印发了节能减排“十二五”规划、节能环保产业发展规划等,进一步明确了各地区、各领域节能目标任务,细化了政策措施,完善节能考核制度,调整考核内容,健全考核程序。2012 年以来,安排中央预算内投资 48.96 亿元和中央财政奖励资金 26.1 亿元支持重点节能改造、高效节能技术和产品产业化示范、重大合同能源管理、节能监察机构能力建设、建筑节能、绿色照明等重点工程项目 2411 个。通过实施节能项目,累计形成 1979 万 t 标准煤的节能能力。为进一步完善节能标准标识,2012 年以来,国家发展改革委、国家标准化管理委员会联合实施了"百项能效标准推进工程",发布了包括高耗能行业单位产品能耗限额、终端用能产品能效、节能基础类标准在内的 60 多项节能标准。截至 2012 年底,工业和信息化部等部门累计发布 60 多项新能源汽车相关标准,交通运输部累计发布 21 批营运车辆燃料消耗量限值标准达标车型。实施了能效标识、节能产品认证,截至 2013 年 5 月底,能效标识已覆盖 28 种终端用能产品。

推广节能技术与产品。国家发展改革委发布第五批《国家重点节能技术推广目录》,公布 12 个行业的 49 项重点节能技术,五批目录累计向社会推荐了 186 项重点节能低碳技术。工业和信息化部、科技部、财政部联合发布了《关于加强工业节能减排先进适用技术遴选评估与推广工作的通知》,筛选出钢铁、化工、建材等 11 个重点行业首批 600 余项节能减排先进适用技术,发布《节能机电设备(产品)推荐目录(第三批)》《高耗能落后机电设备(产品)淘汰目录(第二批)》,完成了工业节能减排技术信息平台建设。印发《2013 年工业节能与绿色发展专项行动实施方案》《关于组织实施电机能效提升计划(2013—2015 年)的通知》《关于加强内燃机工业节能减排的意见》,大力推进了重点行业电机系统节能改造及内燃机节能减排技术、新产品推广应用。据中华人民共和国气候变化第二次国家信息通报(2013),财政部、国家发展改革委推进节能产品政府采购,更新发布了两批节能产品政府采购清单。继续实施节能产品惠民工程,安排中央财政资金 300 多亿元,推广节能家电近 9000 多万台(套)、节能汽车 350 余万辆、高效电机 1400 多万 kW、绿色照明产品 1.6 亿只,累计形成年节能能力 1200 多万 t 标准煤。

推进建筑、交通运输领域节能。国务院办公厅转发了国家发展改革委、住房城乡建设部联合编制的绿色建筑行动方案,住房城乡建设部发布了"十二五"建筑节能专项规划。截至 2012 年底,北方地区既有居住建筑供热计量及节能改造 5.9 亿 m²,形成年节能能力约 400 万 t 标准煤,相当于少排放二氧化碳约 1000 万 t。全国城镇新建建筑执行节能强制性标准基本达到 100%,累计建成节能建筑面积 69 亿 m²,形成年节能能力约 6500 万 t 标准煤,相当于少排放二氧化碳约 1.5 亿 t。交通运输部进一步调整优化交通运输节能减排与应对气候变化重点支持领域,不断加大政策支持力度,据测算,2012 年交通运输行业共实现节能量 420 万 t 标准煤,相当于少排放二氧化碳 917 万 t。

(4)控制其他领域排放,增加森林碳汇。中国政府加强了林业应对气候变化的相关工作部署,国家林业局印发了《落实德班气候大会决定加强林业应对气候变化相关工作分工方案》,启动编制中国应对气候变化的政策与行动"三北"防护林五期工程规划,发布实施长江、珠江防护林体系和平原绿化、太行山绿化工程三期规划。进一步推进森林经营,中央财政森林抚育补贴从试点转向覆盖全国。同时积极推进森林资源保护,政府印发了《进一步加强森林资源保护管理工作的通知》。2013 年全国林业碳汇计量监测体系已实现覆盖全国,初步建成全国森林碳汇计量监测基础数据库和参数模型库。2012 年至 2013 年上半年,全国完成造林面积 1025 万 hm^2、义务植树 49.6 亿株,完成森林抚育经营面积 1068 万 hm^2,森林碳汇能力进一步增强。

中国是农业大国,农业生产活动也是除工业生产活动外温室气体排放的主要来源。2012 年,中央财政安排补贴支持 2463 个项目开展测土配方施肥,在 204 个县(市)推广保护性耕作技术,全国新增保护性耕作面积 164 万 hm^2。在农垦区域因地制宜积极推进生物质能源综合利用、畜禽粪便综合利用、太阳能、风能综合利用等新技术,实施了生物质发电、生物质气化、沼气工程、固体成型燃料及生物质能源替代化石能源区域供热等示范项目。为加强非二氧化碳温室气体管理,国务院办公厅印发了《"十二五"全国城镇污水处理及再生利用设施建设规划》《"十二五"全国城镇生活垃圾无害化处理设施建设规划》,积极控制城市污水、垃圾处理过程中的甲烷排放。截至 2012 年底,全国生活垃圾无害化处理率达 76%,绝大部分垃圾填埋场对填埋气体进行了收集、导排和处理。截至 2012 年 6 月,中国第一阶段(2011—2015 年)含氢氯氟烃淘汰总体计划、6 个消费行业计划和 1 个履约能力建设规划获得批准,预计完成 2013 年氢氯氟烃冻结目标,预计减排 2 亿 t 二氧化碳当量。

总的来说,中国将从基本国情和发展阶段的特征出发,树立绿色、低碳发展理念,加快构建资源节约、环境友好的生产方式和消费模式,增强可持续发展能力,提高生态文明水平、积极参与国际谈判,推动建立公平合理的应对气候变化国际制度,加强气候变化领域国际交流和战略政策对话,在科学研究、技术研发和能力建设等方面开展务实合作,推动建立资金、技术转让国际合作平台和管理制度,为保护全球气候做出新的贡献。

8.3.3 中国减缓气候变化的国际合作行动

气候变化不仅涉及全球环境领域,而且涉及人类社会的生产、消费和生活方式以及生存空间等社会和经济发展的各个领域。应对全球气候变化、缓解其对人类社会的不利影响需要世界各国的共同努力和一致行动。从 1992 年的《联合国气候变化框架公约》到 1997 年的《京都议定书》,随着国际社会对气候变化问题的逐渐重视、认识的逐渐深入和实践经验的增加,应对气候变化的国际合作机制逐步形成、发展和完善。中国政府一直以来以高度负责任的态度,在气候变化国际合作中发挥积极建设性作用,推动各方就减缓气候变化问题深化相互理解、广泛凝聚共识,积极推动建立公平合理的国际气候制度。

8.3.3.1 广泛建设性参加国际谈判和国际对话

中国坚持以《联合国气候变化框架公约》和《京都议定书》为基本框架的国际气候制度,坚持公约框架下的多边谈判是应对气候变化的主渠道,坚持"共同但有区别的责任"原则、公平原则和各自能力原则,坚持公开透明、广泛参与、缔约方驱动和协商一致的原则。中国一贯积极建设性参与谈判,在公平合理、务实有效和合作共赢的基础上推动谈判取得进展,不断加强公约的全面、有效和持续实施。

2013 年中国继续积极参与联合国进程下的气候变化国际谈判,与各国加强沟通、增进理解、扩大共识,为华沙会议取得成功,为多边机制的有效性做出了最大努力。中国全面参与了华沙会议的谈判和磋商,坚持维护谈判进程的公开透明、广泛参与和协商一致,以积极、理性、务实的态度推动各方达成共识。尽管大会成果不尽如人意,但中国表示节能减排是中国可持续发展的内在要求,无论谈判进展如何,中国都将坚定不移地走绿色低碳发展之路。在中国等广大发展中国家努力下,华沙会议主要取得了三项成果,一是德班增强行动平台基本体现"共同但有区别的原则";二是发达国家再次承认应出资支持发展中国家应对气候变化;三是就损失损害补偿机制问题达成初步协议,并同意开启有关谈判。由中国、印度、巴西和南非组成的"基础四国"提出了促成大会成功的四点建议,包括要加大落实以往承诺的力度,尽快开启德班平台的谈判,要在减排、适应、资金、技术和透明度等关键问题上取得平衡结果,全球应对气候变化新协议应有约束力等,并表示,"基础四国"将为此共同作出努力。联合国秘书长潘基文在会见"基础四国"代表时,充分肯定了四国应对气候变化积极有力的行动。

加强高层对话和交流推动谈判进程。中国国家主席习近平在出席金砖国家领导人会议、"二十国集团"领导人峰会、亚太经合组织领导人峰会等重大多边外交活动中,多次发表重要讲话,与各国元首共同推动积极应对气候变化。中美两国元首均高度重视气候变化问题,在 2013 年两次会晤中就加强气候变化对话与合作以及氢氟碳化物(HFCs)问题形成重要共识。2013 年 7 月第五轮中美战略与经济对话期间举行了两国元首特别代表共同主持的气候变化特别会议,深化了两国国内气候变化政策和双边务实合作的交流。2012 年 6 月时任总理温家宝在出席 2012 年联合国可持续发展大会期间,呼吁各方按照"共同但有区别的责任原则"应对气候变化,发展绿色经济,推动可持续发展。除此之外,中国积极参加公约外气候变化会议和进程,如积极参与国际民航组织、国际海事组织、关于消耗臭氧层物质的《蒙特利尔议定书》、万国

邮政联盟等国际机制下的谈判。中国还积极参与"全球清洁炉灶联盟""全球甲烷倡议""全球农业温室气体研究联盟"等活动,多方推动公约主渠道谈判取得进展,广泛开展双边多边气候变化对话与磋商。

8.3.3.2 加强国际交流合作

一直以来,中国继续本着"互利共赢、务实有效"的原则积极参加和推动应对气候变化南南合作以及与发达国家、各国际组织的务实合作,积极促进全球合作应对气候变化。

(1)深化与发展中国家合作。2012年6月,时任总理温家宝在"里约+20"会议上宣布安排开展为期三年应对气候变化的"南南合作"。据此中国政府各部门积极实施应对气候变化的南南合作。国家发展改革委员会与41个发展中国家建立了联系渠道,与12个发展中国家有关部门签订了《关于应对气候变化物资赠送的谅解备忘录》,累计赠送节能灯90多万盏和节能空调1万多台。国家发展改革委会还同海洋局一道组织实施了气候变化框架下的海洋灾害监测与预警南南合作研究项目,编制了《发展中国家海洋灾害监测预警能力建设指南》(英文版),为柬埔寨、印度尼西亚等9个发展中国家的16名学员进行海洋灾害监测与预警技术培训。林业局、气象局等也面向发展中国家组织了应对气候变化相关领域的系统技术培训。科技部、外交部等部门联合举办"中国—东盟应对气候变化:促进可再生能源与新能源开发利用国际科技合作论坛",促进中国与东盟国家可再生能源与新能源相关技术开发和产品应用的交流与合作。

(2)加强与发达国家合作。技术创新对实现减缓气候变化的目标起着不可替代的核心作用,而技术转让和分享对于实现相关技术的减排潜力有至关重要的作用。发达国家目前的经济发展水平决定了其具备减缓温室气体排放、应对气候变化的技术和能力。中国正积极与发达国家就减缓气候变化问题展开合作,2012年国家发展改革委继续执行"中德气候变化项目""中意气候变化合作计划""中挪气候变化适应战略应用研究项目"等已有的双边合作项目;组织召开了中欧、中德、中丹等气候变化双边磋商会议,推动了有关框架协议签署和合作项目开展;与瑞士、丹麦等国家有关部门和美国加利福尼亚州签署了气候变化领域合作谅解备忘录。在"中澳清洁煤联合工作组"的支持下,开展国内产学研碳捕集、封存利用技术方面的培训和重大问题预研;与美国开展新型结合增强地热系统的大规模二氧化碳利用与封存技术研究合作项目;与美国能源部在电力系统、清洁燃料、石油与天然气、能源与环境技术、气候科学等多个重点领域方向达成共识,开展了一系列富有成效的合作项目。环境保护部与美国、日本、意大利、挪威、澳大利亚在减缓、适应、基础能力建设和公众意识提高等方面开展了一批务实的双边多边合作项目。

(3)推动与国际组织合作。能源领域高新技术的研发和技术转移是提高能源效率、改进能源结构的关键,在加大自主研发与发达国家合作的同时,中国也积极与国际组织合作,引进资金和技术,缩小与国际先进水平的差距。2012年国家发展改革委继续开展与联合国开发计划署、联合国环境规划署等机构和世界银行、亚洲开发银行、全球环境基金等多边金融机构的交流与合作,与世界银行签署了《关于应对气候变化领域合作的谅解备忘录》,正式启动全球环境基金的"增强对脆弱发展中国家气候适应力的能力、知识和技术支持"项目及"中国应对气候变化技术需求评估"项目,启动亚洲开发银行支持的"碳捕集和封存路线图"技援项目;与全球碳捕集和封存研究院等相关组织举办碳捕集、利用与封存技术现场研讨会。林业局加强与世界自然资金会、大自然保护协会、德国国际合作机构(GIZ)在林业应对气候变化相关领域技术交流。民政部参加了第四届全球减灾平台大会,继续加强与联合国和相关国际组织机构在减灾救灾领域的合作。国家标准化管理委员会积极参与温室气体减排领域国际标准化工作,承办国际标准化组织二氧化碳捕集、运输和地质封存技术委员会第三届全会。气象局组织参加"政府间气候变化专门委员会(IPCC)第 35 次全会"等 10 余次国际会议,开展《IPCC 第五次评估报告》评审工作。

8.4 中国适应气候变化行动

适应气候变化是指自然和人为系统对实际的或预期的气候刺激因素及其影响所作出的趋利避害反应。适应行动可分为自动的和有计划的、个人的和公共的、预期适应和反应适应等类型(《气候变化国家评估报告》编写委员会,2007)。明确国家当前已采取的适应气候变化行动以及当前面临的形势,在此基础上提出适应气候变化的原则以及适应目标,便于为统筹协调开展工作提供指导。

8.4.1 总体形势

我国政府非常重视气候变化适应问题,结合国民经济和社会发展规划,采取了一系列政策和措施,并取得了积极成效。第一,适应气候变化相关政策法规不断出台,包括农业、林业、水资源、海洋、卫生、住房和城乡建设等领域(中华人民共和国国务院新闻办公室,2008)。第二,基础设施建设取得进展。"十一五"期间,新增水库库容和供水能力,新建和加固堤防,开展农田水利基本建设与旱涝保收标准农田建设,增加了农田有效灌溉面积(王智阳,2011)。第三,相关领域适应工作有所进展。推广应用农田节水技术,全国农田灌溉用水有效利用系数提高。推广保护性耕作技术,培育并推广高产优质抗逆良种,推广农业减灾和病虫害防治技术。开展造林绿化,提高植被覆盖率。加强城乡饮用水卫生监督监测,保障居民饮用水安全。出台自然灾害卫生应急预案,基本建立了快速响应和防控框架。开展气象灾害风险区划、气候资源开发利用等系列工作,建立了较完善的人工增雨体系。开展生态移民,加强气候敏感脆弱区的扶贫开发。第四,生态修复和保护力度得到加强。通过退耕还林、退牧还草工程保护森林和草原生态系统,增加湿地保护面积以及水土流失治理面积保护湿地和荒漠生态系统。建立各级各类自然保护区和野生动物疫源疫病监测站,开展红树林栽培移种、珊瑚礁保护、滨海湿地退养还滩等海洋生态恢复工作保护生物多样性(国家发展改革委员会,2013b)。

我国气候变化适应工作尽管取得了一些进展和成绩,但基础能力建设亟待提高,适应工作仍然存在许多不足之处。第一,适应工作保障体系尚未形成。适应气候变化的法律法规不够健全,各类规划制定过程中对气候变化因素的考虑普遍不足。应急管理体系亟须加强,各类灾害综合监测系统建设与适应需求之间还有较大差距,部分地区灾害监测、预报、预警能力不足。适应资金机制尚未建立,政府财政投入不足。科技支撑能力不足,国家、部门、产业和区域缺乏可操作性的适应技术清单,现有技术对于气候变化因素的针对性不强。第二,基础设施建设不能满足适应要求。未能充分考虑气候变化的影响,应对极端天气气候事件的保障能力不足,农林基础设施建设滞后,部分农田水利设施老化失修,渔港建设明显滞后难以满足渔港避风需求。第三,敏感脆弱领域的适应能力有待提升。敏感脆弱领域主要包括农业、林业、湿地、荒漠等自然生态系统,采矿、建筑、交通、旅游等行业部门以及人类健康。第四,生态系统保护措施亟待加强。土地沙化、水土流失、生物多样性减少、草原退化、湿地萎缩、滨海湿地面积减少、红树林浸淹死亡、珊瑚礁白化等生态问题未能得到根本性扭转或有效遏制(国家发展改革委员会,2013b)。

8.4.2 目标和要求

我国适应气候变化工作应坚持以下原则:突出重点,即充分考虑气候变化要素,针对脆弱领域、区域和人群重点采取适应行动(贾若祥,2012);主动适应,即预防为主,加强监测预警,尽量减少气候变化带来的不利影响和损失(方一平 等,2009);合理适应,即针对不同地区采取适应措施的经济成本,采取优化的适应水平,使适应能力与经济社会发展同步,增强适应措施的经济性和实用性(陈敏鹏 等,2011);协同配合,即全面统筹,加强分类指导,加强协作联动,保障适应措施的快速有效实施;广泛参与,即培养全民适应气候变化的意识,提高全民适应气候变化的主动性,开展多种形式的国际合作。我国适应气候变化的主要目标:适应能力显著增强,重点任务全面落实和适应区域格局基本形成(国家发展改革委员会,2013b)。

8.4.3 各行业适应气候变化行动

8.4.3.1 农业

农业是对气候变化最敏感的领域之一,气候变化对农业的影响因作物种类、区域、环境条件等因素的不同而不同。气候变化对中国农业生产会产生或利或弊的影响,以不利影响为主。气候变化导致农业生产布局和结构出现变动,农业生产条件发生变化,农业成本和投资需求将大幅增加。如果不采取任何适应措施,到 2030 年,我国种植业生产能力在总体上因气候变暖可能会下降 5%~10%,其中小麦、水稻和玉米三大作物均以减产为主。2050 年后受到的冲击会更大。适应气候变化的主要对策包括:调整农业结构和种植制度,强化优势农产品的规模化、区域化布局,强化高产、稳产的集约化农业技术;选育抗逆农作物品种,发展生物技术等新技术;加强农业基础设施和农田基本建设,改善农业生态环境,不断提高对气候变化的适应能力等。

(1)农业对气候变化的脆弱性

中国是一个农业大国,尤其是中国西部基本上是以农业为主的地区,农业生产对气候变化非常敏感(王馥堂 等,2003)。如果不考虑 CO_2 的肥效作用,在不改变现有品种和种植制度的条件下,预计到 21 世纪 70 年代,我国大部分地区粮食作物将呈减产趋势。

以小麦为例,在雨养条件下,我国小麦减产的敏感区集中在东北、长江中下游和黄土高原地区,增产的敏感区主要集中在华北平原,其他地区对气候变化不敏感(孙芳 等,2005;杨修 等,2005)。在灌溉条件下,绝大部分地区的小麦对气候变化的敏感程度有所减弱(图 8.31)。

同时,由于中国很多地方经济不发达,农业投入不足,抵御气象灾害和气候变化的风险能力较差。采取适应措施,如改善品种、调整结构、应用先进技术、合理使用农药和肥料、改善灌溉等农业基础设施等,可以大大降低脆弱性,提高产量。未来我国区域之间的脆弱性差别很大,并存在几个明显的高脆弱区。高脆弱区主要分布在东北和西北部分地区(新疆、甘肃和宁夏)。中度和轻微脆弱区主要分布在长江中下游及云南、贵州等地。我国小麦对气候变化的脆弱区分布状况见图 8.32(孙芳 等,2005)。

脆弱性较高的地区往往自然条件恶劣,环境治理困难,经济条件落后,为降低这些地区农业生产的脆弱程度,需要国家和地方在政策制定或经济投入等方面给予优先考虑,对长期稳定发展提供良好的契机。由于我国农业生态系统类型多样,各地的农业模式和经济投入能力存在明显差异,目前的脆弱性评价仅仅是根据当前的科技能力和技术水平得到的一些初步结果,脆弱性研究仍然需要在深度和广度上完善和补充。

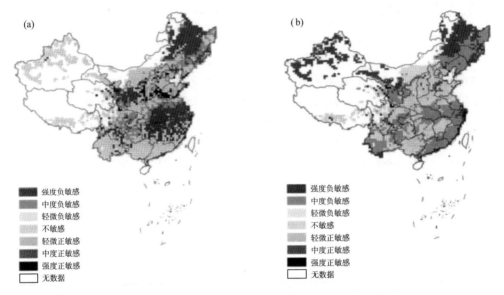

图 8.31　中国雨养小麦(a)、灌溉小麦(b)的敏感性分布

(对应彩图见第 435 页彩图 8.31)

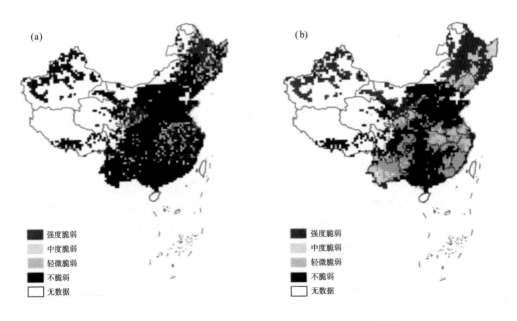

图 8.32　中国雨养小麦(a)、灌溉小麦(b)的脆弱性分布

(对应彩图见第 435 页彩图 8.32)

（2）适应性对策

农业的"适应"问题可从两方面来看：一是农民和农村社区在面临气候变化时自觉调整生产时间。二是在面对气候变化可能带来的减产或新机会时，政府有关决策机构积极宣传指导、有计划地进行农业结构调整，以尽量减少损失和实现潜在的效益（蔡运龙 等,1996），提高农业对气候变化不利影响的抵御能力，增强适应能力。

中国已采取了一系列旨在促进农业适应气候变化的措施。主要包括：加强农业新技术的研究，加强农田管理，调整农业结构和种植制度（林而达 等,2006），选育生育期长、抗逆性强的中晚熟优质品种，发展设施农业，推广高效节水灌溉技术和旱作节水技术，加大节水灌溉机具设备的补贴力度；实施优势农产品区域布局规划，加大良种补贴力度；积极发展畜牧水产规模化标准化健康养殖，促进动物防疫体系建设；扩大退牧还草工程实施范围，加强人工饲草地和灌溉草场建设；逐步建立草原生态补偿机制，在草原牧区进一步落实草畜平衡和禁牧、休牧、划区轮牧等草原保护制度，以恢复天然草原植被并防治草原退化；发展生物技术等前沿学科。调整管理措施包括有效利用水资源，控制水土流失、增加灌溉和施肥、防治病虫害、推广生态农业技术，以提高农业生态系统的适应能力。提高对盐碱沙荒、水土流失等的综合治理技术，逐步改中低产田为高产田。同时要研究推广以自动化、智能化为基础的精准耕作技术，实现农业的现代化管理，降低农业生产成本，提高土地利用率和产出率，改善农业基础设施条件（中华人民共和国气候变化第二次国家信息通报,2013）。

（3）中国研究差距和优先领域

气候变化对农业影响的研究，尚存在诸多不确定性。一是由于对造成变化和影响的各种物理和生物化学过程还缺乏比较完善的科学认识；二是由于对未来社会经济的发展趋势缺乏比较完善的认识。目前,国内外气候变化对农业影响的研究存在的主要问题是：可用来进行农业影响评价的综合评估模型较少,目前单因素考虑较多；农业影响研究中还无法将未来的技术进步因素科学定量地整合到评估之中,同时缺乏和相关部门交互作用的评价；对于农业病虫害以及极端气候事件的影响还缺乏科学的评估方法；农业适应对策和措施的成本效应分析还需要深入地研究等。

中国在农业适应气候变化的研究中,优先领域包括：①加强气候变化影响的监测和识别；②高分辨率的可用于影响评估的气候变化情景和社会经济情景的构建；③加强气候极端事件的影响研究；④开发气候变化对农业影响的综合评估模型；⑤加强区域脆弱性及适应对策和措施的研究。

8.4.3.2　水资源

（1）水资源对气候变化的敏感性和脆弱性

水资源系统对气候变化的敏感性是指水资源系统对气候变化响应的程度,包括水资源系统对气候均值、气候变异和极端事件的响应程度。前者主要表现在特定流域的多年平均值、月径流对气候均值的响应。后者主要表现在洪涝、干旱等极端水文事件对气候异常值的响应。

水资源系统对气候均值的敏感性研究主要是通过对假定气候变化情景及给定降水变化和气温变化的组合来揭示不同流域水文要素响应气候变化的机理和差异。如果同一流域的气候变幅较小，而它对水文要素产生的放大效应较大，则这一水资源系统对气候变化敏感，反之不敏感。水资源系统对气候异常的敏感性研究主要通过区域气候模式输出的高分辨率降水时间、空间分布输入水文模型，从而得到流域出口断面的流量、洪量，并分析洪涝、干旱等极端水文事件发生频率。如果在给定的气候变化条件下，某一流域发生洪涝、干旱的频率有明显的提高，则这一水资源系统对气候变异、极端变异和极端事件是敏感的，反之不敏感。

在国家"九五"科技攻关项目中，假定降水变化（0、±25%、±50%）和气温变幅（0℃、±1℃、±2℃）的条件下，对黄河、汉江、赣江、淮河、海河流域径流的敏感性分析表明：我国径流对降水的敏感性远大于气温，地表径流受气候变化的影响比总径流更显著；较湿润和较干旱的流域对气候变化的敏感程度小于半湿润半干旱的流域，且由南向北、自山区向平原区显著增加，干旱的内陆河地区和较干旱的黄河上游地区最不敏感，南方湿润地区次之，径流变化最为敏感的地区为半湿润半干旱气候区，如松花江流域、海河流域和淮河流域（水利部水文信息中心，2000）。

由于流域产流过程十分复杂，不同地区产流条件存在差异，导致不同地区径流对气候变化的敏感性不同。但总的来看，对比气候条件相似、人类活动不同流域的分析结果，可以发现，大规模水土保持和水利工程建设因增加了流域对径流的调节能力，从而减少了径流对气候变化的敏感性（王国庆 等，2006）。

对于高寒地区，由于气温升高导致流域内冰川大量减少，使冰川对年径流的调节作用减少而引起年径流变异系数随温度升高而加大；气温升高对高寒区径流的年内分配有极大影响。随着气温的升高，春季径流将明显增加，而其他季节的径流减少，尤其夏季减少最多。径流的这种年内变化表现在径流的峰值提前，且峰值降低，造成春季径流增加（秦大河，2002）。

水资源系统对气候变化的脆弱性是指气候变化对水资源可能造成损害的程度。它是两个因素的函数，一是水资源系统对气候变化的敏感性；二是水资源系统对气候变化的适应性。前者反映的是水资源系统的自然属性，后者反映的是水资源系统的社会属性。如果水资源系统对气候变化较敏感，且适应能力差，则气候变化对它造成的损害较大，水资源系统对气候变化脆弱（王守荣 等，2003）。

水资源系统受诸多因素的影响，如水资源量及变化、需水要求、供水基础设施、生态条件、科学技术、管理水平等,不能用某种单一方法作为衡量水资源脆弱性的标准。因此,需要制定一套相关的脆弱性指标。这些指标应该是一些易于操作的变量,其目的是抓住有关水资源压力、供水可靠性和解决水问题的供应能力关键因素(郑守仁,2002)。

人均水资源量一定程度上反映了一个国家或地区水资源的紧缺程度和水资源可持续利用的脆弱程度,但它是一种平均情况,未考虑水资源空间分布的不均匀性,并不能准确反映我国水资源的紧缺程度。1993年国际人口行动提出的"持续水——人口和可更新水的供给前景"报告认为:人均水资源量少于1700 m³的国家为用水紧张国家。尽管人均水资源量掩盖了缺水的季节特性,也没有考虑各地区用水方式,效率的差异及社会经济发展和最新技术的应用,但毕竟为水资源的可持续利用提供了一个简明的衡量尺度。

缺水率即水资源供需差额与水资源需求量的百分比。它考虑了包括国民需水和生态环境需水在内的总需水量,以及包括地表水(包括跨流域调水)、地下水(包括深层地下水)和其他水资源供给(主要指污水处理回用水量、海水利用量)等多种因素在内的总供水量。它反映了一个国家及地区水压力以及水资源供需矛盾的程度。目前,国际、国内对如何通过缺水率的大小来衡量一个国家和地区缺水的程度尚无统一标准。2005年,中国水利部水利信息中心定义缺水率小于1%为不缺水;缺水率1%~3%为轻度缺水;缺水率为3%~5%为重度缺水;缺水率大于5%为严重缺水。

(2)适应性对策

支持社会经济的可持续发展,就必须采取以水资源可持续开发利用与管理为准则的适应性对策。适应性对策包括完善政策法规、加强水资源综合管理;建立节约型社会;加强水利基础设施建设;利用先进技术,加强污水处理和海水利用;调整产业结构。

中国已采取的水资源适应性措施分为工程措施和非工程措施两大类。工程措施包括防洪减淤工程、防旱减灾工程、水资源开发利用工程、水资源保护工程、水土保持生态建设工程,以及城市防洪工程及雨洪收集和就地消化系统等工程。非工程措施包括防洪抗旱体系建设、节水型社会建设和水资源统一管理制度建设等(中华人民共和国气候变化第二次国家信息通报,2013)。

(3)中国研究差距和优先领域

目前中国在水资源适应气候变化方面的研究方法和研究成果存在一定差距和问题,需要进一步改进的地方:不同的气候情景生成技术和水文模型预测的气候变化对流域水资源的影响不同,甚至差别很大,原因既与选用气候情景和水文模型的适用性有关,也可能与流域的资源环境数据还不能满足模型使用的相关要求有关。

　　研究内容主要集中在气候变化对流域径流平均变化的影响,而气候变化对水文极端时间的响应、对水质的影响、对农业灌溉的影响和对供水系统的可靠性、恢复性和脆弱性的影响等研究相对较为薄弱,从而缺乏对流域未来水资源持续利用的指导。

　　GCMs 和水文模型耦合的预测方法存在两点不足:首先是精度问题。陆面水文的降水与径流过程都存在很强的网络不均匀性,而大多数 GCMs 都假定气候模型网格内植被和土壤在水平面上是均匀的,对水文和陆地表面过程的参数定量较简单。其次是不确定性问题,由于缺乏对水文物理过程和大气系统内部变化等的深刻认识,气候情景的生成、水文模型的结构及其与 GCMs 在不同时空尺度上的聚集和解集等不确定性因素,也给未来流域水资源管理带来不确定性。

　　因此,应给出更高时空分辨率的区域气候情景,提高水文模型在非固定气候状况下的精确陆面参数,提高预测的可靠性。在研究内容上,要加强气候变化对流域极端水文事件影响和气候变化引起的流域水资源变化对不同部门的综合影响以及响应的对策研究。

　　结合目前研究成果存在的问题,认为当前优先研究的领域为(丁一汇 等,2009):

　　大气、陆面耦合模型研究。中国基本上还是将大气过程和陆面水文过程单向联结,应用不同的模型分开完全独立研究,尚未考虑大气过程和陆面水文过程之间的双向耦合和相互作用,不仅影响了研究成果的完整性和准确性,而且阻碍了该领域研究的深入,阻碍了水文和气象两个学科的合作和发展。

　　降尺度分析技术。由于气候模型的计算时间步长比水文模型小,而空间尺度上比流域水文模型的尺度大,因此在将气候模型输出的气候变化或异常预测情景应用于流域水文模型之前,必须应用空间和时间聚集和解集技术,使得两种模型的时间和空间尺度相同。气候模型情景是以大尺度(如大陆尺度甚至行星尺度)气候为条件的。降尺度可以将大尺度、低分辨率的气候模型输出信息转化为区域尺度的地面气候变化信息(如气温、降水),使两种模型尺度匹配(殷志远 等,2010)。在解集过程中,将应用到模式识别技术和优化插值理论等。

　　分布式流域水文模型及其有关计算方法。气候模型研究的对象是区域的大气变化过程,输出的是降水、温度等气象要素的变化。而流域水文模型是以河流流域为研究对象,与气候模型研究的区域往往是不一致的。因此,近年来在大气和陆面水文过程耦合模型的研究中,分布式流域水分模型是一种新发展的常用模型。模型参数的识别除有效的陆面观测资料外,还需要一些与地理信息有关的资料,因此一般需要地理信息系统等技术的支持。在分布式流域水文模型中,陆面蒸散发、下渗、产流及汇流等为其重要的环节。根据各流域具体的水文特征,研究和完善这些过程的计算方法是当前重要的研究内容。

气候变化或异常对极端水文事件、水质及水环境的影响。目前气候变化对水文极端事件的研究尚处于起步阶段,无论是研究方法还是研究内容还比较薄弱;气候变化对水体环境的研究成果更少,目前国内尚未见到公开的成果报道,国外的研究结果亦不多,但是这个问题随着水资源供需矛盾问题的加剧而变得越来越重要。

水资源脆弱性与适应性研究。在水资源供需平衡计算的基础上,结合水资源功能区划及社会经济发展规划和预测,分析各阶段不同地区对水资源短缺的脆弱性,并从工程及非工程措施等方面提出适应性对策建议。

8.4.3.3 海岸带和相关海域

(1)敏感性和脆弱性

过去百年全球海平面上升 $10\sim20$ cm,上升速率为 $1\sim2$ mm/a。中国沿海海平面近 50 年来总体呈上升趋势,平均上升速率约为 2.5 mm/a,略高于全球海平面上升速率。各海区上升速率也有差异,东海为 3.1 mm/a,黄海、南海和渤海分别为 2.6 mm/a、2.3 mm/a 和 2.1 mm/a,长江三角洲和珠江三角洲分别为 3.1 mm/a 和 1.7 mm/a(中国海洋局,2003)。

根据对海平面上升、沿海低地的高程、海岸防护建筑物、风暴潮强度等多种因素的综合评估,将我国海岸带划分为辽河三角洲、华北平原、苏北平原和长江三角洲平原、韩江三角洲、珠江三角洲、广西海岸平原、海南岛北部海岸平原和台湾西部海岸平原 8 个主要脆弱区。这是我国海平面上升影响研究必须关注的重点地区。在 8 个脆弱区中新老黄河三角洲(华北平原)、苏北平原和长江三角洲是最重要的脆弱区。我国脆弱区的面积占沿海省市面积的 9%,占全国面积的 1.5%。多年来我国沿海强热带风暴造成的经济损失占相应年份全国 GDP 的比例平均为 0.25%,这一比例取决于海平面上升、海岸防护建筑物等级的变化,以及海岸带综合管理的力度。海平面上升可以使这一比例增大,但提高海岸防护建筑物标准和加大海岸带综合管理力度可使这一比例降低。

(2)适应性对策

中国海岸带是人口密集、经济发达的地区,加强海岸防护是合理的选择。提高海岸防护建筑物的等级,是一项有效的适应措施;另一项重要的适应措施,则是实行适合中国海岸热点的海岸带综合管理体制。

中国已采取的海岸带及沿海地区适应气候变化的措施主要有:加强海岸带和沿海地区适应海平面上升的基础防护能力建设;完善和加高加固海堤,以防御台风和风暴潮,并建立防台风和风暴潮的应急机制;完善相关法律法规和政策,不断强化海洋生态保护与修复工作(中华人民共和国气候变化第二次国家信息通报,2013)。

（3）中国研究差距和优先领域

气候变化对中国海岸影响的研究缺乏连续的、系统的基础性研究，多数研究停留在对国外先进物理、数学模型的验证和应用上，缺乏适应中国海岸特点的、原创性的研究工作。对于气候变化对滨海湿地、珊瑚礁和红树林生态系统的连续监测和变化规律的研究极其有限；对于海平面上升的影响研究、海岸侵蚀和入侵的研究机理以及对海洋生态系统恢复的研究水平较低；对海岸带综合管理的方法和技术研究尚处于起步阶段。

优先领域主要有：气候变化对中国海洋生态系统影响机理的研究，探究海洋生态系统的保护和恢复技术，对海洋生态系统实施监测；加强气候变化对中国重要河口的物质、能量传输研究和预警系统的建设；开展海岸带综合管理的方法和技术的深入研究，建立中国海岸带综合管理体系。

8.4.3.4 自然生态系统

（1）脆弱性和敏感性

一个系统的脆弱性首先取决于其对环境变化的敏感性。生态系统对气候变化的敏感性是指气候因素变化对其格局、过程和功能的影响程度，这种影响可能是有害的，也可能是有益的。气候变化包括气候波动、变化趋势和极端气候事件的频率和强度。影响包括直接的或间接的两个方面。脆弱性与敏感性密切相关，通常脆弱系统总是对气候变化影响敏感且不稳定的系统。

李克让（2002）开展了中国森林现实和未来气候变化影响下脆弱性的研究。首先根据林地质量、林龄结构、森林火灾和薪材供应制定了现实的脆弱性指标，又根据类型变化、生产力变化和森林火险制定了未来气候变化影响下的脆弱性指标。按照上述指标首先分析了中国森林现实的脆弱性，然后计算了 GFDL、GISS 和 OSU 三种 GCMs 模式 CO_2 加倍情景下未来中国森林的脆弱性，包括其面积特征和综合特征。研究表明，全球气候变化对我国森林影响最大的区域主要分布在西南、华中和华南等地区，与现实的脆弱性分布类似。

采用英国 Hadley 气候中心的 GCM2HadCM3 输出的 A2 和 B2 气候变化情景，首先结合 CENTURY 生态模型模拟 B2 情景下（2071—2090 年）我国生态系统脆弱性，并与基准年（1961—1990 年）的比较发现，我国亚热带常绿阔叶林由轻度脆弱变成中度脆弱，但内蒙古的草地由重度脆弱变为中度脆弱，中度脆弱变为轻度脆弱，其他类型仍为轻度脆弱。此外，利用机理性的生态模型 CEVSA 模拟的结果表明，B2 情景下我国东北地区自然生态系统脆弱性变低；A2 情景下我国华东地区生态系统脆弱性加重，但尚未发现生态系统崩溃的情况（李克让，2002）。

（2）适应对策

自然生态系统的适应性包括两个方面，一是生态系统和自然界本身的自身调节与恢复能力；二是人为的作用，特别是社会经济的基础条件，人为的影响和干预。虽然自然生态系统对气候变化具有一定的适应能力，但仍需要采取一定的保护措施。提高适应气候变化能力的许多措施和要求与促进可持续发展的要求是一致的。正确的措施，既能减少气候导致的脆弱性，又能促进生态系统的可持续发展。

首先要减缓人类对自然生态系统的压力，包括制止毁林、毁草，防治水土流失，以及发展人工管理的林业和牧业。其次进行保护式的管理，包括建立自然生态系统保护体系、加强生态恢复工程建设、防止和控制自然灾害（如森林、草原火灾和病虫害等）。湿地生态系统对气候变化的适应包括：充分考虑水资源管理，对西北湖泊湿地应该加强湖泊生态用水调配，对沿海湿地必须考虑海平面上升的不利影响，加强海平面上升监测和预警，修订规划和有关环境建设标准。对青藏高原湿地必须考虑冻土及冰雪层变化，建立防灾体系。

中国陆地生态系统已采取的适应性措施主要包括：加强天然林保护、京津风沙源治理、"三北"防护林、长江、珠江和太行山绿化防护林等重点工程建设；实施退耕还林工程；在气候变化高风险区域建立自然保护区，加强对陆地生态系统的管理和保护力度；加强退化生态系统的恢复与重建，降低气候变化风险；针对敏感区草地生态系统，开展草场封育；加强湿地生态系统的保护与管理，增强防御气候变化风险的能力；建立健全国家陆地生态系统综合监测体系等（中华人民共和国气候变化第二次国家信息通报，2013）。

8.4.3.5 旅游业和其他产业

随着气候变暖，海平面上升、极端天气和气候事件等日益加剧，旅游业成为全球气候变化下最为敏感和脆弱的产业之一。气候变化对中国旅游业的影响主要体现在旅游资源、旅游市场、旅游产品、旅游服务体系、旅游社会经济效应等方面（钟林生等，2011）。根据气候变化对旅游业的影响与未来发展趋势，以及国家应对气候变化的政策，建议我国旅游业采取以下对策措施以应对气候变化带来的影响与挑战：

（1）维护产业安全。加强极端天气气候事件增多条件下的劳动保护，及时发布气象预警信息，强化旅游、采矿、建筑、交通等产业的安全事故防控，制定应急预案，建立应急救援机制，提升服务设施的抗风险能力。

（2）合理开发和保护旅游资源。综合评估气候、水文、土地、生物等自然禀赋状况开发旅游资源，调整旅游设施建设与项目设计，利用和整合伴随气候变化而新出现的气象景观、植物景观、地貌景观等新开发的旅游资源。例如，为减少气候变化对以滑雪、徒步、漂流、滨海旅游产品等户外运动项目为主体的旅游目的地带来的影响,应配备一定的室内娱乐项目,如保龄球馆等,以规避不良气候对于户外活动的干扰(钟林生 等,2011)。采取必要的保护性措施,防止水、热、雨、雪等气候条件变化造成旅游资源进一步恶化,加强对受气候变化威胁的风景名胜资源以及濒危文化和自然遗产的保护。

(3)利用有利条件推动旅游业发展。把握气候变化条件下新的旅游市场需求特征,加快推动特色民俗、文化表演、时尚休闲、展览展会、美食购物等受气候条件影响较小业态的创新性发展,增强冰雪旅游、滨海旅游等自然依托型业态的应对能力。利用气候变暖延长适游时间的机遇,充实旅游产品和项目,丰富旅游内容。

8.4.4 区域适应行动

统筹考虑未来气候变化对中国各大区主要行业的不同影响,具体提出各有侧重的适应策略。将全国重点区域格局划分为东北、西北、华北、华中、华东、华南和西南7大区。

8.4.4.1 东北地区

合理种植。采用冬麦北移,增加水稻种植面积等措施,合理利用农业技术,利用变暖的有利条件,促进粮食生产(林而达 等,2006)。

品种选育。充分利用积温增加、生长季延长的有利条件,在品种选育上培育生育期长的中晚熟品种;选育光合能力强、产量潜力高、品质优良、综合抗性突出和适应性广的优良新品种,不仅提高抗逆性,还能充分利用 CO_2 浓度增加带来的施肥效应,采用防灾抗灾、稳产增产的技术措施,预防可能加重的农业病虫害。从而确保在气候变化条件下,农业生产的高产、优质、高效。

农田管理。适当考虑增加熟制调整,增加复种指数,土地用养结合;推广行之有效的保护性耕作措施和配方施肥技术,确保氮、磷、钾等肥力的均衡,提高氮肥利用效率;加强东北粮食主产区适应气候变化的农田管理技术的研发、集成、示范与推广。针对未来气候变化对农业的可能影响,根据未来气候资源和农业气象灾害的新格局,改进作物品种布局。

水资源合理利用。气温增高将加大农田蒸腾,从而加剧农业水需求的矛盾。农田水利建设、节水农业体系、农田防护林等有利于农业适应气候变化能力的提高,要加强节水灌溉技术研究示范和推广,推进节水灌溉示范,在粮食主产区进行规模化建设试点,发展节水旱作农业,建设旱作农业示范区;加强小型农田水利建设,使库、坝、堤、渠完好有效,节水、保水、用水、集水协调一致,保证田间灌排工程、小型灌区、非灌区抗旱水源工程完好;加大粮食主产区中低产田盐渍治理力度,加快丘陵山区和其他干旱缺水地区雨水集蓄利用工程建设。

预警预报。气候变化导致农业气象出现了一些新的变化,必须提高天气预报、预测的准确性才能及时地避免农业遭受巨大的损失。增加农业科技创新的投入,为粮食生产提供有力的保障,提高预警预报能力,建立应急方案,有效地应对极端天气事件的后果。加强人工影响天气的能力和应急反应能力建设,特别对突发的洪灾、干旱、暴雪等天气事件能够及时处理。加强气候预测及其对农业影响的评估研究,避免或减少气候变化不利影响带来的损失。如以改土治水为中心,加强降水和径流的预报研究;在气候变化背景下,研究作物病虫害可能发生的趋势,做好预报预测工作。

土地利用。科学合理使用土地、科学规划城市发展规模是维持生态系统平衡、保护生物多样性的关键所在,也是提高适应气候变化能力的必要条件。单一的种植制度不利于农业生态的维护,过度种植势必影响生态环境。有计划地开垦使用湿地荒地,适当退耕还湿、还林还草,维护良好的生态环境,保护生物多样性,使稳定良好的生态环境与气候变化相互影响、相互作用(林而达 等,2007)。只有在保证耕地面积的条件下,才能保证粮食生产的高产优质高效,才能有条件发展农业现代化,实现农村现代化。加强土地利用的管理,保证耕地、林地、草地、湿地等适当的比例,加大植树造林力度,增加土壤植被的覆盖率,不仅有利于吸收利用大气中的 CO_2,也有利于防止土壤退化和沙漠化。

8.4.4.2　西北地区

受气候变化的影响,西北地区脆弱的生态系统在人类开发活动影响下,会导致河流下游断流、天然绿洲退化及土地荒漠化等问题发生,造成缺水和干旱化,成为影响西北地区可持续发展的最突出问题。为适应气候变化的影响,需要建设渠道防渗工程以减少蒸发,同时要改变传统的灌溉方式,实行节水灌溉,建立以节水为中心的灌区农业优化体系;根据生态治理区的水资源条件,采取宜林则林,宜荒则荒的原则,按保护、恢复的顺序逐步科学治理生态,以使西北草原和绿洲农业适应气候变化的新挑战。

加强农业新技术的研究。尽管气候变暖或降水的增多为西北地区农业复种指数的提高提供了可能,但需要注意的是,在未来气候变化条件下,气候极端事件的发生频率也可能会增加,如干旱、洪涝、低温冷害、病虫害等都可能会给新的农业种植模式带来挑战,农业生产成本可能增加,切记盲目乐观、加快扩种步伐。由于降水的增加不足以弥补增温引起蒸发蒸腾的增强,西北地区主要作物生长发育期间水分普遍不足,在没有灌溉条件的地区,农业产量将受到影响(熊伟 等,2001)。为此,必须引进农业高新技术,加强农业新技术应用的研究。同时要建设渠道防渗工程以减少蒸发,改变传统的灌溉方式,实行节水灌溉,建立以节水为中心的灌区农业优化体系。

保护和改善西北地区生态环境。首先确定科学合理的生态环境保护目标,其次对经济用水和生态用水进行优化配置,最后根据生态治理区的水资源条件,采取宜林则林、宜荒则荒、宜草则草的原则,按保护、恢复的顺序逐步科学治理生态。应建立专家咨询机制,防治决策失误而导致生态进一步恶化的现象发生。

应对西北地区水资源短缺的战略措施。尽管在气候变暖下西北一些地区的降水量有可能增加,但西北地区干旱、半干旱地区的环境面貌没有或短期内不可能得到改变,西北地区水资源系统对气候变化的脆弱性影响仍然加大,并危及人类生存环境。随着人口的增加,社会经济活动规模与强度的加大,对水资源的需求量必将进一步加大,西北地区水资源的短缺问题将进一步凸显。因此,应对气候变化的影响,西北地区必须首先解决好水资源问题。要长久解决西北地区经济社会和生态环境可持续发展的水资源"瓶颈"问题,从战略上,宜提早研究并实施向西北地区跨流域调水计划、开发空中水资源计划等。

8.4.4.3　华北地区

华北平原农业适应气候变化的技术集成创新体系,主要包括:单一目标的农业适应技术集成体系,多目标综合的农业适应技术集成体系,多部门综合的农业适应技术集成体系和因地制宜的分区农业适应技术集成体系等(韩荣青 等,2012)。

(1)单一目标的农业适应技术集成创新体系

华北平原农业发展的主要障碍是水资源短缺,在气候变化影响下,水资源问题可能进一步加剧。节水农业是华北平原适应气候变化的重要技术途径之一。节水农业技术体系通常从工程节水、农艺节水与生物节水 3 个方面进行集成,形成以节水为单一目标的农业适应气候变化的技术集成创新体系。

工程节水包括采用不同的节水灌溉技术和采取有效措施截取雨季降水备用两个方面。节水灌溉技术又包括微灌、注水灌溉、膜上灌、喷灌、沟畦灌溉、管道灌溉、渠道衬砌、地面灌溉等。要根据农业水资源利用效率和适宜推广性采用不同的节水技术。比如,从微灌、注水灌溉、膜上灌、喷灌、沟畦灌溉、管道灌溉、渠道衬砌到地面灌溉,农业水资源利用效率逐渐降低(姚治君 等,2000)。相对于具体的作物,小麦主要是改大水漫灌为小畦灌、管灌和喷灌,减少灌溉次数,降低灌溉量;玉米主要通过提前进行麦垄点播,麦黄水和玉米出苗水一水两用,隔沟灌等来减少灌溉量(张正斌 等,2003)。截取雨季降水备用的雨水集蓄利用技术主要有小型水库和微集水、屋顶雨水收集、创建人工池塘和湖泊等,改变立地条件以增加降水就地入渗。

在农艺节水方面,可以利用旱区农业保护性耕作技术,以秸秆覆盖来抑制农田蒸发,或者在耕作地面扩大间作套种,也能减少蒸发。利用地膜栽培,减少灌溉量。也可以采用深松蓄水技术、沟垄种植技术等方式来建设高效土壤水库,增加农田储水能力。

在生物节水方面,选用抗旱、耐旱、节水作物及品种,比如采用甜糯玉米新品种、广适应性水稻品种、高档优质水稻品种等。另外,地膜覆盖作物栽培、渗水地膜覆盖、节水作物种植、化学控制节水(比如施用微量元素肥料提高作物抗旱能力)等也是生物节水的一些重要的技术措施。

(2)多目标综合的农业适应技术集成创新体系

应对气候变化的农业策略具有系统性与不确定性。为提高农业适应气候变化能力,应从多方面采取综合行动,以适应复杂的气候变化(Saavedra et al,2009)。多目标技术集成创新体系包括经济目标和资源环境目标,其中经济目标又包括宏观经济目标和微观经济目标,宏观经济目标是促进农、林、牧、渔的全面发展,微观经济目标是建设优质、高产、高效的农业;资源环境目标包括维护农业生态经济系统的良性循环,保证水资源、土地资源、生物资源等的可持续利用,提高资源利用效率,防治资源的污染破坏,预防和减轻气候变化造成的消极影响等(谢高地 等,2002)。通常包括加强农业基础设施建设、发展设施农业、调整复种指数和作物品种布局、调整播期、合理安排田间结构、调整种植方式等方面。

加强农业基础设施建设。华北平原区水资源相对短缺,部分区域土壤盐渍化,中低产田面积较大。加强农业基础设施建设可提高水资源利用效率,防治土壤次生盐碱化,改善生态环境。主要包括:加大对病险水利工程的除险加固的整治修复力度;完善水库、沟渠等排灌系统的灌溉配套,提高排涝抗旱能力;增加对水土田林路等基础设施综合配套改造;大力推广节水灌溉项目;进行中低产田改造、水土保持、国土整治等。

发展设施农业。设施农业依靠一定的设施,能在局部范围改善或创造出适宜的气象环境因素,为作物生长发育提供良好的环境条件,以此实现有效生产。设施农业包括设施栽培和设施养殖两个方面。设施栽培可以调控作物生长发育期,提早或延迟其采收期,控制作物生育所需的增加光照、遮光降温、调温、调湿、补充二氧化碳等生态条件,防止晚霜、低温、干热风、大风、冰雹等危害。设施栽培的类型主要有地膜覆盖、塑料大棚、温室、植物工厂以及无土栽培技术(安国民 等,2004)。目前黄淮海平原设施农业面积占全国总面积的70%以上。气候变暖有利于设施环境下作物生长,减少冻害的发生并节约成本。

调整复种指数和作物品种布局。华北平原温度、降水等气候条件的变化引起复种指数的改变,应在土、肥、水变化的基础上,调整复种指数。比如,合理选择并搭配作物种类与品种,实行三茬套种。上茬以冬小麦为主,选早熟、高产、矮秆、抗倒伏和株型紧凑的类型。中茬以玉米为主,一般根据小麦收后到种麦期间热量的多少选中熟品种。华北平原南部可选生育期稍长的中晚熟品种,华北平原北部选生育期短些的中早熟品种。下茬一般为高粱、玉米、谷子、豆类,宜选早熟或极早熟品种,若移栽或套种,则可用生长期较长的高产品种(华北农业大学农业气象组耕作组,1976)。另外,应根据华北平原的暖干化趋势和水资源短缺情况,调整作物品种布局。首先应选用抗旱、耐旱、节水作物及品种,比如可以在华北平原北部地区选择硬粒小麦;其次,根据积温和生长季的变化,作物适宜性范围的变化,相应地调整作物品种布局,比如冬小麦种植向北延伸、在一年一熟区的南部边界进行一年两熟种植等。

调整播期。播期、套栽期既影响作物本身产量,也影响后茬作物。如冬小麦播期在日平均气温 16~18℃时为宜,华北平原北部一般在秋分时节。春小麦则在气温稳定通过 0℃开始。玉米的优化播期自北向南呈逐渐推迟的趋势:北部 5 月上旬播种较为适宜;中南部以 6 月中上旬播种较适宜(戴明宏 等,2008)。具体而言,中茬玉米套种应根据玉米品种生育期的长短、对热量的要求、当地的热量条件、适时成熟又不影响适时种麦、埂的宽窄等因素综合考虑。如高产麦田群体结构大的宜晚播些,埂宽的(大于 60 cm)可适当早播。下茬栽期在麦收后越早越好(华北农业大学农业气象组耕作组,1976)。而春玉米若开花期降雨过多会造成低温寡照而影响玉米的受精授粉与结实,所以其播期以开花期避开雨季为首要考虑因素(刘明 等,2009)。

合理安排田间结构。田间结构包括带距、行比、间距、埂宽、株行距、密度等,合理的田间结构既利于改善农田小气候条件,又可充分利用光、热、水、气等大气候资源。搭配上、中、下茬作物时,应根据作物的需光性、生长特性、高矮特性、对气候的适应性等搭配及分配土地,使之通风透光。同时,充分利用边行效应,如第三茬应"挤中间,空两边",使中、下茬作物处于良好的边行地位(华北农业大学农业气象组耕作组,1976)。以夏玉米为例,采用宽窄行密植有利获高产。宽行 70~80 cm,窄行 50~60 cm,株距 20~26 cm,选用机播播种,下种均匀,行距易掌握(王春虎 等,2008)。

调整种植方式。作物种植方式各有优劣,不同种植方式具有各自独特的生态适宜性。当前华北平原的作物种植方式在一年两熟区有小麦平播和麦田套种两种。小麦平播方式适于生长期长、土地平坦、便于灌排、水肥充足、机械力量强的地区。麦田套种方式适于生长季节紧,土、肥、水较差或易涝的地区,可以精耕细作,有较高的光能利用率和产量潜力。同时,套种玉米多为生长季长、产量潜力高的中、晚熟品种,比平播的早、中熟品种要稳产高产(刘巽浩 等,1981)。此外,还有三茬套种,即先在小麦抽穗后套种玉米,麦收后又在茬地上套种高粱、大豆、谷子、薯类等。另外,根据气温、降水、光照等变化,适时晚定苗和适时晚收,适当提高种植密度,合理增加播种量,都利于作物高产。

8.4.4.4 华中地区

严重的干旱和洪涝灾害将随气候变化日趋加重,极大地危害华中地区农业和经济发展,为此要加大防洪抗旱减灾工作的力度,加强工程蓄水泄洪能力,充分发挥水利工程的抗旱防涝作用,科学调度抗旱水源。由于气候变暖,南水北调工程有可能使中国血吸虫病流行区突破最北界北纬 33°15′;同时"退田还湖、平垸行洪、移民建镇"后,可引起江湖洲滩地区的血吸虫病流行加剧,应加强监测和预防措施(丁一汇 等,2009)。

加强防灾减灾。气候变化有其自然规律,影响因素十分复杂,其中也包括人类活动的影响,人类可能通过改善局地气候、改善农业生产环境条件、提高农业生产的科技含量以减缓或适应气候变化,减轻旱涝灾害对农业生产的影响。气候变暖将对华中农业生产带来诸多不利的影响,面对严峻的高温、干旱、洪涝形势,应搞好农业生态建设,调节区域变化,切实加强、保护和发展防护林、水源涵养林,减少水土流失,为农业可持续发展创造良好的生态环境。加大防洪抗旱减灾工作的力度,充分发挥水利工程的防洪抗旱能力。

调整作物布局充分利用气候资源。发挥气候资源优势,合理调整农业布局,因地制宜地调整农业种植结构,及时选育并更新适应气候变暖的优良品种。若改种长生育期水稻品种,则双季稻(早、晚稻)产量都可能有不同程度的提高。对双季早稻而言,不但不减产,反而增产。而双季晚稻也能在很大程度上补偿因气候变暖而引起的减产(虽然部分地区仍将有所减产)。究其原因,可能是因为更换了适应性强的品种后,光合作用增强超过呼吸作用,致使净光合作用产物增多;成穗时,向穗部转移的同化物增多,产量就可能提高;同时,高温下同化物转运速度加快,而灌浆期并不缩短,籽粒灌浆充分,空秕粒减少,千粒重增加,最终导致产量提高。

加强植树造林,改善生态环境。植树造林,封山育林,营造绿色水库,建立和恢复良好的生态环境,是解决泥沙淤积的根本途径,也是根治水患的最好方法。华中地区水土流失比较严重,植被覆盖率低,水源涵养条件差。而水土流失加剧,植被面积减少,又使旱情进一步加剧。因此,加强水土保持建设,改善生态环境,大力开展植树造林,增加植被覆盖率,搞好水资源的可持续利用,对山丘区的防旱减灾具有极其重要的意义。同时还应重视土壤这个"地下水库"的巨大作用,通过平整土地,改良土壤,植草护坡,使汛期部分水分贮存于地下土壤和岩石缝隙中,以减少汛期径流。

8.4.4.5 华南地区

华南地区受全球气候变暖的影响主要表现在:海平面上升明显、台风和风暴潮灾害频发,红树林和珊瑚礁生态系统退化。为增强华南沿海各省(区)对上述影响的适应能力,沿海地区要加强基础防潮设施的建设,提高防潮能力和防潮设施的标准,提高对台风和风暴潮的监测和预警能力,加强对红树林和珊瑚礁生态系统的保护和恢复。

提高基础防潮设施的标准和防潮能力。防潮设施可以大大减轻沿海地区因海平面上升导致的土壤受淹程度。据研究,在无防潮设施情况下,海平面在历史最高潮位上升 30 cm 时,珠江三角洲的淹没面积会达到 5546 km²,而在有防潮设施时,淹没面积可以减少到 1153 km²,减少近 79.2%(杜碧兰 等,1997)。广州市现在百年一遇的高潮位为 3.61 m,若海平面上升 65 cm,百年一遇高潮位则降低到 10~20 年一遇。因此,不但要加强华南沿海防潮基础设施建设,而且应该提高防潮设施的设计标准。

加强对红树林和珊瑚礁生态系统的保护和恢复。为有效遏制对红树林和珊瑚礁生态系统的破坏,国家和地区已经建立了一批相应的自然保护区。其中红树林保护区 20 个,保护面积 47891.5 hm²,有林面积 13924.1 hm²,占全国红树林总面积的 63.2%;已建和在建的珊瑚礁保护区 7 个,保护面积 63148 hm²。今后除加强自然保护区外,还应加强对这些生态系统的监测和管理,并开展可持续发展和有效利用研究,以促进红树林和珊瑚礁生态系统的复壮和良性循环。

提高对台风和风暴潮的监测和预警能力。需大力提高本区台风和风暴潮的监测和预警能力,首先,应对目前我国和本区的海洋灾害监测网进行补充和调整,特别要增加灾害多发岸段和海岛的自动观测站、海洋浮标站和岸基雷达站的数量,并努力充实各类观测站的先进仪器设备。其次,还需大力提高台风和风暴潮的预警能力,健全本区的海洋预警机构,研发新的、更为有效的海气耦合数值预报模式,不断提高预报精度和时效,利用网络通信和多媒体技术,更及时有效地为公众防灾和政府决策提供服务。

8.4.4.6　华东地区

华东地区处于大江大河下游,地势平坦,濒临东海,区内人口、城市密集,财富积累丰厚,如果遇到特大的洪涝灾害造成的经济损失和社会影响将是巨大的。气候变化可能增加此种风险,所以要针对防洪防涝,沿海经济带生态建设采取相应的适应对策。

加强防灾减灾工程建设。根据防灾减灾的发展形势,加大江河、湖泊和海塘等防灾减灾工程建设的力度;根据未来气候变化对工程的可能影响;充分考虑应对气候变化影响的有关措施,增加抵御洪涝灾害、海岸侵蚀等灾害的能力;进一步加强灾害预警工程,提升对极端天气气候监测预警能力,建立城市灾害应急响应体系,以及面向公众的气象灾害公共信息服务平台。

加强环境整治与生态建设。长江三角洲是我国经济发展的领先地区,要积极推进与应对气候变化"无悔"政策相适应的经济社会发展战略,推行企业绿色化战略和清洁生产。建立区域公共资源配置和环境保护协调机构,加强对环境污染的治理,试行"控源导流,清污两制"的水污染控制战略;加强水资源保护,推进节水型社会发展。加强湖泊和海岸带湿地与海域保护,加大海域污染防治力度。要充分发挥华东电网及全国电网调配作用,发展核电与液化气或天然气发电,采取强有力的节能措施,降低能耗。要贯彻以人为本的科学发展观,规划区域生态建设,加强生态建设的投入和宣传力度。要积极推进农业生产的现代化建设,以实现农产品生产的低消耗、高产出。

8.4.4.7 西南地区

西南地区是气候灾害和山地灾害频发地区。气候变化,特别是极端气候事件的变化会加剧泥石流、滑坡和水土流失的发生。为适应这些变化,要加强基于暴雨监测的泥石流,滑坡预测预报和预警系统的研究,超前做好山地灾害灾前危险区域的危险度分区与评价工作,提高公众在气候变化下的防灾和水土保持意识,加快提高水土保持各项治理工作的进度和质量。

防治山地灾害。山地灾害是地表物质迁移过程的一种自然灾害,面对未来 50 年内因气候变化导致西南地区山地灾害进一步发展恶化的严峻形势。应明确职责,减少多头管理、加强防灾减灾研究、进行减灾科普宣传教育、建立群策群防体系。

保护水土资源。为有效控制水土流失,要改变"边治理边破坏"的状况,提高公众的水土保持意识,加快和提高水土流失各项治理工作的进度、质量和科技水平。

保护旅游资源。重点加强山地灾害的综合整治,加强干旱季节对森林火灾的监测;采取有效措施,消除酸雨对旅游资源的侵蚀和破坏,有必要加强气候变化对旅游业影响的深入研究,以促进西南旅游业的可持续发展。

保护生物多样性。为有效遏制西南地区生物多样性锐减的趋势,在贯彻执行我国现有法律、法规的同时,尽快制定地方性生物多样性保护的法规及规章,以立法和政策规范人类活动的行为,严厉打击破坏生物多样性的违法犯罪行为;加强生物多样性的保护、生物物种人工繁育等理论与技术的研究;开展多种形式的科普宣传活动,努力提高公众的生物多样性保护意识。青藏高原地区,要充分利用好西藏可能增加的水资源,保护好西藏天然草地。

8.4.5 适应对策和保障措施

适应对策的实施需要各级政府、地方和部门建立健全体制机制、资金政策、技术支撑和国际合作体系等保障措施(国家发展改革委员会,2013b)。

(1)完善体制机制

健全适应气候变化的法律体系,加快建立相配套的法规和政策体系。将适应气候变化的各项任务纳入国民经济与社会发展规划,并制定各级适应气候变化方案。建立健全适应工作组织协调机制,成立多科学、多领域的适应气候变化委员会(曾文革 等,2010)。

(2)加强能力建设

发展气候变化预估技术,准确预估未来气候变化趋势;发展极端天气气候事件预测预警技术和人工影响天气技术(孙成永 等,2013);加强重点领域、重点区域的监测预警工作,加强灾害应急处置能力,加强专业救援队伍和专业队伍建设,提高社会预防和规避极端天气气候事件及其次生衍生灾害能力。建立健全管理信息系统建设,对各类数据信息进行管理,为各类用户提供信息服务,提高适应气候变化的信息化水平(刘星 等,2000)。加人适应气候变化科普教育和公众宣传,提高对适应重要性和紧迫性的认识,积极营造全民参与的良好氛围。

(3)加大财政和金融政策支持力度

建立"应对气候变化"预算科目和适应气候变化资金稳定增长机制,引导国家公共财政资金在适应能力、重大技术创新等方面的投入,划分适应气候变化的事权范围,确定中央与地方的财政支出责任,加强适应气候变化财政资金投入的绩效管理(苏明 等,2013)。推动气候金融市场建设,鼓励开发气候相关服务产品。建立健全风险分担机制,支持农业、林业等领域开发保险产品和开展相关保险业务(吴定富,2009)。开展和促进"气象指数保险"产品的试点和推广工作。

(4)强化技术支撑

开展气候变化科学基础研究,加强气候变化监测、预测预估、影响与风险评估以及适应技术的开发(宋连春 等,2013)。刘燕华等(2013)指出各领域适应技术门类可归纳为预警、工程、动态监测、评估、适应空间、适应长效性、模型分析、重大工程、各领域行业标准和规范等方向的研究。建立行业与区域科研能力建设,建立基础数据库,构建跨学科、跨行业、跨区域的适应技术协作网络。

(5)开展国际合作

适应气候变化是发展中国家最为关心的问题,是应对气候变化挑战的重要组成部分。发达国家应本着共同发展的精神,积极协助发展中国家提高适应能力,增强应对气候灾害的能力,要建立适应气候变化的战略和机制,特别是要提高发展中国家防灾减灾、早期预警和灾害管理的能力,以减缓气候变化的不利影响。国际社会需要增加资金投入,加强节能、环保、低碳能源等技术的研发和创新合作,特别是加强技术的推广和利用,使发展中国家买得起、用得上这些技术(金石,2008)。发展中国家继续要求发达国家切实履行《联合国气候变化框架公约》下的义务,向发展中国家提供开展适应行动所需的资金、技术和能力建设;积极参与公约内外资金机制以及其他国际组织的项目合作,充分利用各种国际资金开展适应行动(苏明 等,2013)。

(6)做好组织实施

各地方及政府部门应根据国家制定的适应气候变化分工方案,明确责任,落实相关工作,编制本部门本领域的适应气候变化方案,严格贯彻执行。各省、自治区、直辖市及新疆生产建设兵团发展改革部门要根据国家确定的原则和任务,编制省级适应气候变化方案并会同有关部门组织实施,监督检查方案的实施情况,保证适应气候变化措施的有效落实(马爱民,2009)。

参考文献

安国民,徐世艳,赵化春. 2004. 国外设施农业现状与发展趋势. 现代化农业,(12):34-36.

白爱娟,刘晓东. 2010. 华东地区近50年降水量的变化特征及其与旱涝灾害的关系分析. 热带气象学报,26(2):194-200.

鲍名. 2007. 近50年我国持续性暴雨的统计分析及其大尺度环流背景. 大气科学,31(5):779-792.

蔡洁云,周小云. 2011. 气候变化对广东省生态环境和经济社会的影响. 广东气象,1(33):40-42.

蔡运龙,Smit B. 1996. 全球气候变化下中国农业的脆弱性与适应性对策. 地理学报,51(3):202-212.

陈辰,王靖,潘学标,等. 2013. 气候变化对内蒙古草地生产力影响的模拟研究. 草地学报,21(5):850-860.

陈辰. 2012. 气候变化与放牧管理对内蒙古草地生产力影响的模拟研究. 中国农业大学硕士学位论文.

陈红梅,张立波,娄伟平. 2012. 近50a华北平原日照时数的时空特征及其影响因素. 气象科学,32(5):573-579.

陈敏鹏,林而达. 2011. 适应气候变化的成本分析:回顾和展望. 中国人口.资源与环境,(S2):280-285.

陈天然,余克服,施祺,等. 2011. 全球变暖和核电站温排水对大亚湾滨珊瑚钙化的影响. 热带海洋学报,30(2):1-9.

陈小勇,林鹏. 1999. 我国红树林对全球气候变化的响应及其作用. 海洋湖沼通报,2:11-16.

程建刚,王学峰,龙红,等. 2010. 气候变化对云南主要行业的影响. 云南师范大学学报(哲学社会科学版),42(3):2-20.

程迁,莫兴国,王永芬,等. 2010. 羊草草原碳循环过程的模拟与验证. 自然资源学报,25(1):60-70.

丛美丽,郑崇伟,田妍妍,等. 2012. 近百年来全球气温整体变化趋势研究. 资源与环境,22:38.

戴明宏,陶洪斌,廖树华,等. 2008. 基于CERES-Maize模型的华北平原玉米生产潜力的估算与分析. 农业工程学报,24(4):30-36.

邸少华,谢立勇,宁大可. 2011. 气候变化对西北地区水资源的影响及对策. 安徽农业科学,**39**(27):16819-16821.

丁瑞强,王式功,尚可政,等. 2003. 近45a我国沙尘暴和扬沙天气变化趋势和突变分析. 中国沙漠,**23**(3):306-310.

丁一汇,林而达,何建坤. 2009. 中国气候变化——科学、影响、适应及对策研究. 北京:中国环境科学出版社.

杜碧兰,田素珍,沈文周,等. 1997. 海平面上升对中国沿海主要脆弱区的影响及对策. 北京:海洋出版社.

杜华明. 2005. 气候变化对农业的影响研究进展. 四川气象,**25**(4):18-20.

段春峰. 2009. 中国地面风速变化及其影响因子的研究. 南京信息工程大学硕士学位论文.

樊启顺,沙占江,曹广超,等. 2005. 气候变化对青海高原冰川资源的影响评价. 干旱区资源与环境,**5**(19):56-60.

方一平,秦大河,丁永建. 2009. 气候变化适应性研究综述——现状与趋向. 干旱区研究,(3):299-305.

傅国斌,李克让. 2001. 全球变暖与湿地生态系统的研究进展. 地理研究,**20**(1):120-128.

龚婕,宋豫秦,陈少波. 2009. 全球气候变化对浙江沿海红树林的影响. 安徽农业科学,**37**(20):9742-9744.

国家发展改革委员会. 2013a. 中国应对气候变化的政策与行动2013年度报告.

国家发展改革委员会,2013b. 国家适应气候变化战略.

韩荣青,潘韬,刘玉洁,等. 2012. 华北平原农业适应气候变化技术集成创新体系. 地理科学进展,**31**(11):1537-1545.

何建坤,刘滨,陈迎,等. 2006. 气候变化国家评估报告（III）:中国应对气候变化对策的综合评价. 气候变化研究进展,**2**(4):147-153.

贺瑞敏,王国庆,张建云,等. 2008. 气候变化对大型水利工程的影响. 气候变化影响评估,**2**:52-56.

贺伟,布仁仓,熊在平,等. 2013. 1961—2005年东北地区气温和降水变化趋势. 生态学报,**33**(2):519-631.

侯琼,乌兰巴特尔. 2006. 内蒙古典型草原区近40年气候变化及其对土壤水分的影响. 气象科技,**34**(1):102-106.

华北农业大学农业气象组耕作组. 1976. 华北平原地区气候与种植制度的改革. 气象科技,(S1):5-10.

华南区域气候变化评估报告. 2013. 中国气象报,07-25(第3版).

黄小燕,张明军,王圣杰,等. 2011. 西北地区近50年日照时数和风速变化特征. 自然资源学报,**26**(5):825-835.

贾若祥. 2012. 应对极端气候变化应以农林水和沿海地区为重心展开. 中国经济导报,09-01.

姜丽霞,李帅,李秀芬,等. 2011. 黑龙江省近三十年气候变化对大豆发育和产量的影响. 大豆科学,**30**(6):921-926.

金石. 2008. 应对气候变化国际合作背景及趋势. 环境保护,(20):77-79.

居辉,熊伟,许吟隆,等. 2007. 气候变化对中国东北地区生态与环境的影响.中国农学通报,4(23):345-349.

黎耀辉.2004. 近年来我国沙尘暴研究的新进展. 中国沙漠,24(5):616-622.

李克南,杨晓光,李志娟,等. 2010. 全球气候变化对中国种植制度可能影响分析. 中国农业科学,43(10):2088-2097.

李克让,陈育峰. 1996. 全球气候变化影响下中国森林的脆弱性分析. 地理学报,51（增刊）:40-49.

李克让. 2002. 土地利用变化和温室气体净排放与陆地生态系统碳循环. 北京:气象出版社.

李林,李凤霞,朱西德,等. 2009. 黄河源区湿地萎缩驱动力的定量辨识. 自然资源学报,24(7):1246-1255.

李淑华. 1992.气候变暖对我国农作物病虫害发生、流行的可能影响及发生趋势展望.中国农业气象,13(2):46-49.

李伟,王秋华,沈立新. 2014. 气候变化对森林生态系统的影响及应对气候变化的森林可持续发展. 林业调查规划,39(1):94-97.

李伟光,易雪,侯美婷. 2012. 基于标准化降水蒸散指数的中国干旱趋势研究. 中国生态农业学报,20(5):643-649.

李勇,杨晓光,王文峰,等. 2010. 气候变化背景下中国农业气候资源变化Ⅰ.华南地区农业气候资源时空变化特征.应用生态学报,21(10):2605-2614.

林而达,吴绍洪,戴晓苏,等. 2007. 气候变化影响的最新认知. 气候变化研究进展,3(3):125-131.

林而达,许吟隆,蒋金荷,等. 2006. 气候变化国家评估报告(Ⅱ):气候变化的影响与适应.气候变化研究进展,2(2),51-56.

刘春兰,谢高地,肖玉. 2006. 气候变化对白洋淀湿地的影响. 长江流域资源与环境,2(16):245-250.

刘国华,傅伯杰. 2001.全球气候变化对森林生态系统的影响.自然资源学报,16(1):71-78.

刘玲,沙奕卓,白月明. 2003. 中国主要农业气象灾害区域分布与减灾对策. 自然灾害学报,12(2):92-97.

刘明,陶洪斌,王璞,等. 2009. 播期对春玉米生长发育与产量形成的影响. 中国生态农业学报,17(1):18-23.

刘世荣,徐德应,王兵. 1994. 气候变化对中国森林生产力的影响Ⅱ:中国森林第一性生产力的模拟. 林业科学研究,7(4):425-430.

刘晓冉,李国平,范广洲,等. 2008. 西南地区近40a气温变化的时空特征分析.气象科学,28(1):30-36.

刘晓英,林而达. 2004. 气候变化对华北地区主要作物需水量的影响.水利学报,2:77-87.

刘星,杨玉峰. 2000. 中国建设全球气候变化观测与信息系统的必要性. 世界环境,(1):29-30.

刘兴汉,尤莉,魏煜. 2003. 气候变暖对内蒙古生态环境的影响.内蒙古气象,(2):22-24.

刘巽浩,韩湘玲,赵明斋,等. 1981. 华北平原地区麦田两熟的光能利用作物竞争与产量分析. 作物学报,**7**(1):63-72.

刘燕华,钱凤魁,王文涛,等. 2013. 应对气候变化的适应技术框架研究. 中国人口.资源与环境,**23**(5):1-6.

刘颖杰,林而达. 2007. 气候变化对中国不同地区农业的影响.气候变化研究进展,**3**(4):229-233.

卢爱刚. 2013. 全球变暖对中国区域相对湿度变化的影响. 生态环境学报,**22**(8):1378-1380.

陆龙骅,张德二. 2013. 中国年降水量的时空变化特征及其与东亚夏季风的关系. 第四纪研究,**33**(1):97-107.

陆琴琴.2012.华中地区的气温变化及其对农业的影响. 蚌埠市科学技术协会 2012 年度学术年会论文集.

马爱民. 2009.气候变化的影响与我国的对策措施. 中国科技投资,(7):20-23.

马建国,钱霞荣,李强,等. 2006. 六安市高温特征及其预警信号发布.气象科技,**34**(6):693-697.

缪启龙,田广生,殷永元.1999.长江三角洲地区气候变化影响和适应对策综合评价研究.南京气象学院学报,**22**:479-485.

宁金花,申双和. 2008. 气候变化对中国水资源的影响.安徽农业科学,**36**(4):1580-1583.

牛文元. 2004. 可持续发展:21 世纪中国发展战略的必然选择. 天津行政学院学报,**4**(1):56-59.

潘华盛,张桂华,祖世亨. 2002. 气候变暖对黑龙江水稻发展的影响及其对策的研究.黑龙江气象,(4):7-18.

潘铁夫. 1998. 吉林气候变暖与农业生产.吉林农业科学,(1):86-89.

潘响亮,邓伟,张道勇,等. 2003. 东北湿地的水文景观分类及其对气候变化的脆弱性.环境科学研究,**16**(1):14-18.

彭少麟,周凯,叶有华,等. 2005. 城市热岛效应研究进展. 生态环境,**14**:574-579.

蒲金涌,姚小英. 2005. 甘肃陇西黄土高原旱作区土壤水分变化规律及有效利用程度研究. 土壤通报,**36**(4):483-486.

《气候变化国家评估报告》编写委员会. 2007. 气候变化国家评估报告. 北京:科学出版社.

秦大河,陈宜瑜,李学勇,等. 2005.中国气候与环境演变.北京:科学出版社.

秦大河. 2002. 中国西部环境演变评估:中国西部环境演变评估综合报告. 北京:中国科学技术出版社.

任国玉,郭军,徐铭志,等. 2005. 近 50 年中国地面气候变化基本特征. 气象学报,**63**(6):942-956.

任继周. 2006. 草原地下生物量的启示.草业科学,**23**(6):91-92.

荣艳淑,梁嘉颖. 2008a. 华北地区风速变化的分析. 气象科学,**28**(6):655-658.

荣艳淑,薛文亮. 2008b. 华北地区近 50 年气候变化的再分析. 第五届长三角科技论坛——长三角气象科技创新论坛.

沈洁,李耀辉,朱晓炜. 2010. 西北地区气候与环境变化影响沙尘暴的研究进展. 干旱气象,**4**(28):467-474.

时明芝.2011.全球气候变化对中国森林影响的研究进展.资源与环境,**21**(7):68-72.

史军,崔林丽,贺千山,等.2010.华东雾和霾日数的变化特征及成因分析.地理学报,**65**(5):533-542.

史军,陈葆德,崔林丽.2011.华东地区气温变化对居住建筑能源消耗的影响研究.高原气象,**5**(30):1415-1421.

水利部水文信息中心.2000.国家"九五"重中之重科技攻关专题(96-908-03-02)"气候异常对中国水资源及水分循环影响评估模型研究"技术报告.

宋连春,肖风劲,李威.2013.我国现代气候业务现状及未来发展趋势.应用气象学报,**24**(5):513-520.

宋长春.2003.湿地生态系统对气候变化的响应.湿地科学,**1**(2):122-127.

苏明,王桂娟,陈新平.2013.适应气候变化需要怎样的资金机制.环境经济,(5):32-41.

孙成永,康相武,马欣.2013.我国适应气候变化科技发展的形式与任务.中国软科学,(10):182-185.

孙芳,杨修,林而达,等.2005.中国小麦对气候变化的敏感性和脆弱性研究.中国农业科学,**38**(4):692-696.

孙彧,马振峰,牛涛,等.2013.最近40年中国雾日数和霾日数的气候变化特征.气候与环境研究,**18**(3):397-406.

谭晓林,张乔民.1997.红树林潮滩沉积速率及海平面上升对我国红树林的影响.海洋通报,**16**(4):2935-2940.

田红,刘勇.2006.从安徽气候变化看2003年洪涝和高温的必然性.气象,**30**(6):24-27.

王春虎,冯荣成,陈士林,等.2008.华北平原夏玉米高产的几项关键技术.中国农村小康科技,(8):31-33.

王馥堂,赵宗慈,王石立,等.2003.气候变化对农业生态的影响.北京:气象出版社.

王国庆,张建云,贺瑞敏,等.2006.环境变化对黄河中游汾河径流情势的影响研究.水科学进展,**17**(6):853-858.

王慧亮,王学雷,厉恩华.2010.气候变化对洪湖湿地的影响.长江流域资源与环境,**19**(6):653-658.

王宁,张利权,袁琳,等.2012.气候变化影响下海岸带脆弱性评估研究进展.生态学报,**32**(7):2248-2258.

王式功,王金艳,周自江,等.2003.中国沙尘天气的区域特征.地理学报,**58**(2):193-200.

王守荣,朱川海,程磊,等.2003.全球水循环与水资源.北京:气象出版社.

王素艳,郭海燕,邓彪,等.2009.气候变化对四川盆地作物生产潜力的影响评估.高原山地气象研究,(2):49-54.

王叶,延晓冬.2006.全球气候变化对中国森林生态系统的影响.大气科学,**30**(5):1009-1018.

王智阳.2011.认真贯彻中央一号文件推动农田水利改革发展.水利科技与经济,(12):51-53.

吴定富.2009.深入贯彻落实科学发展观防范风险调整结构促进保险业平稳健康发展.保险研究,(1):1-10.

谢高地,章予舒,齐文虎,等. 2002. 农业资源高效利用评价模型与决策支持. 北京:科学出版社.

熊伟,陶福禄,许吟隆,等. 2001. 气候变化情景下我国水稻产量变化模拟. 中国农业气象,**22**(3):1-5.

徐兴奎. 2012. 中国区域总云量与低云量分布变化. 气象,**38**(1):90-95.

薛建军,李佳英,张立生,等. 2012. 我国台风灾害特征及风险防范策略. 气象与减灾研究,**35**(1):59-64.

杨坤,王显红,吕山,等. 2006. 气候变暖对中国几种重要媒介传播疾病的影响. 国际医学寄生虫病杂志,**33**:182-187.

杨伶俐,李小娟,王磊,等. 2006. 全球气候变暖对我国西南地区气候及旅游业的影响. 首都师范大学学报(自然科学版),**3**(27):86-91.

杨尚英. 2006. 气候变化对我国农业影响的研究进展. 安徽农业科学,**34**(2):303-304.

杨小梅,安文玲,张薇,等. 2012. 中国西南地区日照时数变化及影响因素. 兰州大学学报(自然科学版),**48**(5):52-60.

杨晓光,刘志娟,陈阜. 2011. 全球气候变暖对中国种植制度可能影响:Ⅳ 未来气候变化对中国种植制度北界的可能影响. 中国农业科学,**44**(8):1562-1570.

杨修,孙芳,林而达,等. 2005. 我国玉米对气候变化的敏感性和脆弱性研究. 地域研究与开发,**24**(4):54-57.

姚天冲,于天英. 2011. "共同但有区别的责任"原则刍议. 社会科学辑刊,(001):99-103.

姚玉璧,李耀辉,王毅荣,等. 2005. 黄土高原气候与气候生产力对全球气候变化的响应. 干旱地区农业研究,**23**(2):202-208

姚治君,林耀明,高迎春,等. 2000. 华北平原分区适宜性农业节水技术与潜力. 自然资源学报,**15**(3):259-264.

尹文友. 2009. 全球变暖背景下西南地区气候变化特征分析. 兰州大学同等学历人员申请硕士学位论文.

尹燕亭,侯向阳,运向军. 2011. 气候变化对内蒙古草原生态系统影响的研究进展. 草业科学,**6**(18):1132-1139.

殷志远,赖安伟,公颖,等. 2010. 气象水文耦合中的降尺度方法研究进展. 暴雨灾害,**29**(1):89-95.

尤莉,沈建国,裴浩. 2002. 内蒙古近50年气候变化及未来10-20年趋势展望. 内蒙古气象,(4):14-18.

於琍,曹明奎,陶波,等. 2008. 基于潜在植被的中国陆地生态系统对气候变化的脆弱性定量评价. 植物生态学报,**32**(3):521-530.

于贵瑞. 2003. 全球变化与陆地生态系统碳循环和碳蓄积. 北京:气象出版社.

于淑秋,林学椿,徐祥德. 2003. 我国西北地区近50年降水和温度的变化. 气候与环境研究,**8**(1):9-18.

余克服,蒋明星,程志强,等. 2004. 涠洲岛42年来海面温度变化及其对珊瑚礁的影响. 应用生态学报,**15**(3):506-510.

虞海燕,刘树华,赵娜,等. 2011. 我国近59年日照时数变化特征及其与温度、风速、降水的关系.

气候与环境研究,**16**(3):389-398.

曾文革,毛媛媛.2010.中国适应气候变化的法律对策.昆明理工大学学报,**10**(1):24-32.

翟红楠,张轩,王艳红.2012.气候变化对华中区域心脑血管疾病的影响及未来趋势预测.数理医药学杂志,**4**(25):441-443.

张皓,冯利平.2010.近50年华北地区降水量时空变化特征研究.自然资源学报,**25**(2):270-279.

张厚瑄.2000.中国种植制度对全球气候变化响应的有关问题.Ⅰ.气候变化对我国种植制度的影响.中国农业气象,**21**(1):8-13.

张建平,李永华,高阳华,等.2007.未来气候变化对重庆地区冬小麦产量的影响.中国农业气象,**28**(3):268-270.

张建平,赵艳霞,王春乙,等.2005.气候变化对我国南方双季稻发育和产量的影响.气候变化研究进展,**1**(4):151-156.

张宁,孙照渤,曾刚.2008.1955—2005年中国极端气温的变化.南京气象学院学报,**31**(1):123-128.

张强,邓振镛,赵映东,等.2008.全球气候变化对我国西北地区农业的影响.生态学报,2008,3(28):1210-1217.

张维,林少冰,杜尧东,等.2011.华南地区1960—2008年暴雨事件的气候变化特征.气象与环境科学,**34**(2):20-24.

张正斌,崔玉亭,陈兆波,等.2003.华北平原水资源平衡和节水农业发展的若干问题探讨.中国农业科技导报,**5**(4):42-47.

郑景云,葛全胜.2003.近40年中国植物物候对气候变化的响应研究.中国农业气象,**24**(3):28-32.

郑守仁.世界淡水资源综合评估.2002.武汉:湖北科学技术出版社.

中国气象局气候变化中心.2011.中国气候变化监测公报.

中华人民共和国气候变化第二次国家信息通报.2013.http://nc.ccchina.gov.cn/web/index.asp

中华人民共和国国务院新闻办公室.2008.中国应对气候变化的政策与行动.人民日报,2008-10-30.

中国海洋局.2003.2003年中国海平面公报.

钟林生,唐承财,成升魁.2011.全球气候变化对中国旅游业的影响及应对策略探讨.中国软科学,(2):34-41.

周启星.2006.气候变化对环境与健康影响研究进展.气象与环境学报,**22**:38-44.

周伟东,朱洁华,史军.2009.华东地区最高最低气温时空变化特征.气象与环境科学,**32**(1):16-21.

周晓农.2006.气候变化与人体健康.气候变化研究进展,**4**(6):235-240.

周晓宇,张新宜,崔延,等.2013.1961—2009年东北地区日照时数变化特征.气象与环境学报,**29**(5):112-120.

周雅清,任国玉.2010.中国大陆1956—2008年极端气温事件变化特征分析.气候与环境研究,**15**(4):405-417.

邹旭恺,张强. 2008. 近半个世纪我国干旱变化的初步研究. 应用气象学报,**19**(6):679-687.

IEA. 2011. CO_2 emissions from fuel combustion-highlights. IEA,Paris http://www. iea. org/
co2highlights/co2highlights. pdf.

IEA. 2013. CO_2 emissions from fuel combustion 2013. http. //www. iea. org/statistics.

Saavedra C,Budd W W. 2009. Climate change and environmental planning:Working to build com-
munity resilience and adaptive capacity in Washington State,USA. *Habitat International*,**33**
(3):246-252.

Stocker D Q. 2013. Climate change 2013:the physical science basis. Working Group I Contribution
to the Fifth Assessment Report of the Intergovernmental Panel on Climate Change,Summary
for Policymakers,IPCC.

Wang J,Wang E L,Feng L P,*et al*. 2013. Phenological trends of winter wheat in response to vari-
etal and temperature changes in the North China Plain. *Field Crops Research*,**144**:135-144.

Wei T,Yang S,Moore J C,*et al*. 2012. Developed and developing world responsibilities for histor-
ical climate change and CO_2 mitigation. *Proceedings of the National Academy of Sciences*,
109(32):12911-12915.

附：正文中对应的彩图

(a) 观测到的全球平均陆地和海表温度距平度化(1850-2012年)

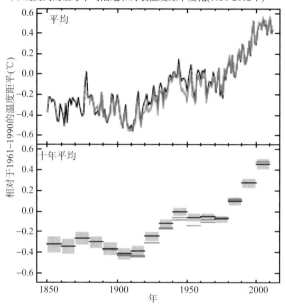

(b) 观测到的地表温度变化(1901-2012年)

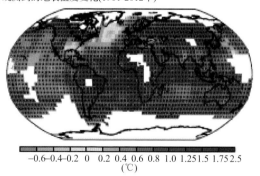

彩图 1.2　观测到温度变化(IPCC,2013)

(a)观测到的全球平均陆地和海表温度距平(1850—2012年),源自三个资料集。上图:年均值,下图:十年均值,包括一个资料集(黑色)的不确定性估计值。各距平均相对于 1961—1990 年均值。

(b)观测到的地表温度变化(1901—2012年),温度变化值是通过对某一资料集(图 a 中的橙色曲线)进行线性回归所确定的趋势计算得出的。只要可用资料能够得出确凿估算值,均对其趋势作了计算(即仅限于该时期前 10% 和后 10% 时段内,观测记录完整率超过 70%,并且资料可用率大于 20% 的格点),其他地区为白色。

(正文见第 6 页)

气候变化科学导论

观测到的陆地年降水变化

1901-2010

1951-2010

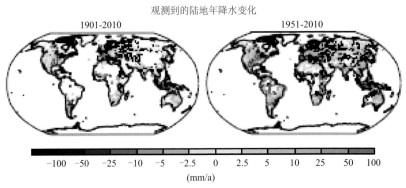

-100　-50　-25　-10　-5　-2.5　0　2.5　5　10　25　50　100

(mm/a)

彩图 1.3　观测到的陆地年降水变化(IPCC,2013)

(正文见第 7 页)

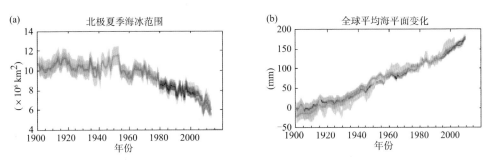

彩图 1.4 观测到的海冰范围、全球平均海平面的变化(IPCC,2013)

(a)北极 7—9 月(夏季)平均海冰范围;(b)相对于 1900—1905 年最长的连续资料集平均值的全球

平均海平面,所有资料均调整为 1993 年(即有卫星高度仪资料的第一年)的相同值。

(正文见第 7 页)

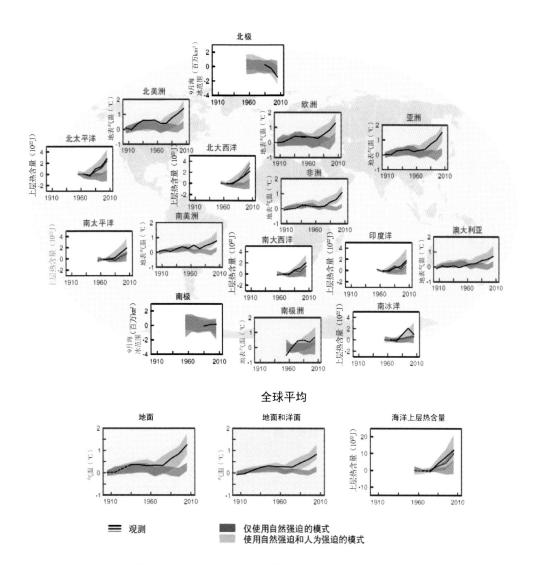

彩图 3.3　全球观测到的和模拟的气候变化（IPCC，2013）

（正文见第 112 页）

(a)

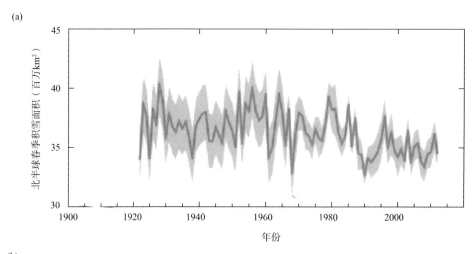

(b)

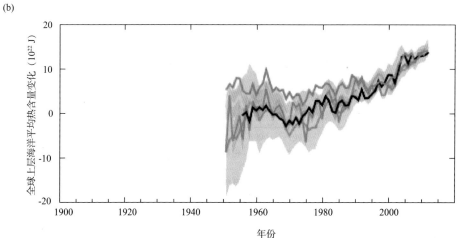

彩图 3.4　北半球春季积雪面积和海洋上层热含量(IPCC,2013)

(a)北半球 3—4 月(春季)平均积雪范围;(b)调整到 2006—2010 年时段相对于 1970 年所有资料集平均值的全球平均海洋上层(0～700 m)热含量变化

(正文见第 113 页)

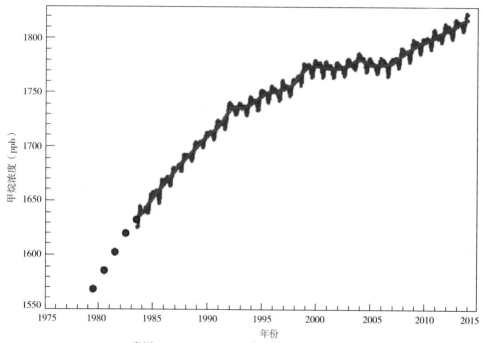

彩图 3.19　1979—2014 年全球甲烷平均浓度

（引自：http://www. esrl. noaa. gov/gmd/aggi/aggi. html）

（红线表示滑动平均值，蓝点为实测数据值，蓝线为蓝点数据值连线）

（正文见第 157 页）

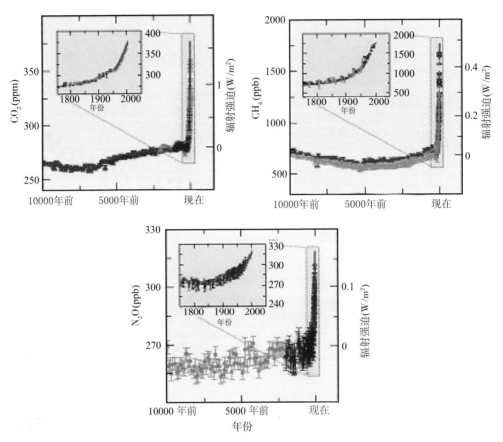

彩图 5.5　在过去 1 万年（大图）中和自 1750 年（嵌入图）以来，大气 CO_2、CH_4 和 N_2O 浓度的变化（IPCC，2007）

图中所示测量值分别取自冰芯（不同颜色的符号表示不同的研究结果）和大气样本（红线）。相对于 1750 年的辐射强迫值见大图右侧的纵坐标。图中数据时间截至 2005 年。

（正文见第 221 页）

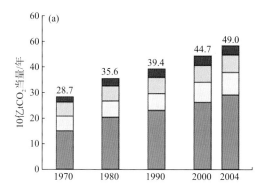

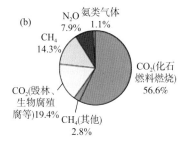

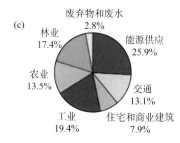

彩图 5.6 （a）1970 年至 2004 年期间全球人为温室气体
年排放量；（b）按 CO_2 当量计算的不同温室气体占 2004
年总排放的份额；（c）按 CO_2 当量计算的不同行业排放量
占 2004 年总人为温室气体排放的份额（林业包括毁林）
（IPCC，2007）

（正文见第 222 页）

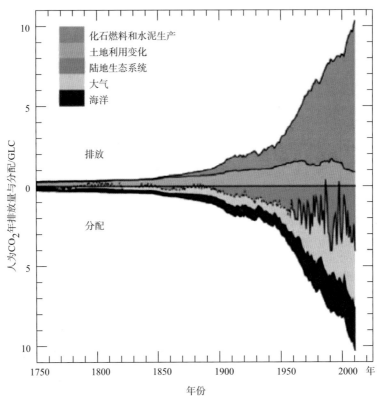

彩图 5.7　1750—2011 年间人为 CO_2 排放及其在大气、陆地和海洋中的分配（IPCC，2013）

（正文见第 223 页）

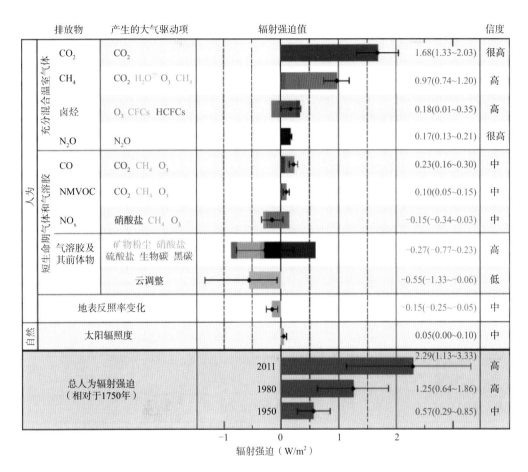

彩图 5.9 2011 年全球平均辐射强迫估算值及其范围(IPCC,2013)

包括人为 CO_2、CH_4、N_2O 和其他重要成分和机制,以及各种强迫的典型空间尺度和科学认识水平的评估结果,同时给出人为净辐射强迫及其范围。

(正文见第 224 页)

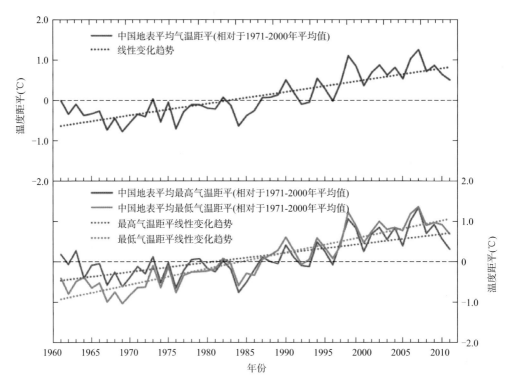

彩图 8.2　1961—2011 年中国平均地表气温距平变化(中国气象局气候变化中心,2011)

(正文见第 344 页)

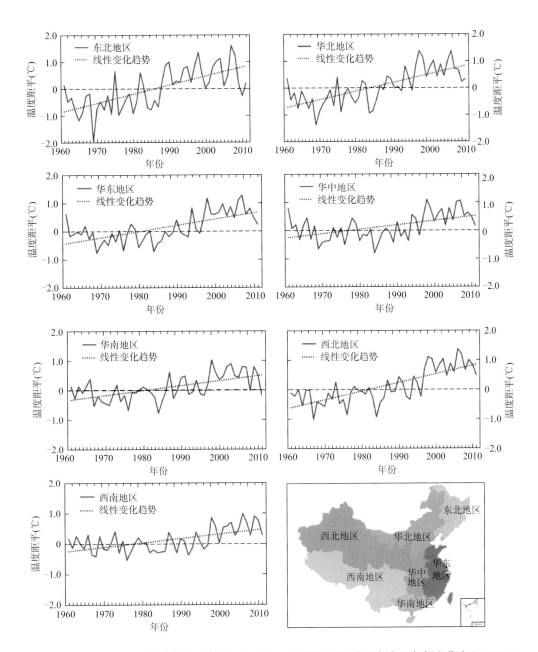

彩图 8.3　1961—2011 年中国各区域地表年平均气温距平变化（中国气象局气候变化中心，2011）

（正文见第 345 页）

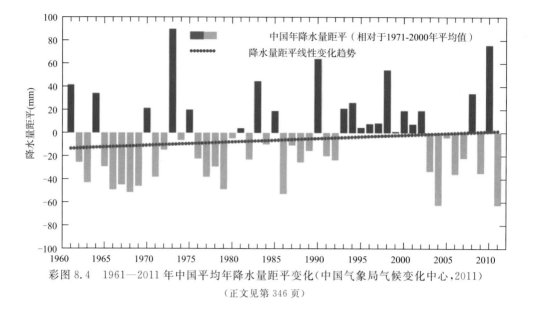

彩图 8.4　1961—2011 年中国平均年降水量距平变化(中国气象局气候变化中心,2011)

(正文见第 346 页)

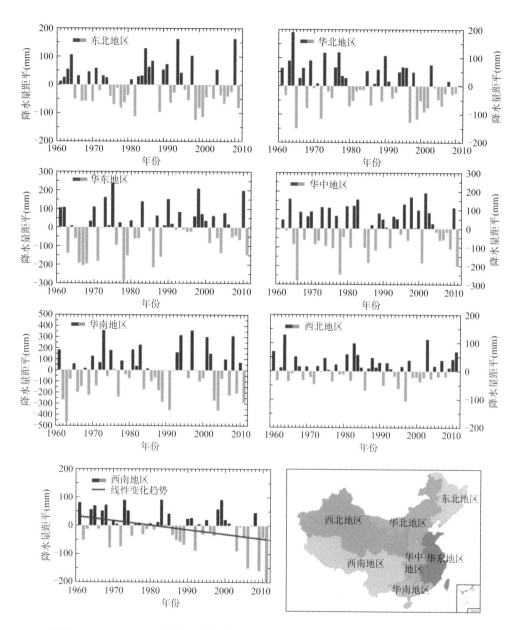

彩图 8.5　1961—2011 年各区域年降水量距平变化(中国气象局气候变化中心，2011)

(正文见第 346~347 页)

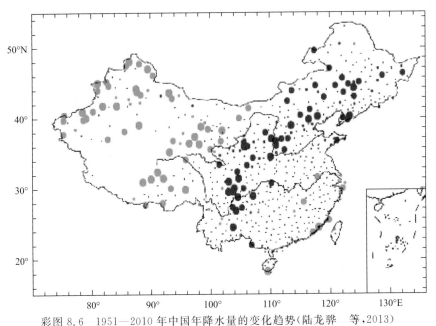

彩图 8.6 1951—2010 年中国年降水量的变化趋势(陆龙骅 等,2013)

(红色圆点为降水有减少趋势、绿色圆点为降水有增加趋势,圆点的大小分别对应于显著性水平达 0.01,0.05
和 0.10;小黑点表示该站的年降水量无显著的时间变化趋势)

(正文见第 347 页)

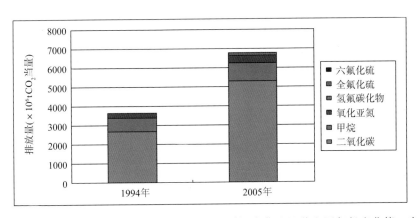

彩图 8.27 1994 年和 2005 年中国温室气体排放量比较(中华人民共和国气候变化第二次国家信
息通报,2013)

(正文见第 384 页)

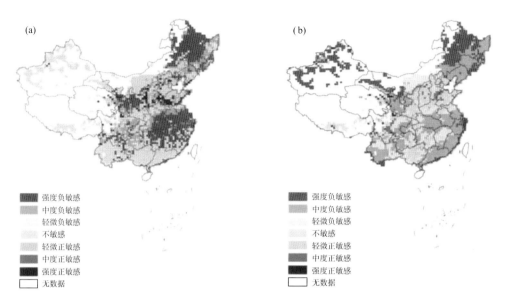

彩图 8.31　中国雨养小麦(a)、灌溉小麦(b)的敏感性分布

(正文见第 396 页)

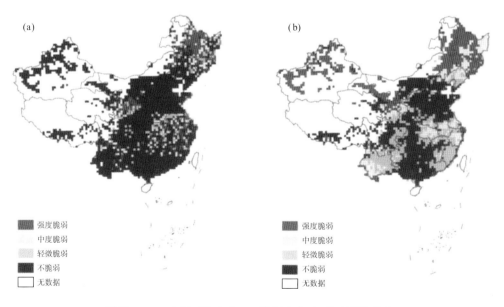

彩图 8.32　中国雨养小麦(a)、灌溉小麦(b)的脆弱性分布

(正文见第 396 页)